LEONHARDI EULERI
OPERA OMNIA

LEONHARDI EULERI
OPERA OMNIA

SUB AUSPICIIS
SOCIETATIS SCIENTIARUM NATURALIUM
HELVETICAE

EDENDA CURAVERUNT

WALTER HABICHT
ERNST TROST
CHARLES BLANC

SERIES SECUNDA
OPERA MECHANICA ET ASTRONOMICA
VOLUMEN SEPTEMDECIMUM

AUCTORITATE ET IMPENSIS
SOCIETATIS SCIENTIARUM NATURALIUM HELVETICAE

BERNAE MCMLXXXII

VENDITIONI EXPONUNT
ORELL FÜSSLI TURICI

LEONHARDI EULERI

COMMENTATIONES MECHANICAE

AD THEORIAM MACHINARUM PERTINENTES

VOLUMEN TERTIUM

EDIDERUNT

CHARLES BLANC

PIERRE DE HALLER

AUCTORITATE ET IMPENSIS

SOCIETATIS SCIENTIARUM NATURALIUM HELVETICAE

BERNAE MCMLXXXII

VENDITIONI EXPONUNT

ORELL FÜSSLI TURICI

TYPIS EXCUSSERUNT ORELL FÜSSLI TURICI
Printed in Switzerland

PRÉFACE

L'édition des œuvres complètes de L. EULER comporte trois volumes consacrés à des travaux relevant de l'art de l'ingénieur[1]). Cependant ces trois volumes sont loin de retenir tous les sujets répondant à cette définition; certains sont en effet groupés dans d'autres volumes, comme ceux qui concernent la science navale (II 18 à 21) ou l'optique (III 3 à 9); d'autres par contre sont insérés comme exemples dans le cadre de développements théoriques dans les travaux de mécanique. Il nous a paru dès lors opportun d'en donner un bref aperçu, de façon à compléter l'image que l'on peut se faire des contributions d'EULER aux sciences appliquées; on le trouvera en conclusion de cette préface.

Le présent volume contient des travaux se rapportant à des domaines fort divers; nous donnons ci-après une analyse détaillée de ceux d'entre eux qui ont apporté une contribution que l'on peut aujourd'hui considérer comme définitive: il s'agit des travaux sur le flambage ou sur les roues dentées; on donne par contre un commentaire plus concis pour d'autres travaux qui sont d'une importance manifestement moindre quant à leurs résultats et où EULER montre son goût pour élaborer un modèle mathématique de situations concrètes et son talent pour développer ces modèles.

LE FLAMBAGE

(E 238, 508, 509, 510)

Le phénomène de l'instabilité d'un barreau guidé soumis à une force longitudinale était sans doute connu bien avant les recherches que L. EULER lui a consacrées. On trouvera une étude détaillée des travaux des précurseurs dans le volume des Opera omnia qui sert d'introduction aux volumes 10 et 11 de la seconde série[2]). Le premier qui ait distingué clairement entre la rupture à la flexion et la rupture à la compression semble bien être MUSSCHENBROEK[3]), qui a non seulement procédé à des essais sur modèles, mais aussi conjecturé une formule donnant la charge critique, soit

$$P_c \sim \frac{bh^2}{l^2} \tag{1}$$

---

1) Il s'agit des volumes portant le titre général de «*Commentationes mechanicae ad theoriam machinarum pertinentes*», soit II 15, II 16 et le présent volume II 17.

2) C. TRUESDELL *The rational mechanics of flexible or elastic bodies 1638–1788,* L. Euleri Opera omnia II 11/2, paru en 1960.

3) Pieter van MUSSCHENBROEK (1692–1761), *Physicae experimentales et geometricae ... dissertationes,* Lugdunum Batavorum (= Leyden) 1729, X + 685 p.

où l est la longueur du barreau, b la dimension du côté non fléchi et h celle du côté fléchi.

Mais c'est incontestablement à EULER que revient le mérite d'avoir procédé à une analyse précise du phénomène, en partant d'une bonne théorie de la flexion d'un barreau. Cette théorie, on la doit pour l'essentiel à Jacques BERNOULLI[1]); plus tard Daniel BERNOULLI énonce la propriété extrémale qui permet de caractériser la forme de l'élastique, c'est-à-dire de la déformée: *l'élastique rend minimum l'énergie de déformation* $\int \frac{ds}{r^2}$, r étant le rayon de courbure [sous l'hypothèse que le barreau, homogène, n'est sollicité qu'en ses extrémités]; cette propriété est mentionnée à plusieurs reprises dans la correspondance de D. BERNOULLI avec EULER; elle figure explicitement dans la lettre que D. BERNOULLI écrit le 20 octobre 1742[2]) et où il suggère à son correspondant d'y mettre en œuvre sa technique de résolution de problèmes de recherche de fonctions jouissant de propriétés extrémales: *«Comme personne n'a autant que vous perfectionné la méthode des isopérimètres, vous résoudrez très facilement le problème consistant à rendre* $\int \frac{ds}{\mathrm{R}^2}$ *minimum»*; c'est ce qui va conduire EULER à l'élaboration d'une étude magistrale, intitulée *«De curvis elasticis»*, qu'il ajoute comme *Additamentum I* à son grand traité de calcul des variations *«Methodus inveniendi»*[3]).

Dans son étude, TRUESDELL[4]) fait une analyse très détaillée de cet Additamentum; nous nous limiterons donc à ce qui nous paraît utile pour la compréhension de travaux ultérieurs.

En minimisant la fonctionnelle exprimant l'énergie de déformation, EULER obtient (§4) à une quadrature près la «courbe élastique» par

$$dy = \frac{\alpha + \beta x + \gamma x^2}{\sqrt{a^4 - (\alpha + \beta x + \gamma x^2)^2}}\, dx; \tag{2}$$

il reprend ensuite le calcul en partant classiquement de l'analyse des forces appliquées; il aboutit ainsi à la relation

$$dy = \frac{\mathrm{P}(\frac{1}{2}x^2 + cx + f)}{\sqrt{\mathrm{E}^2 k^4 - \mathrm{P}^2(\frac{1}{2}x^2 + cx + f)^2}}\, dx \tag{3}$$

1) Jacob BERNOULLI (1655–1705), *Véritable hypothèse de la résistance des solides,* dans «Histoire de l'Académie des sciences», Paris 1705, p. 176, et reproduit dans l'édition des œuvres: Opera, vol II, Genève 1744, p. 976–989.

2) Voir Opera omnia IV A 1, p. 31; cette lettre est reproduite dans *«Correspondance mathématique et physique de quelques célèbres géomètres du XVIIIe* siècle», tome II, Pétersbourg 1863, p. 499–507.

3) E 56, *Methodus inveniendi lineas curvas maximi minimive proprietate gaudentes,* Lausanne et Genève 1744, Opera omnia I 24; l'Additamentum qui nous concerne occupe les pages 231–297 du volume des Opera omnia.

4) Loc. cit., p. 199–219.

équivalente à (2) et qui met en évidence la force P appliquée à l'extrémité de l'arc. Un choix particulier de l'origine permet de supprimer le terme du premier degré en x; en introduisant dès lors deux nouvelles constantes a^2 et c^2 par

$$2\mathrm{E}k^2 = a^2\mathrm{P} \quad \text{et} \quad c^2 = a^2 - 2f, \tag{4}$$

on obtient après quelques calculs

$$\begin{aligned} dy &= \frac{a^2 - c^2 + x^2}{\sqrt{(c^2 - x^2)(2a^2 - c^2 + x^2)}}\, dx, \\ ds &= \frac{a^2}{\sqrt{(c^2 - x^2)(2a^2 - c^2 + x^2)}}\, dx. \end{aligned} \tag{5}$$

EULER passe ensuite en revue les diverses circonstances que l'on rencontre selon les valeurs de a et c. Nous retiendrons tout d'abord le cas où c est beaucoup plus petit que a; comme on a toujours $x^2 \leqslant c^2$, on a, en première approximation,

$$dy = \frac{a dx}{\sqrt{2(c^2 - x^2)}}$$

d'où

$$y = \frac{a}{\sqrt{2}} \quad \arcsin \frac{x}{c},$$

soit

$$x = c \sin \frac{y\sqrt{2}}{a}; \tag{6}$$

dans le cas d'un barreau de longueur l appuyé aux deux extrémités, on doit avoir

$$0 = c \sin \frac{l\sqrt{2}}{a},$$

d'où

$$\frac{l\sqrt{2}}{a} = \pi;$$

il vient dès lors, par (4)

$$\mathrm{P} = \frac{\mathrm{E}k^2\pi^2}{l^2}, \tag{7}$$

ce qui fournit la force nécessaire pour obtenir la déformation considérée; et c'est ainsi qu'EULER parvient (§ 7) à ce qu'il nomme la *force des colonnes (vis columnarum)*, c'est-à-dire la charge critique au delà de laquelle il n'y a plus stabilité du barreau.

[Cette formule deviendra classique; même si une connaissance plus fine des matériaux conduit à diverses corrections, elle restera la pierre d'angle des considérations de stabilité.

Nous verrons que ce résultat correspond à une théorie *linéarisée*, mais, ainsi que le fait remarquer TRUESDELL dans l'ouvrage cité, EULER fournit presque explicitement la solution du problème non linéaire, c'est-à-dire celle du cas d'une déformation finie]: supposant $c < a$, mais non nécessairement petit, on a, pour un barreau de longueur l et compte tenu de la symétrie et de (5),

$$l = 2\int_0^c \frac{a^2\,dx}{\sqrt{(c^2-x^2)(2a^2-c^2+x^2)}}\,; \tag{8}$$

or

$$2a^2 - c^2 + x^2 < 2a^2,$$

donc

$$l > 2\int_0^c \frac{a}{\sqrt{2}}\,\frac{dx}{\sqrt{c^2-x^2}} = \frac{a\pi}{\sqrt{2}},$$

d'où

$$a < \frac{l\sqrt{2}}{\pi},$$

et

$$\mathrm{P} = \frac{2\,\mathrm{E}k^2}{a^2} > \frac{\mathrm{E}k^2\pi^2}{l^2}. \tag{9}$$

[Si on pose $x = c\cos t$ et $c^2 = \lambda a^2$ dans (8), on a

$$l = 2a\int_0^{\frac{\pi}{2}} \frac{dt}{\sqrt{2-\lambda\sin^2 t}}, \tag{10}$$

c'est-à-dire

$$l = a\sqrt{2}\cdot \mathrm{K}\left(\sqrt{\frac{\lambda}{2}}\right), \tag{11}$$

où K est l'intégrale elliptique complète de première espèce; si P_c est la charge critique du cas linéarisé, on a donc

$$P = P_c \left(\frac{2K\left(\sqrt{\frac{\lambda}{2}}\right)}{\pi} \right)^2; \tag{12}$$

si $\lambda = 0$, on a $K(0) = \frac{\pi}{2}$ et on retrouve $P = P_c$; par contre, si $0 < \lambda < 1$, on a $K\left(\sqrt{\frac{\lambda}{2}}\right) > \frac{\pi}{2}$, d'où $P > P_c$; on détermine ainsi la force P longitudinale nécessaire pour une déformation finie donnée du barreau, la flèche étant égale à c. Soit θ l'angle, supposé petit, formé en son extrémité par la déformée avec l'axe Oy; on a par (5),

$$\frac{1}{\operatorname{tg}\theta} = \frac{a^2 - c^2}{\sqrt{c^2(2a^2 - c^2)}} = \frac{1-\lambda}{\sqrt{\lambda(2-\lambda)}},$$

d'où $\lambda = 1 - \cos\theta$; en négligeant désormais systématiquement les termes en θ de degré supérieur à deux, on a $\lambda = \frac{\theta^2}{2}$ puis par (10)

$$\frac{l}{2} = a \int_0^{\frac{\pi}{2}} \frac{dt}{\sqrt{2 - \frac{\theta^2}{2}\sin^2 t}}$$

$$= \frac{a}{\sqrt{2}} \int_0^{\frac{\pi}{2}} \left(1 + \frac{\theta^2}{8}\sin^2 t\right) dt$$

$$= \frac{a}{\sqrt{2}} \frac{\pi}{2} \left(1 + \frac{\theta^2}{16}\right),$$

donc par (4)

$$P = \frac{Ek^2\pi^2}{l^2}\left(1 + \frac{\theta^2}{8}\right),$$

ou encore, en désignant par P_c la quantité $\frac{Ek^2\pi^2}{l^2}$,

$$P = P_c \left(1 + \frac{\theta^2}{8}\right),$$

ou (toujours avec la même approximation)

$$P = P_c \sqrt{1 + \frac{\theta^2}{4}}\,; \tag{13}$$

nous reviendrons sur ce résultat.]

Le mémoire

E 238
Sur la force des colonnes

(p. 89–118) va reprendre le problème du flambage, tout à fait indépendamment de l'Additamentum de E 65, qui y est simplement cité, avec la formule donnant la charge critique d'une colonne guidée, de section constante, EULER rappelle la notion de *moment de ressort* (§ 1) dont il explicite le rôle dans la flexion (§ 2 à 7), puis linéarise la relation où intervient la courbure (§ 8), ensuite de quoi il insiste sur la différence essentielle entre l'action d'une force agissant en flexion et celle d'une force agissant en compression (§ 9 à 13).

Il passe ensuite (§ 14 à 18) à la recherche de la charge critique pour une colonne guidée, homogène et de longueur a, dans le cas linéarisé; le procédé est devenu classique; on a à intégrer l'équation différentielle

$$Ek^2 y'' + Py = 0,$$

avec les conditions

$$y(0) = y(a) = 0;$$

c'est donc, en langage actuel, un problème de valeur propre; on trouve facilement que la première valeur propre donne pour P la valeur

$$P_c = \frac{Ek^2\pi^2}{a^2}\,;$$

soucieux de montrer qu'une déformation, même petite, exige une force supérieure, EULER développe plus exactement le calcul, «*sans négliger la petite différence entre l'abscisse* $CP = x$ *et l'arc* CM», et trouve (sans expliciter son calcul), qu'il faudrait une force

$$P = P_c \sqrt{1 + \theta^2}$$

pour provoquer une déformation présentant aux extrémités un angle θ avec la corde; [en fait, il est difficile de saisir comment EULER parvient à ce résultat, qui ne paraît pas donner correctement le terme en θ, tel qu'on l'a vu plus haut]; il en déduit que la valeur P_c est bien celle au-dessous de laquelle la colonne ne peut pas subir de déformation.

Comme TRUESDELL le remarque dans son étude, il est regrettable que l'analyse faite par EULER dans ce mémoire E 238 ait fait négliger celle, beaucoup plus complète et mieux développée, de l'Additamentum de E 65; il convient toutefois de noter qu'EULER justifie sa façon de procéder par le souci d'éviter une objection, à vrai dire mal fondée: «*il sera bon de donner ici une analyse qui y* [au flambage] *soit uniquement attachée, afin qu'on soit d'autant plus assuré, que la considération du ressort ne change rien dans la courbe qu'une colonne forme en se pliant*» (§ 14).

La suite du mémoire est consacrée à l'étude du cas d'une section variable; on est ainsi conduit (§ 19) à l'équation

$$\mathrm{E}k^2\,\mathrm{X}(x)\,y'' + \mathrm{P}\cdot y = 0,$$

qui se change par la substitution

$$y = e^{\int u\,dx}$$

en

$$u' + u^2 + \frac{\mathrm{P}}{\mathrm{E}k^2\,\mathrm{X}(x)} = 0;$$

elle s'intègre élémentairement si $\mathrm{X}(x)$ est de la forme $(\alpha x + \beta)^{4\lambda}$ avec

$$\lambda = 0,\ 1,\ \tfrac{1}{3},\ \tfrac{2}{3},\ \tfrac{2}{5},\ \tfrac{3}{5},\ \ldots$$

soit

$$\lambda = \frac{k}{2k+1},\quad k \text{ entier.}$$

[Ce cas d'intégration est exposé dans E 287[1]); on peut l'interpréter en remarquant qu'il s'agit du cas d'une équation de BESSEL d'ordre impair/2; en effet l'équation

$$x^{4\lambda}y'' + c^2 y = 0$$

admet la solution

$$y = \sqrt{x}\ \mathrm{Z}_{\frac{1}{2(1-2\lambda)}}\left(\frac{cx^{1-2\lambda}}{1-2\lambda}\right),$$

qui est élémentaire si $\dfrac{1}{2(1-2\lambda)} = \dfrac{2k+1}{2}$, k entier, donc si $\lambda = \dfrac{k}{2k+1}$.]

1) E 287, *De motu vibratorio cordarum inaequaliter crassarum*, Novi Comment. Acad. sci. imp. Petrop. (1762/3) *9*, 1764, p. 246–304, Opera omnia II 10, p. 293–343; voir p. 337.

EULER traite ainsi le cas $k = -1$, donc $\lambda = 1$ (§ 22 à 24) puis le cas général, où il établit une formule de récurrence pour les coefficients de la série donnant la solution (§ 23), série qu'il transforme en une expression utilisant les fonctions circulaires (§ 24 à 26); il particularise ensuite à diverses valeurs de λ (§ 27 à 32) et passe à quelques récapitulations (§ 33 à 35).

La suite du mémoire est consacrée à l'étude de l'effet du poids de la colonne elle-même, effet négligé jusqu'ici. S'en tenant toujours au cas d'une colonne guidée aux deux extrémités, EULER se propose (§ 36) d'énumérer les forces dont il aura à tenir compte; [il commet ici une omission qui va fausser toute la suite du travail et motivera les trois mémoires suivants: il oublie de faire intervenir l'effort tranchant à l'extrémité C de la colonne]; il obtient ainsi (§ 37) l'équation

$$\mathrm{E}k^2 a y'' + \mathrm{P}ay + \mathrm{Q}\int_0^x t y'(t)\, dt = 0$$

donc

$$\mathrm{E}k^2 a y''' + \mathrm{P}ay' + \mathrm{Q}xy' = 0,$$

où Q est le poids propre de la colonne et P la charge.

[L'équation correcte serait

$$\mathrm{E}k^2 a y'' + \mathrm{P}ay + \mathrm{Q}\int_0^x t y'(t)\, dt = \frac{\mathrm{Q}x}{a}\int_0^a t y''(t)\, dt$$

donc

$$\mathrm{E}k^2 a y''' + \mathrm{P}ay' + \mathrm{Q}xy' = \frac{\mathrm{Q}}{a}\int_0^a t\, y''(t)\, dt.$$

EULER remplace en fait la condition d'appui en A, soit $y''(a) = 0$, par

$$\mathrm{E}k^2 y'''(a) + (\mathrm{P} + \mathrm{Q})\, y'(a) = 0;$$

il a donc un couple non nul à la base de la colonne, ce qui n'est pas conforme à l'hypothèse faite; cette erreur sera rectifiée dans E 510].

L'équation différentielle est transformée (§ 38) en posant

$$s = 1 + \frac{\mathrm{Q}s}{\mathrm{P}a}, \qquad u = \frac{dy}{ds}.$$

d'où

$$\frac{\mathrm{Q}^2}{\mathrm{P}^3}\,\frac{\mathrm{E}k^2}{a^2}\,\frac{d^2u}{ds^2} + su = 0,$$

qui se ramène à une équation de RICCATI, qu'on ne peut intégrer élémentairement; [la solution peut s'écrire au moyen des fonctions de BESSEL d'ordre $\pm\frac{1}{3}$].

EULER cherche une solution approchée tenant compte du fait que Q, poids propre de la colonne, est sensiblement plus petit que P, la charge (§ 39); posant

$$\frac{\mathrm{P}a^2}{\mathrm{E}k^2} = n^2, \quad \frac{\mathrm{Q}}{\mathrm{P}} = m,$$

il obtient l'équation

$$\frac{a^3}{mn^2}\, y'' + \frac{a}{m}\, y + \int_0^x t y'(t)\, dt = 0,$$

d'où en dérivant

$$\frac{a^3}{n^2}\, y''' + (a + mx)\, y' = 0,$$

soit, si $u = y'$,

$$\frac{a^3}{n^2}\, u'' + (a + mx)\, u = 0.$$

Le cas $m = 0$ est élémentaire (§ 40); [il revient à négliger le poids de la colonne;] m étant petit, on a approximativement

$$1 + \frac{mx}{a} \cong \left(1 - \frac{mx}{4a}\right)^{-4},$$

d'où l'équation

$$a^2 \left(1 - \frac{mx}{4a}\right)^4 u'' + n^2 u = 0,$$

dont la solution générale est

$$y' = u = \mathrm{C}\left(1 - \frac{mx}{4a}\right) \cdot \sin\left(\frac{16an}{m\,(4a - mx)} + \zeta\right)$$

(C et ζ étant des constantes d'intégration), donc

$$y\,(x) = \frac{\mathrm{C}}{4a} \int (4a - mx) \sin\left(\frac{16an}{m\,(4a - mx)} + \zeta\right) dx$$

(ce qui introduit une troisième constante d'intégration). Les constantes d'intégration se calculent (§ 41 et 42) à partir des conditions

$$y\,(0) = y\,(a) = 0, \quad y''\,(0) = 0.$$

Euler introduit alors une approximation supplémentaire en remarquant que

$$\frac{16an}{m\,(4a - mx)} \cong \frac{4n}{m} + \frac{nx}{a} + \frac{mnx^2}{4a^2},$$

d'où, si l'on introduit une nouvelle constante $\theta = \zeta + \frac{4n}{m}$,

$$y' = C\left(1 - \frac{mx}{4a}\right)\sin\left(\theta + \frac{nx}{a} + \frac{mnx^2}{4a^2}\right)$$

$$\cong C\left(1 - \frac{mx}{4a}\right)\sin\left(\theta + \frac{nx}{a}\right) + \frac{mnCx^2}{4a^2}\cos\left(\theta + \frac{nx}{a}\right)$$

donc

$$y'' = C\left[\left\{\frac{n}{a}\left(1 - \frac{mx}{a}\right) + \frac{2mnx}{4a^2}\right\}\cos\left(\theta + \frac{nx}{a}\right) - \left(\frac{m}{4a} + \frac{mn^2x^2}{4a^3}\right)\sin\left(\theta + \frac{nx}{a}\right)\right]$$

or $y''\,(0) = 0$, d'où

$$\frac{n}{a}\cos\theta - \frac{m}{4a}\sin\theta = 0,$$

puis $\operatorname{tg}\theta = \frac{4n}{m}$; d'autre part, en intégrant l'expression approchée de y' et en tenant compte de la condition $y\,(0) = 0$, on a

$$y = -\frac{Ca}{n}\cos\left(\theta + \frac{nx}{a}\right) + \frac{Ca}{n}\cos\theta + \frac{3mCx}{4n}\cos\left(\theta + \frac{nx}{a}\right)$$

$$-\frac{3mCa}{4n^2}\sin\left(\theta + \frac{nx}{a}\right) + \frac{3mCa}{4n^2}\sin\theta + \frac{mCx^2}{4n}\sin\left(\theta + \frac{nx}{a}\right);$$

enfin la condition $y(a) = 0$ donne (en faisant $C \neq 0$)

$$-\frac{1}{n}\cos(\theta + n) + \frac{1}{n}\cos\theta + \frac{3m}{4n}\cos(\theta + n)$$
$$-\frac{3m}{4n^2}\sin(\theta + n) + \frac{3m}{4n^2}\sin\theta + \frac{m}{4n}\sin(\theta + a) = 0;$$

on en tire $\operatorname{tg}\theta$, que l'on égale à $\frac{4n}{m}$, d'où par une suite d'approximations

$$n = \pi - \frac{\pi^2 - 8}{4\pi}m \quad \text{et} \quad n^2 \cong \left(\pi^2 - \frac{\pi^2 - 8}{2}m\right)$$

et

$$P = \frac{Ek^2n^2}{a^2} = \left(\pi^2 - \frac{Q}{2P}(\pi^2 - 8)\right)\frac{Ek^2}{a^2};$$

or

$$P \cong \frac{Ek^2\pi^2}{a^2},$$

donc

$$\frac{Q}{2P}(\pi^2 - 8)\frac{Ek^2}{a^2} \cong \frac{Q(\pi^2 - 8)}{2\pi^2} \cong \frac{Q}{10}$$

et

$$P \cong \frac{Ek^2\pi^2}{a^2} - \frac{Q}{10},$$

Ainsi la charge critique est diminuée de $\frac{1}{10}$ du poids propre de la colonne, d'où EULER conclut que l'on peut négliger cet effet. La fin du mémoire (§ 44 à 47) ne fait que tirer quelques conséquences évidentes de ce qui a été fait plus haut.

[L'erreur commise au § 36 rend caduc tout ce qui est contenu aux § 37 à 43; de plus, les calculs faits plus loin infirment les résultats des approximations très douteuses des § 40 à 42].

Le mémoire

E 508

Determinatio onerum, quae columnae gestare valent

(p. 232–251) débute (§ 1) par un rappel de E 238 et par des remarques générales sur la question du flambage; EULER note ensuite (§ 2) que l'Encyclopédie de DIDEROT, dans son article sur les colonnes, mentionne le phénomène du flambage et donne la relation entre la charge critique et la hauteur de la colonne sans le citer nommément; on verra plus loin une référence à MUSSCHENBROEK qui peut surprendre à ce propos. Malgré son caractère paradoxal, il existe un phénomène de flambage (§ 3) qu'EULER va reprendre ici.

Il commence par noter la différence essentielle entre l'effet d'une force appliquée transversalement et celui d'une force longitudinale et discute qualitativement la question du flambage (§ 4 à 6). Il aborde alors la question de la flexion d'une poutre (§ 7 à 10) de section constante, dans l'hypothèse des petites déformations et obtient la relation

$$\mathrm{E}k^2 = \frac{\mathrm{F}a^3}{3\alpha},$$

qui donnera, par expérimentation, la valeur du coefficient $\mathrm{E}k^2$. Il passe ensuite à l'étude d'une force longitudinale, dans les cas d'une poutre guidée aux deux extrémités; désignant par x l'abscisse et par y la flèche, on a (dans le cas linéarisé) un rayon de courbure égal à $-\frac{1}{y''}$ (compte tenu d'une convention de signe convenable), d'où un moment fléchissant égal à $-\mathrm{E}k^2y''$ (§ 11). Désignant par P la charge (§ 12), on a, en égalant les moments,

$$-\mathrm{E}k^2y'' = \mathrm{P}\cdot y$$

et, si on pose

$$c^2 = \frac{\mathrm{E}k^2}{\mathrm{P}},$$

l'équation différentielle

$$c^2y'' + y = 0,$$

qui admet l'intégrale générale (où x est exprimé en fonction de y)

$$x = c \ \arcsin \frac{y}{f} + \mathrm{C} \ \ (f, \mathrm{C} = \text{constantes});$$

or on a $y=0$ pour $x=0$ et $x=a$ ($a =$ hauteur de la colonne), d'où $\mathrm{C}=0$, et pour $x=a$

$$a = c \ \arcsin \ 0,$$

où il faudra prendre la première détermination de l'arcsin, d'où

$$a = c\pi = \pi\sqrt{\frac{\mathrm{E}k^2}{\mathrm{P}}},$$

puis (§ 13)

$$\mathrm{P} = \frac{\pi^2\mathrm{E}k^2}{a^2}.$$

[En fait, le raisonnement d'EULER, bien que fréquemment repris par la suite sous le nom de *méthode de l'équilibre indifférent*, pèche sur un point essentiel: on ne voit pas pourquoi une charge supérieure à celle qui vient d'être obtenue crée également l'instabilité; on sait aujourd'hui que le problème de la stabilité est en fait un problème de dynamique et non de statique; le résultat obtenu par EULER est néanmoins correct, grâce à une circonstance qui n'est pas évoquée ici, à savoir que la force appliquée dérive d'un potentiel; si le système n'est pas conservatif, seule une analyse dynamique des petits mouvements permet de traiter la question de la stabilité de la position d'équilibre].

Après avoir parlé de la détermination expérimentale du coefficient Ek^2 (§ 14), EULER examine la question de la déformation par allongement (§ 15 à 17), cela en vue d'étudier le moment fléchissant (§ 18 à 24); [il commet ici une erreur qui se retrouve ailleurs, à savoir qu'il place systématiquement la fibre neutre au bord de la section, comme s'il n'y avait qu'allongement; cette erreur n'a au reste aucune conséquence qualitative.]

L'idée de faire intervenir le poids propre de la colonne est ensuite évoquée en passant (§ 25). Après quoi EULER mentionne (§ 26 à 29) les expériences sur modèle faites par MUSSCHENBROEK[1]), bien antérieures à ce travail et qui ont probablement inspiré l'auteur de l'article mentionné plus haut de l'Encyclopédie de DIDEROT.

Sans revenir sur le cas des colonnes de section variable, EULER va maintenant reprendre l'étude de l'effet du poids propre, toujours dans le cas d'une colonne verticale guidée aux deux extrémités (§ 30); il établit à nouveau (§ 31 et 32) l'équation différentielle de la flèche, [en commettant ici encore l'erreur introduite dans E 238, qui consiste à oublier de faire intervenir la réaction d'appui à une des extrémités de la colonne]. Il obtient ainsi l'équation [que nous écrirons, pour prendre une notation moderne plus explicite,]

$$Ek^2 y'' + b^2 \int_0^x t y'(t)\, dt = 0.$$

Cette équation ne peut s'intégrer sous forme finie par les fonctions élémentaires; aussi EULER en cherche une solution sous forme de la somme d'une série avec des coefficients indéterminés

$$y = \alpha x + \beta x^2 + \gamma x^3 + \dots$$

(sans terme constant pour tenir compte de la condition $y(0) = 0$); il obtient ainsi

$$y = A\left(x - \frac{1}{4!}\,\frac{x^4}{m} + \frac{1\cdot 4}{7!}\,\frac{x^7}{m^2} - \frac{1\cdot 4\cdot 7}{10!}\,\frac{x^{10}}{m^3} + \dots\right),$$

1) cf. supra, p. VII.

où

$$m = \frac{\mathrm{E}k^2}{b^2}.$$

La condition $y(a) = 0$ donne dès lors (§ 35), en posant $v = \frac{a^3}{m}$,

$$0 = 1 - \frac{1}{4\,!} v + \frac{1 \cdot 4}{7\,!} v^2 - \frac{1 \cdot 4 \cdot 7}{10\,!} v^3 + \dots,$$

d'où on tirera la hauteur critique $a = \sqrt[3]{mv}$.

Euler se propose de résoudre cette équation par la méthode dite des *séries récurrentes* (§ 36 et 37), ce qui l'amène à la conclusion qu'il n'y a pas de solution réelle. Il calcule (§ 38) la somme de la série pour une valeur particulière de la variable et conclut, avec une surprise toute naturelle (§ 39) qu'une colonne ne peut flamber sous l'effet de son poids propre; ce paradoxe demandera un examen plus attentif, ce qui sera l'objet du mémoire suivant E 509.

[La technique des séries récurrentes est exposée dans E 576[1]); mais Euler doit l'avoir imaginée antérieurement, car l'exemple donné dans E 576 se trouve, sans commentaire, dans E 49[2]).

Cette technique consiste à poser formellement

$$1 - \alpha_1 u + \alpha_2 u^2 - \dots = \left(1 - \frac{u}{u_1}\right)\left(1 - \frac{u}{u_2}\right) \dots \left(1 - \frac{u}{u_n}\right) \dots,$$

les u_i étant les zéros de la fonction, arrangés par ordre de valeurs absolues croissantes; posons

$$s_1 = \frac{1}{u_1} + \frac{1}{u_2} + \dots,$$
$$s_2 = \frac{1}{u_1{}^2} + \frac{1}{u_2{}^2} + \dots,$$
$$s_3 = \frac{1}{u_1{}^3} + \frac{1}{u_2{}^3} + \dots,$$

etc.; en prenant les logarithmes des deux membres et en dérivant, on a

$$\frac{-\alpha_1 + 2\alpha_2 u - 3\alpha_3 u^2 + \dots}{1 - \alpha_1 u + \alpha_2 u^2 - \dots} = -\frac{\frac{1}{u_1}}{1 - \frac{u}{u_1}} - \frac{\frac{1}{u_2}}{1 - \frac{u}{u_2}} - \dots,$$

1) E 576, *De oscillationibus minimis funis libere suspensi*, Acta. Acad. sci. Imp. Petrop. (1781) *1*, 1784, p. 157–177, Opera omnia II 11, p. 307–323.

2) E 49, *De oscillationibus fili flexilis quotcunque ponduscúlis onusti*, Comment. Acad. sci. Imp. Petrop., 1736, *8*, p. 30–47, Opera omnia II 10, p. 35–49.

ou, en développant en séries entières les termes du second membre et en changeant tous les signes,

$$\frac{\alpha_1 - 2\alpha_2 u + 3\alpha_3 u^2 + \ldots}{1 - \alpha_1 u + \alpha_2 u^2 - \ldots} = \frac{1}{u_1}\left(1 + \frac{u}{u_1} + \frac{u^2}{{u_1}^2} + \ldots\right) + \frac{1}{u_2}\left(1 + \frac{u}{u_2} + \frac{u^2}{{u_2}^2} + \ldots\right) + \ldots,$$
$$= s_1 + us_2 + u^2 s_3 + \ldots,$$

donc, en multipliant par le dénominateur,

$$\alpha_1 - 2\alpha_2 u + 3\alpha_3 u^2 - \ldots = (1 - \alpha_1 u + \alpha_2 u^2 - \ldots)\ (s_1 + us_2 + u^2 s_3 + \ldots),$$

et en égalant les termes de même degré

$$\begin{aligned} \alpha_1 &= s_1, \\ -\ 2\alpha_2 &= s_2 - \alpha_1 s_1, \\ 3\alpha_3 &= s_3 - \alpha_1 s_2 + \alpha_2, \\ &\ldots \end{aligned}$$

d'où

$$\begin{aligned} s_1 &= \alpha_1, \\ s_2 &= \alpha_1 s_1 - 2\alpha_2, \\ s_3 &= \alpha_1 s_2 - \alpha_2 s_1 + 3\alpha_3, \\ s_4 &= \alpha_1 s_3 - \alpha_2 s_2 + \alpha_3 s_1 - 4\alpha_4, \\ &\ldots; \end{aligned}$$

si la suite des rapports

$$\frac{1}{s_1},\ \frac{s_1}{s_2},\ \frac{s_2}{s_3},\ \ldots$$

a une limite, celle-ci est égale à u_1, premier zéro de la fonction. Il est clair que ces développements tout formels ne sont justifiés que sous des conditions assez restrictives.]

Dans le mémoire

E 509

Examen insignis paradoxi in theoria columnarum occurentis

(p. 252–265) Euler revient sur la recherche des zéros de la somme de la série

$$1 - \frac{1}{4!}v + \frac{1\cdot 4}{7!}v^2 - \frac{1\cdot 4\cdot 7}{10!}v^3 + \ldots,$$

ou, en remplaçant v par $6v$,

$$1-\frac{1}{4}v+\frac{1}{1\cdot 5}\,\frac{v^2}{7}-\frac{1}{1\cdot 5\cdot 12}\,\frac{v^3}{10}+\ldots,$$

(§ 1 et 2) et rappelle que la méthode des séries récurrentes ne donne aucun résultat ici (§ 3 à 5). Il ne voit dès lors pas d'autre possibilité qu'une tabulation de la fonction, ce qu'il fait (§ 6 à 16), d'où la confirmation que cette fonction ne s'annule pour aucune valeur [réelle positive] de la variable.

[En fait il s'agit donc de l'intégration de l'équation

$$my''' + xy' = 0,$$

avec les conditions $y(0) = y(a) = 0$, $y''(0) = 0$; on a, en posant $y' = u$, l'équation

$$mu'' + xu = 0,$$

dont la solution générale s'exprime par des fonctions de Bessel d'ordre $\pm\frac{1}{3}$:

$$u(x) = \sqrt{x}\,\left[C_1\,J_{\frac{1}{3}}\left(\frac{2}{3}\,\frac{x^{3/2}}{\sqrt{m}}\right) + C_2\,J_{-\frac{1}{3}}\left(\frac{2}{3}\,\frac{x^{3/2}}{\sqrt{m}}\right)\right];$$

la condition $y''(0) = 0$, donc $u'(0) = 0$, donne $C_1 = 0$, d'où

$$y'(x) = u(x) = C\,\sqrt{x}\;J_{-\frac{1}{3}}\left(\frac{2}{3}\,\frac{x^{3/2}}{\sqrt{m}}\right),$$

donc

$$y(x) = C\int_0^x \sqrt{u}\cdot J_{-\frac{1}{3}}\left(\frac{2}{3}\,\frac{u^{3/2}}{\sqrt{m}}\right)du,$$

ce qui donne, par un changement de variable évident,

$$y(x) = C\sqrt{m}\int_0^{\frac{2}{3}\frac{x^{3/2}}{\sqrt{m}}} J_{-\frac{1}{3}}(z)\,dz.]$$

Euler détermine numériquement les abscisses des zéros t_k de la dérivée y' ; pour les trois premiers, il trouve ainsi

7.84, 56.10, 149.59

[en tirant d'une table numérique[1]) les zéros de $J_{-\frac{1}{3}}$, on aurait plus exactement

7.8373, 56.9770, 148.5085].

EULER calcule ensuite les valeurs des zéros suivants en admettant comme vraisemblable le fait que leurs différences secondes restent constantes; [cela est asymptotiquement correct, puisque les zéros de $J_{-\frac{1}{3}}$, forment asymptotiquement une progression arithmétique de raison π; les différences secondes des t_k doivent donc tendre vers $\frac{9}{2}\pi^2 = 44.4132$, alors qu'EULER trouve la valeur 45.23; les valeurs qu'il obtient pour les t_k sont assez proches de la réalité; il trouve ainsi $t_8 = 1295.49$ alors que la valeur correcte serait 1277.35; il n'est pas possible de voir comment EULER est parvenu à sa conjecture].

EULER indique ensuite, sans insister, une autre façon d'étudier la suite des zéros de la fonction y'; soient $\alpha, \beta, \gamma, \ldots$ les zéros de la somme de la série

$$1 - \frac{1}{3\,!}t + \frac{4}{6\,!}t^2 - \frac{7}{9\,!}t^3 + \ldots;$$

on pose alors formellement

$$1 - \frac{1}{3\,!}t + \frac{4}{6\,!}t^2 - \frac{7}{9\,!}t^3 + \ldots = \left(1 - \frac{t}{\alpha}\right)\left(1 - \frac{t}{\beta}\right)\left(1 - \frac{t}{\gamma}\right)\ldots,$$

d'où en égalant les termes en t

$$\frac{1}{6} = \frac{1}{\alpha} + \frac{1}{\beta} + \frac{1}{\gamma} + \ldots;$$

considérons dès lors la série

$$s = \frac{1}{6} + \frac{1}{A} + \frac{1}{B} + \ldots$$

donc

$$s - \frac{1}{6} = \frac{1}{A} + \frac{1}{B} + \ldots;$$

on a, par soustraction,

$$\frac{1}{6} = \frac{A-6}{6A} + \frac{B-A}{AB} + \frac{C-B}{BC},$$

1) *Tables of Bessel fonctions of fractionnal order* I, Columbia Univ. Press, New York 1948, p. 384.

ce qui conduit à poser

$$\frac{A-6}{6A}=\frac{1}{\alpha},\qquad \frac{B-A}{AB}=\frac{1}{\beta},\qquad \frac{C-B}{BC}=\frac{1}{\gamma},$$

d'où (avec les valeurs calculées plus haut pour $\alpha, \beta, \gamma, \ldots$)

$$A=\frac{6\alpha}{\alpha-6}=25.56,\qquad B=\frac{\beta A}{\beta-A}=46.95,\qquad C=\frac{\gamma B}{\gamma-B}=68.43;$$

on constate que les différences premières sont voisines de 20, ce qui suggère un moyen tout empirique de former la suite des valeurs de t.

Mais EULER ne poursuit pas dans cette voie, car il lui apparaît qu'il faut revenir à des considérations de mécanique.

Considérant une colonne qui flambe sous l'effet d'une charge P, EULER remplace cette charge par une colonne de poids P, prolongeant la colonne donnée et de même section qu'elle (§ 17), ce qui donne une colonne instable sous son propre poids. Pour tenir compte de la liaison à l'extrémité supérieure A de lá colonne donnée, il suppose qu'on applique en ce point une force horizontale et un couple en sorte que la flèche y soit nulle ainsi que la rotation; en fait, il considère en A une force horizontale Q et en un point voisin a une force $-Q$; soit α la distance Aa (§ 18 à 24); on obtient ainsi pour la flèche de la colonne donnée AB l'équation différentielle

$$Py-Q\alpha+Ek^2y''=0,$$

avec $y(0)=y(a)=0,\ y'(0)=0$ (l'origine des abscisses étant toujours en A); posant

$$\frac{Ek^2}{P}=c^2 \quad\text{et}\quad \frac{Q\alpha}{P}=b \quad\text{puis}\quad y-b=z,$$

on a

$$c^2z''+z=0,$$

donc

$$z=\mathfrak{A}\sin\frac{x}{c}+\mathfrak{B}\cos\frac{x}{c},$$

et, compte tenu des conditions en $x=0$,

$$y=b\left(1-\cos\frac{x}{c}\right)$$

(§ 25 et 26); la condition pour $x = a$ donne ensuite

$$\cos \frac{a}{c} = 1$$

d'où

$$c = \frac{a}{2\pi}$$

donc

$$\mathrm{P} = \frac{4\pi^2 \mathrm{E}k^2}{a^2}$$

[ce qui est la charge critique pour une colonne guidée à une extrémité et encastrée à l'autre] (§ 27).

Soient A le poids de la colonne donnée et p la hauteur de la colonne ajoutée; le rapport des poids étant égal à celui des hauteurs, on a

$$\frac{\mathrm{A}}{\mathrm{P}} = \frac{a}{p}$$

donc

$$p = \frac{4\pi^2 \mathrm{E}k^2}{\mathrm{A}a}$$

d'où pour l'ensemble une hauteur

$$h = a + \frac{4\pi^2 \mathrm{E}k^2}{\mathrm{A}a};$$

une colonne de cette hauteur doit donc flamber sous son poids propre, puisqu'il y a flambage quand on ajoute une liaison tout en négligeant la contribution de la partie inférieure (§ 28).

Soit d'une façon générale C le poids d'une colonne de hauteur c (toujours de même section); on a $\mathrm{A}/a = \mathrm{C}/c$, donc

$$h = a + \frac{4\pi^2 c \mathrm{E}k^2}{\mathrm{C}a^2};$$

a étant variable, le minimum de h donnera une majoration de la hauteur d'une colonne flambant sous son propre poids; il est égal à

$$h = 3\sqrt[3]{\frac{\pi^2 c \mathrm{E}k^2}{\mathrm{C}}},$$

ce qui résout le paradoxe apparu plus haut (§ 29). Soit enfin Γ la charge critique d'une colonne de hauteur c, en négligeant son poids propre C; on sait que

$$\Gamma = \frac{\pi^2 \mathrm{E}k^2}{c^2} \quad \text{donc} \quad \pi^2 \mathrm{E}k^2 = \Gamma c^2$$

et la valeur trouvée plus haut pour h devient

$$h = 3c\sqrt[3]{\frac{\Gamma}{\mathrm{C}}}, \quad (\S\ 30).$$

EULER revient ensuite [inutilement] sur la fonction dont il a vainement cherché un zéro, et croit pouvoir conclure de sa dernière analyse qu'elle possède un zéro inférieur à 266 (§ 31).

Enfin comme Γ est proportionnel au carré de l'aire de la section et C à cette section elle même, le rapport est proportionnel à b^2, ce qui permet d'énoncer le théorème *«maxime memorabile»*: *la hauteur maximum assurant la stabilité d'une colonne sous son poids propre varie comme la puissance ⅔ des dimensions linéaires de la section* (§ 33 et 34).

[Il est clair que ce qu'EULER a obtenu n'est qu'un majorant de la hauteur critique et qu'on peut par conséquent avoir instabilité pour une hauteur inférieure; il est néanmoins intéressant de remarquer que les développements, corrects, de E 510 confirmeront cette assertion].

Le mémoire

E 510

De altitudine columnarum sub proprio pondere corruentium

(p. 266–293) débute par le rappel du paradoxe auquel ont abouti les mémoires précédents. Reprenant la courbe obtenue dans E 509, représentant une fonction possédant une infinité de maxima et de minima, EULER remarque en passant qu'en plaçant la base de la colonne en un de ces points, on aurait le cas d'une colonne encastrée à la base et libre en son sommet; [comme le note TRUESDELL, on obtiendrait ainsi, en utilisant les valeurs numériques calculées dans E 509, la hauteur critique h d'une telle colonne; le premier maximum ayant lieu pour 7.84, on aurait donc

$$h = \sqrt[3]{7.84\,\frac{\mathrm{E}k^2}{b^2}} \quad (\S\ 2 \text{ à } 5)].$$

EULER reprend maintenant le problème mécanique et constate l'erreur qu'il a commise: il a omis de tenir compte de la force qui maintient l'extrémité supérieure de la colonne sur la verticale passant par la base; des considérations qualitatives montrent qu'il doit nécessairement intervenir une telle force (§ 6). Mais, avant d'aborder le cas continu, EULER va traiter un problème discrétisé, remplaçant la colonne par un système de deux barres rigides articulées (§ 7); il prend en compte toutes les forces intervenant dans le système (§ 8 et 9) et exprime la condition d'équilibre (§ 10 et 11), d'où il tire la condition pour que cet équilibre cesse d'être stable (§ 12 et 13).

EULER passe dès lors au problème continu, et cette fois-ci d'une manière parfaitement correcte. Il suppose qu'une force horizontale répartie de densité $\frac{c}{h}$ est appliquée à la colonne (h étant la hauteur); de plus, chaque élément ds est sollicité par une force verticale $\frac{\mathrm{M}}{h}ds$ (§ 14), M étant donc le poids de la colonne; enfin une force horizontale A doit être appliquée au sommet A ainsi qu'une force B à la base B. (§ 15).

La résultante des forces étant nulle, on a (avec des conventions de signe convenables)

$$\mathrm{A}+\mathrm{B}=\mathrm{C};$$

l'origine $x=0$ étant placée au sommet, on a un moment résultant nul par rapport à ce sommet, d'où la relation

$$\mathrm{B}h+\int_0^h \frac{\mathrm{M}}{h}\, y(x)\, dx=\int_0^h \frac{\mathrm{C}}{h}\, x\, dx,$$

donc

$$\mathrm{B}h+\mathrm{M}g=\frac{1}{2}\,\mathrm{C}h,$$

où on a posé

$$g=\frac{1}{h}\int_0^h y(x)\, dx; \tag{14}$$

on en tire (§ 16)

$$\mathrm{A}=\frac{1}{2}\,\mathrm{C}+\frac{\mathrm{M}g}{h},$$

$$\mathrm{B}=\frac{1}{2}\,\mathrm{C}-\frac{\mathrm{M}g}{h}.$$

EULER examine ensuite les conditions d'équilibre en un point quelconque Y de la colonne, d'abscisse x; il isole la portion de colonne comprise entre Y et le sommet; le moment en Y de la réaction d'appui en A est Ax (§ 17); le moment de la force horizontale répartie est (§ 18)

$$\int_0^x \frac{C}{h}(x-t)\,dt = \frac{1}{2}\,\frac{Cx^2}{h};$$

le moment de la force verticale répartie est (§ 19)

$$\int_0^x \frac{M}{h}\,[y(x)-y(t)]\,dt = \frac{M}{h}\int_0^x t\,y'(t)\,dt;$$

la relation entre le moment fléchissant et la courbure $\frac{1}{r}$ donne dès lors (§ 20)

$$Ax + \frac{M}{h}\int_0^x t\,y'(t)\,dt - \frac{Cx^2}{2h} = \frac{Ek^2}{r};$$

en remplaçant A par la valeur trouvée plus haut et $\frac{1}{r}$ par $-y''$, on a donc

$$\left(\frac{Ch}{2M} + g\right)x - \frac{Cx^2}{2M} + \int_0^x t\,y'(t)\,dt + \frac{Ek^2h}{M}\,y'' = 0;$$

posons encore

$$M = hb^2, \qquad Ek^2 = eb^4;$$

[b^2 est donc le poids par unité de longueur et e une constante qui ne dépend que du matériau utilisé] on obtient (§ 21)

$$\left(\frac{C}{2b^2} + g\right)x - \frac{Cx^2}{2hb^2} + \int_0^x t\,y'(t)\,dt + eb^2y'' = 0.$$

Tenant compte des conditions d'appui en A et B, soit $y(0) = y(h) = 0$, et posant $\alpha = y'(0)$, EULER va dès lors chercher la solution du problème sous forme d'une série entière; il y aura instabilité si le problème admet une solution non identiquement nulle quand on pose $C = 0$ (§ 22 à 25).

Il reste donc l'équation

$$gx + \int_0^x t\,y'(t)\,dt + my'' = 0$$

où on a posé $m = eb^2 \left[= \frac{Ek^2}{b^2} \right]$; EULER en cherche une solution de la forme

$$y = \alpha x + \beta x^2 + \gamma x^3 + \dots;$$

par une relation de récurrence immédiate, on trouve que $\beta = 0$, de même que tous les coefficients des termes de degré $3n + 2$; d'autre part les coefficients des termes de degré $3n + 1$ s'expriment par α et ceux de degré $3n$ par g (§ 26); on pose alors

$$y = \alpha p + gq,$$

p et q étant deux fonctions inconnues; on a ainsi

$$\int_0^x t\,p'(t)\,dt + mp'' = 0,$$

$$x + \int_0^x t\,q'(t)\,dt + mq'' = 0;$$

écrivant

$$p = x - \mathrm{A}x^4 + \mathrm{B}x^7 - \mathrm{C}x^{10} + \dots$$

et

$$q = \quad -\mathfrak{A}x^3 + \mathfrak{B}x^6 - \mathfrak{C}x^9 + \dots,$$

on obtient les formules de récurrence pour les coefficients A, B, ..., $\mathfrak{A}$, $\mathfrak{B}$, ..., puis

$$p = x - \frac{1}{4!}\,\frac{x^4}{m} + \frac{1\cdot 4}{7!}\,\frac{x^7}{m^2} - \dots$$

$$q = \quad -\frac{1}{3!}\,\frac{x^3}{m} + \frac{1\cdot 3}{6!}\,\frac{x^6}{m^2} - \dots,$$

la condition $y(h) = 0$ donne

$$\alpha p(h) + gq(h) = 0; \qquad (15)$$

la définition (14) implique par ailleurs

$$gh = \alpha \int_0^h p(x)\,dx + g \int_0^h q(x)\,dx, \tag{16}$$

qui, compte tenu de (15) donne

$$hp(h) - p(h) \int_0^h q(x)\,dx + q(h) \int_0^h p(x)\,dx = 0 \tag{17}$$

(§ 27 et 28).

[En fait (15) et (16) constituent un système linéaire homogène pour α et g, contenant le paramètre h; en annulant son déterminant, on obtient une équation en h, dont la plus petite solution positive fournit la hauteur critique cherchée.]

EULER introduit encore $t = \dfrac{h^3}{m}$ puis

$$P = \frac{1}{h}\, p(h), \qquad Q = -\, q(h),$$

$$P' = \frac{1}{h^2} \int_0^h p(x)\,dx, \qquad Q' = -\frac{1}{h} \int_0^h q(x)\,dx,$$

et (17) se réduit à

$$P + P \cdot Q' - Q \cdot P' = 0, \tag{18}$$

équation en t, d'où l'on tire t puis la hauteur critique h (§ 29)

$$h = \sqrt[3]{mt} = \sqrt[3]{b^2 et}\ [= \sqrt[3]{t}\ \sqrt[3]{\frac{Ek^2}{b^2}}\,;$$

ce résultat confirme le théorème *«maxime memorabile»* sur lequel s'est achevé E 509].

L'équation transcendante (18) devra être traitée par approximations; EULER, s'inspirant du résultat de E 509, estime que la première solution doit être très grande (§ 30) [ce qui n'est pas le cas, ainsi qu'on le verra]. Avant de passer au calcul numérique, il examine le rapport λ entre la charge critique Γ d'une colonne de hauteur a et son poids ad^2; posant encore

$$Ek^2 = d^4 e,$$

on a

$$\Gamma = \frac{\pi \mathrm{E} k^2}{a^2} = \frac{\pi d^4 e}{a^2},$$

$$\lambda = \frac{\Gamma}{a d^2} = \frac{\pi^4 d^2 e}{a^3},$$

d'où

$$e = \frac{a^3 \lambda}{\pi^2 d^2};$$

pour une colonne faite d'un même matériau (caractérisé par e), de poids spécifique linéaire b^2, la hauteur critique sera donc

$$h = a \sqrt[3]{\frac{\lambda b^2}{d^2} \frac{t}{\pi^2}}.$$

EULER passe alors (§ 32 à 37) au calcul numérique; jugeant sur la base des résultats de E 509, que la valeur de t doit être un peu inférieure à 266, il essaie la valeur $t = 200$; un calcul très considérable lui montre que (18) est pratiquement satisfaite pour cette valeur et il en conclut que c'est bien la solution cherchée; on aurait ainsi

$$h = \sqrt[3]{200} = \sqrt[3]{b^2 e} = 5.84 \sqrt[3]{b^2 e};$$

[en fait, ce n'est pas la plus petite solution positive de (18); on trouve en effet que les premières solutions sont

$$18.569, \quad 86.43, \quad 196.29;$$

donc $t = 18.569$ est la solution à retenir et on a

$$h = 2.65 \sqrt[3]{b^2 e};$$

la suite du travail est donc numériquement incorrecte, il faut noter toutefois que le long calcul fait par EULER est, à quelques imprécisions près, exact; pour $t = 200$, il trouve la valeur 0.0119, correcte jusqu'à la dernière décimale écrite].

On a vu plus haut que si λ est le rapport entre la charge critique et le poids propre de la colonne guidée de hauteur a et de poids spécifique linéaire d^2, la hauteur h pour laquelle une colonne de même matériau, de poids spécifique linéaire b^2 flamberait sous son propre poids est

$$h = a \sqrt[3]{\frac{\lambda b^2}{d^2} \frac{t}{\pi^2}}; \tag{19}$$

avec $t = 200$, EULER obtient ainsi (§ 38)

$$h = 2.7\, a \sqrt[3]{\frac{\lambda b^2}{d^2}}\,;$$

[avec la valeur correcte de t, on a en fait

$$h = 1.23\, a \sqrt[3]{\frac{\lambda b^2}{d^2}}\,].$$

EULER compare encore (§ 39 et 40), pour une colonne guidée qui flambe sous son propre poids, ce poids lui-même et la charge critique que donne la formule classique, négligeant le poids propre; il lui suffit de faire $a = h$ et $d^2 = b^2$ dans (19), d'où

$$\lambda = \frac{\pi^2}{t}\,;$$

avec $t = 200$, il obtient ainsi $\lambda = \dfrac{1}{20}$, d'où il conclut que l'effet du poids propre peut être négligé; [avec la valeur correcte de t, on a $\lambda = \dfrac{1}{1.9}$].

Il est intéressant de comparer les résultats qui précèdent avec ceux que donnent des ouvrages récents. Ainsi TIMOSHENKO[1]) donne pour la charge critique d'une colonne guidée de hauteur a et de poids propre M, l'expression approchée

$$\mathrm{P} = \frac{\mathrm{E}k^2\pi^2}{a^2} - \frac{\mathrm{M}}{2}\,;$$

en reprenant les notations d'EULER, on a ainsi

$$\mathrm{P} = \frac{\pi^2 b^4 e}{h^2} - \frac{hb^2}{2}\,;$$

il y a flambage sous le poids propre si $\mathrm{P} = 0$, d'où

$$h = 2.70 \sqrt[3]{b^2 e}\,,$$

à la place de l'expression correcte

$$h = 2.65 \sqrt[3]{b^2 e}\,;$$

1) Voir *Theory of elastic stability*, McGraw Hill, New York 1936.

le résultat de TIMOSHENKO est obtenu par une méthode approchée, consistant à supposer a priori la forme de la déformée, ce qui doit bien conduire à une valeur de h approchée par excès.]

Dans le commentaire très détaillé qu'il a consacré aux travaux d'EULER sur les corps élastiques, TRUESDELL[1]) ne manque pas d'exprimer son admiration pour le talent et l'ingéniosité qui y sont déployés. Il n'y a pas lieu d'y revenir ici, pas plus que sur les nombreuses et utiles références faites à des travaux contemporains ou ultérieurs. Nous y renvoyons le lecteur. Répétons simplement que tant l'Additamentum de E 65 que les quatre mémoires publiés dans le présent volume sont une démonstration de plus du génie d'EULER dans l'approche à la fois théorique et concrète des grands problèmes, de son souci continuel d'aller jusqu'au bout de sa recherche et d'en exposer clairement le contenu.

ROUES DENTÉES
(E 249, 330)

On attribue à juste titre à EULER la priorité dans la découverte du profil en développante de cercle pour les roues dentées; il faut néanmoins noter que le problème avait été abordé antérieurement par divers auteurs, ce qu'EULER n'ignorait sans doute pas, comme en témoigne la phrase par laquelle débute le sommaire de son premier mémoire sur la question: *«De figura, quam dentibus rotarum dari conveniat, varii Auctores, vario consilio, sunt commentati ...»*. Sans chercher à donner ici un historique détaillé[2]), nous pouvons citer trois noms, ceux de G. DESARGUES, de PH. DE LA HIRE, et de CH. CAMUS[3]).

Le premier passe pour avoir déterminé, peut-être graphiquement, les premiers profils en forme d'épicycloïde.

Le second de ces auteurs est connu pour son grand ouvrage sur les épicycloïdes[4]); par des raisonnements géométriques, il établit très habilement de nombreuses propriétés de ces courbes, comme par exemple l'aire comprise entre la courbe et le cercle de base; il est inté-

1) Loc. cit. p. VII; signalons que TRUESDELL n'a pas remarqué l'erreur commise par EULER dans la recherche de la solution utile de l'équation (18).

2) On pourra consulter utilement CONRAD MATSCHOSS, *Geschichte des Zahnrades*, Berlin 1940, et plus particulièrement le chapitre complémentaire de cet ouvrage, dû à KARL KURZBACH, intitulé *«Bemerkung zur Entwicklung der Verzahnung»*.

3) GÉRARD DESARGUES, 1593–1663; PHILIPPE DE LA HIRE 1640–1718, mathématicien et astronome, professeur au Collège de France; CHARLES ETIENNE LOUIS CAMUS, 1699–1768, mathématicien, auteur de nombreux ouvrages; il accompagna MAUPERTUIS lors de la célèbre expédition de 1736 en Laponie.

4) PH. DE LA HIRE, *Un traité des épicycloïdes et de leur usage dans les méchaniques*, in *Mémoires de mathématiques et de physique*, parus à Paris en 1694, et reproduit dans les *Mémoires de l'Académie royale des sciences depuis 1666 jusqu'à 1699*, tome 9, Paris 1730, où il porte le titre: *Œuvres diverses de M.* DE LA HIRE, *Traité de mécanique*, p. 1–333 et *Traité des épicycloïdes*, p. 341–447.

ressant de rappeler certains passages de sa préface: *«La figure des dents des roues sembloit de si peu de conséquence, qu'on l'avait toujours négligée comme une chose qui ne regardait que la pratique et qui devoit être entièrement abandonnée à l'ouvrier… J'ai donc cru qu'il fallait examiner avec un très grand soin, quelle devait être la figure des dents des roues … Il y a environ vingt ans que j'avais commencé à travailler à cet ouvrage et j'avais déterminé d'une manière très simple, que les dents des roues devoient avoir la figure d'une cycloïde qui a pour base un cercle, ce que l'on appelle épicycloïde… »*

En faisant intervenir des considérations d'équilibre de forces, il obtient un engrenage homocinétique, les dents d'une des roues ayant la forme d'épicycloïdes, l'autre roue portant des chevilles infiniment déliées: la dent DVH a pour profil l'épicycloïde obtenue en faisant rouler le cercle de centre A et de rayon AB sur le cercle de centre C et de rayon CB (Fig. 1)

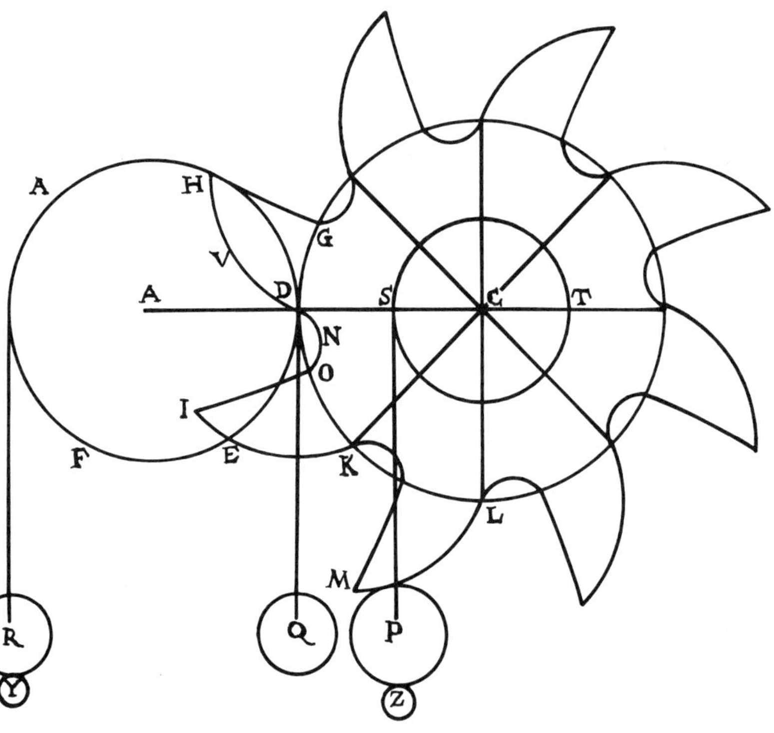

Fig. 1 (d'après La Hire)

La Hire présente ensuite une méthode graphique pour la construction du profil conjugué d'un profil quelconque, avec plusieurs exemples (profil circulaire, rectiligne).

Dans son étude, CAMUS[1]) commence par citer LA HIRE dont il signale la limitation essentielle, consistant à choisir arbitrairement un des profils, pour déterminer ensuite le profil conjugué. CAMUS, lui, se propose d'établir des propriétés générales. Il obtient ainsi, par des considérations purement géométriques le fait fondamental suivant: *dans un engrenage homocinétique, la normale au contact* [= la ligne d'action] *passe par un point fixe de la ligne des centres* (c'est le corollaire 4, loc. cit. p. 172); il démontre ensuite la propriété suivante: *les profils conjugués sont engendrés par le roulement d'une même courbe, roulant respectivement au dedans du cercle fondamental d'une des roues et au dehors de celui de l'autre* (théorème 2, loc. cit., p. 174). Il lui est ensuite facile d'en déduire les profils conjugués soit à un profil ponctuel, soit à un profil formé d'une droite passant par le centre de la roue.

Dans son mémoire

E 249

De aptissima figura rotarum dentibus tribuenda

(p. 119–135), EULER commence par énoncer les deux conditions qui lui paraissent propres à assurer la qualité d'un engrenage:

1° la conservation du mouvement uniforme (engrenage homocinétique),

2° l'absence de frottement.

Selon son habitude, c'est par une démarche purement analytique qu'il aborde la question. Il parvient ainsi à la conclusion qu'il y a incompatibilité entre ces deux exigences, ce qui l'amène à distinguer deux types d'engrenages, ceux qui sont sans frottement et ceux qui conservent le mouvement uniforme.

En ce qui concerne le premier cas (§ 1 à 5), EULER établit le fait que le point de contact doit rester sur la ligne des centres, ce qui l'amène à la conclusion que de telles roues sont inutilisables en pratique.

Le second cas le retient plus longuement, il va chercher le profil conjugué d'un profil donné quelconque: il en obtient les équations paramétriques, comportant une quadrature dont le calcul explicite ne peut se faire que pour des choix particuliers du profil donné (§ 6 à 9).

Le premier choix (§ 10 à 15) revient à adopter comme profil un segment de droite issue du centre de la roue; [le profil conjugué est alors un arc d'épicycloïde, ainsi que CAMUS l'avait montré; il faut noter que la figure (Fig. 3, p. 131) illustrant cet exemple est pour le moins maladroite, la dent agissant par un angle saillant, ce qui n'est pas conforme à la théorie développée; les commentaires qu'EULER donne sont du reste peu clairs].

---

1) CH. CAMUS, *Sur la figure des dents des roues et des ailes des pignons, pour rendre les horloges plus parfaites*, *Histoire de l'Académie royale des sciences*, Paris 1733 (paru en 1737 à Amsterdam), p. 165–197.

Le second exemple est également très particulier; on peut dire en somme que ce mémoire tourne court; EULER n'y explicite pas la propriété fondamentale de la ligne d'action, bien qu'elle résulte presque immédiatement de ses calculs.

Le mémoire

E 330

Supplementum de figura dentium rotarum

(p. 196–219) par contre est parfaitement achevé et contient plusieurs résultats nouveaux, qui deviendront classiques dans la théorie et la pratique des engrenages. Nous pensons utile d'en donner une analyse assez détaillée. En fait, contrairement à ce que son titre pourrait faire supposer, il est indépendant de E 249, le problème étant repris à son début.

Après avoir rappelé l'importance des entraînements homocinétiques (§ 1), EULER cherche à en déduire analytiquement les conditions liant deux profils conjugués.

Soient A et B (Fig. 1) les centres des deux roues, c leur distance; soient EOM, resp. FON les profils des deux dents, O étant le point de contact; les profils seront repérés par rapport à deux rayons AE, resp. BF des roues; soient P, Q et T les points

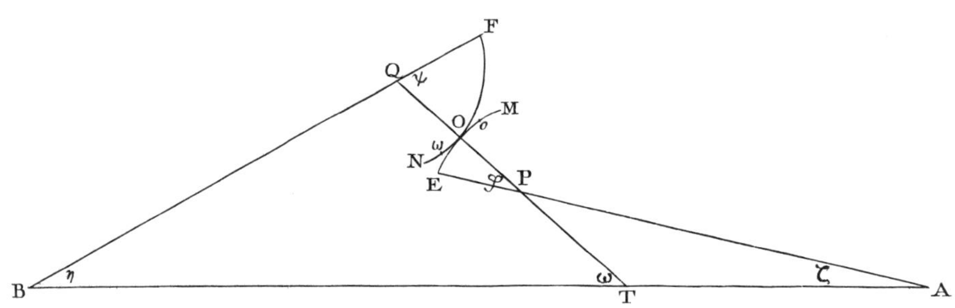

Fig. 1

d'intersection avec AE, BF et AB de la normale aux profils et soient encore les angles

$$\zeta = \mathrm{BAE}, \quad \eta = \mathrm{ABF}, \quad \varphi = \mathrm{EPO}, \quad \psi = \mathrm{FQO}, \quad \omega = \mathrm{BTO},$$

entre lesquels on a $\zeta = \omega - \varphi$ et $\eta = \psi - \omega$; on introduit enfin les longueurs

$$p = \mathrm{AP}, \quad q = \mathrm{BQ}, \quad r = \mathrm{PO}, \quad s = \mathrm{QO}, \quad a = \mathrm{AT}, \quad b = \mathrm{BT};$$

le théorème du sinus appliqué aux triangles APT et BQT donne

$$\mathrm{PT} = \frac{p \sin \zeta}{\sin \omega}, \quad \mathrm{QT} = \frac{q \sin \eta}{\sin \omega},$$

$$a = \mathrm{AT} = \frac{p \sin \varphi}{\sin \omega}, \quad b = \mathrm{BT} = \frac{q \sin \psi}{\sin \omega}$$

et après quelques calculs

$$p = \frac{c \sin \eta - (r+s) \sin \psi}{\sin(\psi - \varphi)},$$
$$q = \frac{c \sin \zeta + (r+s) \sin \varphi}{\sin(\psi - \varphi)}.$$

Pour exprimer la condition d'homocinéticité, EULER écrit que le rapport des moments par rapport à A et B de la force Π exercée par un profil sur l'autre doit rester constant; ces moments étant

$$\Pi p \sin \varphi, \quad \text{resp.} \quad \Pi q \sin \psi,$$

on a donc

$$\frac{q \sin \psi}{p \sin \varphi} = \text{constante},$$

ou encore, compte tenu des expressions obtenues plus haut pour AT et BT,

$$\frac{\mathrm{BT}}{\mathrm{AT}} = \text{constante},$$

d'où il résulte que le point T doit rester fixe: c'est la propriété déjà énoncée par CAMUS.

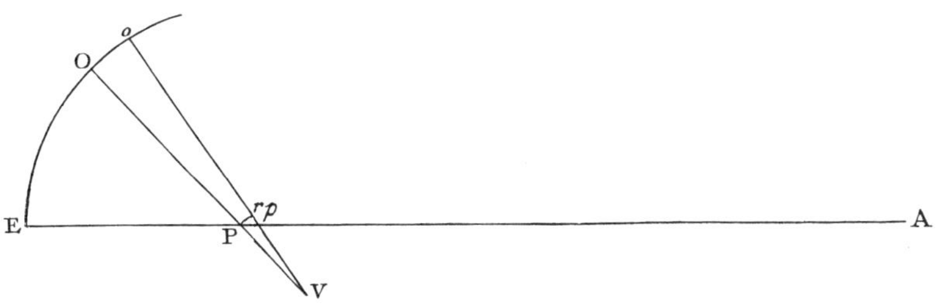

Fig. 2

Après avoir établi (§ 5) quelques relations utiles entre les paramètres définis plus haut, EULER passe à des considérations sur les centres de courbure (§ 6). Il introduit (Fig. 2) un point o du profil, voisin du point O, avec une normale coupant en p le rayon de référence AE et en V la normale OP; si on néglige les infiniment petits d'ordre supérieur, V est donc le centre de courbure du profil en O; soit r le point de Vo tel que VP = Vr; on a

$$\mathrm{A}p = p + dp, \quad po = r + dr, \quad \mathrm{E}po = \varphi + d\varphi,$$

d'où

$$pr = dr = -\cos\varphi \cdot dp, \quad \mathrm{P}r = -\sin\varphi\, dp,$$

puis

$$\mathrm{PV} = -\sin\varphi \frac{dp}{d\varphi} = \frac{\sin\varphi}{\cos\varphi} \frac{dr}{d\varphi}$$

d'où le rayon de courbure

$$\mathrm{VO} = \mathrm{PV} + \mathrm{PO} = r + \frac{\sin\varphi}{\cos\varphi}\frac{dr}{d\varphi} = \frac{d(r\sin\varphi)}{\cos\varphi\, d\varphi},$$

avec l'élément d'arc

$$\mathrm{O}o = \frac{d(r\sin\varphi)}{\cos\varphi}.$$

On a de même, pour le profil de la seconde roue

$$ds = -\cos\psi\, dq,$$

puis un rayon de courbure

$$\frac{d(s\sin\psi)}{\cos\psi\, d\psi}$$

et un élément d'arc

$$\frac{d(s\sin\psi)}{\cos\psi}.$$

La comparaison des éléments d'arc (§ 7) permet d'étudier le frottement; il serait nul si les éléments d'arc correspondants étaient égaux, ce qui donnerait (compte tenu des conventions de signes)

$$\frac{d(r\sin\varphi)}{\cos\varphi} + \frac{d(s\sin\psi)}{\cos\psi} = 0;$$

cela n'est pas réalisable, ainsi que l'a montré le mémoire précédent; EULER écrit alors que le frottement est une fraction $\delta\Pi$ de la force Π par laquelle un profil agit sur l'autre, cela indépendamment de leurs vitesses relatives; il en déduit le moment de cette force en A.

Il revient ensuite (§ 8 et 9) sur la condition d'homocinéticité, qui s'exprime évidemment par le fait que les accroissements des angles ζ et η doivent garder un rapport constant, ce qui le conduit une fois encore à la conclusion que le point T reste fixe, le rapport des vitesses angulaires des deux roues de centre A et B étant égal à $\frac{b}{a}$.

EULER va maintenant passer à la détermination (analytique, ce qui est tout à fait nouveau) d'un des profils, l'autre étant donné. Il donne ainsi le profil EOM de la dent de la roue de centre A par une relation entre p et φ, d'où, compte tenu de $dr = -\cos\varphi\, dp$ et avec une constante d'intégration h,

$$\mathrm{PO} = r = h - \int \cos\varphi\, dp;$$

il peut alors en déduire les quantités ψ et q donnant l'autre profil. En effet la relation

$$a \sin\omega = p \sin\varphi$$

permet de calculer ω, d'où ζ par $\zeta = \omega - \varphi$, puis

$$q = \frac{bp \sin\varphi}{a \sin\psi}$$

et

$$\psi = \frac{c\varepsilon + c\omega - a\varphi}{b},$$

où ε est une constante arbitraire.

Ceci permet de calculer le rayon de courbure du profil de la seconde dent (§ 11); on a vu qu'il vaut

$$s - \sin\psi \frac{dq}{d\psi};$$

or on a trouvé la relation

$$q \sin\psi = \frac{b}{a} p \sin\varphi,$$

d'où

$$\sin\psi\, dq + q \cos\psi\, d\psi = \frac{b}{a} d(p \sin\varphi)$$

et

$$\sin\psi\, dq = \frac{b}{a} d(p\sin\varphi) - q\cos\psi\, d\psi,$$

on a ainsi le rayon de courbure

$$s + q\cos\psi - \frac{b}{a}\frac{d(p\sin\varphi)}{d\psi};$$

tenant compte dès lors de la valeur de $d\psi$, on obtient

$$s + q \cos \psi - \frac{b^2 \cos \omega \, d(p \sin \varphi)}{c d(p \sin \varphi) - a^2 \cos \omega \, d\varphi};$$

le rayon de courbure de la dent du premier profil est, on l'a vu,

$$r + p \cos \varphi - \frac{d(p \sin \varphi)}{d\varphi}$$

or

$$r + s + p \cos \varphi + q \cos \psi = c \cos \omega;$$

la somme des deux rayons de courbure est donc

$$c \cos \omega - \frac{b^2 \cos \omega \cdot d(p \sin \varphi)}{c d(p \sin \varphi) - a^2 \cos \omega \, d\varphi} - \frac{d(p \sin \varphi)}{d\varphi};$$

il s'ensuit (§ 12) que le rayon de courbure du profil de la seconde roue est égal à

$$c \cos \omega - r - p \cos \varphi - \frac{b^2 \cos \omega \, d(p \sin \varphi)}{c d(p \sin \varphi) - a^2 \cos \omega \, d\varphi}.$$

Euler passe alors à quelques exemples. Le premier (§ 13 et 14) est celui où le profil de la première roue est une droite passant par le centre A; on a alors $\varphi = 90°$, donc $d\varphi = 0$, puis $r = 0$, d'où $\sin \omega = \frac{p}{a}$, $\zeta = \omega - 90°$; le rayon de courbure du second profil est dès lors

$$\left(c - \frac{b^2}{c}\right) \cos \omega;$$

Euler donne alors une construction graphique du centre de courbure du second profil (Fig. 3).

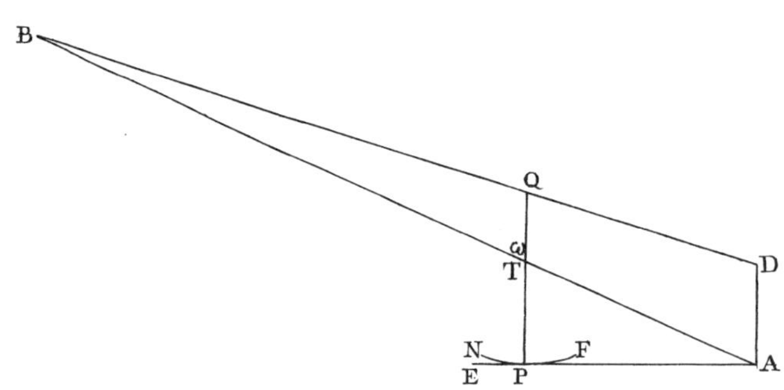

Fig. 3

Le deuxième exemple (§ 15) est celui où le premier profil est un segment d'une droite ne passant pas par le centre (Fig. 4); ici encore $\varphi = 90°$, r est égal à une constante,

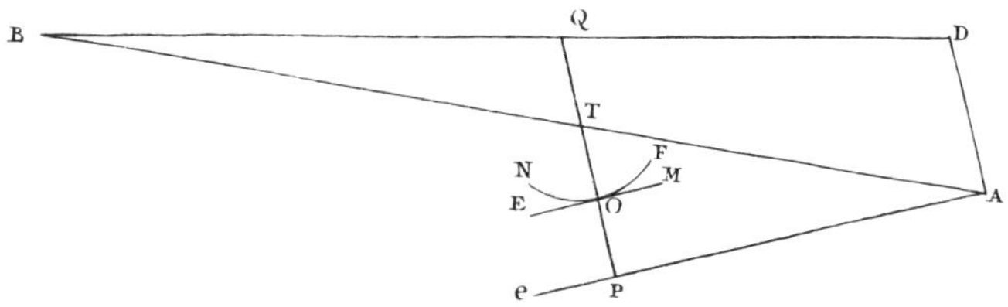

Fig. 4

soit h; on a encore $\sin\omega = \frac{p}{a}$ (donc p doit être inférieur à a); le rayon de courbure du second profil est alors égal à

$$\left(c - \frac{b^2}{c}\right) \cos\omega - h;$$

EULER en déduit la construction graphique du centre de courbure de ce profil.

Le troisième exemple va conduire EULER à une relation importante (§ 16 à 18); il suppose que le profil de la roue de centre A est un arc de cercle de centre P (Fig. 5); comme plus haut, soient T le point d'intersection de la ligne d'action avec AB, ω l'angle formé avec AB par cette ligne d'action; soient également

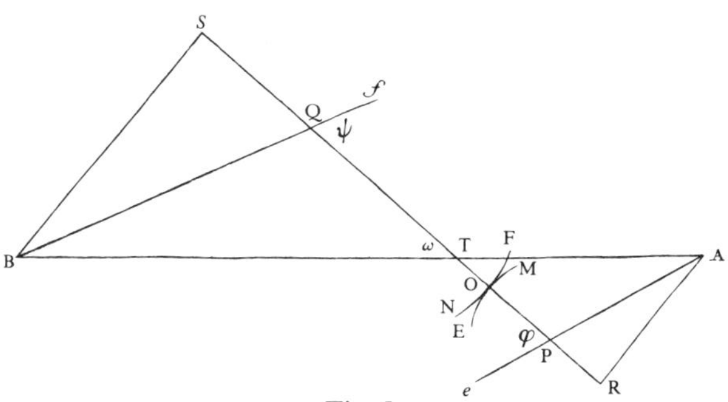

Fig. 5

$$a = \mathrm{AT}, \quad b = \mathrm{BT}, \quad c = a + b,$$

puis O le point de contact des deux profils; on choisit pour P et Q les centres de courbure de ces profils, φ et ψ étant les angles formés par AP, resp. BQ, avec la ligne d'action. Soient $f = \mathrm{AP}$ la distance (constante) de A au centre P du premier profil (quantité qui va donc remplacer le p variable de l'étude générale du rayon de courbure) et $h = \mathrm{PO}$ le rayon du cercle (qui remplace donc le r du cas général); EULER désigne encore par R et S les pieds des perpendiculaires abaissées de A, resp. de B, sur la ligne d'action.

Avec ces notations, le rayon de courbure du second profil est

$$\mathrm{OQ} = c\cos\omega - h - f\cos\varphi - \frac{b^2 f\cos\varphi\ \cos\omega}{cf\cos\varphi\ -\ a^2\cos\omega}\,;$$

mais on a [en changeant quelque peu les notations d'EULER, afin de ne considérer que des segments orientés, AB et RS étant orientés de A vers B, resp. de R vers S],

$$a\cos\omega = \mathrm{RT},\quad b\cos\omega = \mathrm{TS},$$
$$c\cos\omega = \mathrm{RS},\quad f\cos\varphi = \mathrm{RP},$$

donc

$$\mathrm{OQ} = \mathrm{RS} - \mathrm{PO} - \mathrm{RP} - \frac{\mathrm{TS}\cdot\mathrm{RP}\cdot\mathrm{TB}}{\mathrm{AB}\cdot\mathrm{RP} - \mathrm{AT}\cdot\mathrm{RT}}\,;$$

par quelques calculs élémentaires, compte tenu de

$$\mathrm{AB} : \mathrm{AT} : \mathrm{TB} = \mathrm{RS} : \mathrm{RT} : \mathrm{TS}$$

et de

$$\mathrm{RS} = \mathrm{RT} + \mathrm{TS},$$

on obtient

$$\mathrm{TS}\cdot\mathrm{RP}\cdot\mathrm{TQ} + \mathrm{SQ}\cdot\mathrm{RT}\cdot\mathrm{TP} = 0,$$

c'est-à-dire

$$\frac{\mathrm{RT}\cdot\mathrm{TP}}{\mathrm{RP}} + \frac{\mathrm{TS}\cdot\mathrm{TQ}}{\mathrm{SQ}} = 0;$$

on en déduit facilement

$$\frac{1}{\mathrm{TP}} - \frac{1}{\mathrm{TQ}} = \frac{1}{\mathrm{TR}} - \frac{1}{\mathrm{TS}},$$

ou encore, en revenant à TA et TB,

$$\frac{1}{\mathrm{TP}} - \frac{1}{\mathrm{TQ}} = \left(\frac{1}{\mathrm{TA}} - \frac{1}{\mathrm{TB}}\right)\frac{1}{\cos\omega},$$

relation à laquelle on donne aujourd'hui le nom de formule d'EULER-SAVARY.

[Elle est sans doute passée inaperçue durant assez longtemps. Elle figure sous cette dernière forme dans un ouvrage de F. SAVARY[1]); ce cours, consacré à la théorie des engrenages, comporte un important chapitre intitulé *«De quelques courbes employées dans les engrenages»*, qui traite *«de certaines courbes enveloppes»*; SAVARY y considère un cercle C′ roulant sans glisser sur un cercle fixe C, et une courbe Γ liée au cercle C′; cette courbe, dans son déplacement, reste tangente à une courbe enveloppe; il détermine alors, par un raisonnement géométrique direct, la relation qui nous occupe et qui lie les rayons des deux cercles et les rayons de courbure de Γ et de son enveloppe. SAVARY ne cite pas EULER; rien ne permet de supposer qu'il ait eu connaissance des travaux de son illustre prédécesseur.

A la même époque toutefois, R. WILLIS[2]) connaît EULER, le cite et lui attribue justement la paternité de la considération des rayons de courbure dans la théorie des engrenages: «... je cherchais, en 1838, à développer les idées suggérées par le mémoire d'EULER et finalement réussis à découvrir une méthode pratique pour déterminer une paire de centres avec les rayons convenables, pour une paire de roues» (p. 130 du second ouvrage cité, 2ème édition).

Plusieurs auteurs vont encore présenter néanmoins la relation en question comme appartenant à SAVARY seul; ainsi LABOULAYE[3]), traitant des courbes enveloppes, écrit «Une grande partie de ce qui est écrit est extrait du Cours de machines professé à l'Ecole polytechnique par M. SAVARY, de 1829 à 1837». De même DUHAMEL[4]), après avoir établi la formule, écrit (vol. 1, p. 213) «C'est ainsi que M. SAVARY, après avoir établi la formule dans ses feuilles sur les engrenages ... ».

Par contre BOUR[5]) connaît WILLIS, donc EULER; il parle (p. 200 et suiv.) de la construction des profils au moyen des cercles de courbure et écrit (p. 202, en note): «EULER avait indiqué l'application aux engrenages des arcs de cercles qu'on obtient en se conformant aux indications précédentes; mais on a longtemps négligé de mettre à profit ces considérations théoriques, jusqu'à ce que WILLIS les ait présentées sous une forme immédiatement pratique».

---

1) SAVARY, FÉLIX (1791–1841), *Notes du cours sur les machines*, année scholaire 1835–36, autographié, 75 p., s.l.n.d.; cet ouvrage n'est pratiquement jamais cité explicitement (un exemplaire se trouve à Paris, à la Bibliothèque nationale).

2) WILLIS, ROBERT (1800–1875), *On the Teeth of Wheels*, Transactions of the Institution of Civil Engineers, 2, (1837), p. 89–112, et *Principles of Mechanism*, Londres 1831 (2ème éd. 1870).

3) LABOULAYE, CHARLES PIERRE LEFEBVRE DE (1813–1886), *Traité de cinématique ou théorie des machines*, Lacroix-Comon, Paris 1854; voir p. 118 et suiv.

4) DUHAMEL, JEAN MARIE CONSTANT (1797–1872), *Eléments de calcul infinitésimal*, 2 vol., Mallet-Bachelier, Paris 1856.

5) BOUR, EDMOND (1832–1866), *Cours de mécanique et machines*, premier fascicule: *Cinématique*, Gauthier-Villars, Paris 1865.

Notons encore qu'un cas particulier de cette formule se trouve déjà dans le traité classique de L'HOSPITAL[1]); il s'agit du cas où la courbe liée au cercle mobile se réduit à un point.

On sait aussi que la formule reste valable quand on remplace le cercle roulant sur un cercle par une courbe quelconque roulant sur une courbe quelconque (avec des conditions convenables de régularité)].

EULER décrit enfin une construction graphique des centres de courbure de deux profils conjugués (Fig. 6, p. 209). Il passe ensuite à la discussion du résultat obtenu plus haut; les centres A et B des deux roues étant donnés, ainsi que le rapport (constant) des vitesses angulaires, le point C d'intersection de la ligne d'action avec AB est fixé (Fig. 7, p. 210); on peut par contre choisir arbitrairement [dans certaines limites comme on le verra plus loin] l'angle ω de cette ligne avec la ligne des centres, ainsi qu'un paramètre u à partir duquel on obtiendra les centres de courbure P et Q par

$$CP = a\cos\omega - \frac{a^2\cos\omega}{a+u}, \quad CQ = b\cos\omega + \frac{b^2\cos\omega}{u-b};$$

enfin le point de contact peut être pris arbitrairement sur la droite PQ; il y a donc trois paramètres arbitraires, ce qui donne une idée de la grande variété de profils conjugués possibles (§ 19); EULER note ensuite les limitations évidentes dans le choix de ces paramètres (§ 20 à 22); ainsi l'angle ω ne peut être droit, mais doit néanmoins être choisi assez proche d'un droit.

EULER va ensuite décrire une méthode de construction (en fait encore approchée) des profils conjugués (§ 23 à 28); tout d'abord le rapport des vitesses angulaires, donc du nombre des dents, donne le point, désigné désormais par la lettre C, où la ligne d'action coupe la ligne des centres AB; menant cette ligne d'action, on peut prendre pour centres de courbures des deux profils les pieds R et S des perpendiculaires abaissées de A et B puis tracer les arcs de cercle correspondant aux deux profils.

On peut aussi (Fig. 8, 9 et 10, p. 213, 216) choisir les centres de courbure P et Q en sorte que les deux rayons de courbure soient égaux; ceci donne également lieu à une construction graphique simple.

Mais, constatant le caractère approché des considérations précédentes, EULER en vient au problème d'une détermination exacte (§ 29 à 31). Il y parvient en choisissant un angle ω constant, donc en considérant des profils tels que la ligne d'action reste fixe; si

---

1) L'HOSPITAL GUILLAUME (1661–1704), *Analyse des infiniment petits pour l'intelligence des lignes courbes*, Paris 1696; voir p. 153 et suiv.; il est vraisemblable que l'idée lui en a été fournie par JEAN BERNOULLI.

on prend en outre les centres de courbure en R et S, pieds des perpendiculaires abaissées de A et B sur la ligne d'action, les profils sont alors des développantes de cercle, précisément des cercles de centre A et de rayon AR, resp. de centre B et de rayon BS (Fig. 11, p. 218); EULER peut dès lors donner une construction précise des profils.

L'avenir allait montrer les avantages considérables que présente le profil en développante de cercle; il en est un qui résulte déjà directement des calculs d'EULER, à savoir que la propriété d'homocinéticité est conservée si la distance des centres varie; en effet, le rapport des vitesses angulaires est égal au rapport des rayons AR et BS. On sait qu'il y en a d'autres, de nature technologique; il fournit d'une part une meilleure résistance aux efforts, d'autre part une plus grande commodité pour la taille.

De nos jours, l'industrie des machines utilise exclusivement la denture en développante de cercle; par contre, la petite mécanique et l'horlogerie ont conservé l'épicycloïde, mieux adaptée au petit nombre de dents des pignons usage dans cette technique.

Ainsi par une intuition de génie, aidé par son habileté dans le maniement de l'analyse, EULER a attaché son nom à cet élément majeur de la mécanique appliquée qu'est la roue dentée; méme s'il n'en a pas explicité tous les aspects, il peut sans conteste être tenu pour le créateur de sa théorie.

THÉORIE DES MACHINES
(E 96, 194, 277)

Bien que la rédaction des trois études considérées ici – auxquelles on peut joindre le préambule de E 78[1]) – s'étale sur une longue période (1738 à 1760), on peut les considérer comme formant un tout, exprimant les idées d'EULER sur une théorie générale des machines, c'est-à-dire des engins destinés à soulever ou déplacer des poids, que ce soit des leviers, poulies, treuils, palans, vis, coins, etc. Dans

E 96
De machinarum tam simplicium quam compositarum usu maxime lucro

(p. 16–39), EULER relève que jusqu'ici la théorie se contentait de définir des conditions d'équilibre entre les forces actives *(potentiae)* et les résistances, bien que l'efficacité d'une machine dépende aussi de la vitesse avec laquelle elle accomplit son travail. La force motrice devra dans la phase d'accélération vaincre non seulement la résistance et le frottement, mais également l'inertie de l'engin. Il calcule cette inertie pour différents éléments

1) E 78, *Dissertation sur la meilleure construction du cabestan*, Opera omnia II 20, p. 36–82; voir la préface de ce volume par W. HABICHT, p. XV–XVI.

de machine: levier, roue, corde, train d'engrenage, etc., et en déduit l'accélération de l'ensemble sous l'action d'une force donnée. En fait il désigne cette accélération par «vitesse» *(celeritas)*, expliquant que la vitesse après un temps donné est proportionnelle à l'accélération. Il relève enfin que la force motrice est en général une fonction de la vitesse d'application, aussi bien pour la force humaine ou animale que pour la force de l'eau ou du vent.

Le mémoire

E 194

De machinis in genere

(p. 40–65) développe le même argument, et après un long préambule explicatif, le précise par des exemples simples tels que le déplacement d'une masse sur un plan horizontal, reliée par un cable à un poids. Il relève que la force doit être appliquée au centre de gravité pour éviter toute rotation. Il établit les équations du mouvement en l'absence de frottement tout d'abord. Puis, relevant que ce dispositif permet de mesurer la résistance due au frottement, il décrit les expériences d'AMONTONS[1]), qui lui donnent une valeur moyenne de $\frac{1}{3}$ pour le coefficient de frottement. On peut rapprocher les § 5 à 7 de ce mémoire des considérations contenues dans le mémoire E 143 *«Sur le frottement des corps solides»*[2]).

Lorsque la masse est mise en mouvement par la force d'un homme au lieu d'un poids, il faut tenir compte du fait que la force qu'il est capable d'exercer dépend de la vitesse du point d'application. Si la force maximum à l'arrêt est g, et si cette force s'annule pour une vitesse V, EULER choisit arbitrairement une fonction de la vitesse v satisfaisant à cette condition, soit $p = g\left(1 - \left(\frac{v}{\mathrm{V}}\right)^2\right)$ et l'applique à la levée d'un poids, verticalement tout d'abord puis sur un plan incliné, problème qu'il traite plus en détail dans E 143[3]).

Le dernier exposé

E 277

Principia theoriae machinarum

(p. 136–153) reprend et complète les résultats des précédents et les résume dans quelques «maximes», en général sans démonstration mais suivies de longues explications, par exemple:

1) AMONTONS GUILLAUME, 1663–1705, physicien: *De la résistance causée dans les machines, tant par les frottements des parties qui les composent que par la raideur des cordes qu'on y employe, et la manière de calculer l'une et l'autre*, Mém. Acad. de Paris, 1699; 3ème édition, 1832, p. 206–277.

2) *Sur le frottement des corps solides*, Mémoires de l'Acad. des sc. de Berlin, [4], 1750, p. 122–132, Opera omnia II 8, p. 54–63.

3) Loc. cit., p. 59.

Dans une machine dont toutes les parties sont en mouvement uniforme, la force nécessaire pour maintenir le mouvement est exactement égale à celle nécessaire à l'équilibre;

ou encore:

Le mouvement sera accéléré ou retardé suivant que la force motrice est plus grande ou plus petite que celle qui maintiendrait l'équilibre.

On trouve au § 4 un énoncé de la loi de conservation de l'énergie:

Dans les machines en mouvement uniforme, le produit de la force motrice par sa vitesse est égal au produit de la force résistante par sa vitesse.

Le § 5 définit l'efficacité ou, en termes modernes, la puissance, comme le produit de la force par le chemin qu'elle parcourt en une seconde. EULER distingue entre la puissance utile *(momentum effectus)* et la puissance absorbée *(momentum impulsus)* qui sont égales en l'absence de frottement, ce dernier pouvant être assimilé à une résistance supplémentaire, de sorte que la méthode de calcul n'est pas affectée par sa présence. EULER affirme – peut-être un peu à la légère – que, quelle que soit la résistance à vaincre, il est toujours possible de construire une machine telle qu'une force donnée puisse la maintenir en mouvement permanent. Il reprend ensuite le cas où la force motrice n'est pas un poids, mais une force dépendant de la vitesse d'application. Il introduit une formule d'interpolation différente de celle qu'il a utilisée dans E 194, soit

$$p = g\left(1 - \frac{v}{V}\right)^2,$$

par analogie avec l'effet d'un courant d'eau sur l'aube d'une roue hydraulique[1]) et l'applique à la force des hommes ou des animaux. On trouve aisément qu'un effet optimum est obtenu lorsque la vitesse d'application v est le tiers de la vitesse V pour laquelle la force s'annule et que l'effort exercé à cette vitesse est les $\frac{4}{9}$ de la force maximum à vitesse nulle.

Pour terminer, EULER précise que si le mouvement de la machine est tantôt accéléré, tantôt retardé, son effet sera inférieur à celui que font prévoir les règles de calcul qu'il a énoncées. Par conséquent, s'il s'agit par exemple d'actionner des pilons *(pistilla)*, il faut le faire par l'intermédiaire d'une manivelle *(brachium incurvatum)*, de sorte que malgré le mouvement alternatif des pilons, la machine d'entraînement se meuve de façon uniforme. On ne peut manquer de remarquer à ce propos combien ce fait justifie le recours à des engrenages homocinétiques, qui ont fait l'objet des mémoires E 249 et E 330[2]).

---

1) On retrouve la même argumentation dans E 207, *Discussion plus particulière des diverses manières d'élever de l'eau*, Opera omnia II 15, p. 251–280, ainsi que dans E 413, *De promotione navium sine vi venti*, Opera omnia II 20, p. 190–228; voir p. 191–192.

2) Ce vol., p. 119–135 et p. 196–219.

MÉMOIRES SUR DES SUJETS DIVERS

(E 93, 235, 278, 288, 480, 832)

Le mémoire

E 93

Disquisitio de bilancibus

(p. 1–15) traite des conditions d'équilibre et de stabilité des balances; il détermine en particulier les forces de rappel ramenant le fléau dans sa position d'équilibre, en fonction des positions respectives des points de suspension des plateaux, du fléau et de son centre de gravité. Il en déduit un certain nombre de règles pour la construction des balances destinées à différents usages.

Dans le mémoire

E 235

Sur l'action des scies

(p. 66–88), EULER se propose d'étudier le mouvement d'une scie verticale, agissant sous l'effet de son poids. Il analyse tout d'abord l'action d'une dent isolée (§ 1 à 3), celle de la scie entière (§ 4 à 6) puis se propose d'expliciter les équations du mouvement au cours des diverses phases qui le constituent (§ 7 à 13); il arrive ainsi (§ 14) à l'expression de la durée totale de la descente de la scie, qui donne lieu à une discussion en fonction des paramètres choisis (§ 15 à 19); passant ensuite à la phase de la remontée (§ 20 à 26), il obtient finalement la durée totale d'un coup de scie (§ 27).

La recherche (§ 28 et 29) de la hauteur optimum de la chute libre conduisant à une expression trop compliquée, il passe ensuite à des calculs numériques (§ 30 à 41), ce qui l'amène à des recommandations pour le choix le plus favorable des paramètres disponibles (§ 42).

Ce mémoire semble avoir pour but premier de montrer une fois de plus la possibilité de mettre en jeu les lois de la mécanique et les techniques de l'analyse mathématique pour dimensionner le plus avantageusement des réalisations concrètes. On n'y trouve en fait aucune idée vraiment nouvelle quant à l'outil mathématique mis en œuvre.

Dans

E 278

De motu et attritu lentium, dum super catinis poliuntur

(p. 154–169), EULER s'intéresse à une méthode de fabrication d'une lentille optique. Celle-ci est fixée sur un axe tournant librement et est appliquée sur un plateau mobile, formé d'une calotte sphérique de rayon correspondant à la courbure désirée de la lentille. L'auteur cherche tout d'abord une relation entre les vitesses de rotation du plateau et de la lentille. Appliquant le principe de moindre action, il trouve que ces deux vitesses sont égales. Il constate que si l'usure de la lentille est uniforme grâce à sa rotation, il n'en est pas de même de celle du plateau, dont la forme est ainsi altérée. Pour remédier à cet inconvénient, il propose de disposer à côté de la lentille un morceau *(frustum)* de verre, dont il définit la forme et la pression d'application de façon à compenser l'inégalité de l'usure du plateau. Il ne semble pas que ce procédé ait jamais été utilisé, il se heurterait d'ailleurs à de sérieuses difficultés pratiques.

Des faits d'actualité ont amené EULER à aborder dans le mémoire

E 288
Cogitationes de aggeribus construendis

(p. 170–195) un problème qui relève de ce que l'on appelle aujourd'hui la recherche opérationnelle: il s'agit de déterminer le tracé optimum de digues destinées à protéger des atterrissements, compte tenu du prix de la digue et de la valeur des terrains ainsi gagnés à la culture; on voit qu'on a affaire là à un problème d'extremum avec des conditions sous forme d'inégalités.

EULER traite en fait un certain nombre de cas particuliers, dans lesquels peut se décomposer un problème réel; il s'agit toujours de domaines limités par des segments de droites; on trouve facilement que les angles doivent être remplacés par des arcs de cercles; les calculs sont élémentaires; ils n'impliquent aucune technique nouvelle.

On peut penser qu'EULER a cherché par ce travail non pas à contribuer à quelque progrès scientifique, mais plutôt à attirer l'attention sur le fait que l'on peut aborder quantitativement des problèmes concrets de nature économique.

Le mémoire

E 480
Regula facilis pro diiudicanda firmitate pontis aliusve corporis similis ex cognita firmitate moduli

(p. 220–231) a été écrit à l'occasion d'un projet de pont suspendu sur la Neva, pour lequel un modèle devait être construit; EULER constate que le rapport des charges admissibles (poids propre déduit) de l'ouvrage et du modèle n'est pas égal au rapport n des dimensions linéaires, puisque le poids est proportionnel à n^3, tandis que les forces internes, qui doivent équilibrer aussi bien le poids propre que la charge utile, varient comme n^2.

Il applique un raisonnement analogue à une poutre sollicitée à la flexion et en déduit une formule reliant la charge utile de l'ouvrage à celle supportée par le modèle, en fonction pour ce dernier du rapport de la charge utile au poids propre. Il termine par une brève remarque sur la nécessité de tenir compte de l'effet d'un fort vent latéral.

Il ressort clairement de la figure 3 qu'EULER place la fibre neutre d'un barreau soumis à la flexion à la face inférieure de la section. On retrouve cette même erreur sans commentaire dans tous ses travaux sur des questions similaires. Dans son introduction à la mécanique des corps élastiques[1]), TRUESDELL relève cette inconséquence et l'explique par le fait qu'elle n'affecte pas la théorie même, mais seulement la façon d'interpréter cette théorie pour les applications pratiques.

Dans le mémoire

E 832

Von der Kraft der Rammen, Pfähle einzuschlagen

(p. 294–312) EULER se propose d'estimer l'action du mouton d'une sonnette sur le pieu à enfoncer; il s'agit là d'un exemple de problème pratique où une étude théorique ne peut donner au mieux que des résultats qualitatifs, les hypothèses servant à fournir un modèle mathématique étant trop éloignées de la réalité. L'analyse d'EULER n'échappe pas à cette restriction.

Présenté à l'Académie de Pétersbourg le 18 mai 1772, ce travail fut alors laissé inédit; il n'a été publié que dans les Opera postuma en 1862, avec une lacune assez considérable[2]); au reste sa rédaction paraît quelque peu hâtive, ce qui se traduit notamment par un certain nombre de remarques succédant au texte principal.

Le modèle adopté par EULER est le suivant (Fig. 1, p. 295): un pieu rigide de poids M pénètre dans un milieu qui oppose à son avancement une force constante Q; un mouton de poids P tombe d'une hauteur a sur un ressort sans masse AB qui prolonge le pieu; dans ce modèle, l'élasticité du pieu est donc concentrée à son sommet; un tel modèle n'est évidemment pas réaliste; l'élasticité devrait être étendue à toute la longueur du pieu; on a ici affaire au problème de l'étude du choc longitudinal d'une masse donnée

1) Opera omnia II 11/2, p. 388.

2) Les recherches entreprises récemment tant à Léningrad qu'à Tartu n'ont pas permis de retrouver les feuillets manquants, qui vont du § 23 au § 29.

sur un barreau cylindrique; il a été étudié, postérieurement, par divers auteurs[1]); on sait qu'il fait intervenir l'équation de d'ALEMBERT (équation des cordes vibrantes); on peut être surpris qu'EULER ne l'ait pas traité de cette manière, puisque cette équation lui était déjà familière.

Avec le modèle adopté, l'étude dynamique du processus se ramène à l'intégration d'un système différentiel pour les deux fonctions x, déplacement du point A, et y, longueur du ressort; on doit y faire intervenir la caractéristique du ressort; désignant par α la longueur du ressort non sollicité, EULER choisit pour commencer l'expression

$$A\,\frac{\alpha - y}{y}.$$

qu'il remplace plus loin, pour des raisons de commodité, par

$$A\,\frac{\alpha^2 - y^2}{y^2}.$$

Utilisant la première expression ci-dessus, il considère (§ 10 à 12) la première phase du mouvement, durant laquelle la force de compression du ressort reste inférieure à Q, donc au cours de laquelle le pieu ne s'enfonce pas encore; si la hauteur de chute du mouton est suffisante, cette compression atteint après un certain laps de temps la valeur Q, et dès lors commence la seconde phase, avec enfoncement du pieu (§ 13 à 15). EULER effectue ici la première intégration, donnant la vitesse en fonction du déplacement.

Les calculs sont ensuite repris (§ 19 à 20) avec la seconde expression pour la caractéristique du ressort.

EULER passe dès lors à des évaluations numériques (§ 21); il arrive ainsi (avec la seconde expression de la caractéristique) à une force de 16 128 000 livres (soit 7 112 400 kg) répartie sur une surface d'un demi pied carré (490 cm^2), c'est-à-dire une pression spécifique de 14 515 kg/cm^2, bien supérieure à la limite de rupture du bois; avec la première expression de la caractéristique, EULER constate, sans s'étonner autrement, que cette force serait représentée par un nombre de 54 chiffres!

---

1) On peut citer S. D. POISSON, *Traité de mécanique*, deuxième édition, Paris 1833, tome 2, en particulier le chapitre 8; citons également SAINT-VENANT, J. C. BARRÉ DE: *Choc longitudinal de deux barres élastiques dont l'une est extrêmement courte ou extrêmement roide par rapport à l'autre*, Comptes Rendus de l'Académie des sciences *66* (1868), p. 650–653; et du même auteur: *Mémoire sur le choc longitudinal de deux barres élastiques de grosseurs et de matières semblables ou différentes, et sur la proportion de leur force vive qui est perdue pour la translation ultérieure, et généralement sur le mouvement longitudinal d'un système de deux ou plusieurs prismes*, J. math. pures et appl., 2e série, *12* (1867), p. 237–276.

Le même auteur, en collaboration avec A. A. FLAMANT, a publié quatre notes sur le même sujet dans les Comptes Rendus de l'Académie des sciences, *97* (1883), p. 127–133, 214–222, 281–290, 444–447.

[En utilisant le modèle correct, avec l'équation de d'ALEMBERT, on a au premier instant, avant le retour de l'onde réfléchie, une pression

$$p = \varrho c v,$$

où ϱ est la masse spécifique du barreau, c la célérité des ondes élastiques dans ce dernier, v la vitesse de l'extrémité considérée; dans le cas proposé par EULER, on a, pour le poids spécifique

$$\gamma = 800 \text{ kg/m}^3 \quad \text{(bois de chêne)};$$

en outre

$$c = 4000 \text{ m/sec}, \quad v = 5 \text{ m/sec}$$

d'où

$$p = 163{,}1 \text{ kg/cm}^2,$$

d'un tout autre ordre de grandeur que les valeurs estimées plus haut.]

La suite du travail (§ 22 à 35) est consacrée à la seconde intégration, donnant la position en fonction du temps; nous pensons peu utile d'en donner ici une analyse, d'autant plus qu'une lacune importante (§ 23 à 29) rend difficile un jugement sur la valeur des formules finales; il est notamment impossible d'apprécier l'influence des diverses approximations intervenues en cours de calculs.

Dans une ultime adjonction, EULER propose une méthode expérimentale pour la détermination des paramètres qu'il a introduits.

On l'a dit, le modèle adopté par EULER n'est pas réaliste; il présente néanmoins un certain intérêt: dans ce processus, une énergie cinétique donne lieu à une force; EULER a bien vu qu'il fallait pour cela faire intervenir un milieu élastique.

APERÇU SUR LES CONTRIBUTIONS D'EULER A L'ART DE L'INGÉNIEUR

Il est évident que l'essentiel de l'œuvre d'EULER est de caractère purement théorique. Cependant, tout au long de sa carrière, il s'est intéressé aux questions pratiques, qui lui ont fourni matière à des développements théoriques originaux. C'est en particulier le cas de ses travaux sur l'optique ou l'hydrodynamique. Et ce n'est probablement pas une coïncidence si son premier travail important E 4[1]) et sa dernière étude E 579[2]) s'inspirent tous deux de problèmes techniques.

Au dix-huitième siècle, ces derniers étaient généralement traités de façon purement empirique. Ce fut une préoccupation constante d'EULER de montrer que l'utilisation des récents progrès des mathématiques et de la mécanique devait permettre d'améliorer les performances des engins de toute nature. Conscient du fait que ses développements mathématiques n'étaient guère à la portée des praticiens, il poussait ses explications jusqu'à des exemples numériques, et souvent même jusqu'à des propositions de réalisations concrètes. C'est tout particulièrement le cas pour ses travaux en optique, où ses «devis», c'est-à-dire les détails de construction de lunettes et microscopes sont nombreux[3]). Dans ce même domaine, il a fait preuve d'un sens réel de l'expérimentation, avec ses recommandations pour la mesure correcte de l'indice de réfraction et de la dispersion des verres optiques[4]).

On trouve un autre exemple de ce sens pratique dans E 82[5]); il écrit[6]): *«Puisqu'on n'a point encore établi la mesure certaine pour la dureté, il semble qu'on ne peut rien faire de mieux que de l'estimer proportionnelle à la force qui est requise pour y faire une impression donnée ... d'où un moyen fort convenable de déterminer et de comparer entre elles les duretés de différents corps»*. Or c'est là très exactement la méthode de mesure introduite 150 ans plus tard par BRINELL et encore aujourd'hui d'un usage courant[7]).

Dans le même domaine de la résistance des matériaux, il faut citer les études des «elastica», ou déformations élastiques, dont C. TRUESDELL a donné une analyse complète[8]); il attribue à juste titre à EULER la première définition précise du module de YOUNG[9]) et surtout la célèbre formule du flambage[10]); on relèvera également ce qui pour-

1) E 4, Meditationes super problemata nautica, de implematione malorum, Paris, 1728, Opera omnia II 20, p. 1–35.

2) E 579, Calculs sur les ballons aérostatiques, Mém. Acad. Roy. des sc., Paris 1784, p 264–268, Opera omnia II 16, p. 165–169.

3) Voir par exemple E 364, Lettre sur la dioptrique, Gazette litt. Berlin, 1768, 5, p. 385–386, Opera omnia III 7, p. 198–199.

4) Dans E 361, Réflexions sur la manière d'examiner la réfraction du verre par le moyen des prismes, Mémoires de l'acad. des sc. de Berlin [22], 1768, p. 202–212, Opera omnia III 7, p. 168–177.

5) E 82, De la force de percussion et de sa véritable mesure, Mémoires de l'acad. des sc. de Berlin, [17], 1746, p. 21–53, Opera omnia II 8, p. 27–53.

6) Loc. cit., p. 39 et 40.

7) J. A. BRINELL (1849–1926) a décrit sa méthode aux alentours de 1900; il mesure la dureté par l'expression

$$\frac{P}{\pi D t}$$

où P est la force appliquée, D le diamètre de la sphère utilisée et t la profondeur de la déformation produite. Voir à ce propos, par exemple, Handbuch der Experimentalphysik, Vol. 5, 1930, p. 335 et suiv.

8) Opera omnia II 11/2.

9) Loc. cit., p. 401.

10) Loc. cit., p. 211.

rait être la première étude d'un système hyperstatique[1]) : il s'agit du calcul des efforts exercés sur un sol élastique par les quatre pieds d'une table. Signalons encore un essai de théorie des modèles appliquée à la construction des ponts[2]).

Le développement de la mécanique rationnelle s'est fait à juste titre sur le plan mathématique sans tenir compte du frottement. EULER insiste cependant sur l'importance de ce dernier dans les applications pratiques et lui a consacré plusieurs travaux[3]). Grâce aux expériences d'AMONTONS, il connaît les lois empiriques du frottement, attribuées généralement à COULOMB. Il en donne une interprétation par l'effet des petites aspérités des surfaces en contact, explication que COULOMB reprendra d'ailleurs[4]).

Mais c'est dans le domaine du génie maritime que l'on trouve les exemples les plus typiques de l'esprit inventif d'EULER. Dans son étude sur le cabestan[5]), il imagine divers moyens mécaniques pour éviter d'avoir à dérouler le cable lorsque le treuil est plein. Il considère le cabestan comme un treuil enrouleur simple, contrairement à ce que semble avoir été alors la pratique usuelle[6]). Cette façon de procéder, et bien qu'il n'en fasse pas mention, lui a sûrement inspiré son célèbre mémoire E 382[7]), où il établit la formule classique sur l'effet de l'enroulement de la corde sur un cylindre.

Dans le mémoire E 413[8]), primé en 1753 par l'Académie des sciences de Paris, EULER passe en revue divers moyens d'utiliser la force humaine pour propulser un navire. Partant de son étude sur l'effet des rames[9]), il décrit tout d'abord un système de palettes à mouvement alternatif et, reconnaissant ses inconvénients, il propose un dispositif qui est bien l'ancêtre de la roue à aubes, telle qu'elle équipe encore certains bateaux. Mieux encore, il décrit un système de pales tournant autour d'un axe parallèle à la quille du navire à son arrière, qui, plongeant dans l'eau sous un angle d'incidence approprié, provoquent une

---

1) E 456, De pressione ponderis in planum cui incumbit, Novi comment. acad. scient. Petrop. 18, 1774, p. 289–329, Opera omnia II 9, p. 1–34.

2) E 480, Regula facilis pro diiudicanda firmitate pontis, Novi comment. acad. scient. Petrop. 20, 1776, p. 271–285, Opera omnia, ce vol., p. 220–231.

3) On peut consulter à ce sujet la préface du volume II 8 des Opera omnia, p. XI–XVIII, où ces travaux sont analysés.

4) Voir E 143, Sur le frottement des corps solides, Mémoires de l'acad. des sc. de Berlin, [4], 1750, p. 122–132, Opera omnia II 8, p. 54–63.

5) E 78, Dissertation sur la meilleure construction du cabestan, Paris 1745, Opera omnia II 20, p. 36–82.

6) On lit, à l'article «Cabestan» de l'Encyclopédie de Diderot (p. 207); «On lui fait faire deux tours sur la cloche ... on enveloppe toujours de plus en plus sur le cabestan le cordage qui se développe au bout où on tient bon».

7) E 382, Remarque sur l'effet du frottement dans l'équilibre, Mémoires de l'acad. des sc. de Berlin, [18], 1769, p. 265–278, Opera omnia II 8, p. 357–368.

8) E 413, De promotione navium sine venti, Mémoire sur la manière de suppléer à l'action du vent, Paris 1771, Opera omnia II 20, p. 190–228.

9) E 116, Mémoire sur la force des rames, Mémoires acad. des sc. de Berlin, 3, 1749, p. 180–213, Opera omnia II 20, p. 101–129; on consultera à ce sujet l'importante préface que M. HABICHT a consacré au volume II 20 des Opera omnia.

poussée axiale. Il est regrettable que, bien qu'il se soit inspiré des moulins à vent, il n'ait pas songé à immerger complètement cette roue à palettes, ce qui aurait fait de lui l'inventeur de l'hélice marine. Dans la dernière partie de ce mémoire, il traite en détail de la possibilité d'entraîner le navire par la réaction d'un courant d'eau fourni par un jeu de pompes à piston, suivant en celà une idée de DANIEL BERNOULLI. Si cette propulsion par réaction n'a guère été appliquée pour des bateaux, on en connaît le succès en navigation aérienne.

Tous ces travaux, qui viennent s'ajouter à ceux des volumes «Ad theoriam machinarum pertinentes»[1]) montrent à quel point l'intérêt d'EULER pour la science appliquée était éclectique. Pour ainsi dire, aucun domaine de l'art de l'ingénieur du dix-huitième siècle ne lui a échappé, à une seule exception près, assez étonnante: il ne fait aucune mention de la machine à vapeur, pourtant en plein développement à cette époque.

Ce qui précède montre bien que la contribution d'EULER au développement de la technique est loin d'être négligeable. Or il est frappant de constater qu'à son époque son influence sur les praticiens a été nulle, à l'exception peut-être de la marine. Cette ignorance s'explique vraisemblablement par le fait qu'il n'existait alors pas de périodiques consacrés à l'art de l'ingénieur et que tous ses travaux ont été publiés, souvent en latin, dans les mémoires des académies, mémoires auxquels les milieux de la pratique n'avaient guère accès, et l'empirisme paraissait la seule manière d'améliorer les performances; ce n'est souvent qu'après que d'autres chercheurs aient retrouvé certains de ses résultats que l'on a reconnu le rôle de précurseur d'EULER. C'est ce qu'a montré en particulier J. ACKERET dans sa préface pour le volume sur les turbines hydrauliques[2]); le cas de l'engrenage à développante de cercle en est un autre exemple.

Septembre 1981 Ch. Blanc et P. de Haller

---

1) Opera omnia II 15, 16 et 17.
2) Opera omnia II 15.

INDEX

Insunt in hoc volumine indicis Enestroemiani commentationes
93, 96, 194, 235, 238, 249, 277, 278, 288, 330, 480, 508, 509, 510, 832

DISQUISITIO DE BILANCIBUS

Commentatio 93 indicis ENESTROEMIANI
Commentarii academiae scientiarum Petropolitanae 10 (1738), 1747, p. 3–18

Quanquam doctrina de bilancibus a plurimis auctoribus tanto studio est pertractata, ut nil amplius hac in re desiderari posse videatur, tamen fere omnes, duo capita, quae in fabrica bilancium maximi sunt momenti, neglexerunt, vel potius animum ab iis abstraxerunt, ne inquisitio nimis fieret difficilis et intricata. Omnes enim propemodum, qui de bilancibus scripserunt, ad pondus ipsius bilancis non attenderunt, sed bilancem tanquam gravitatis expertem sunt contemplati, quae positio, cum in rerum natura locum non inveniat, veram naturae bilancium cognitionem non parum impedivit, prout ex sequentibus fusius apparebit. Deinde etiam omnes tantum ad statum aequilibrii respexerunt, nec de motu erant solliciti, quo bilanx sese in situm quietis recipit. Ab hoc autem motu bonitas bilancis maxime pendet, ex eoque, si non recte se habeat, ingentia vitia oriri possunt. Hanc ob rem constitui in hac dissertatione plenam theoriam de bilancibus ex certissimis mechanicis principiis evolvere; atque ex ea regulas derivare, quae in constructione bilancium maximam habebunt utilitatem. Etiamsi enim artifices sola praxi edocti plerasque harum regularum observent, tamen cum vera earum fundamenta nondum fuerint satis cognita, non est dubitandum, quin theoria penitus exculta, ipsa praxis ad summum perfectionis gradum evehatur. Ita autem in hoc negotio versabor, ut primum proprietates, quas perfectam bilancem habere oportet, exponam; atque deinceps rationem bilances construendi investigem, qua illis requisitis satisfiat, et intentae proprietates obtineantur.

REQUISITUM 1

Bilanx perfecta ita debet esse comparata,
ut, si utrinque aequalia pondera lancibus[1]*) imponantur,*
bilanx in situ erecto quiescat.

Situs erectus bilancis duplici modo cognosci solet; scilicet vel ex situ verticali examinis seu lingulae, vel ex situ horizontali scapi seu lineae rectae, quae puncta

1) Editio princeps: tangentibus. Corr. W.H.

scapi, ex quibus lances cum ponderibus suspenduntur, coniungit: ad scapum enim seu potius hanc lineam examen situm tenet normalem. Commodissime autem situs erectus bilancis ex situ verticali examinis cognoscitur; tota namque bilanx ex agina libere dependente suspenditur, quae agina cum semper teneat situm verticalem, congruentia examinis cum agina simul situm erectum bilancis indicare debet. Ceterum usus, cui bilances sunt destinatae, hanc proprietatem potissimum postulat, quo ope ponderum cognitorum cuiusque oneris pondus expedite cognosci queat. Quamvis quidem aeque facile cuiusvis oneris pondus explorari posset, si bilanx ita instrueretur, ut pondera datam inter se rationem tenentia bilancem in situm erectum constituerent, tamen cum huius generis bilances pluribus laborent incommodis, id genus tanquam praecipuum hic examini subiiciam, quod in ponderum aequalitate consistit.

PROBLEMA 1

Structuram bilancis determinare, quo in situ erecto quiescat, si lancibus utrinque pondera aequalia imponantur.

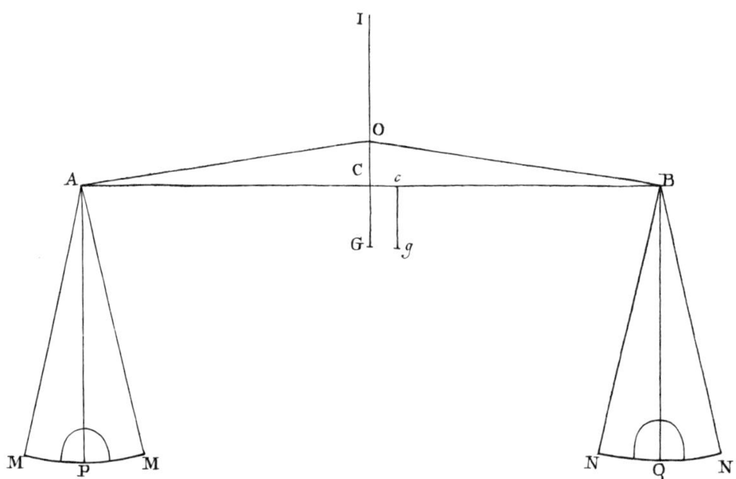

Fig. 1

SOLUTIO

Sit O centrum motus (Fig. 1), circa quod bilanx mobilis existit, A et B puncta scapi, ex quibus lances cum ponderibus suspenduntur. Sint porro MM et NN lances, et P et Q onera seu pondera utrinque imposita; lancis vero MM pondus sit $= m$, et lancis NN pondus $= n$. Solius bilancis sine lancibus et ponderibus sumtae pondus ponatur $=$ M, eiusque centrum gravitatis sit in g. Ponamus iam rectam AB horizontalem, in quam per centrum motus O ducatur normalis IOC, quae lingulam seu examen repraesentabit, situmque verticalem tenebit. Quo ergo haec bilanx ponderibus et lancibus onusta istum situm erectum conservet, oportet ut momenta utrinque sint aequalia. Hanc ob rem erit

$$(\mathrm{P} + m)\,\mathrm{AC} = (\mathrm{Q} + n)\,\mathrm{BC} + \mathrm{M} \cdot \mathrm{C}c$$

ducta ex g in AB verticali gc. Quia autem per hypothesin pondera P et Q sunt inter se aequalia, ponatur $\mathrm{P} = \mathrm{Q} = p$ eritque

$$(p + m)\,\mathrm{AC} = (p + n)\,\mathrm{BC} + \mathrm{M} \cdot \mathrm{C}c$$

seu

$$p\,(\mathrm{AC} - \mathrm{BC}) = n \cdot \mathrm{BC} - m \cdot \mathrm{AC} + \mathrm{M} \cdot \mathrm{C}c$$

cuius aequationis illa pars $p\,(\mathrm{AC} - \mathrm{BC})$ utcunque est variabilis, cum bilanx ad quaecunque pondera aequalia debeat esse accommodata; altera vero pars

$$n \cdot \mathrm{BC} - m \cdot \mathrm{AC} + \mathrm{M} \cdot \mathrm{C}c$$

est constans, nec a ponderum impositorum quantitate pendet. Quocirca quo aequalitas inter has partes esse queat, necesse est, ut utraque sit $= 0$; hinc obtinebimus has duas aequationes $\mathrm{AC} = \mathrm{BC}$ atque

$$m \cdot \mathrm{AC} = n \cdot \mathrm{BC} + \mathrm{M} \cdot \mathrm{C}c$$

seu

$$m - n = \frac{\mathrm{M} \cdot \mathrm{C}c}{\mathrm{AC}}.$$

Ex his aequationibus duae sequentes regulae consequuntur, pro structura bilancium.

REGULA 1

Perpendicularis OC, quae ex centro motus O in rectam AB puncta suspensionum iungentem demissa [est.], eam simul in duas partes aequales dividere debet.

REGULA 2

Lances ita debent esse comparatae ratione ipsarum gravitatis ut etiam vacuae appensae bilancem in situ erecto conservent; hinc enim fluit altera aequatio,

$$m - n = \frac{\mathrm{M} \cdot \mathrm{C}c}{\mathrm{AC}}.$$

Q.E.I.

COROLLARIUM 1

Cum ergo sit $\mathrm{AC} = \mathrm{BC}$ atque OC normalis in AB, erit triangulum AOB isosceles, et brachium $\mathrm{OA} =$ brachio OB.

COROLLARIUM 2

Si centrum gravitatis scapi g cadat in verticalem OC puta in G, tum ob $\mathrm{C}c = 0$, fient lances inter se pondere aequales.

COROLLARIUM 3

Si centrum gravitatis scapi g in rectam IOC cadat, tum etiam solus scapus non onustus situm erectum tenebit, quod non accidit, si g extra rectam IOC ceciderit.

COROLLARIUM 4

Quia pondera P et Q aequalia bilancem in situ erecto tenent, perspicuum est, si pondera commutentur, tum bilancem aeque in situ erecto esse mansuram.

SCHOLION 1

Solent vulgo pro bilancibus hae duae praecipue regulae praescribi, ut primo scapi brachia inter se exacte sint aequalia, atque secundo ut sint etiam aeque gravia, seu quod eodem redit, ut scapi centrum gravitatis in rectam OC cadat. Sed ex solutione problematis satis apparet, hanc posteriorem regulam non esse absolute necessariam; sed bilancem huic primo requisito satisfacere posse, etiamsi scapi centrum gravitatis, g, extra OC cadat. Dummodo igitur scapi brachia sint aeque longa, utcunque pondera inter se discrepent, bilanx ad ponderandum apta reddi poterit lancibus scilicet ita instruendis, ut bilancem in aequilibrio servent; tum enim aequalia pondera lancibus imposita aeque bilancem in situm erectum constituent, ac si brachia essent aequiponderantia. Hanc ob rem quo primo requisito satisfiat, sufficit ut brachia conficiantur exacte aeque longa, neque opus est, ut de aequalitate ponderum brachiorum tantopere simus solliciti.

SCHOLION 2

Sin autem brachia AC et BC longitudine fuerint inaequalia, tum pondera aequalia lancibus imposita bilancem in situ erecto non conservabunt, si quidem solae lances appensae hunc situm produxerint; sed quo situs erectus obtineatur, longiori brachio minus pondus breviori vero maius debet appendi; inversam nimirum brachiorum rationem pondera tenere debent. Ex quo perspicitur, si haec pondera, quibus bilanx in situm erectum fuit perducta, inter se commutentur, ita ut pondus P lanci NN, pondus Q vero lanci MM imponatur, tum situm erectum conservari non posse, sed bilancem in eam plagam, in quam brachium longius vergit, inclinari debere; unde tutissimus obtinetur modus explorandi, utrum scapi brachia sint inter se aequaliter longa. Interim tamen, etiamsi bilanx vitio hoc laboret, cuiusvis oneris verum pondus poterit cognosci, si postquam bilanx solis lancibus in situm erectum fuerit reducta, onus in utraque lance ponderetur, atque inter pondera inventa medium proportionale capiatur.

REQUISITUM 2

Bilanx perfecta ita debet esse comparata,
ut ponderum lancibus impositorum
vel minimam inaequalitatem sensibili inclinatione patefaciat.

De bilancibus utique non solum requiri solet, ut ponderum aequalitatem ostendant, sed etiam ut, quando pondera imposita fuerint inaequalia, hanc ipsam inaequalitatem declarent. Fit autem hoc inclinatione scapi circa centrum motus vel axem in illam plagam, ubi gravius pondus est suspensum; haec ergo inclinatio eo maior esse debet, quo maius fuerit discrimen ponderum. Sed ista inclinatio praecipue requiritur, cum pondera appensa vel minimum a se invicem differunt; quam proprietatem cum bilanx habuerit, exactissime cognosci potest, utrum pondera imposita sint inter se aequalia an secus. Contra vero bilanx, quae hac proprietate caret, insignem errorem in ponderando producere potest, dum etiam ponderum inaequalium aequalitatem mentitur. Hanc ob rem bilances requiruntur, ut vel minimam ponderum impositorum inaequalitatem sensibili inclinatione ob oculos ponant.

PROBLEMA 2

Inclinationem determinare, qua pondera inaequalia lancibus imposita bilancem ex situ erecto declinant.

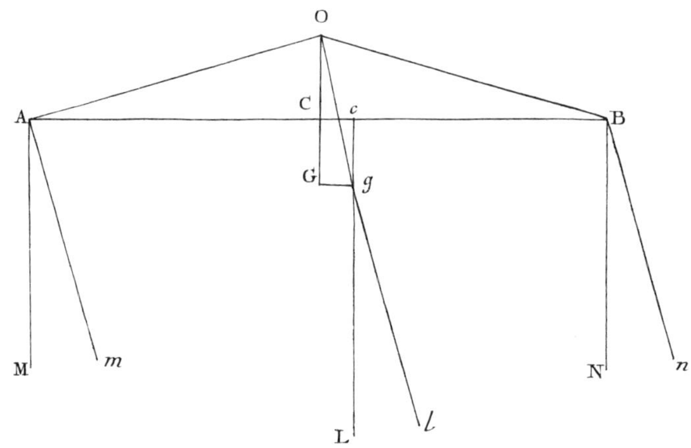

Fig. 2

SOLUTIO

Sit ut ante O centrum seu axis motus (Fig. 2), circa quem scapus AOB mobilis existit, A et B puncta, ex quibus lances M et N suspenduntur, g vero centrum gravitatis scapi, eiusque pondus = M. Ex O ad AB ducatur normalis OC, quae rectam AB per requisitum 1 bisecabit, eaque producatur, in eamque ex g perpendicularis ducatur gG. Iam lanci M cuius pondus sit m imponatur pondus p, lanci N vero, cuius pondus $= n$, impositum sit maius pondus $p + q$. Inclinabitur ergo scapus circa O, ad quam inclinationem commodius repraesentandam, ponam directionem gravitatis tanto angulo declinasse a verticali, quantum scapus inclinavit, ita ut nunc scapus in situ AB maneat, rectae vero AM, BN, gL, quae ante erant verticales, abeant in Am, Bn et gl; atque lances cum ponderibus progressae sint in m et n. Cum igitur ponamus bilancem in hoc situ inclinato in aequilibrio esse constitutum, oportet ut momenta omnia circa O se mutuo destruant. Sit anguli inclinationis bilancis, cui anguli MAm, NBn et Lgl aequales sunt, sinus $= a$, cosinus $= \alpha$ posito sinu toto $= 1$: ex natura aequilibrii vero debet esse

$$(p+m)\,\mathrm{AO}\cdot\sin m\mathrm{AO} + \mathrm{M}a\cdot\mathrm{OG} = (p+q+n)\,\mathrm{BO}\cdot\sin n\mathrm{BO} + \mathrm{M}\alpha\cdot\mathrm{C}c;$$

potentiam enim M seu pondus scapi, quae secundum directionem gravitatis gl agit, resolvo in suas laterales $\mathrm{M}a$ et $\mathrm{M}\alpha$, quarum illa in directione $\mathrm{G}g$ haec vero in $g\mathrm{L}$ est sita. At est

$$\sin m\mathrm{AO} = \sin(\mathrm{MAO} - \mathrm{MA}m) = \frac{\mathrm{AC}\cdot\alpha + \mathrm{OC}\cdot a}{\mathrm{AO}};$$

atque

$$\sin n\mathrm{BO} = \sin(\mathrm{NBO} + \mathrm{NB}n) = \frac{\mathrm{AC}\cdot\alpha - \mathrm{OC}\cdot a}{\mathrm{AO}};$$

ponendo $\mathrm{BC} = \mathrm{AC}$ et $\mathrm{BO} = \mathrm{AO}$. His ergo substitutis habebimus hanc aequationem

$$(p+m)(\mathrm{AC}\cdot\alpha + \mathrm{OC}\cdot a) + \mathrm{M}a\cdot\mathrm{OG} = (p+q+n)(\mathrm{AC}\cdot\alpha - \mathrm{OC}\cdot a) + \mathrm{M}\alpha\cdot\mathrm{C}c,$$

quae propter $m\cdot\mathrm{AC} = n\cdot\mathrm{AC} + \mathrm{M}\cdot\mathrm{C}c$ per requisitum secundum[1]) abit in hanc

$$\frac{a}{\alpha} = \frac{q\cdot\mathrm{AC}}{2p\cdot\mathrm{OC} + (m+n)\mathrm{OC} + q\cdot\mathrm{OC} + \mathrm{M}\cdot\mathrm{OG}}$$

= tangenti anguli inclinationis, ad quam pondera p et $p+q$ lancibus M et N imposita bilancem deducunt. Q.E.I.

COROLLARIUM 1

Ex hac formula apparet, quo maior sit longitudo brachiorum, eo maiorem quoque fore angulum inclinationis, qui a data differentia ponderum oritur ceteris paribus. Hinc ergo nascitur pro conficiendis bilancibus

REGULA 3

Scapus bilancis tam longus fiat, quam fieri potest; cavendum scilicet ne a ponderibus appensis incurvetur; quo longior enim scapus accipitur, eo magis inflexioni est obnoxius.

COROLLARIUM 2

Tangens anguli inclinationis, quo libra ex situ erecto declinatur seu $\frac{a}{\alpha}$ est

$$\frac{q\cdot\mathrm{AC}}{(2p+m+n+q)\,\mathrm{OC} + \mathrm{M}\cdot\mathrm{OG}};$$

ubi notandum in denominatore $2p+m+n+q+\mathrm{M}$ integrum bilancis lancibus et ponderibus oneratae pondus exprimere.

1) Editio princeps: primum. Corr. W.H.

COROLLARIUM 3

Dato ergo angulo inclinationis bilancis, cuius tangens sit $= \mathrm{A}$, et pondere leviore p, excessus gravioris q supra p reperiri poterit, erit namque

$$q = \frac{\mathrm{A}\big(\mathrm{OC}(2p + m + n) + \mathrm{M} \cdot \mathrm{OG}\big)}{\mathrm{AC} - \mathrm{A} \cdot \mathrm{OC}};$$

unde apparet, si fuerit $\mathrm{OC} = 0$, tum excessum q etiam incognito pondere p definiri posse.

COROLLARIUM 4

Si fuerit

$$(2p + m + n + q)\,\mathrm{OC} + \mathrm{M} \cdot \mathrm{OG} = 0$$

tum quidem minimum superpondium q maximum generaret angulum inclinationis nempe rectum, sed et hoc non conveniret, cum ponderatio foret difficillima.

COROLLARIUM 5

Hanc ob rem quantitas

$$(2p + m + n + q)\,\mathrm{OC} + \mathrm{M} \cdot \mathrm{OG}$$

nec nihil nec multominus quantitas negativa esse poterit. Interim tamen quo fuerit minor, eo maior orietur inclinatio a data ponderum impositorum differentia.

SCHOLION 1

Quamvis per hoc requisitum quantitas

$$(2p + m + n + q)\,\mathrm{OC} + \mathrm{M} \cdot \mathrm{OG}$$

tam parva esse deberet quam fieri posset, tamen aliae rationes suadent, ut ea mediocrem obtineat valorem. Quando enim tertio requisito satisfacere volumus, tum eidem quantitati maximus valor tribui debebit, quamobrem diligenter cavendum est ne alteri requisito satisfaciendo alteri nimis parum satisfiat. Ceterum ex solutione huius problematis patet methodus, cuius ope ex bilancis inclinatione dignosci poterit, quanto alterum pondus altero sit gravius. Cum igitur pro data bilance regula fuerit formata, tum ad ponderandum carere poterimus minimis pondusculis, quae alias ad perfectum aequilibrium in statu erecto producendum non sine molestia usurpantur. Angulus autem inclinationis in hoc negotio commodissime cognoscetur ex arcu circulari centrum in O habente, et in gradus diviso, qui in aginae supremo annectitur, in quo examen tanquam index inclinationis angulum indicabit.

SCHOLION 2

Hic etiam non est praetereundum, locum centri gravitatis g, quatenus extra verticalem OG cadit, formulam inventam minime afficere, sed eam invariatam manere, dummodo eandem a recta AB distantiam servet. Multo minus igitur tanta cura in id erit incumbendum, ut brachia scapi fiant aeque ponderosa, cum inaequalitas ponderum brachiorum nec primo nec secundo requisito vel minimum adversetur. Neque vero etiam sequenti requisito adversari deprehendetur. Deinde etiam quod alias in examinandis bilancibus fieri solet, sine sufficienti ratione inquiritur, utrum solus scapus suspensus situm teneat erectum: et multo minore ratione illae bilances, in quibus hoc non deprehenditur, pro erroneis habentur. Cum ergo bilanx primo requisito satisfaciens fuerit inventa, quod examen, quemadmodum sit instituendum, supra exposui, si, quantum huic requisito secundo satisfaciat, quis explorare velit, is postquam ponderibus impositis bilancem in situm erectum perduxerit, alteri ponderi tam parum adiiciat, quantum ad sensibilem inclinationem producendam sufficit; quo minus enim additamentum suffecerit, eo magis bilanx huic requisito satisfaciens. Saepius autem variae gravitatis ponderibus adhibendis istud examen suscipi convenit, cuius rationem ex aequatione inventa intelligere licet.

REQUISITUM 3

Perfecta bilanx ita debet esse comparata,
ut, cum lancibus aequalia pondera fuerint imposita,
atque bilanx ex situ erecto depellatur, tum ea maxima vi in situm erectum urgeatur.

Requisitum hoc maximi est momenti et in plurimis bilancibus vehementer desideratur. Cum enim bilanx praecedentibus requisitis satisfaciens, aequalibus ponderibus fuerit onusta, atque ex situ aequilibrii declinetur, tum necesse est, ut sese in eum situm restituat. Restitutio autem sine vi fieri nequit, quamobrem vis adesse debet, quae bilancem in situm erectum repellat; sin enim haec vis nulla esset, tum bilanx in situ inclinato permaneret, etiamsi pondera aequalia essent, et propterea inepta foret, et nullius usus. Praeterea quoniam restitutio semper a frictione aliquantulum impeditur, vis restituens frictioni superandae par esse debet. Quo maior autem fuerit vis restituens, eo citius et fortius bilancem in situm aequilibrii restituet, neque frictio aliaque impedimenta nocebunt, quemadmodum in pluribus bilancibus evenit, quae vix in quietem perduci possunt. Interim tamen frictio omni studio est vitanda, quod variis modis praestari potest, satis iam cognitis. Ex hac denique vis restituentis ratione tres bilancium species alias multum agitatae clare explicari possunt. Praeceps enim bilanx, quae etiam sed incongrue celer vocatur, est, in qua vis restituens fit negativa, efficitque ut bilanx aliquantillum ex situ aequilibrii depulsa non solum non restituatur, sed adeo praeceps subvertatur. Pigra secundo est bilanx, quando vis restituens quidem est positiva, sed tam parva, ut vix frictionem superare queat. Tertia tandem species complectitur bilances bonas, quae illis vitiis carent, et quas hic describere constitui.

PROBLEMA 3

Si bilanx, cuius lances aequalibus ponderibus sint oneratae, dato angulo ex situ erecto inclinetur, invenire vim, quae bilancem in situm erectum restituat.

SOLUTIO

Utrique lanci M et N (Fig. 2) onus sit impositum, cuius pondus $=p$; maneantque ut ante pondus scapi $=\mathrm{M}$ eiusque centrum gravitatis in g, et pondera lancium M et N respective m et n. Inclinetur nunc bilanx angulo, cuius sinus $=a$ et cosinus $=\alpha$ ex situ erecto ita, ut bilanx tota situm teneat $m\mathrm{AOB}n$, angulique $\mathrm{MA}m$, $\mathrm{NB}n$ et $\mathrm{L}ol$ aequales sint angulo inclinationis. His praemissis erit vis restituens quaesita aequalis excessui momentorum quibus brachium OA deprimitur supra momenta, quibus brachium OB deprimitur. Iste igitur excessus erit

$$= (p+m)\,\mathrm{AO}\cdot\sin m\mathrm{AO} + \mathrm{M}a\cdot\mathrm{OG} - (p+n)\,\mathrm{BO}\cdot\sin n\mathrm{BO} - \mathrm{M}\alpha\cdot\mathrm{C}c\,;$$

iste autem valor ob $\mathrm{AO}=\mathrm{BO}$ et $\mathrm{AC}=\mathrm{BC}$ atque

$$\sin m\mathrm{AO} = \frac{\mathrm{AC}\cdot\alpha + \mathrm{OC}\cdot a}{\mathrm{AO}}$$

nec non

$$\sin n\mathrm{BO} = \frac{\mathrm{AC}\cdot\alpha - \mathrm{OC}\cdot a}{\mathrm{AO}}$$

induet hanc formam

$$(p+m)\,(\mathrm{AC}\cdot\alpha+\mathrm{OC}\cdot a)+\mathrm{M}\cdot a\cdot\mathrm{OG}-(p+n)\;(\mathrm{AC}\cdot\alpha-\mathrm{OC}\cdot a)-\mathrm{M}\cdot\alpha\cdot\mathrm{C}c.$$

quae cum sit

$$m\cdot\mathrm{AC}-n\cdot\mathrm{AC}-\mathrm{M}\cdot\mathrm{C}c=0$$

reducetur ad

$$(2p+m+n)\,\mathrm{OC}\cdot a+\mathrm{M}\cdot\mathrm{OG}\cdot a.$$

Huic igitur expressioni vis restituens est aequalis; tantaque vi bilanx ponderibus aequalibus p et p utrinque onerata, cum angulo cuius sinus est $=a$ inclinetur, in situm erectum restituitur. Q.E.I.

COROLLARIUM 1

Ceteris ergo paribus vis restituens semper est proportionalis sinui anguli, quo bilanx ex situ erecto declinatur, ita ut quo magis bilanx inclinetur, eo maiori vi ea se restituat.

COROLLARIUM 2

Si vis restituens inventa per sinum anguli inclinationis a dividatur, prodibit

$$(2p+m+n)\,\mathrm{OC}+\mathrm{M}\cdot\mathrm{OG},$$

quo valore exprimitur firmitas, qua bilanx in situ suo erecto persistit.

COROLLARIUM 3

Si ergo

$$(2p+m+n)\,\mathrm{OC}+\mathrm{M}\cdot\mathrm{OG}$$

fuerit quantitas negativa, bilanx erit praeceps; sin eadem quantitas habuerit valorem affirmativum quidem, sed nimis parvum, tum bilanx erit pigra; at si eiusdem expressionis valor fuerit affirmativus satis magnus, bilanx erit bona.

COROLLARIUM 4

Quo ergo huic requisito plene satisfieret, oporteret

$$(2p+m+n)\,\mathrm{OC}+\mathrm{M}\cdot\mathrm{OG}$$

maximum habere valorem: sed per requisitum secundum eidem quantitati minimus valor postulatur. Quamobrem ne alterutri vis inferatur, mediocris valor huic quantitati erit tribuendus.

COROLLARIUM 5

Si OC affirmativum habet valorem tum firmitas crescit maioribus ponderibus imponendis, sin OC fiat $= 0$, tum firmitas bilancis in situ erecto perpetuo erit eadem, sive maioribus sive minoribus ponderibus fuerit onusta. Sin autem OC negativum habuerit valorem, cadente scilicet C supra O, tum pro minoribus ponderibus bilanx poterit esse bona, maioribus autem ponderibus imponendis fiet pigra atque etiam praeceps.

COROLLARIUM 6

Si punctum G supra O cadat, tum bilanx pro minoribus ponderibus poterit esse praeceps, quamdiu scilicet $2p + m + n$ minus fueri quam $\frac{\mathrm{M} \cdot \mathrm{OG}}{\mathrm{OC}}$; cum autem maiora pondera imponantur, libra fiet successive pigra tandemque bona.

COROLLARIUM 7

Bilances ergo confici possunt, quae ad minora pondera satis sint bonae, ad maiora vero ineptae; contra etiam bilances idoneae esse possunt pro maioribus ponderibus, pro minoribus vero nullius usus.

SCHOLION 1

Quanquam haec duo requisita posteriora secundum scilicet et tertium ita inter se pugnant ut alterum formulae

$$(2p+m+n)\mathrm{OC} + \mathrm{M} \cdot \mathrm{OG}$$

minimum, alterum vero eiusdem formulae maximum valorem postulet, tamen augenda scapi longitudine secundo requisito satisfieri potest sine detrimento tertii. Cum ergo scapus sit satis longus, in valore ipsius

$$(2p+m+n)\mathrm{OC} + \mathrm{M} \cdot \mathrm{OG}$$

determinando magis ad tertium requisitum erit respiciendum quam ad secundum. Interim tamen sufficiet valorem illum mediocris magnitudinis assumsisse, cum id tantum intendatur, ut vis restituens frictioni superandae par sit. Quo magis ergo frictio minuetur, eo minor esse poterit valor formulae

$$(2p+m+n)\mathrm{OC} + \mathrm{M} \cdot \mathrm{OG}\,;$$

quia inde tertium requisitum nullam vim patitur, secundum vero eo fortius obtinetur. Quod autem ad frictionem attinet, probe notandum est, eam augeri, si maiora pondera bilanci imponantur; quocirca conveniet, bilancem ita construere ut vis restituens eo magis augeatur, quo pondera appensa sint maiora. Hoc autem evenire non potest nisi OC affirmativum habuerit valorem; nam si punctum C supra O caderet, tum auctis ponderibus vis restituens minueretur, atque etiam negativum valorem consequeretur, unde bilanx praeceps et inutilis evaderet.

SCHOLION 2

Ex his annotationibus satis colligere licet, in bilancibus nec punctum C nec punctum G supra axem motus O commode constitui posse, nisi expresse bilanx desideretur, quae vel ad minima vel ad maxima pondera tantum esset accommodata, pro reliquis vero inepta. Quamvis autem omnis bilanx vi structurae et materiae ex qua est confecta, in ponderibus limites habeat, quos transgredi non licet, ne bilanci vis inferatur, tamen ob rationes iam expositas non conveniet alterutrum punctorum C et G supra O collocare. Exceptis igitur casibus, quibus vel punctum C vel G supra axem motus O cadit, reliquarum specierum bilancium duae praecipuae erunt, quibus vel punctum C vel punctum G in ipsum punctum O incidit; atque hae species ita sunt comparatae, ut, si earum proprietates recensuero, eo facilius reliquarum specierum indoles cognosci possit.

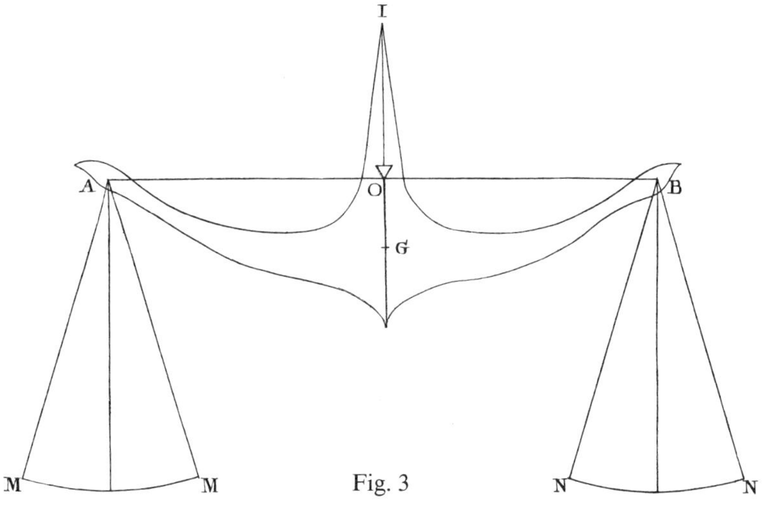

Fig. 3

1. Cadat igitur primo punctum C (Fig. 3) in axem motus O, centrum gravitatis autem scapi G infra rectam AB sit collocatum intervallo GO, perinde enim est, sive in ipsam rectam IOG incidat sive extra eam, quia eius distantia tantum ab AB in considerationem venit. Si nunc lanci MM pondus p, lanci

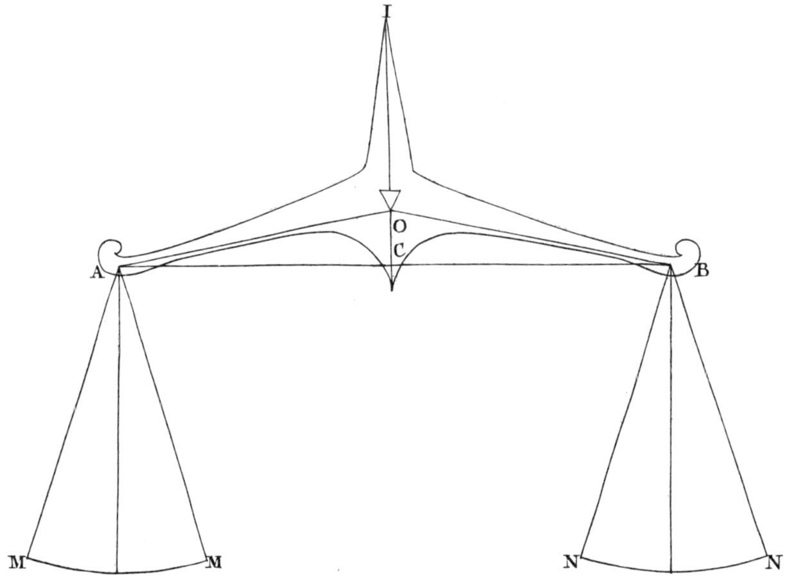

Fig. 4

vero NN pondus $p+q$ imponatur ista bilanx ex situ erecto inclinabitur ad angulum, cuius tangens erit $=\frac{q\cdot \mathrm{AO}}{\mathrm{M}\cdot \mathrm{OG}}$. Ista igitur bilanx hanc habebit proprietatem, ut ex data inclinatione facile discrimen ponderum innotescat, etiamsi neutrum pondus fuerit cognitum. Posita enim tangente anguli inclinationis $=\mathrm{A}$, erit ponderum differentia semper $=\frac{\mathrm{M}\cdot \mathrm{A}\cdot \mathrm{OG}}{\mathrm{AO}}$; huius igitur speciei bilances commodissime arcu circulari instrui possunt, in quo inclinatio bilancis indicatur. Firmitas porro, qua bilanx cum pondera aequalia fuerint imposita, in situ erecto persistit, erit $=\mathrm{M}\cdot \mathrm{OG}$, unde apparet in hoc bilancium genere firmitatem semper esse eandem sive pondera imposita fuerint magna sive parva. Cum igitur frictio crescat, crescentibus ponderibus impositis, ista bilanx exactior erit pro minoribus ponderibus explorandis, quam pro maioribus. Ista igitur bilancium species potissimum usum habebit in re docimastica, ubi minima tantum ponduscula imponuntur et explorantur.

2. Si centrum gravitatis scapi G (Fig. 4) in centrum motus O cadat, vel utrumque saltem aequaliter distet a recta AB, habebitur altera primaria bilancium species, in qua punctum O supra recta AB positum erit. Si nunc huiusmodi bilancis lanci MM, cuius pondus sit $=m$, imponatur pondus p, alteri

vero lanci NN, cuius pondus sit $= n$ pondus imponatur $= p + q$, bilanx ex situ erecto ad angulum inclinabitur cuius tangens erit

$$= \frac{q \cdot \mathrm{AC}}{(2p + m + n + q)\,\mathrm{OC}}.$$

Ex data ergo inclinatione bilancis huius differentia ponderum cognosci non poterit, nisi altero pondere cognito; unde tamen alterius ponderis excessus q ope calculi facile determinabitur. Firmitas vero, qua bilanx ista in situ erecto, cum pondera aequalia fuerint imposita, persistit est

$$= (2p + m + n)\,\mathrm{OC}\,;$$

ex qua formula apparet, firmitatem crescere, si pondera maiora imponantur. Quocirca haec bilanx aeque apta erit ad pondera maiora exploranda quam ad minora; hoc vero a bilance prioris casus deficiet, quod, in casu ponderum impositorum inaequalium, discrimen minus sensibiliter indicet, si pondera fuerint maiora, quam si sint minora. Utraque igitur bilanx peculiaribus gaudet praerogativis, unde reliquarum bilancium proprietates colligi poterunt.

SCHOLION 3

Tribus hisce requisitis continentur omnia quae alias in bilancibus requiri solent; ita ut bilanx, quae omnibus istis requisitis satisfacit, merito pro perfecta haberi possit. Momenta igitur ad quae in confectione bilancium est attendendum, sunt 1. Punctorum scapi ex quibus lances suspenduntur intervallum, quod per regulam tertiam maximum esse debet. 2. Distantia centri motus a recta, puncta suspensionum iungente, ubi notandum est hanc rectam a perpendiculari ex centro motus in eam ducta, in duas partes aequales secari debere per regulam primam. 3. Pondus scapi cum sui centri gravitatis distantia a recta puncta suspensionum iungente. 4. Lances, quae ita debent esse comparatae, ut vacuae appensae scapum in situ erecto teneant per requisitum secundum. 5. Positio mutua centri motus, centri gravitatis scapi, et puncti inter puncta suspensionum medii attente est consideranda, cum inde efficiatur, ut utrique requisitorum secundi et tertii maxime satisfiat. In hoc autem negotio finis praesertim inspici debet, cui bilanx quaeque destinatur.

DE MACHINARUM TAM SIMPLICIUM QUAM COMPOSITARUM USU MAXIME LUCROSO

Commentatio 96 indicis Enestroemiani
Commentarii academiae scientiarum Petropolitanae 10 (1738), 1747, p. 67–94

1. De Machinis simplicibus, cuiusmodi sunt vectis, axis in peritrochio, trochlea, cochlea, cuneus et planum inclinatum, atque machinis ex his compositis tantum iam antiquissimis temporibus est disputatum, ut haec doctrina iam penitus exhausta esse videatur. Sed si rem curatius inspiciamus, omnes fere, qui de machinis scripserunt, in iis examinandis ita sunt versati, ut tantum aequilibrium, quod in quaque machina potentia cum onere tenet, definirent; ipsum vero motum, quo onus a potentia elevatur prorsus neglexerunt. Quod cum in machinarum doctrina praecipuum sit, quippe quae non tam ad aequilibrium conservandum, quam ad onera actu movenda adhiberi solent, non parum is praestitisse censendus erit, qui leges, quibus machinarum motus determinatur exposuerit atque stabiliverit.

2. Duobus scilicet iisque diversis modis tractationem de machinis institui convenit, quorum alter ad staticam pertinet, atque statum aequilibrii in omnibus machinis investigat, alter vero ad mechanicam est referendus, quo ipse motus machinarum, cum aequilibrium cessat, indagatur. Harum tractationum prior igitur iam ita est occupata atque exculta, ut nihil amplius in ea desiderari queat; posterior vero contra ita adhuc est derelicta atque neglecta, ut propemodum nihil eo spectans constet, nemoque in eo laboraverit. Solum fere, quod ex hac parte notum est, in hoc consistit, ut ad onus movendum maior potentia applicari debeat, quam quae ad aequilibrium sufficit; et hoc quidem tam obvium est, ut nullum unquam qui tantum de machinis cogitarit, fugere potuerit. Praeterea etiam istud principium passim circumfertur, quod quantum per diminutionem potentiae lucremur, tantundem ratione temporis perdamus: quod principium utique ad tractationem mechanicam pertineret; indeque demonstrandum fuisset: sed hoc ipsum principium nullo nititur fundamento, nec nisi vehementer restringatur, admitti potest, prout ex sequentibus fusius apparebit.

3. Mirandum quidem non est, praecipuam atque maxime utilem doctrinae de machinis partem tamdiu incultam iacuisse. Cum enim non admodum pridem mechanica excoli coeperit, ante etiam principia latuerunt, quibus aditus ad hanc tractationem patuissent. Nunc vero, etiamsi in mechanica plurima capita sint pertractata, tamen ea pars, quae motum corporum finitorum complectitur, tam parum etiamnum investigata, ut nequidem de principiis adhuc satis constet. Pertinet autem utique haec de machinis tractatio ad istam mechanicae partem, cum machinae sint corpora finitae magnitudinis, quae instar punctorum considerare non licet, atque propterea motus ex ipsarum structura et ratione potentiae et oneris debeat determinari. Cum igitur non ita pridem vera et genuina huius mechanicae partis principia detexissem et demonstrassem, licebit eorum beneficio desideratam illam machinarum tractationem aggredi, atque motum, cuiusvis machinae determinare.

4. In omni machina multiplicatio potentiae praecipue intenditur, quo minori potentia ope machinae tantum praestari queat, quantum maiori potentia nuda. Ante omnia igitur in quavis machina consideranda venit ratio multiplicationis potentiae; qua indicatur quoties potentia machinae applicata multiplicetur. Pendet autem haec multiplicationis ratio a structura machinae, atque secundum praecepta statica pro quavis machina facile definitur; unde simul constat, si ratio oneris ad potentiam aequalis fuerit rationi multiplicationis, tum aequilibrium adesse debere. Quo ergo onus a potentia superetur, et actu moveatur, necesse est, ut ratio multiplicationis maior sit, quam ratio oneris ad potentiam, seu, ut potentia per machinam aucta maior evadat quam onus elevandum seu promovendum. Cuiusmodi igitur hoc casu in quaque machina oriatur motus, et quanta velocitate onus promoveatur, est id, in quod hoc loco inquirere constitui, et in quo primarius machinarum usus consistit, quippe quae non ad aequilibrium sed ad motum producendum sunt accommodatae.

5. Post machinarum structuram diligenter perpendenda est tam oneris quam potentiae indoles. Potentia autem omnino est corpus vi praeditum machinam movendi, cuiusmodi sunt pondera, elateres, flumina, venti atque vires animales hominum bestiarumve; quae diversitas, prout in statica tractatione machinarum parvi seu potius nullius est momenti, ita in tractatione mechanica imprimis est attendenda. In statica enim sufficit nosse quantitatem vis sive trahendi, sive pellendi, qua quaeque potentia gaudet; haecque quantitas congrue per pondera exponitur; namque cuiuscunque etiam indolis fuerit potentia machinae applicata, semper pondus assignari potest, quod aequali vi machinam afficeret.

Ita non solum vires elaterum animaliumque cum ponderibus comparari possunt, sed etiam illae vires, quae ab allisione fluminum atque ventorum cum ponderibus sunt homogeneae, atque per pondera mensurantur. Dummodo igitur potentiae applicatae, cuiuscunque etiam fuerit naturae, pondus aequivalens constet, id ad staticam contemplationem prorsus sufficit.

6. Ad mechanicam autem machinarum pertractionem praeter quantitatem virium sollicitantium, quae quidem hoc etiam loco aptissime per pondera indicantur, ipsa potentiae indoles diligenter est consideranda. In motus productione enim plurimum refert, an potentia machinam movens sit pondus, an elater, an flumen ventusve, an vis animalis, etiamsi omnes inter se quantitate conveniant, atque ratione aequilibrii nihil discrepent. Hic enim etiam motus ipsius potentiae, dum machinam movet, in considerationem venit, qui sine dispendio effectus, quem potentia in machinam movendam exerit, generari non potest; iste autem potentiae motus, seu potius pars effectus, qui in potentia movenda consumitur, ex vi inertiae potentiae est diiudicanda. In quaque potentia igitur duas res contemplari oportet, vim scilicet, quae cum pondere aequiparatur, atque inertiam, quae ex quantitate materiae ipsius potentiae aestimari debet, quatenus ea simul movetur. Hinc igitur ingens nascitur discrimen inter potentias movendas supra memoratas; si enim ponderibus machinae moventur, inertia massis ponderum, hoc est, ipsis ponderibus est proportionalis. Elateres autem, etsi ingentibus ponderibus aequivalent, tamen plerumque tam parvam habent inertiam, ut cum exiguis massis sint comparandae. Similis fere est ratio virium animalium, quibus longe minor quantitas materiae ad motum cietur, quam si earum loco aequivalentia pondera substituantur. In viribus autem fluviorum et ventorum inertia plane est nulla, cum in aqua vel aere, dum machina movetur, nullus novus motus generetur.

7. Pari ratione circa onera, quae machinarum ope moveri debent, duplex inquisitio est instituenda. Primo enim videndum est, an onus vi quapiam insita motui machinae renitatur et quanta vi, quae vis iterum commodissime cum pondere comparari potest. Ita si pondus ope machinae debeat elevari, id vi gravitatis renititur motui machinae; sin autem super plano horizontali sit promovendum, nullus adest renisus. Perinde res se habet, si elastrum machinae ope sit tendendum, quippe quod sua vi elastica machinae reluctatur. Secundo loco massa oneris movendi seu inertia est attendenda, qua fit, ut pars potentiae moventis ad motum in onere generandum insumatur, haecque inertiae vis, si machinae tantum statice tractentur, prorsus non in computum ingreditur, sed reluctatio solum spectatur, cum qua

potentia machinae applicata in aequilibrio consistit. Nisi ergo onus obluctetur, tum nequidem statica tractatio locum habet, quia sponte adest aequilibrium, nullaque opus est potentia, sed in mechanica machinarum consideratione plurimum eiusmodi onera occurrunt, quae non reluctantur, sed ad quae tantum movenda omnis vis impenditur; sic in omnis generis molendinis nulla adest reluctantia, nilque adest, quod nisu contrario machinam sollicitaret, sed omnis vis impenditur ad inertiam solam superandam motumque generandum. Ex quo satis perspicitur in mechanica tractatione istam distinctionem maximi esse momenti, neque ea neglecta certe quicquam de effectu machinarum statui posse.

8. Deinceps etiam de ipsa machina non sufficit eius structuram tantum nosse, a qua multiplicatio potentiae sollicitantis pendet, et quae sola in statica contemplatione adhibetur: sed insuper necesse est, ut eius massa et materia inspiciatur. Cum enim onus moveri nequeat, machina immota, motus quoque in machina generari debet, quod sine dispendio potentiae sollicitantis fieri nequit. Ad hunc ergo motum machinae definiendum inertia ipsius machinae in computum est ducenda, simulque ad relativas celeritates, quibus singulae machinae particulae moventur, est respiciendum. In quibusdam etiam machinis partes existunt, quae non solum sunt movendae, sed etiam elevandae, quarum propterea non tantum inertia, sed reluctantia superari debet. Hoc scilicet evenit in vecte, nisi eius gravitatis centrum in ipso hypomochlio sit situm; atque praecipue in trochleis compositis seu polyspastis, in quibus inferiorem partem non solum moveri, sed etiam attolli opportet, si quidem polyspasta ad onera elevanda adhibeantur: secus enim se res habet, si eorum ope onera horizontaliter protrahantur.

9. Frictio denique praecipue est attendenda sine qua nulla omnino machina confici potest. Non solum autem ipsa machina frictione laborat, sed etiam onus, interdum quoque potentia sollicitans, quae sine frictione moveri non possunt. In exemplo molarum enim supra allato tota fere vis, quae ad machinam movendam requiritur, in frictione superanda absumitur. Atque si onus super plano sive horizontali sive inclinato est promovendum, frictio imprimis superari debet, quemadmodum evenit in plaustris et rhedis promovendis. Quamquam autem frictio mirum in modum diminui potest, tamen semper omnino tolli nequit, atque in machinis eius ratio imprimis est habenda, cum per eam effectus, qui sine ea oriri deberet, vehementer turbetur. Quantumvis autem prima fronte consideratio frictionis difficilis et molesta videatur, tamen integrum calculum fere aeque facile institui, ac si frictio prorsus abesset. Quando enim machina cum onere in motum est constituenda, certa atque determinata pars potentiae solli-

tantis ad frictionem superandam requiritur, quae eadem manet, sive machina celerius sive tardius moveatur. Quovis igitur casu ista vis frictionem superans practice cognoscetur, si ea potentia tentando investigetur, quae machinam movere incipiat: oneris autem vis renitens, si quae adest, in hoc negotio tolli debet. Haec ergo si semel fuerit inventa, perpetuo a tota vi sollicitante subtrahi debet, atque ex vi residua ipse motus perinde consequetur, prorsus ac si nulla frictio adesset.

10. Praeterea de omnibus fere machinis est notandum, earum motum non esse acceleratum, sed ad sensum aequabilem existere, etiamsi potentia sollicitans indesinenter agat. Nisi enim machina celerrime moveatur, statim ac vis sollicitans cessat, eodem quasi momento totus machinae motus sistitur, cuius rei causa tam frictioni, quam aliis impedimentis, quibus omnes machinae obnoxiae sunt, est tribuenda. Cum igitur machina eadem celeritate, qua motum incepit, moveri pergat, si quidem potentia sollicitans indesinenter agat, hanc constantem celeritatem tuto ex effectu potentiae sollicitantis, quae alis in acceleratione consistit, colligere licebit, quippe quo acceleratio est maior, eo celerius etiam machina movetur. Hoc autem eo magis a quolibet admittetur, cum principalis noster scopus in hoc versetur, ut pro quovis casu ea machina eligatur, qua onus celerrime moveri queat. His igitur praemissis ipsam tractationem aggredior, atque praecipuas machinarum species contemplabor, investigaturus, quanta celeritate datum onus a data potentia ope cuiusque machinae promoveatur.

PROPOSITIO 1

11. *Si vecti* AOC *super hypomochlio* Y *in eius centro gravitatis* O *sito, applicata sit in* A *potentia* P, *in* B *vero onus* Q (Fig. 1); *invenire celeritatem*[1]), *qua onus* Q *a potentia* P *ope vectis movebitur.*

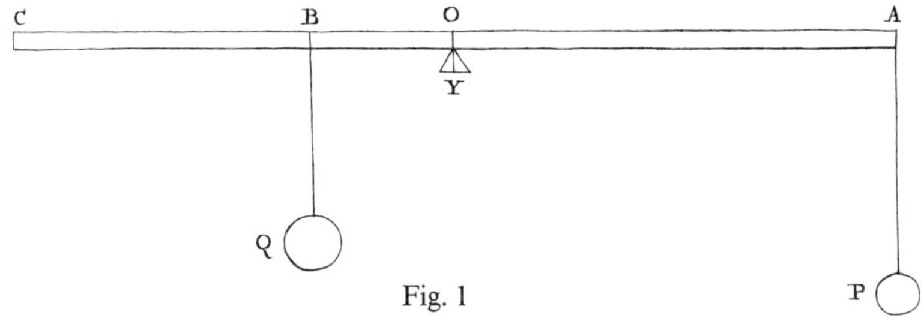

Fig. 1

1) Celeritate hic loco accelerationis utitur. Vide enodationem in § 19. P.H

SOLUTIO

Exprimat p vim, qua vectis punctum A a potentia P in directione AP sollicitatur; atque q vim, qua onus Q vectem in directione BQ trahit. Praeterea vero denotet P inertiam potentiae P, et Q inertiam oneris Q. Sit porro massa ipsius vectis AC seu eius inertia $= \mathrm{A}$, eiusque longitudo $\mathrm{AC} = 2\mathrm{AO} = 2a$ posito vecte ubique eiusdem crassitiei; at BO sit $= b$. Iam ex statica constat momentum ad vectem super hypomochlio movendum esse $= ap - bq$; quod per momentum inertiarum divisum dabit celeritatem angularem circa O. Momentum vero ipsius vectis habetur, multiplicando singulas vectis particulas in quadrata suarum distantiarum a centro motus, quod proinde, si latitudo vectis negligatur, ut plerumque fieri potest, per calculum reperietur $= \frac{\mathrm{A}a^2}{3}$. Inertiae vero potentiae P momentum prodibit multiplicando inertiam P in AO^2, eritque $= \mathrm{P}a^2$; quia in motu P eadem celeritate movetur qua punctum A, punctum A vero per quadratum ipsius AO multiplicari debet. Pari modo momentum ex inertia oneris Q ortum est $\mathrm{Q}b^2$, ita ut universum momentum ex cunctis inertiis ortum sit

$$\frac{\mathrm{A}a^2}{3} + \mathrm{P}a^2 + \mathrm{Q}b^2.$$

Hanc ob rem erit celeritas angularis, qua vectis super hypomochlio Y convertetur

$$= \frac{ap - bq}{\frac{1}{3}\mathrm{A}a^2 + \mathrm{P}a^2 + \mathrm{Q}b^2};$$

quae ducta in $\mathrm{BO} = b$ dabit veram celeritatem, qua onus Q movebitur, nempe

$$= \frac{abp - bbq}{\frac{1}{3}\mathrm{A}a^2 + \mathrm{P}a^2 + \mathrm{Q}b^2}.$$

Haecque formula locum habet, si nulla adesset frictio; at si frictio affuerit, ponamus ad eam superandam vim φ requiri in A applicandam, debebitque φ a p auferri, atque in formula inventa loco p substitui $p - \varphi$, ita ut proventura sit celeritas oneris Q

$$= \frac{ab(p - \varphi) - bbq}{\frac{1}{3}\mathrm{A}a^2 + \mathrm{P}a^2 + \mathrm{Q}b^2}.$$

Q.E.I.

COROLLARIUM 1

Ut igitur onus Q in directione QB moveatur, necesse est, ut sit

$$a(p-\varphi)>bq, \quad \text{seu} \quad \frac{a}{b}>\frac{q}{p-\varphi};$$

id quod etiam ex staticis liquet; nam si $ap=bq$, tum onus a potentia in aequilibrio tenetur. Quare ad onus movendum debet esse $ap>bq$; ad frictionem autem simul superandam oportet, ut sit etiam $a(p-\varphi)>bq$.

COROLLARIUM 2

Si onus nulla vi actioni potentiae reluctetur, sed tantum eius inertia motui resistat, tum erit $q=0$. Hoc ergo casu onus movebitur, si modo fuerit $a(p-\varphi)>0$, hoc est si $p>\varphi$. Quare hoc casu requiritur ut potentia sollicitans maior sit, quam vis frictioni superandae par; quod si fuerit, erit celeritas oneris

$$=\frac{ab(p-\varphi)}{\frac{1}{3}\mathrm{A}a^2+\mathrm{P}a^2+\mathrm{Q}b^2}.$$

Locum habet iste casus, si onus etsi ponderosum motu horizontali sit promovendum.

COROLLARIUM 3

Si potentia sollicitans P inertia careat, quemadmodum fit, si vectis ab allisione aquae seu venti urgeatur, tum erit $\mathrm{P}=0$. Celeritas oneris igitur hoc casu erit

$$=\frac{ab(p-\varphi)-b^2q}{\frac{1}{3}\mathrm{A}a^2+\mathrm{Q}b^2};$$

maior igitur est, quam si potentia sollicitans inertiam habeat.

COROLLARIUM 4

Ex formula inventa intelligitur duobus casibus celeritatem oneris evanescere, quorum primus est si

$$a(p-\varphi)=bq \quad \text{seu} \quad b=\frac{a(p-\varphi)}{q};$$

alter vero si $b=0$, ex quo sponte sequitur, inter hos quasi extremos valores ipsius b dari medium quempiam, quo onus celerrime moveatur.

SCHOLION

12. Posuimus in hac propositione hypomochlium Y in ipso centro gravitatis vectis esse constitutum, ne ipsius vectis pondus potentiam sollicitantem vel augeret vel diminueret; sed ex principiis hic adhibitis aeque facile erit solutionem ad alios quoque casus accommodare. Deinde vectem ideo ubique eiusdem feci crassitiei, quo eius momentum facilius calculo posset exponi; sin autem vectis aliter sit comparatus, eius momentum per calculum est investigandum et in

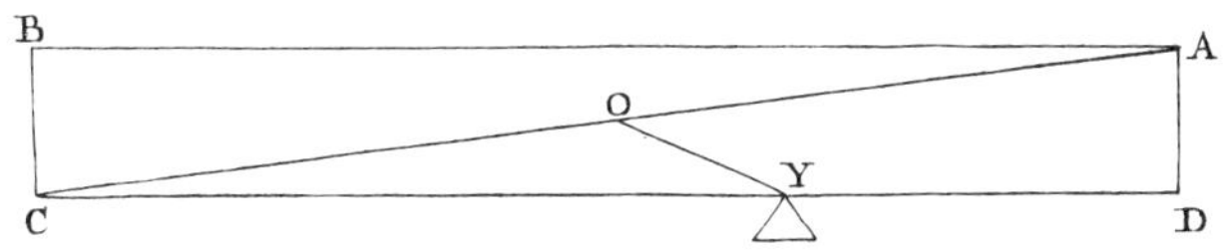

Fig. 2

formula inventa loco $\frac{\mathrm{A}a^2}{3}$ substituendum. Neque vero etiam istud momentum $\frac{\mathrm{A}a^2}{3}$ pro vectibus ubique aeque crassis valet, nisi ipsa crassities prae longitudine evanescat, atque hypomochlium in ipsum gravitatis centrum incidat. Generalis autem regula pro inveniendo momento vectis prismatici ABCD respectu hypomochlii Y ubicunque positi (Fig. 2) haec est. Quaerendum est primo momentum respectu centri gravitatis O, quod est $\frac{\mathrm{A}\cdot \mathrm{AC}^2}{12}$, ducta diagonali AC, et denotante A massam vectis; ad hocque addi debet $\mathrm{A}\cdot \mathrm{OY}^2$, seu factum ex massa in quadratum distantiae hypomochlii a centro gravitatis; quo facto aggregatum

$$\frac{\mathrm{A}\cdot \mathrm{AC}^2}{12}+\mathrm{A}\cdot \mathrm{OY}^2$$

dabit momentum vectis desideratum. Denique notandum est, etsi hic vectem tantum heterodromum contemplatus sum, tamen solutionem etiam vectes homodromos in se complecti. Namque his casibus fit quidem $\mathrm{BO}=b$ negativa, sed potentia sollicitans quoque in contrariam plagam trahere debet, ita ut p vel $(p-\varphi)$ negativum obtineat valorem. His autem permutatis formula inventa celeritatem oneris exprimens manet invariata, scilicet

$$=\frac{ab(p-\varphi)-b^2q}{\frac{1}{3}\mathrm{A}a^2+\mathrm{P}a^2+\mathrm{Q}b^2},$$

ita ut solutio ad omnis generis vectes aeque pateat.

PROPOSITIO 2

13. *Data potentia* P *vecti* AC *circa hypomochlium* Y *mobili applicata, invenire punctum B, in quo onus* Q *applicatum celerrime moveatur.*

SOLUTIO

Ex praecedente propositione est oneris Q celeritas

$$= \frac{ab(p-\varphi) - b^2 q}{\frac{1}{3}\mathrm{A}a^2 + \mathrm{P}a^2 + \mathrm{Q}b^2},$$

in qua expressione p denotat vim potentiae sollicitantis, P eiusdem inertiam, q vim oneris reluctantem et Q eiusdem inertiam, $\frac{\mathrm{A}a^2}{3}$ momentum vectis inertiae, a distantiam potentiae a hypomochlio, b distantiam oneris ab eodem, φ denique vim ad frictionem superandam requisitam. His expositis problema propositum resolvetur, si in formula celeritatem oneris exprimente b fiat variabile atque formulae differentiale nihilo aequetur. Prodibit autem

$$(\tfrac{1}{3}\mathrm{A}+\mathrm{P})(p-\varphi)a^3 - 2(\tfrac{1}{3}\mathrm{A}+\mathrm{P})a^2bq = \mathrm{Q}(p-\varphi)ab^2,$$

seu

$$b^2 = -\frac{2(\frac{1}{3}\mathrm{A}+\mathrm{P})abq}{\mathrm{Q}(p-\varphi)} + \frac{(\frac{1}{3}\mathrm{A}+\mathrm{P})a^2}{\mathrm{Q}}$$

unde prodit

$$b = \frac{-aq(\frac{1}{3}\mathrm{A}+\mathrm{P}) \pm a\sqrt{\left(q^2(\frac{1}{3}\mathrm{A}+\mathrm{P})^2 + \mathrm{Q}(\frac{1}{3}\mathrm{A}+\mathrm{P})(p-\varphi)^2\right)}}{\mathrm{Q}(p-\varphi)}.$$

Debebit ergo esse

$$\mathrm{BO}:\mathrm{AO} = \left(-1 \pm \sqrt{\left(1 + \frac{\mathrm{Q}(p-\varphi)^2}{(\frac{1}{3}\mathrm{A}+\mathrm{P})qq}\right)}\right) : \frac{\mathrm{Q}(p-\varphi)}{q(\frac{1}{3}\mathrm{A}+\mathrm{P})}$$

unde punctum quaesitum B facile definitur. Q.E.I.

COROLLARIUM 1

Si onus Q omni reluctantia extrinseca careat, solaque inertia motui resistat, tum celerrime movebitur, si capiatur

$$\mathrm{BO} = b = \pm a\sqrt{\frac{\frac{1}{3}\mathrm{A}+\mathrm{P}}{\mathrm{Q}}},$$

quia hoc casu q evanescit. Quare punctum B hoc casu perinde est, in quonam vectis brachio capiatur, modo sit

$$\mathrm{BO}:\mathrm{AO} = \sqrt{(\tfrac{1}{3}\mathrm{A}+\mathrm{P})} : \sqrt{\mathrm{Q}}.$$

COROLLARIUM 2

Sin autem onus inertia careat, atque vi tantum extrinseca q motui vectis resistat, prout fere evenit, si lamina vehementer elastica debeat tendi, tum erit $Q = 0$, quo casu aequatio ultimo inventa absurdum indicare videtur ob denominatorem $= 0$; sed ex initiali statim prodit $(p - \varphi)\ a = 2bq$. Erit ergo $BO : AO = p - \varphi : 2q$.

SCHOLION

14. Duplex situs puncti B, qui ob radicis quadratae extractionem prodiit, indicat quaesito satisfieri posse, punctum B tam in brachio OA quam OC accipiendo; alter enim valor ipsius B est affirmativus, alter negativus. Harum autem solutionum prior tantum nostro problemati ea significatione, qua est propositum, stricte intellecto satisfacit. Altera vero solutio, qua punctum B in brachium AO cadit, isti quaestioni, quae quidem quoque in problemate continetur, satisfacit, qua quaeritur punctum in brachio OA, in quo si applicetur onus Q, id celerrime moveatur. Casus autem iste non spectat vectem homodromum, in vulgari sensu acceptum, hic enim tam potentia P quam onus Q viribus suis conspirant ad vectem in eandem plagam convertendum, ita ut isto casu ne aequilibrium quidem locum habeat. Interim tamen manifestum est dari locum B in brachio OA, in quo onus Q celerrime moveatur, quem locum alter solutionis casus indicat.

PROPOSITIO 3

15. *Invenire celeritatem, qua onus datum* Q *a potentia* P *ope axis in peritrochio* AOB *promovetur* (Fig. 3 et 4).

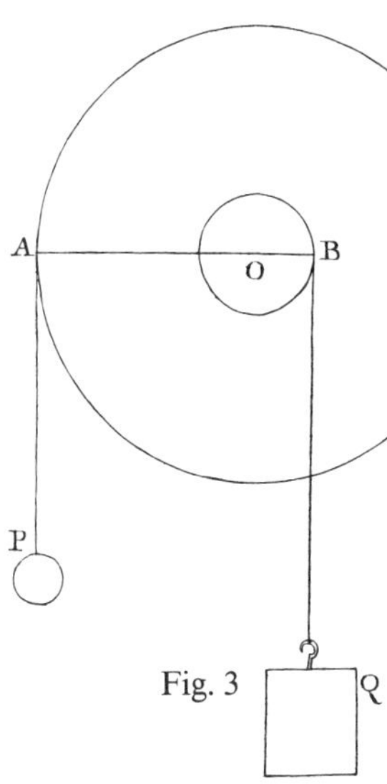

Fig. 3

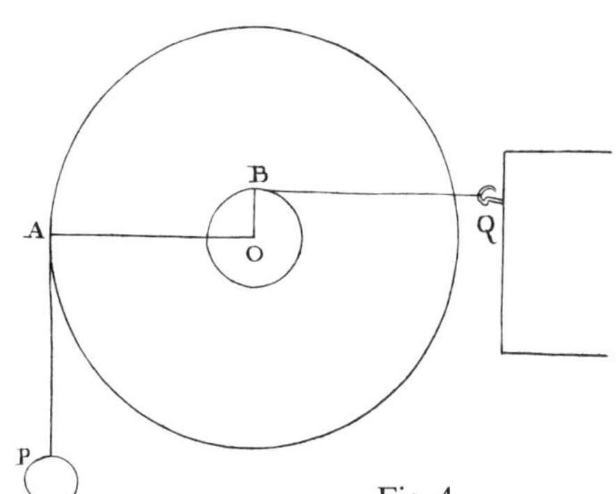

Fig. 4

SOLUTIO

Sit in hac machina radius maior, cui potentia P est applicata, $AO = a$, radius minor $OB = b$, in qua a centro O distantia onus Q trahitur. Massa autem ipsius machinae ponatur $= A$, eiusque momentum respectu axis per O transeuntis, circa quem machina mobilis existit $= M$; erit scilicet M aggregatum ex singulis machinae particulis in suarum ab axe distantiarum quadrata multiplicatis, quod aggregatum pro quovis casu proposito calculo est determinandum. Habebit ergo M semper huiusmodi formam Ak^2; atque si machina fuerit cylindrus ex materia homogenea constans erit $M = \frac{Aa^2}{2}$; unde si machina ex duobus constet cylindris, eius momentum erit aggregatum ex momentis utriusque cylindri. Sit porro vis, qua potentia P machinam sollicitat $= p$, eiusque inertia $= P$. Oneris vero Q vis extrinseca, si quam habet, qua effectui potentiae P obluctatur, sit $= q$, inertia vero $= Q$. In figuris allegatis duo casus repraesentantur, quorum priore onus est pondus elevandum, quo propterea tam q quam Q eius massae sunt proportionales; posteriore vero figura onus est moles, motu horizontali promovenda, quo igitur q evanescit. Quicquid autem sit, momentum virium ad rotam convertendam erit $ap-bq$, frictione neglecta; at si frictio affuerit, ad quam superandam potentia φ in radio maiore applicata requiritur, erit momentum virium $= a(p-\varphi)-bq$. Momentum autem inertiarum erit $= M + Pa^2 + Qb^2$, quia P eadem celeritate movetur, qua machinae punctum A, Q vero eadem celeritate, qua punctum B, prout in prima propositione iam notavimus. Ex his momentis igitur erit celeritas angularis genita ut

$$\frac{a(p-\varphi)-bq}{M+Pa^2+Qb^2},$$

ideoque celeritas ipsa qua onus Q in directione QB ad machinam trahitur, erit ut

$$\frac{ab(p-\varphi)-b^2q}{M+Pa^2+Qb^2}$$

Q.E.I.

COROLLARIUM 1

Quo igitur onus Q ad machinam attrahatur necesse est, ut sit $a(p-\varphi) > bq$. Si enim sit $ap = bq$, tum onus a potentia in aequilibrio conservatur, quare ad onus movendum oportet ut ap tanto maius sit quam bq, ut etiam frictioni superandae par sit.

COROLLARIUM 2

Si onus nulla vi extrinseca actioni machinae resistat, prout sit in casu figurae quartae, tum ob $q = 0$, erit celeritas, qua onus promovebitur ut

$$\frac{ab(p-\varphi)}{M + Pa^2 + Qb^2}.$$

Hoc ergo casu onus semper promovebitur, modo potentia applicata maior sit, quam ad frictionem superandam opus est.

COROLLARIUM 3

Duo hic iterum casus sunt notandi, quibus celeritas oneris evanescit, qui sunt, quando est vel $a(p-\varphi) = bq$ vel $b = 0$. Interque hos duos casus reliqui omnes, quibus onus ad machinam trahitur continentur. Quamobrem necesse est, ut inter hos casus unus contineatur, quo onus celerrime moveatur.

COROLLARIUM 4

Si nullum adsit onus movendum, sed tantum celeritas requiratur, qua potentia rotam in gyrum agit; fiet $q = 0$ et $Q = 0$. Celeritas igitur, qua rotae punctum B circumvertetur erit

$$= \frac{ab(p-\varphi)}{M + Pa^2}$$

ideoque celeritas angularis machinae prodibit

$$= \frac{a(p-\varphi)}{M + Pa^2}.$$

COROLLARIUM 5

Si potentia P evanescat, atque onus vi trahente polleat, machina in sensum contrarium convertetur celeritate angulari, quae est ut

$$\frac{bq - a\varphi}{M + Qb^2}.$$

Frictio enim semper a potentia sollicitante auferri debet, cum motui perpetuo resistat.

PROPOSITIO 4

16. *Datis massa et momento machinae, definire radium minorem* OB, *quo efficitur ut datum onus a data potentia ope machinae celerrime moveatur.*

SOLUTIO

Manentibus omnibus denominationibus, quibus in propositione praecedente sumus usi, erit celeritas, qua moles Q a potentia P ope machinae movebitur ut

$$\frac{ab(p-\varphi)-b^2q}{\mathrm{M}+\mathrm{P}a^2+\mathrm{Q}b^2}.$$

Quare ad propositum problema solvendum quantitas radii minoris b ita est determinanda, ut ista expressio maximum obtineat valorem. Facto ergo b variabili atque formulae illius differentiali posito $=0$ habebitur,

$$\mathrm{M}a(p-\varphi)+\mathrm{P}a^3(p-\varphi)=2(\mathrm{M}+\mathrm{P}a^2)bq+\mathrm{Q}ab^2(p-\varphi),$$

quae praebet

$$b^2=-\frac{2(\mathrm{M}+\mathrm{P}a^2)bq}{\mathrm{Q}a(p-\varphi)}+\frac{\mathrm{M}+\mathrm{P}a^2}{\mathrm{Q}},$$

ex qua oritur

$$b=-\frac{(\mathrm{M}+\mathrm{P}a^2)q}{\mathrm{Q}a(p-\varphi)}+\frac{\sqrt{\left((\mathrm{M}+\mathrm{P}a^2)^2q^2+\mathrm{Q}a^2(p-\varphi)^2(\mathrm{M}+\mathrm{P}a^2)\right)}}{\mathrm{Q}a(p-\varphi)};$$

quae aequatio quidem duplicem dat valorem ipsius b, sed pro instituto nostro tantum affirmativus locum habet, cum negativus in alio casu huc non pertinente maximi proprietate gaudeat. Erit ergo quaesitus radius minor

$$b=-\frac{(\mathrm{M}+\mathrm{P}a^2)q-\sqrt{\left(q^2(\mathrm{M}+\mathrm{P}a^2)^2+\mathrm{Q}a^2(p-\varphi)^2(\mathrm{M}+\mathrm{P}a^2)\right)}}{\mathrm{Q}a(p-\varphi)}$$

Q.E.I.

COROLLARIUM 1

Si igitur radius minor b eius quantitatis accipiatur, quam formula inventa indicat, onus celerrime promovebitur. Ipsa autem celeritas haec maxima erit

$$=\frac{q}{2\mathrm{Q}}\left(-1+\sqrt{\left(1+\frac{\mathrm{Q}a^2(p-\varphi)^2}{(\mathrm{M}+\mathrm{P}a^2)q^2}\right)}\right),$$

quae expressio reperitur, si loco b eius valor inventus in formula

$$\frac{ab(p-\varphi)-b^2q}{\mathrm{M}+\mathrm{P}a^2+\mathrm{Q}b^2}$$

substituatur.

COROLLARIUM 2

Si onus movendum Q nulla vi extrinseca sit praeditum, sed eius sola inertia a potentia sollicitante superari debeat, erit $q=0$, atque onus celerrime movebitur, si radius minor b capiatur $=\sqrt{\frac{\mathrm{M}+\mathrm{P}a^2}{\mathrm{Q}}}$. Tum autem celeritas erit $=\frac{a(p-\varphi)}{2\sqrt{\mathrm{Q}(\mathrm{M}+\mathrm{P}a^2)}}$.

COROLLARIUM 3

Sin autem onus movendum inertia careat, atque tantum vis eius extrinseca quaedam, cuiusmodi est vis elastica superanda sit, tum ob $\mathrm{Q}=0$, erit $b=\frac{a(p-\varphi)}{2q}$. Ipsa autem celeritas maxima, qua hoc casu onus movebitur, erit

$$=\frac{a^2(p-\varphi)^2}{4q(\mathrm{M}+\mathrm{P}a^2)}.$$

Hique sunt duo casus praecipui, inter quos reliqui omnes, quibus onus et inertiam et vim extrinsecam habet, continentur.

SCHOLION

17. Ex hac propositione non solum axis in peritrochio usus maxime lucrosus cognoscitur, sed etiam quantum intersit pro quovis casu machinam maxime idoneam elegisse, abunde intelligitur. Nisi enim machina ita conficiatur, prout solutio postulat, fieri potest, ut idem onus a maxima potentia tardissime promoveatur, quod a longe minore potentia, machinae idoneae ope, celerius moveri potest. Cum igitur in usu machinarum hoc praecipue requiratur, ut datum onus a data potentia non solum moveatur, sed etiam celerrime et minimo temporis dispendio moveatur, perspicuum est hanc propositionem in vita communi maximam utilitatem afferre. Praeterea etiam hinc insufficientia principii vulgo recepti satis superque patet, quo statuitur, quantum diminutione potentiae sollicitantis lucremur, tantumdem per diminutionem celeritatis perdi. Celeritas enim oneris non a sola potentia sollicitante pendet, sed etiam ab ipsius machinae indole, prout formulae inventae satis declarant. Interim tamen id certum erit, si semper machinae maxime idoneae adhibeantur, tum idem onus a maiore potentia celerius motum iri, quam a minore; ipsae autem celeritates non tenent potentiarum

rationem; in casu enim corollarii 2 rationem fere simplicem, in casu autem corollarii 3 rationem habent fere duplicatam. Denique manifestum est in hac de motu machinarum doctrina, minime sufficere vires potentiae et oneris tantum considerasse, sed etiam rationem inertiarum tam potentiae, quam oneris imprimis esse habendam, quae tamen vulgo, cum haec doctrina secundum statica principia solum tractari solet, penitus negliguntur. Casus autem superest, quo radius maior determinari debet, ut onus velocissime a data potentia moveatur, posito radio minore dato, qui casus praecipue locum habet, quando circumvolutione cylindri onus ope funis circumvolvendi moveri debet, quem igitur in sequente propositione evolvam.

PROPOSITIO 5

18. *Determinare longitudinem vectis* AC, *quo datum onus* Q *a data potentia* P *ope cylindri circa axem* O *mobilis celerrime promoveatur (Fig. 5).*

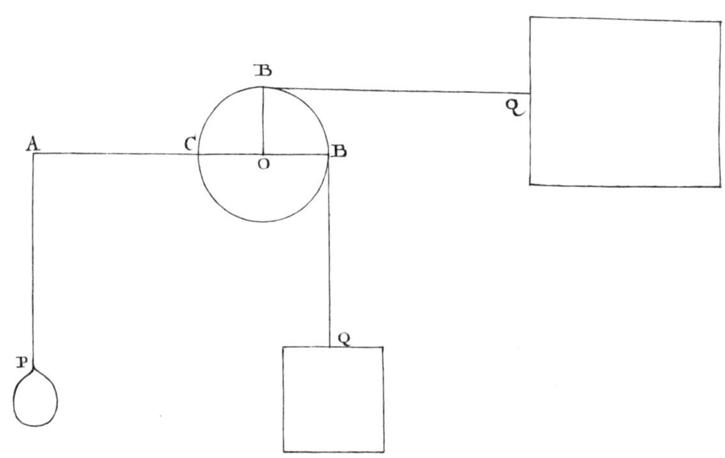

Fig. 5

SOLUTIO

Sit ut ante radius cylindri BO $= b$, et integer radius maior quaesitus ACO $= a$, oneris Q vel elevandi vel horizontaliter promovendi, prout utrumque in figura repraesentatur inertia $=$ Q, et vis reluctans $= q$, potentiae P inertia $=$ P et vis sollicitans $= p$. Massa vero cylindri ponatur $=$ A, erit momentum ex eius inertia ortum $= \frac{\mathrm{A}b^2}{2}$, siquidem cylindrus ex materia uniformi constat, momentum autem ex inertia vectis AC ortum tuto negligi poterit. Ad frictionem porro superandam requiratur potentia φ in distantia OC a centro O applicanda; cum enim frictio sit constans, expedit eam a loco constante computare, quam ab etiamnum incognito A. His igitur praemissis erit celeritas, qua onus movebitur

$$=\frac{abp-b^2\varphi-b^2q}{\frac{1}{2}\mathrm{A}b^2+\mathrm{P}a^2+\mathrm{Q}b^2},$$

quae, quo fiat maxima, ponatur a variabile, et differentiale ortum ponatur $=0$. Prodibit autem

$$b^3p(\tfrac{1}{2}\mathrm{A}+\mathrm{Q})+2ab^2\mathrm{P}(\varphi+q)=\mathrm{P}a^2bp;$$

unde oritur

$$a^2=\frac{2ab(\varphi+q)}{p}+\frac{b^2(\frac{1}{2}\mathrm{A}+\mathrm{Q})}{\mathrm{P}}$$

quae aequatio praebet

$$a=\frac{b(\varphi+q)}{p}+\sqrt{\left(\frac{b^2(\varphi+q)^2}{pp}+\frac{b^2(\frac{1}{2}\mathrm{A}+\mathrm{Q})}{\mathrm{P}}\right)}.$$

Debebit ergo fieri

$$\mathrm{AO}:\mathrm{BO}=1+\sqrt{\left(1+\frac{pp(\frac{1}{2}\mathrm{A}+\mathrm{Q})}{(\varphi+q)^2\mathrm{P}}\right)}:\frac{p}{\varphi+q};$$

unde longitudo vectis AC adhibendi aptissima cognoscitur.
Q.E.I.

COROLLARIUM 1

Cum igitur sit

$$a=\frac{b(\varphi+q)}{p}+b\sqrt{\left(\frac{(\varphi+q)^2}{pp}+\frac{\frac{1}{2}\mathrm{A}+\mathrm{Q}}{\mathrm{P}}\right)},$$

erit ipsa celeritas, qua onus Q ope machinae hoc modo applicatae promovebitur

$$=\frac{\sqrt{\left((\varphi+q)^2+\frac{pp(\frac{1}{2}\mathrm{A}+\mathrm{Q})}{\mathrm{P}}\right)}-\varphi-q}{\mathrm{A}+2\mathrm{Q}}$$

unde perspicitur, quo minor sit massa cylindri, eo celerius onus motum iri.

COROLLARIUM 2

Si vis sollicitans nullam habeat inertiam, tum radius maior AO fit infinite magnus. Quare in machinis, quae vento moventur motus eo celerior existit, quo longiores fuerint alae ventum excipientes, etiamsi maiorem non habeant superficiem quam breviores.

COROLLARIUM 3

Sequitur porro ex formula inventa, quo maior fuerit vis sollicitans p eo minorem vectem AC applicari debere, quo onus celerrime moveatur. Semper autem ceteris paribus maior potentia onus celerius movebit quam minor.

SCHOLION

19. Supra iam monui, modum hunc, quo utor celeritates exprimendi, strictissimo sensu veritati non esse consentaneum, sed has expressiones ita tantum esse comparatas, ut ex earum quantitate celeritatis quantitas saltem colligi queat. Accurate enim loquendo istae expressiones, quas ad celeritates designandas usurpo, accelerationem momentaneam tantum definiunt; satis autem perspicuum est, quo maior sit acceleratio, eo maiorem quoque fore ipsam celeritatem genitam. Hoc autem ad meum institutum, quo potissimum in eos casus inquiro, quibus onus celerrime moveatur, prorsus sufficit; ea ipsa enim machina, in qua acceleratio oneris maxima existit, onus quoque celerrime movebit. Interim tamen non arduum est ex iisdem expressionibus veram oneris quovis loco celeritatem determinare. Cum enim in nostro praesenti casu, cui praecedentes similes sunt, acceleratio oneris sit

$$= \frac{abp - b^2(\varphi + q)}{\frac{1}{2}\mathrm{A}b^2 + \mathrm{P}a^2 + \mathrm{Q}b^2};$$

ponamus onus iam per spatium x esse promotum, atque in hoc, quo nunc versatur loco celeritatem habere tantam, quantam grave ex altitudine v cadendo adipiscitur, eritque

$$dv = \frac{abp - b^2(\varphi + q)}{\frac{1}{2}\mathrm{A}b^2 + \mathrm{P}a^2 + \mathrm{Q}b^2}\, dx;$$

quocirca erit

$$v = \frac{abp - b^2(\varphi + q)}{\frac{1}{2}\mathrm{A}b^2 + \mathrm{P}a^2 + \mathrm{Q}b^2}\, x,$$

cuius expressionis radix quadrata celeritatem oneris praebebit; ex quo adhuc clarius perspicitur, onus celerrime promoveri, si haec expressio

$$\frac{abp - b^2(\varphi + q)}{\frac{1}{2}Ab^2 + Pa^2 + Qb^2}$$

maximum obtineat valorem. Sed hinc simul intelligitur onus perpetuo motu accelerato promoveri debere, simili ei, quo gravia delabuntur, id quod tamen in plerisque machinis non usu venit, cuius phaenomeni causa praecipua esse videtur actio potentiae sollicitantis, quae plerumque non indesinenter aequali vi urget, prout in calculo ponitur; id quod imprimis de iis machinis intelligendum est, quae viribus animalibus ad motum cientur. Praeterea vero etiam resistentia aeris, aliaque occulta impedimenta in causa esse possunt, quo motus statim aequabilis fiat, ulteriorque acceleratio cesset, quemadmodum in horologiis videre licet, quae descensu ponderum ne sensibilem quidem accelerationem nanciscuntur, etiamsi motu pendulorum careant.

PROPOSITIO 6

20. *Si machina ex pluribus rotis constet inter se connexis, invenire celeritatem qua onus* Q *a data potentia* P *ope huius machinae moveatur (Fig. 6).*

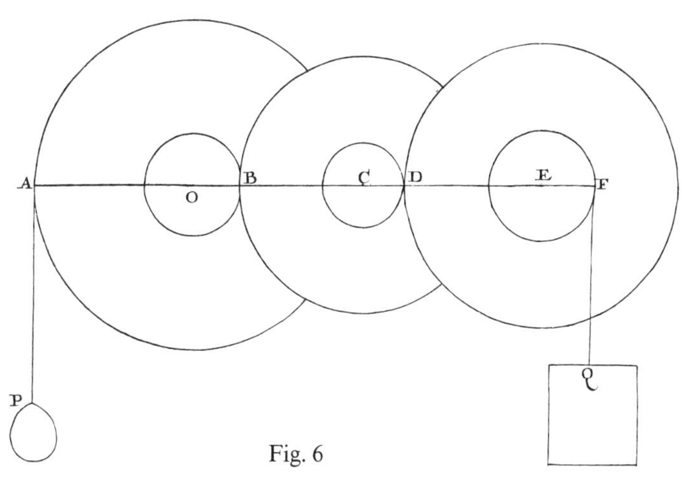

Fig. 6

SOLUTIO

Ponamus hic tres rotas coniunctas, quarum prima circa centrum O, secunda circa C et tertia circa E mobilis sit. Quaelibet porro rota duplici praedita est disco maiore et minore, quorum minore quaevis rota sequentem movet, circa minorem vero discum tertiae rotae tanquam circa cylindrum ope funis circumvolvendi onus promovetur. Sit nunc potentiae P vis ad machinam movendam $= p$ eiusque inertia $=$ P; oneris nisus contrarius $= q$ et eius inertia $=$ Q. Ponatur rotae tertiae DE momentum inertiae $=$ M, momentum secundae BC $=$ L et momentum primae $=$ K. Sit vero rotae primae radius maior AO $= a$, minor BO $= b$; rotae secundae radius maior BC $= c$, minor CD $= d$; rotae tertiae radius maior DE $= e$, minor EF $= f$. Frictio autem totius machinae tanta sit, ut ad eam superandam potentia φ in A applicata requiratur. His praemissis erit momentum potentiae sollicitantis ad primam rotam movendam $= ap$, momentum vero ad secundam rotam movendam $= \frac{ac}{b}p$ atque momentum ad tertiam rotam movendam $\frac{ace}{bd}p$, motui vero tertiae rotae reluctatur vis oneris momento fq. Quo circa momentum ad tertiam rotam movendam erit

$$= \frac{ace}{bd}p - fq,$$

atque frictione in computum ducta, erit hoc momentum

$$= \frac{ace}{bd}(p-\varphi) - fq.$$

Si iam motum tertiae rotae tantum consideremus, quippe quo motus oneris producitur, quem quaerimus, erit momentum inertiae rotae tertiae $=$ M et momentum inertiae oneris $= \mathrm{Q}f^2$. Rotae secundae autem tum solum foret $=$ L, ut posuimus, si eodem, quo tertia motu angulari moveretur, at cum in ratione $\frac{\mathrm{DE}}{\mathrm{CD}} = \frac{e}{d}$ celerius moveatur, augendum est eius momentum in eadem ratione duplicata, ita ut sit $\mathrm{L}\frac{e^2}{d^2}$; atque simili modo proveniet momentum inertiae primae rotae $= \frac{\mathrm{K}c^2e^2}{b^2d^2}$. Momentum autem, quod ex inertia potentiae sollicitantis nascitur erit $= \frac{\mathrm{P}a^2c^2e^2}{b^2d^2}$; ita ut universum momentum, ex omnibus inertiis coniunctis ortum, sit

$$= \frac{\mathrm{P}a^2c^2e^2}{b^2d^2} + \frac{\mathrm{K}c^2e^2}{b^2d^2} + \frac{\mathrm{L}e^2}{d^2} + \mathrm{M} + \mathrm{Q}f^2.$$

Ex his nascitur vis acceleratrix tertiae rotae

$$= \frac{\dfrac{ace(p-\varphi)}{bd} - fq}{\dfrac{\mathrm{P}a^2c^2e^2}{b^2d^2} + \dfrac{\mathrm{K}c^2e^2}{b^2d^2} + \dfrac{\mathrm{L}e^2}{d^2} + \mathrm{M} + \mathrm{Q}f^2}$$

$$= \frac{abcde(p-\varphi) - b^2d^2fq}{\mathrm{P}a^2c^2e^2 + \mathrm{K}c^2e^2 + \mathrm{L}b^2e^2 + \mathrm{M}b^2d^2 + \mathrm{Q}b^2d^2f^2};$$

cui cum ipsam celeritatem angularem tertiae rotae proportionalem ponamus, erit celeritas oneris

$$= \frac{abcdef(p-\varphi) - b^2d^2f^2q}{\mathrm{K}c^2e^2 + \mathrm{L}b^2e^2 + \mathrm{M}b^2d^2 + \mathrm{P}a^2c^2e^2 + \mathrm{Q}b^2d^2f^2}.$$

Ex qua formula simul intelligitur, si numerus rotarum adhuc maior ponatur, quemadmodum celeritas oneris sit exprimenda. Q.E.I.

COROLLARIUM 1

Cum quaevis rota ex duobus discis constet maiore et minore, erit $\mathrm{K} = \mathrm{A}a^2 + \mathrm{B}b^2$; ubi A denotat partem quampiam massae disci maioris primae rotae, B vero partem quamdam massae disci minoris, quae partes erunt dimidiae, si disci fuerint cylindri. Simili modo habebit L eiusmodi formam $\mathrm{C}c^2 + \mathrm{D}d^2$, atque M talem $\mathrm{E}e^2 + \mathrm{F}f^2$. His igitur formis surrogatis erit oneris celeritas, qua movebitur

$$= \frac{abcdef(p-\varphi) - b^2d^2f^2q}{a^2c^2e^2(\mathrm{A}+\mathrm{P}) + b^2c^2e^2(\mathrm{B}+\mathrm{C}) + b^2d^2e^2(\mathrm{D}+\mathrm{E}) + b^2d^2f^2(\mathrm{F}+\mathrm{Q})}$$

ex qua formula facilius casus plurium rotarum evolventur.

COROLLARIUM 2

Si nunc ponatur ratio radii maioris ad minorem in prima rota ut $k:1$ seu $\frac{a}{b} = k$, atque $\frac{c}{d} = l$ et $\frac{e}{f} = m$, erit celeritas oneris

$$= \frac{klm(p-\varphi) - q}{k^2l^2m^2(\mathrm{A}+\mathrm{P}) + l^2m^2(\mathrm{B}+\mathrm{C}) + m^2(\mathrm{D}+\mathrm{E}) + \mathrm{F} + \mathrm{Q}}.$$

COROLLARIUM 3

Duobus ergo casibus celeritas oneris potest esse nulla, quorum primus est, si sit $klm(p-\varphi)=q$, alter vero si vel k, vel l, vel m fuerit = infinitum[1]), illo enim casu numerator evanescit, hoc autem denominator fit infinite magnus. Inter hos autem casus omnes illi continentur, quibus onus actu movetur.

COROLLARIUM 4

Dabitur ergo talis rotarum dispositio pro datis potentia et onere, qua onus celerrime movebitur; quae cum in usu machinarum maximi sit momenti, operae pretium erit eam investigare, id quod in propositione sequente praestabitur.

PROPOSITIO 7

21. *Inter omnes machinas, quae ex pluribus constant rotis coniunctis, quarum quaeque sequentem movet, eam determinare, cuius ope datum onus a data potentia celerrime promoveatur.*

SOLUTIO

Retentis omnibus denominationibus, quibus in praecedente propositione sum usus, exprimet formula corollarii 2 commodissime celeritatem, qua onus Q ope machinae ex tribus rotis coniunctis compositae a potentia P movebitur, et quae facillime ad quemcunque rotarum numerum accommodari potest. Erit ergo celeritas oneris

$$=\frac{klm\,(p-\varphi)-q}{k^2l^2m^2(\mathrm{A}+\mathrm{P})+l^2m^2(\mathrm{B}+\mathrm{C})+m^2(\mathrm{D}+\mathrm{E})+\mathrm{F}+\mathrm{Q}}$$

quae maxima est reddenda positis p, q, P et Q constantibus. Ponamus autem quoque quantitates A, B, C, D, E, F constantes, quae ex massis maiorum et minorum discorum, ex quibus rotae constant, determinantur. Quanquam enim hae quantitates a diametris rotarum pendent, atque istae diametri etiamnum sunt incognitae, tamen quoque a crassitie pendent, quae est arbitraria, et hanc ob rem sine errore pro constantibus haberi possunt. Praeterea ad illam formam maximam efficiendam, non tam ipsam rotarum et discorum magnitudinem definimus, quam eorum mutuam relationem, numeros scilicet k, l et m, ita ut ab horum variabilitate ipsa discorum quantitas non afficiatur. Sit ergo $klm=x$; numerusque x indicabit, quoties per machinam totam potentia applicata multi-

1) Editio princeps: 0 loco infinitum. Corr. P.H.

plicetur; atque sit etiam $lm = y$, et $m = z$. Praeterea sit brevitatis gratia $p - \varphi = r$, $A + P = K$, $B + C = L$, $D + E = M$ et $F + Q = N$, quibus suffectis erit celeritas oneris

$$= \frac{rx - q}{Kx^2 + Ly^2 + Mz^2 + N}$$

atque numeri x, y, z ita determinari debebunt, ut ista expressio maximum obtineat valorem. Facile autem perspicitur celeritatem fore eo maiorem, quo minores sint numeri y et z, ita ut hos numeros definire non sit opus. Quamobrem tantum x per methodum maximorum determinasse sufficiet. Prodibit autem ista aequatio

$$(Ly^2 + Mz^2 + N)\, r = Krx^2 - 2Kqx,$$

seu

$$x^2 = \frac{2qx}{r} + \frac{Ly^2 + Mz^2 + N}{K}$$

ex qua oritur

$$x = \frac{q}{r} + \sqrt{\left(\frac{q^2}{r^2} + \frac{Ly^2 + Mz^2 + N}{K}\right)}$$

seu restitutis prioribus valoribus erit

$$klm = \frac{q}{p - \varphi} + \sqrt{\left(\frac{q^2}{(p - \varphi)^2} + \frac{(B + C)l^2m^2 + (D + E)m^2 + F + Q}{A + P}\right)}$$

qua aequatione problema solvitur. Q.E.I.

COROLLARIUM 1

Si valor ipsius x inventus in expressione celeritatis substituatur, prodibit celeritas oneris maxima quaesita

$$= \frac{rr}{2Kr\sqrt{\left(\frac{q^2}{r^2} + \frac{Ly^2 + Mz^2 + N}{K}\right)} + 2Kq}$$

quam apparet eo maiorem fore, quo minores fiant numeri y et z, seu numeri l et m.

COROLLARIUM 2

Ad problema propositum ergo solvendum machinam ita instrui oportet, ut potentiae multiplicatio per totam machinam facta tanta fiat, quanta est inventa. Rotae autem ipsae quotquot fuerint, ita sunt disponendae, ut eae, prima excepta, potentiam quam minime augeant.

COROLLARIUM 3

Intelligitur porro, quo minor sit rotarum numerus, eo celerius onus a data potentia promoveri. Cum enim numeri y, z, nec quantitates L, M, N neque evanescere neque negativos valores induere queant, manifestum est, quo pauciores literae L, M, N, hoc est quo pauciores rotae adhibeantur, eo celerius onus promoveri posse.

COROLLARIUM 4

Si igitur aliae circumstantiae machinam plurium rotarum requirant, tum scopus intentus obtinebitur, si in prima rota ratio inter radium maiorem et minorem seu k tam magna constituatur, quam fieri potest. Si enim k etiam maior fiat quam klm, tum ob l et m numeros unitate minores, celeritas oneris eo maior evadet.

SCHOLION

22. Machinae ex pluribus rotis constantes tum praecipue adhiberi solent, quando per unam rotam tanta potentiae multiplicatio produci nequit, quanta ad onus movendum requiritur. His igitur casibus primae rotae radius maior ad minorem maximam, quam fieri potest rationem tenere debebit; quo in sequentibus autem rotis ratio inter radios maiores et minores, rationem aequalitatis minime superet. Quando autem aliae circumstantiae plures rotas requirunt, tum data regula maiore utilitate adhiberi potest, qua in sola prima rota maxima potentiae multiplicatio constitui debet. Hinc nascitur regula summe utilis pro molis tam ab aqua quam vento movendis, quae ex sua natura plures rotas non vero virium multiplicationem requirunt. Hoc casu ergo fit inertia potentiae sollicitantis $\mathrm{P} = 0$; atque cum nullum onus sit movendum praeter ipsas rotas erit et q et $\mathrm{Q} = 0$; contritio enim granorum sub frictione comprehendi potest. Ut igitur mola velocissime molat necesse est ut sit

$$klm = \sqrt{\left(\frac{(\mathrm{B}+\mathrm{C})l^2m^2 + (\mathrm{D}+\mathrm{E})m^2 + \mathrm{F}}{\mathrm{A}}\right)}.$$

Accepta igitur maxima ratione inter radium maiorem et minorem primae rotae, quae immediate vel a vento[1]) vel aqua agitur, l et m ita accipi debent, ut fiat

$$\mathrm{A}k^2l^2m^2 = (\mathrm{B}+\mathrm{C})l^2m^2 + (\mathrm{D}+\mathrm{E})m^2 + \mathrm{F}$$

1) Editio princeps: dente Corr. P.H.

seu ob $F = 0$, quia nullum adest onus erit

$$Ak^2 l^2 - (B + C) l^2 = D + E,$$

ideoque

$$l = \frac{\sqrt{(D + E)}}{\sqrt{(Ak^2 - B - C)}};$$

unde utilissima structura molarum, ex tribus rotis constantium consequitur. His autem observatis erit celeritas qua lapis molaris in gyrum agetur directe ut potentia sollicitans et reciproce ut diameter ultimae rotae: ultimam ergo rotam molae connexam minimam fieri conveniet. Reliquarum machinarum examen, ne nimis sim prolixus, in aliud tempus differam.

DE MACHINIS IN GENERE

Commentatio 194 indicis ENESTROEMIANI
Novi commentarii academiae scientiarium Petropolitanae 3 (1750/1), 1753, p. 254–285,
Summarium ibidem, p. 21–23

SUMMARIUM

Quam imperfecta adhuc sit machinarum cognitio Theoretica, et quantum a scopo ii aberrent, qui vulgo se Theoriam machinarum tradidisse prae se ferunt, Auctor in hac dissertatione fusius commonstrat; atque defectus huius cognitionis iam dudum in universum animadversus videtur, cum nemo fere machinae per solam Theoriam inventae fidere soleat, nisi ante per experientiam fuerit comprobata. Cuius rei causam Auctor neutiquam, ut vulgo fieri solet, in frictione aliisve externis circumstantiis neglectis quaerendam esse ostendet, sed potius in eo, quod vulgaris Machinarum cognitio admodum sit manca, neque nomen Theoriae mereatur. Tota enim isthaec falso nominata Theoria solis principiis aequilibrii innititur, atque tum solum in usum recte vocari posset, quando quodpiam onus ope Machinae in aequilibrio suspensum esset tenendum. Statim autem atque onus moveri, ipsaque Machina in agitatione versari debet, quomodo motus comparatus sit futurus ex solis principiis aequilibrii determinari non potest: sed manifesto principia et leges motus in subsidium vocari debent, sine quibus nihil certi in hoc negotio definire licet. Maxime autem principia aequilibrii et motus, etiamsi vulgo perperam inter se misceri sunt solita, a se invicem discrepent, iam Magnus agnovit LEIBNIZIUS, dum illa necessario vera haec vero tantum contingentes vera esse pronunciavit. Cui effato tametsi gravissima argumenta adversantur, tamen certum est ingens inter haec duplicia principia discrimen intercedere, quod vel inde perspicuum est, quod principia aequilibrii nunquam fere non fuerint cognita, neque de iis unquam sit disceptatum, cum contra motus principia ante GALILAEUM penitus sint ignorata, eorumque distincta expositio demum NEUTONO summo potissimum accepta sit referenda.

Cum igitur nulla machina non ad motum sit destinata, manifestum est effectum sine principiis motus accurate definiri non posse; horum autem principiorum applicatio sine Analysi sublimiori institui non potest. Doctrinam ergo vulgarem de machinis, cuius imperfectio defectui principiorum motus atque Analysis sublimioris est tribuenda, Auctor in hac dissertatione perficere annititur; cuiusmodi perfectio cum frustra in Mathesi elementari quaeratur, quorsum vulgo haec doctrina referri est solita, necessitas Matheseos sublimioris hinc maxime fit perspicua. Tantum ergo abest, ut haec scientia magis sit subtilis quam utilis, quod communiter obiici solet, ut ea potius in maxime popularibus investigationibus nullo modo carere queamus. Exemplo, quod Auctor affert, hoc magis illustrabitur, casum perpendit, quo onus 1000 librarum ope ponderis 100 librarum elevari debet, ad quod quidem axis in peritrochio sit adhibendus: atque doctrina vulgaris docet, si radius maior ad minorem capiatur in ratione 10 ad 1 onus a pondere sustentari in aequilibrio nondum vero moveri posse: unde quidem intelligimus ad motum producendum radium maiorem plus quam decies minorem superare debere. Motus igitur sequetur tardius quidem si ille radius undecies longior capiatur, at celerior si undecies vel duodecies: simul vero intelligitur, si nimis longus veluti centies vel millies longior statuatur, pondus quidem multo celerius esse descensurum, oneris autem ascensum iterum tardiorem esse futurum.

Quam velox autem quovis casu motus oneris existat, ex vulgaribus Mechanicae principiis minime definire licet, quae cognitio tamen si de machinae effectu iudicare velimus, absolute est necessaria: multo minus vide ea machinae dispositio, in qua summa perfectio continetur, quae oneri ascensum celerrimum inducit, definiri potest. Hanc igitur aliasque similes quaestiones Mechanicas Auctor evolvit, atque Analysi sublimiori in subsidium vocata accurate enucleat.

1. Cum disciplinae Mathematicae semper ob certitudinem et perspicuitatem, qua reliquis artibus longe antecellunt, magni sint aestimatae et collaudatae, tum imprimis propter summam utilitatem, quam ad commune vitae commodum afferre videntur, omni honore, studiisque hominum dignissimae sunt habitae. Quem ad modum enim vix ullum vitae genus Arithmetica carere potest, neque pauca Geometriae cognitionem requirunt, atque Astronomia ad vitam commode instituendam plurima adminicula suppeditat; ita Mechanicae usus latissime patet, cum pleraeque artes ope Machinarum, quarum inventio et perfectio Mechanicae debetur, absolvuntur. Quos insignes usus cum sola Mathesis elementaris, quae iam a longo tempore est inventa et pertractata, praestare putetur, non leves inde obiectiones contra utilitatem Matheseos subtilioris, quae hoc imprimis seculo excoli est coepta, opponi solent; quod ab usu populari abhorreat, nimisque sit ardua, quam ut ullum ex ea commodum in commune bonum redundare possit.

2. Quamquam autem incrementa Astronomiae aliarumque Matheseos partium, quae recentiori Analysi sublimiori dictae accepta sunt referenda, eam ab istis obiectionibus iam satis superque vindicare videntur; tamen ipsa Mechanica vulgaris, quae in Machinis instruendis et explicandis versatur, summam Analy-

seos non solum utilitatem, sed etiam necessitatem, clarissime evincit. Quaecunque enim in Mechanica de natura et usu Machinarum tradi solent, tam sunt imperfecta, et plerumque omni fundamento destituta, ut maxime mirandum sit, communem opinionem de eius eximio usu tamdiu sustentari potuisse: hic autem defectus nulli alii causae, nisi ignorationi Analyseos sublimioris, adscribi potest, quippe cuius adminiculo demum cognitio Machinarum perfici, atque ad exoptatum usum in vita communi accommodari queat.

3. Maxime autem vulgarem Mechanicae doctrinam de Machinis esse imperfectam, iam pridem non obscure, qui in Machinis elaborandis sunt occupati, animadverterunt. Quantumvis enim novae cuiuspiam Machinae structura principiis Mechanicae conformis videatur, tamen de eius effectu vix quicquam ante polliceri licet, quam experientiae approbatio accesserit: et, quamquam saepe ii, qui multum operae studiique in Machinis construendis consumserunt, tantam sagacitatem longo usu sint adepti, ut de effectu earum certo pronunciare ausint, antequam experientiam consuluerint, tamen tantum abest, ut hoc scientiae ipsorum Theoreticae tribui possit, ut potius soli experientiae adscribi debeat. Hinc qui solis regulis, quae vulgo in Mechanicae elementis tradi solent, imbutus ad Machinarum fabricam se accingit, de earum successu vel nihil praedicere valebit, vel spe concepta saepissime frustrabitur. Ex quibus clarissime perspicitur, cognitionem Machinarum vulgarem, qualis in Mechanicae elementis exponitur, maxime esse mancam, nihilque minus quam Theoriae nomen mereri.

4. Cum autem ii, qui nihilominus cognitionem Machinarum Theoreticam profitentur, eamque adversus obiectiones practicorum defendere sustinent, hunc defectum ac perpetuum fere ab experientia dissensum tollere nequeant, omnem culpam in frictionem transferre solent; hacque sola effici, ut Machina alioquin secundum praecepta Mechanicae diligentissime instructa saepe numero sperato effectu excidat. Quamquam autem frictio actionem Machinarum non mediocriter perturbat, tamen immerito omnis culpa in eam transfertur. Cognitio enim Machinarum, quae vulgo ab his hominibus ostentatur, tam est imperfecta, ut etiamsi nulla omnino frictio adesset, tamen nihil quicquam de effectu Machinarum accurate definiri posset. Hunc igitur summum Mechanicae vulgaris defectum hic diligentius expendere, et quem ad modum per solam Analysin sublimiorem tolli possit, uberius explicare constitui; cum ut insignem huius novae Matheseos partis utilitatem, quae vulgo in dubium vocari solet, luculenter ob oculos ponam, tum vero imprimis, ut doctrinam ipsam de Machinis pro viribus perfectiorem reddam.

5. Primum igitur universa de Machinis doctrina vulgo principiis aequilibrii superstrui solet: quibus magnitudo ac directio virium determinantur, quae obiecto cuicunque applicatae in aequilibrio consistunt. Hinc proposita quaecunque Machina, in Mechanica vulgari nihil aliud investigatur, praeter rationem vis sollicitantis ad onus superandum, quae ad statum aequilibrii requiritur: ita si vis alteri vectis termino, pondus vero alteri sit applicatum, demonstratum est ad aequilibrium obtinendum, vim ad pondus rationem reciprocam distantiarum ab hypomochlio tenere oportere. In Machinis autem utcunque compositis ex iisdem principiis proportio inter vires sollicitantes et onera superanda, qua aequilibrium efficitur, non difficulter definitur; hacque determinatione tota Machinarum tractatio absolvi solet. Altum vero ubique deprehenditur silentium de motu, qui sublato statu aequilibrii sit insecuturus, nisi quod generatim notetur, si vis sollicitans maior fuerit, quam effectio aequilibrii exigat, onus promotum iri, si quidem vis frictioni simul superandae par sit.

6. Tum vero etiam ex indole et proportione partium Machinae definiri potest, si potentia seu vis, sive trahens sive pellens, data celeritate progrediatur, quanta celeritate ipsum onus promoveatur. Quam enim rationem inter potentiam et onus status aequilibrii postulat, eadem ratio, sed inversa, inter celeritatem potentiae et oneris intercedit, undecunque motus sit profectus. Hinc notus ille Mechanicae canon originem habet, quo promotio oneris eo tardior esse affirmatur, quo minor potentia ad aequilibrium requiratur, si quidem potentia data celeritate progrediatur. Quae regula, nisi longius, quam par est, extendatur in dispositione Machinarum saepe eximium habet usum, sed nihil prorsus confert ad ipsum motum, qui sublato statu aequilibrii re vera subsequitur, definiendum. Cum igitur omnes Machinae ad motum destinentur, nullaque construi soleat, quae in statu aequilibrii effectum desideratum praestet, manifestum est, actionem et effectum Machinarum nullo modo ex memoratis Mechanicae principiis explicari ac definiri posse: satis enim constat, ad motum determinandum principia aequilibrii minime sufficere, sed praeterea cognitionem legum motus requiri, quae sine analysi sublimiori neque tradi neque ad usum applicari possunt.

7. Cum autem pono, si status aequilibrii cuiuspiam Machinae spectatur, relatio inter vim potentiae protrahentem, et vim oneris contrariam, qua Machinam in plagam oppositam movere conatur, determinetur, manifestum est, plurimas Machinas ne hanc quidem determinationem admittere. Si enim onus ope Machinae horizontaliter sit promovendum, nullam unquam vim ad Machinam repellendam exercet, quemadmodum evenit, si pondus perpendiculariter elevari debeat; isto

igitur casu vel minima vis, dummodo frictioni superandae sufficiat, onus promovere valebit, maior autem motum celeriorem producet, quam minor, neque idcirco statui aequilibrii ullus locus relinquitur. Hoc idem evenit in horologiis, molendinis, aliisque huius generis Machinis, in quibus nulla cuiusquam ponderis elevatio intenditur, sed omnis effectus in solo Machinae motu producendo consumitur. De hoc ergo Machinarum genere nihil est, quod in vulgari Mechanica tradi queat, praeter meram ac nudam partium descriptionem et coagmentationem; cum tamen in praxi multo amplior et accuratior cognito requiratur.

8. Si enim ad certum quemdam effectum producendum Machina proponitur, parum quidem refert nosse, quanta vi ad aequilibrium conservandum opus sit, si quidem Machina ad id genus pertineat, in quo status aequilibrii datur; sed vel maxime interest nosse, quanta celeritate desideratus effectus a qualibet vi Machinae istius ope edatur; ut si forte effectus nimium fuerit lentus, vel scopo non conformis, Machina repudiari possit, antequam per experientiam inepta fuerit deprehensa. Huiusmodi accurata motus a data vi oriundi determinatio etiam maxime necessaria est, si plures Machinae ad eundem finem obtinendum proponuntur, quo ea, quae promtissimum, vel intentioni maxime convenientem effectum producat, reliquis anteferri queat. Quin etiam Theoriam eousque perfici conveniet, ut proposito quocunque opere absolvendo, inter omnes omnino Machinas, quae ad id exsequendum excogitari queant, ea potissimum assignari possit, quae hoc opus vel brevissimo tempore, vel minimo virium dispendio, vel alio modo, qui maxime idoneus videatur, peragere valeat.

9. Momentum harum quaestionum unico eoque facili exemplo docuisse sufficiat. Ponamus onus mille librarum verticaliter elevari debere a vi, quae valeat 100 libras, ad hocque opus nos uti velle axe in peritrochio. Primum quidem perspicuum est, si radiorum alter decies longior assumatur altero, vim cum onere in aequilibrio fore constitutum, nullumque motum sequi. Quo igitur onus elevetur, necesse est, ut radius maior plus quam decies longior altero statuatur; facile quoque est praevidere, si is undecies tantum longior capiatur, lentiorem motum esse insecuturum, quam si duodecies longior caperetur: neque quisquam dubitabit, si maior radius vel tredecies, vel decies quater, vel ultra longior caperetur, motum adhuc celeriorem esse proditurum. Deinde vero pariter non est dubium, quin si maior radius millies, vel decies millies, longior efficeretur altero, motum iterum tardiorem productum iri. Crescet ergo celeritas elevationis ad certum usque longitudinis terminum, quem si transgrediatur, iterum decres-

cat. Merito ergo quaestio instituitur, quoties radium alterum longiorem altero constitui oporteat, ut onus citissime elevetur.

10. Quantopere autem haec aliaeque huius generis quaestiones, quae ad veram Machinarum Theoriam omnino ita pertinent, ut nisi eae resolvi queant, Theoria maxime imperfecta censeri debeat, communis Mechanicae limites transgrediantur, quilibet, qui vel allatum leve exemplum attentius perpenderit, facile agnoscet. Nihil enim prorsus in omnibus libris, qui gloriosum Theoriae Machinarum titulum prae se ferunt, inveniet, quo isti quaestioni ullo modo satisfacere posset. Magis ergo ardua est haec quaestio, et cum vulgaria Mechanicae praecepta huc nihil conferant, ad Mathesin sublimiorem dictam est confugiendum, in qua cum non solum verae motus leges explicentur, sed etiam ad quosvis casus, quibus motus producitur, ope calculi infinitorum accommodentur; ea sola veros nobis aperiet fontes, ex quibus solutionem huiusmodi quaestionum haurire liceat. Quod quo facilius fieri possit, praecipua ante momenta, quae in omnibus Machinis occurrunt, diligenter examinari, et quantum singula ad motum cum promovendum tum impediendum afferant, sedulo determinari conveniet. Hac enim tractatione praemissa non difficulter omnis generis Machinae ad calculum revocari, earumque effectus accurate definiri poterunt.

11. In omni autem Machina tres res sunt considerandae: primo scilicet vis, quae Machinae motum inducit; secundo ipsa Machina, seu eius structura, partiumque, quibus constat coagmentatio; ac tertio onus movendum; quamquam enim in pluribus Machinis nullum onus occurrit, sed totus Machinae effectus in ipsius motu consistit, tamen haec divisio tripartita non impedit, quo minus etiam huius generis Machinae in tractatione comprehendantur: quippe quae exoriuntur, si onus movendum omittatur, vel evanescens assumatur. Hae porro tres res duplici modo debent perpendi; vel per se, vel ratione motus, quem singulae suscipiunt. In Machina enim ipsa eius structura probe est distinguenda a motu, qui ei singulisque eius partibus inducitur; propterea quod Machina non solum vi in onus transferendae inservit, sed etiam ob motum, quem ipsa accipit, aliquam vis sollicitantis partem consumit; hocque ipso effectum, qui alias produceretur, non parum imminuit.

12. Quod igitur primum ad vires, quibus Machinae impelli solent, attinet, earum plurima genera adhibentur, quae omnia enumerare difficile foret; cuiusmodi sunt pondera, elastra, vires humanae et animales, impulsiones aquarum, et venti, ignis, fumus, etc. Circa has autem vires ante omnia attendendum est,

utrum indesinenter agant, an per intervalla? an perpetuo aequali vi urgeant, an modo intendantur, modo remittantur? et quandoque per aliquod intervallum penitus cessent. Ad quem casum referendae sunt percussiones, quarum actio ex regulis collisionis definiri debet. Quando autem sine interruptione operantur, earum vera quantitas est spectanda, quam semper per pondus quodpiam exponere licet. Scilicet quacunque vi Machina impellatur, pondus assignari poterit, quod tantumdem urgeat et cum mensura ponderum sit notissima loco cuiuslibet vis mente substituere licebit pondus aequivalens; quod pro natura vis sollicitantis, vel constantis erit quantitatis, vel variabilis. Quin etiam si Machina percussionibus ad motum incitetur, quovis momento pressio aequalis substitui potest, sed plerumque calculus contrahitur, si regulae collisionis in subsidium vocentur.

13. Quaecunque autem vis ad Machinam impellendam adhibeatur, ea semper cum quadam materia est coniuncta, quae simul moveri debet; quam inertiam vis sollicitantis appellabimus. Haec si solus status aequilibrii determinatur, omnino non in computum ingreditur, quoniam aequilibrium a sola quantitate virum impellentium pendet, nihilque interest, utrum inertia adsit an secus? simulac vero motus generatur, omnis materia, quae motum recipit, attente est consideranda, quippe ad quam movendam portio quaedam virium impenditur. Quantitas igitur eius materiae, in qua ipsa vis impellens residet, sedulo est attendenda, et quantum motum, dum Machina movetur, ipsa nanciscatur, definiri debet. Quo plus enim materiae, vel quo maior inertia cum vi sollicitante fuerit connexa, eo tardior orietur motus. Sic praeter virium varietates ante commemoratas duae res in qualibet vi, qua Machina ad motum concitatur, potissimum erunt considerandae: primo scilicet ipsa cuiusque vis quantitas; ac deinde eius inertia: quarum illa per pondus, haec vero per quantitatem materiae, quae pariter ad pondus revocari potest, mensurari solet.

14. In ipsa deinde Machina eius structura, et modus, quo singulae partes inter se sunt connexae, perpendi debet: ex quibus, si unius partis vel solum puncti motus fuerit cognitus, simul omnium reliquarum partium motus innotescet. Hinc cum vis sollicitans Machinae sit applicata, si celeritas ipsius vis fuerit inventa, simul motus singularum Machinae partium cognoscetur. Verum praeterea in motus productione ipsius quantitatis materiae, ex qua Machina componitur, ratio est habenda; quam inertiam ipsius Machinae vocabimus. Haec primum ex quantitate materiae seu pondere cuiusque partis est aestimanda; tum vero cum reluctatio inertiae eo magis se exerat, quo celerior fuerit motus; si diversae Machinae partes diversis celeritatis gradibus moveantur, haec circum-

stantia simul in computum est ducenda. Scilicet si omnes Machinae partes motibus paribus progrediantur, ut nulla adsit motus varietas, sufficiet, ipsam materiae quantitatem eiusque pondus nosse: sin autem, ut plerumque fit, motus gyratorius circa axem quempiam generetur, tum momentum inertiae respectu huius axis computatum, in motus determinationem ingredietur: quae circumstantia saepe actionem Machinarum determinatu difficillimam reddere solet.

15. Restat ergo onus considerandum, quod ope Machinae promoveri debet, nisi forte totus effectus in solo Machinae motu consistat. Circa onus autem primo dispiciendum est, utrum praeditum sit vi Machinam sollicitante, uti evenit, si pondus elevari debet, an vero tantum ratione inertiae actioni Machinae reluctetur, velut si pondus secundum directionem horizontalem sit protrahendum: illam vocabimus oneris vim renitentem, cuius ratio in determinatione status aequilibrii haberi debet; hanc vero inertiam oneris dicemus, quae in motu demum spectanda venit. Ad vim oneris renitentem denique frictio tota, qua tam motus Machinae, quam ipsius oneris impeditur, commode revocari potest. Per experientiam enim constat, frictionem eandem exerere effectum, ac si maior vis oneris renitens esset superanda; quae etsi in quiete Machinae nullam vim inferat, in motu tamen vicem vis motum retardantis sustineat, et quidem constantis maneat quantitatis, sive motus tardior fit, sive celerior. Quare si unico experimento magnitudo frictionis fuerit explorata, eam tantum vi oneris renitenti addere conveniet, quo pacto calculus Machinarum ob frictionem non amplius perturbabitur.

16. Dum autem motus cuiusque Machinae per calculum determinatur, imprimis necesse est, ut vires, quibus singulae Machinae partes in se invicem agunt, accurate definiantur; quo constet, quantam vim cum rotae, tum funes, tum axes, super quibus partes Machinae rotantur, etiam durante motu sustineant. Nisi enim de hoc fuerimus certi, difficile foret partes Machinae vel non nimis imbecillas efficere, vel non nimis robustas: quorum prius Machinam prorsus inutilem redderet, si quidem vi, quam in actione subit, sustinendae par non esset. Posterius vero non parum Machinae officit, si enim praeter necessitatem nimis robusta et fortis construeretur, ob maiorem inertiam totus motus retardaretur; huicque incommodo sola Mathesis sublimior medelam afferre valet. His igitur, quae ad actionem Machinarum in genere spectant, expositis, singula Machinarum genera secundum hoc institutum pertractabo, ac primo quidem a simplicioribus exordiar.

DE PROMOTIONE SIMPLICI

1. Promotionem simplicem voco, quando onus, vel immediate a potentia promovetur, sive trahendo sive trudendo, vel ope huiusmodi Machinarum simplicium, quibus actio potentiae neque augetur neque imminuitur: quod fit vel funibus nudis vel trochleis, quae circa axes fixos sint mobiles, innixis. His scilicet casibus onus eadem celeritate promovetur, qua ipsa potentia, seu vis movens, procedit: ita ut per quantum spatium potentia iam processerit, per tantumdem spatium onus sit protractum. Ab hoc autem casu potissimum exordior, cum quia est simplicissimus, eiusque cognitio ad omnis generis Machinas examinandas summopere necessaria, tum vero, quia hic locus maxime idoneus conceditur de frictione tractandi: quae doctrina nondum satis explicata neque ad actionem Machinarum accommodata videtur; praecipue quando frictio ad axem, circa quem pars Machinae est mobilis transfertur.

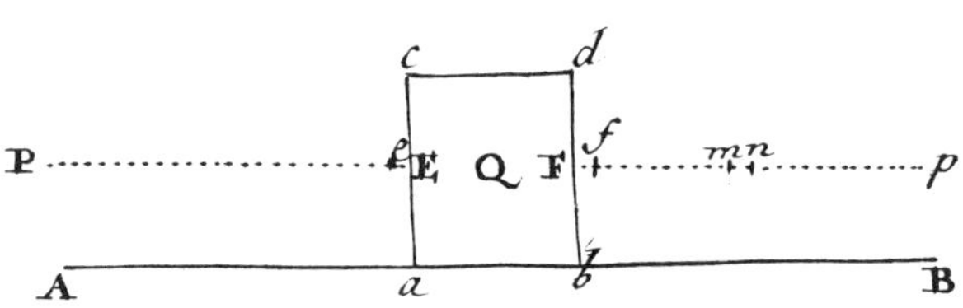

Fig. 1

2. Ponamus ergo primo onus *abcd* super plano horizontali AB promoveri debere (Fig. 1), ad hocque adhiberi potentiam, cuius directio pariter sit horizontalis, et quae onus vel trudendo in puncto E propellat, vel trahendo secundum F*p* protrahat. Transeat autem directio vis sive trudentis PE, sive trahentis F*p* per oneris centrum gravitatis, ne, etiamsi onus liberum esset, in eo ullus alius motus praeter progressivum horizontalem generetur. Quando enim directio vis urgentis non per centrum gravitatis oneris transit, tum ei praeter motum progressivum rotationem quamdam imprimere conabitur, qui etsi a firmitate plani AB, qui incumbit, impediatur, tamen appressionem oneris ad hoc planum immutat, cuius cognitio saepenumero non parvi est momenti. Sin autem ad hanc appressionem non respiciamus, perinde est, utrum directio vis sollicitantis per oneris centrum gravitatis transeat, nec ne? dummodo corpori re ipsa nullum motum rotatorium inducat.

3. Ponamus praeterea planum AB esse politissimum, ut onus in motu suo nullam frictionem sentiat, quia effectum frictionis deinde seorsim sum contemplaturus. Hic igitur solum onus et potentia urgens in computum ingredietur. Sit massa oneris $=$ Q, quae eius pondere mensuratur, et qua tantum motui reluctatur, quia ob motum horizontalem nullam vim potentiae contrariam seu reni-

sum exerit. Potentiae vero sollicitantis quantitas sit $=p$, inertia autem, seu quantitas materiae, quae cum potentia est coniuncta, cum eaque simul movetur, sit $=\mathrm{P}$; ubi tam P quam p ponderibus metiri licet. Confecerit tam potentia quam onus motu iam viam seu spatium $=z$: et utrumque habeat celeritatem, quantam grave ex altitudine v libere cadendo adipisci solet. Cum igitur a vi p quovis momento massa seu inertia $\mathrm{P}+\mathrm{Q}$ accelerari debeat, ex principiis Mechanicis habebimus hanc aequationem $dv=\frac{p\,dz}{\mathrm{P}+\mathrm{Q}}$, quae integrata dat $v=\frac{pz}{\mathrm{P}+\mathrm{Q}}$.

4. Cum igitur celeritas ipsa sit radici quadratae ex altitudine v proportionalis, si enim v in partibus millesimis pedis Rhenani exprimatur, eius radix quadrata $\sqrt{v}$ per 4 divisa indicabit, quot pedes Rhenanos corpus hac celeritate uniformiter motum singulis minutis secundis esset percursurum: onus motu uniformiter accelerato promovebitur, nisi quatenus a resistentia aeris impeditur. Si tempus praeterea, quo iam spatium z absolvit, ponatur $=t$, ob $dt=\frac{dz}{\sqrt{v}}$ erit

$$dt=\frac{dz\sqrt{(\mathrm{P}+\mathrm{Q})}}{\sqrt{pz}}$$

et

$$t=\frac{2\sqrt{z(\mathrm{P}+\mathrm{Q})}}{\sqrt{p}}=2\sqrt{\frac{\mathrm{P}+\mathrm{Q}}{p}z}.$$

Quae formula si per 250 dividatur, dum spatium z in partibus millesimis pedis Rhenani exprimitur, indicabit numerum minutorum secundorum tempori t convenientium. Unde vicissim si tempus t in minutis secundis exprimatur, ut sit

$$t=\frac{1}{125}\sqrt{\frac{\mathrm{P}+\mathrm{Q}}{p}z}$$

erit

$$z=15625\ tt\cdot\frac{p}{\mathrm{P}+\mathrm{Q}}\ \text{part. mill. ped. Rhenani;}$$

seu

$$z=\frac{15625}{1000}\cdot\frac{p}{\mathrm{P}+\mathrm{Q}}\ \text{ped. Rhen.}$$

sicque per quantum spatium onus dato tempore promoveatur, definiri poterit.

5. Cum autem hic casus nusquam locum inveniat, ponamus insuper frictionem accedere, qua fit, ut simul atque onus movetur, vi propellenti perinde resistat, ac si quadam vi contra urgeretur: hacque vi resistente ipsa frictio mensurari solet. Provenit ea vero partim ab asperitate superficierum se in motu fricantium,

partim ab appressione earum mutua. Quanquam autem videtur quoque a magnitudine spatii *ab*, quo fit contactus, pendere tamen plurimis experimentis ab AMONTONO[1]) institutis evictum est, magnitudinem contactus nihil ad frictionem conferre, sed totam soli appressioni esse proportionalem, si asperitas maneat eadem. Atque in plerisque tabulis ligneis modice laevigatis invenit frictionem fere tertiae parti eius vis, qua onus ad tabulam apprimatur, esse aequalem. Hinc si AB esset huiusmodi tabula lignea, quoniam appressio toti ponderi oneris Q aequatur, frictio foret $=\frac{1}{3}\mathrm{Q}$. Maior autem minorve erit, si superficies AB magis minusve aspera fuerit. Quo igitur determinatio latius pateat, frictionem ponamus $=\mathrm{F}$, ubi tenendum est, fore $\mathrm{F}=\frac{1}{n}\mathrm{Q}$, denotante n numerum sive maiorem sive minorem quam 3.

6. Cum igitur frictio F, dum onus movetur, vi propellenti p sit contraria, ea a vi p subtrahi debebit, onusque perinde movebitur, ac si sublata frictione propelleretur a vi $=p-\mathrm{F}$. Quare confecto spatio z celeritas oneris debita erit altitudini v, ita ut iam sit

$$v=\frac{(p-\mathrm{F})\,z}{\mathrm{P}+\mathrm{Q}}:$$

atque tempore t minutorum secundorum onus promovebitur per spatium tot pedum Rhen. quot unitates ista expressio

$$\frac{15625}{1000}\cdot\frac{p-\mathrm{F}}{\mathrm{P}+\mathrm{Q}}$$

indicabit. Hic igitur ante omnia advertendum est, onus de loco non moveri, nisi sit $p>\mathrm{F}$, hoc est, nisi vis pellens p fuerit maior quam frictio F: et quamdiu vis urgens p sit minor, onus in quiete persistere. Hic enim non, uti alias in calculo fieri solet, valorem ipsius v, casu quo $p<\mathrm{F}$, negativum concludere licet, ut motus in contrariam plagam dirigatur: quoniam frictio, etsi vi pellenti est contraria, tamen hunc effectum non nisi in motu exerit, atque in quiete penitus cessat. Quod notandum est, ne per huiusmodi formulas perperam intellectas in errores seducamur.

7. Hic igitur simplicissimus se nobis offert modus quantitatem frictionis explorandi per experimenta. Corpore enim quocunque *abcd* plano horizontali AB imposito, ei in directione horizontali Fp ope fili seu funiculi applicentur

1) Guillaume AMONTONS, «De la résistance causée dans les machines ...», Mém. acad. sc. Paris 1699, 3ème éd., Paris 1732, p. 206–227. P.H.

successive maiores vires, donec corpus moveri incipiat; quae experimenta commodissime instituentur, si funiculus in p trochleae liberrime mobili imponatur, eique continuo maiora pondera appendantur. Tum enim frictio ei ponderi erit aequalis censenda, a quo corpus primum promoveri inceperit. Hoc autem modo AMONTONUS deprehendit, si asperitas fuerit eadem, frictionem ad pondus corporis perpetuo datam et constantem rationem tenere; neque quantitatem contactus ab quicquam ad frictionem conferre. Ab aliis quidem haec regula deinceps in dubium est vocata, qui pariter experientiae innixi eam falsitatis arguere voluerunt. Verum hi ad frictionem, quae in motu gyratorio cernitur, potissimum respexerunt: quae autem hoc casu longe aliter motui resistit, uti infra docebo, ita ut hinc nulla obiectio firma contra regulam AMONTONIANAM peti possit. Interim tamen optandum esset, ut haec experimenta cuncta omni adhibita solertia repetantur; atque nunc quidem ope perfectionis Theoriae ab omnibus dubiis liberentur.

8. Ex formula inventa $v = \frac{(p-\mathrm{F})\,z}{\mathrm{P}+\mathrm{Q}}$ apparet, frictione F non obstante, onus motu uniformiter accelerato promotum iri, si quidem resistentia aeris negligatur. Verum in hac formula assumsimus vim urgentem p perpetuo eandem quantitatem retinere, sive motus fuerit tardior sive celerior; quem ad modum evenit, si promotio ope ponderis descendentis efficiatur, quippe quod perinde trahere pergit, sive demum descendere incipiat, sive iam celeritatem quamcunque acquisiverit. Sin autem aliae vires adhibeantur, eae plerumque eo minores evadunt, quo celerius iam ipsae moventur: quod imprimis in viribus hominum et animalium usu venit, quae quo celerius iam onus promoveant, eo minores vires ad novam accelerationem procurandam exerere valent. His ergo casibus littera p erit variabilis, atque a celeritate iam acquisita, seu altitudine ei debita v pendebit, cuius variabilitatis ratio proinde in integratione formulae $dv = \frac{(p-\mathrm{F})dz}{\mathrm{P}+\mathrm{Q}}$ erit habenda, antequam ipse motus definiri queat.

9. Ponamus onus Q ab homine secundum directionem horizontalem AB progrediente trahi, et cum homo omnibus viribus adhibitis certum celeritatis gradum in currendo superare nequeat, manifestum est, si hunc gradum iam attigit, tum nullam amplius vim ad protractionem oneris impendere posse, sed omnes, quibus pollet, vires ad sui ipsius motum continuandum consumi, ex quo evidens est, hominem eo minorem vim in onus exerere posse, quo celerius iam ipse progrediatur. Quanquam autem hanc diminutionem accurate definire non liceat, tamen coniectando formulam a vero parum discrepantem consequemur, si

duobus tantum casibus satisfaciamus. Sit igitur g vis maxima, quam homo quiescens ad promotionem oneris impendere valeat: h autem sit altitudo debita celeritati, qua cum si homo progrediatur, nullam amplius vim exerere queat. Debebit ergo p, qua littera vis hominis exprimitur, dum iam celeritate altitudini v debita progreditur, eiusmodi esse functio ipsius v, ut posito $v=0$ fiat $p=g$; sin autem ponatur $v=h$, ut sit $p=0$; his autem conditionibus satisfacit formula $p=g-\frac{gv}{h}$.

10. Substituamus ergo hanc formulam $p=g-\frac{gv}{h}$ in aequatione differentiali

$$dv=\frac{(p-\mathrm{F})dz}{\mathrm{P}+\mathrm{Q}},$$

habebimusque

$$dz=\frac{h(\mathrm{P}+\mathrm{Q})\,dv}{gh-gv-h\mathrm{F}};$$

et integrando

$$z=\frac{h}{g}(\mathrm{P}+\mathrm{Q})\,l\,\frac{h(g-\mathrm{F})}{h(g-\mathrm{F})-gv}.$$

Perspicuum autem est motum oneris accelerari, quamdiu fuerit $gh-gv-h\mathrm{F}>0$: simul ac vero fiat

$$v=\frac{h(g-\mathrm{F})}{g},$$

accelerationem cessare, motumque fore uniformem: quem quidem elapso demum tempore infinito assequetur. Verum tamen mox ab initio iam tam prope hunc gradum velocitatis acquiret, ut motus statim appareat uniformis: quod etiam experientia ita confirmat, ut acceleratione initiali penitus neglecta totus motus ex hoc gradu velocitatis aestimari soleat. Onus ergo promovebitur uniformiter celeritate, quae oriatur lapsu ex altitudine

$$v=\frac{h(g-\mathrm{F})}{g}:$$

seu ex posita altitudine h in partibus millesimis pedis Rhenani, singulis minutis secundis tot pedes absolventur, quot unitates erunt in formula $\frac{1}{4}\sqrt{\frac{g-\mathrm{F}}{g}h}$.

11. Seu cum h sit altitudo debita celeritati, quam homo libero cursu assequi valeat, $\frac{1}{4}\sqrt{h}$ exprimet spatium in pedibus, quod homo hoc cursu singulis minutis secundis emetiri valeat. Quodsi ergo ponamus hominem summo hoc

velocitatis gradu, singulis minutis secundis n pedes absolvere, idem homo onus Q protrahens singulis minutis secundis conficiet spatium $n\surd\left(1-\frac{F}{g}\right)$ pedes. Si duo homines coniunctim trahant, littera n quidem eadem manebit, sed eorum vis, dum quiescunt, erit dupla, sicque celeritas oneris erit

$$=n\surd\left(1-\frac{F}{2g}\right)\text{ ped.}$$

in minuto secundo. Atque si numerus hominum, qui viribus aequalibus polleant, fuerit $=m$, celeritas oneri impressa erit

$$=n\surd\left(1-\frac{F}{mg}\right)\text{ ped.,}$$

in minuto secundo. Haec eadem sunt tenenda, si onus ab equis aliisve animalibus protrahatur, dummodo pro quovis animalium genere debiti valores pro litteris g et n assumantur.

12. Dum igitur ad hunc summum atque ultimum celeritatis gradum attendimus, quo onus a datis viribus humanis seu animalibus promoveri queat, inertia oneris Q non amplius in calculum ingreditur, sed tantum frictionis F ratio est habenda; quae igitur quo fuerit minor, eo maiori celeritate onus promovebitur: atque si penitus tolli posset, tum onus non impediret, quominus homines ea ipsa celeritate progrediantur, ac si ab onere essent soluti. Frictione autem reluctante, iste celeritatis gradus oneri induci nequit, nisi hominum numerus in infinitum augeatur. Quo autem onus data quadam celeritate protrahatur, numerum hominum m frictioni F proportionalem esse oportet; unde patet, si frictio reddatur duplo minor, dimidio tantum hominum numero opus esse, et si frictio centuplo minor effici posset, centesimam virium partem eidem motui producendo sufficere. Quae circumstantia in vectione onerum, plaustrorum et tormentorum maxime attendi meretur.

13. Quo usus huius formulae clarius percipiatur, eam exemplis illustremus. Si igitur onus ab hominibus promoveatur, pro littera g accipiendum est pondus, quod homo pavimento firmo insistens sustinere valet; quando scilicet pondus verticaliter suspensum ope funiculi super trochleam in directionem horizontalem reducti secundum hanc directionem trahendo continet. Vis enim hominis mensurari debet pondere, quod tanta vi deorsum tendat, quantam homo secundum directionem horizontalem exerit. Difficile autem est pro g determinatum valorem assignare, cum homo modo fortius modo remissius trabat, eiusque vis plurimum a pavimento, cui insistit, pendeat; tum vero etiam actionem non fortiorem

assumi convenit, quam ut homo eam per aliquod tempus exerere valeat. His perpensis pro vi g maius pondus non videtur assumi posse quam 70 librarum circiter. Deinde si homo ab omni onere solutus currit, singulis minutis secundis fere 6 pedes conficiet. Quam ob rem in exemplis calculo subiiciendis assumere licebit $g = 70$ libr. et $n = 6$ ped. Frictionem autem oneris Q, nisi imminuatur per singularem Machinae structuram, tertiae parti totius ponderis aequalem assumamus.

14. Si igitur onus Q ab uno homine horizontaliter promoveri debeat, erit $m = 1$ et $F = \frac{1}{3}Q$, unde celeritas, qua hoc onus promovebitur, erit

$$= 6\sqrt{\left(1 - \frac{F}{70}\right)} = 6\sqrt{\left(1 - \frac{Q}{210}\right)} \text{ pedum}$$

in minuto secundo. Si ergo onus Q fuerit vel 210 libr., vel maius prorsus non de loco movebitur: sin autem sit minus, ab uno homine protrahi poterit. Celeritates autem per spatia in minuto secundo confecta expressae erunt ut haec tabella indicat.

Pondus oneris in libris	Celeritas in pedibus	Pondus oneris in libris	Celeritas in pedibus
0	6,00	110	4,14
10	5,86	120	3,93
20	5,71	130	3,70
30	5,55	140	3,46
40	5,40	150	3,21
50	5,24	160	2,93
60	5,07	170	2,62
70	4,90	180	2,27
80	4,72	190	1,85
90	4,54	200	1,31
100	4,34	210	0,00

15. Quanquam haec tabula ad vim unius hominis est accommodata, tamen ex ea quoque inveniri potest celeritas oneris, si plures homines simul trahant. Cum enim eadem prodeat celeritas, si pondus oneris ad numerum hominum eandem habeat rationem; manifestum est, onus 1000 libr. a 10 hominibus eadem velocitate promotum iri, qua onus 100 libr. ab uno homine: haec autem celeritas in tabula est $4\frac{1}{3}$ pedum in minuto secundo. Sic si onus 2375 libr. a 14 hominibus protrahatur, numerum 2375 divido per 14, et quotum $169\frac{9}{14}$, seu 170 proxime

quaero in tabella; cui respondebit celeritas oneris, quae erit 2,62 pedum singulis minutis secundis. Sin autem frictio maior minorve fuerit tertia parte oneris, tum in calculo hoc onus in eadem ratione vel augeatur vel diminuatur; sicque denuo vera eius celeritas reperietur. Ita si onus 1200 libr., cuius frictio tantum quintae parti 240 libr. aequetur, ab 8 hominibus protrahatur, loco 1200 assumo eius tres quintas 720, quem numerum per 8 divido, et quotus 90 dabit celeritatem 4,54 pedum.

16. Hinc porro etiam solvi potest Problema, quo quaeritur, quot hominibus opus sit ad onus data celeritate promovendum. Sit enim onus $= \mathrm{Q}$ librarum, cuius frictio sive tertiae sive alii parti aequetur, ponatur $= \mathrm{F}$ librarum. Celeritas vero, quae postulatur, sit k pedum in minuto secundo; ponatur numerus hominum ad hoc praestandum requisitorum $= m,$ atque esse oportebit

$$6\sqrt{\left(1-\frac{\mathrm{F}}{70m}\right)}=k.$$

Fiet ergo

$$36-\frac{36\mathrm{F}}{70m}=kk$$

ideoque

$$m=\frac{18\mathrm{F}}{35\,(36-kk)},$$

seu quia in his mensurae accuratae non dantur, proxime saltem $m=\dfrac{\frac{1}{2}\mathrm{F}}{36-kk}$. Quod si ergo requiratur celeritas, qua 3 pedes singulis minutis secundis absolvantur, fiet $k=3$, et numerus hominum erit $m=\dfrac{\frac{1}{2}\mathrm{F}}{27}=\dfrac{\mathrm{F}}{54}$ seu ex priori formula $m=\dfrac{2\mathrm{F}}{105}$. Ita si onus 1000 libr., cuius frictio sit 250 libr., celeritate trium pedum in 1″ sit protrahendum, numerus hominum erit $=\frac{500}{105}$, ideoque quia fractiones reiici oportet, opus erit quinque hominibus.

17. Si loco hominum equis utendum sit ad onera protrahenda, valores litterarum n et g experientiae convenienter definiri debebunt; quorum uterque maior erit quam pro hominibus, cum equi non solum longe maioribus viribus valeant, sed etiam celeriorem cursum habeant. Si igitur vis equi quadruplo maior statuatur, quam hominis, erit $g=280$ libr., et pro spatio n, quod uno minuto secundo libero cursu conficitur, fere 10 vel 12 pedes assumere licebit. Unde si oneris frictio sit $= \mathrm{F}$ librarum, id ab m equis tanta celeritate protrahetur, ut singulis minutis absolvatur spatium $10\sqrt{\left(1-\dfrac{\mathrm{F}}{280\,m}\right)}$ pedum. Pro bobus autem

loco equorum adhibitis, vis fortasse g erit minor, at celeritas n certe multo deficiet, cum bovi vix maior celeritas quam homini tribui queat. In hoc autem negotio experientia imprimis erit consulenda, atque pro quovis virium genere litterae n et g per experimenta definiri debebunt: quod facile fiet, si formulae generales cum experimentis conferantur.

18. In hoc ergo praecipuum spectatur discrimen inter vires animales et eas, quae a gravitate petuntur, quod hae continuo aequaliter urgeant, sive ipsae sint in motu constitutae, etiam nunc quiescant; cum illae eo magis diminuantur, quo celerius iam ipsae moventur, atque determinatum celeritatis gradum transgredi nequeant. Hic autem ipse modus, quo animalia vires suas exercent, potissimum est spectandus, sive agant trahendo, sive trudendo, sive nitendo, sive calcando, sive alio denique modo; unde tam valor vis absolutae g, qua, dum in quiete persistunt, pollent, plurimum variatur, quam maximus celeritatis gradus, quem, cum omnino onus auferatur, omnibus viribus adhibitis adipisci valent. Multa deinde alia dantur virium genera, veluti venti, aquae fluentis, ignis etc. quae autem sine accurata plurium Machinarum cognitione definiri nequeunt; quam ob rem donec eousque progredi liceat, haec duo tantum virium genera ab animalibus et gravitate profecta in calculum inducam.

19. Praeter motum autem ipsius oneris, quo cuiusvis Machinae ope promovetur, plurimum interest nosse vires, quas durante motu singulae Machinae partes sustinent, atque in se invicem exerunt. In proposita igitur Machina, quoniam tractio ope funis fieri solet, ponamus primo funem $\mathrm{F}f$ esse brevissimum, ut eius pondus nullius sit momenti, investigemusque vim, qua iste funis $\mathrm{F}f$ quovis motus momento extenditur. Positis ergo massa oneris, ut supra $=\mathrm{Q}$, frictione $=\mathrm{F}$, vi protrahente $=p$, eius inertia $=\mathrm{P}$; atque celeritate, quam confecto spatio $=z$ iam acquisivit, debita altitudini $=v$, sit hoc momento tensio funis $\mathrm{F}f=t$: quae cum vi sollicitanti p sit contraria, si sola inertia huius vis spectetur, ea perinde movebitur, ac si protraheretur vi $=p$, retro autem urgeretur vi $=t$, unde fiet $dv=\frac{(p-t)\,dz}{\mathrm{P}}$. Onus autem, in quod immediate sola vis t agit, dabit hanc aequationem

$$dv=\frac{(t-\mathrm{F})dz}{\mathrm{Q}}:$$

[cum] supra autem invenimus

$$dv=\frac{(p-\mathrm{F})dz}{\mathrm{P}+\mathrm{Q}}.$$

20. Ex his ergo aequationibus elicitur tensio funis

$$t = \mathrm{F} + \frac{\mathrm{Q}(p-\mathrm{F})}{\mathrm{P}+\mathrm{Q}} = \frac{p\mathrm{Q}+\mathrm{FP}}{\mathrm{P}+\mathrm{Q}}:$$

nisi ergo funis hanc tensionem sustinere possit, quin rumpatur, motus produci non poterit. Apparet autem, si vis p sit uniformis seu a pondere petita, funem perpetuo eandem tensionem sustinere. Sin autem vis p sit animalis, quae crescente motu imminuatur: quo casu motus mox ad uniformitatem reducetur, fietque $p = \mathrm{F}$. Hoc ergo casu tensio funis

$$t = \frac{\mathrm{FQ}+\mathrm{FP}}{\mathrm{P}+\mathrm{Q}} = \mathrm{F}$$

ipsi frictioni aequalis erit: initio autem motus, quo vis p frictionem superare debuit, tensio funis quoque maior fuerit necesse est: unde intelligi potest, quanta vi funem praeditum esse oporteat, ut ne rumpatur; maximumque rumpendi periculum in ipsum motus initium incidere.

21. Tensio igitur funis antequam motus ad uniformitatem reducitur, perinde ac velocitas oneris pendet quoque ab inertia vis urgentis, quam vocavimus $= \mathrm{P}$: quae si esset nulla tensio foret perpetuo ipsi vi sollicitanti p aequalis. Sin autem inertia haec P quasi esset infinita, prodiret $t = \mathrm{F}$, sicque tensio ipsi frictioni constanter esset aequalis. Cum igitur sub initium vis sollicitans p maior esse debeat frictione F, priori casu $\mathrm{P} = 0$, tensio continuo decrescet, quoad motus fiat uniformis: ipso autem motus initio erat $= p$. Quare si inertia vis sollicitantis neque nulla fuerit neque infinita, tensio quidem ab initio minor erit quam p, maior tamen quam frictio F; quippe cui tum demum aequalis fiet, cum motus evaserit uniformis. Ceterum in viribus animalium inertia proxime erit ponderi animalis aequalis, si quidem eorum tota corpora ad parem motum incitari debent. Parum autem interest nosse, quanta haec inertia exacte sit aestimanda, cum in motu uniformi, ad quem potissimum respicitur, eius cognitione non sit opus.

22. Si funis Fp, cuius ope onus Q a vi p protrahitur, fuerit tam longus, ut eius inertiae quoque habenda sit ratio, tensio in singulis eius punctis non erit aequalis. Maximam quidem inaequalitatem producet incurvatio funis a gravitate oriunda, sed quia haec in Staticis definiri solet, hic tantum ad inaequalitatem ab actione ortam attendam. Investigabo ergo tensionem in quaecunque funis particula mn, quam ponam $= t$, sit massa portionis anterioris $np = \mathrm{M}$, et massa

posterioris $mF = N$; quarum illa ad potentiae inertiam, haec vero ad onus Q referri debebit. Cum igitur massa $P + M$ protrahatur a vi $p - t$, erit

$$dv = \frac{(p-t)dz}{P+M}:$$

massa autem $Q + N$ a vi $t - F$, erit

$$dv = \frac{(t-F)dz}{Q+N},$$

et coniunctim

$$dv = \frac{(p-F)dz}{P+Q+M+N}$$

existente $M + N$ pondere totius funis, quod sit $= L$. Hinc ergo erit

$$t = F + \frac{(Q+N)(p-F)}{P+Q+L} = \frac{(Q+N)p + (P+M)F}{P+Q+L}.$$

Atque si motus fiat uniformis, seu $p = F$, tensio denuo fiet $t = F$, unde hoc casu ubique erit eadem, sin autem $p > F$, tensio funis a p ad F recedendo continuo decrescet.

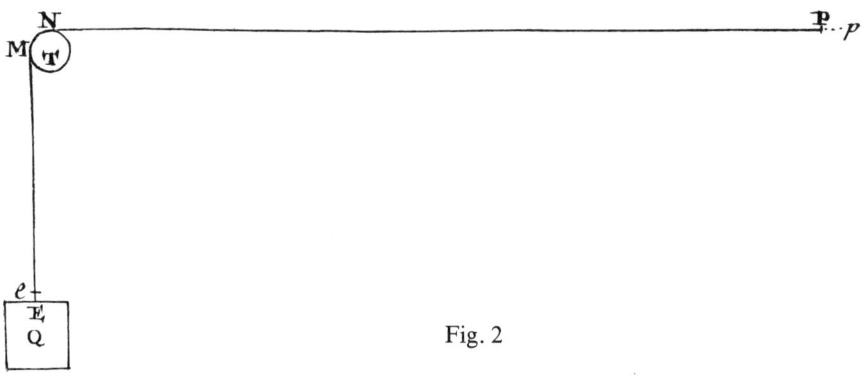

Fig. 2

23. His de motu oneris horizontali expeditis, ponamus onus Q verticaliter sursum elevari debere (Fig. 2), ope funis EM, qui trochleae T sit circumplicatus, ut vis sollicitans secundum directionem horizontalem NP trahens concipi queat, si quidem fuerit vis animalis: sin autem gravitate ponderis uti velimus, in P denuo trochleam statui conveniet, cui funis quoque circumductus deorsum trahatur. Hic autem nullam motus perturbationem ab his trochleis oriundam in calculum introducamus: sed trochleas tanquam immobiles consideremus, super quibus funis liberrime sine frictione hinc inde protrahi queat. Re vera autem motus oneris non mediocriter tam a productione motus in ipsis trochleis, quam a

frictione perturbari debet: quem effectum singulari capite investigare constitui. Hic itaque cum onus nulli corpori incumbat, nulla quoque aderit frictio. Sit igitur massa oneris $=\mathrm{Q}$, vis motui renitens seu eius pondus $=q$, ut sit $\mathrm{Q}=q$; tum vero vis in P urgens $=p$, eiusque inertia $=\mathrm{P}$. Confecerit iam tam onus quam potentia spatium $=z$, et sit utriusque celeritas debita altitudini $=v$, erit

$$(\mathrm{P}+\mathrm{Q})\,dv=(p-q)\,dz,$$

si quidem ponderis funis eiusque inertiae nulla ratio habeatur.

24. Si igitur vis sollicitans p fuerit constans, uti evenit, si onus Q ab alio pondere graviore descendente elevetur, erit utique

$$v=\frac{(p-q)\,z}{\mathrm{P}+\mathrm{Q}}.$$

Necesse ergo est, ut sit $p>q$, seu vis elevans maior pondere oneris: si enim esset $p=q$, onus in aequilibrio sustineretur, sin autem esset $p<q$ onus delaberetur, vimque trahentem p secum abriperet. Verum si $p>q$ onus elevabitur motu uniformiter accelerato, eiusque celeritas continuo augebitur, nisi quatenus resistentia aeris obsistit. In quo vis ergo spatii, per quod onus elevatur, puncto eius celeritas assignari potest; unde si tempus dicatur $=t$, erit

$$dt=\frac{dz}{\sqrt{v}}=\frac{dz}{\sqrt{z}}\sqrt{\frac{\mathrm{P}+\mathrm{Q}}{p-q}},$$

hincque ipsum tempus

$$t=2\sqrt{\frac{\mathrm{P}+\mathrm{Q}}{p-q}z}:$$

seu si spatium z in scrupulis pedis Rhenani exprimatur, tempus t in numero minutorum secundorum reperietur $=\frac{1}{125}\sqrt{\frac{\mathrm{P}+\mathrm{Q}}{p-q}z}$. Unde vicissim si tempus t in minutis secundis exprimatur, erit spatium interea absolutum $=15625$ libr. $\frac{p-q}{\mathrm{P}+\mathrm{Q}}$ scrup. ped. Rhenani.

25. Si vis sollicitans p sit humana seu animalis, quae in motus initio sit $=g$, cum autem celeritate altitudini h debita iam progrediatur, penitus evanescat, ut sit, quem ad modum supra assumsimus,

$$p=g-\frac{gv}{h}:$$

habebimus hanc aequationem differentialem

$$(\mathrm{P}+\mathrm{Q})\,dv=\left(g-q-\frac{gv}{h}\right)dz,$$

seu

$$\frac{gdv}{gh - hq - gv} = \frac{gdz}{h(P+Q)},$$

cuius integrale est

$$\frac{gz}{h(P+Q)} = l\,\frac{h(g-q)}{gh - hq - gv};$$

si quidem celeritas oneris in motus initio evanescens assumatur. Hoc ergo casu celeritas oneris mox ad uniformitatem reducetur, atque acceleratio cessabit, quando fiet $v = \frac{h(g-q)}{g}$. Necesse ergo est, ut vis absoluta g superet renisum oneris q, tum vero haec celeritas constans v more solito exhiberi poterit, ita ut spatium, quod singulis minutis secundis absolvitur, in pedibus exprimatur. Ad huncque usum tabulae ante traditae accommodari poterunt, cum enim supra ob frictionem tantum tertia pars oneris Q reniti sit assumta, hic totum onus reluctari est ponendum; ideoque si magnitudo oneris in superioribus tabulis exhibita triplo minor assumatur, eae tabulae ad usum praesentem transferentur. Sic patebit onus 240 libr. ab octo hominibus singulis minutis secundis per altitudinem 4,54 pedum elevari, postquam quidem motus iam ad uniformitatem fuerit compositus.

Fig. 3

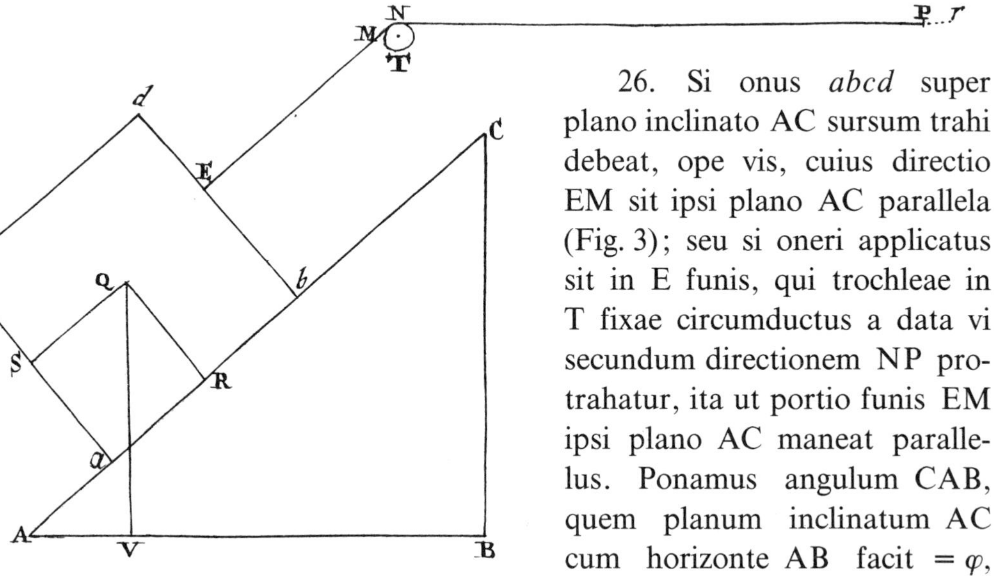

26. Si onus *abcd* super plano inclinato AC sursum trahi debeat, ope vis, cuius directio EM sit ipsi plano AC parallela (Fig. 3); seu si oneri applicatus sit in E funis, qui trochleae in T fixae circumductus a data vi secundum directionem NP protrahatur, ita ut portio funis EM ipsi plano AC maneat parallelus. Ponamus angulum CAB, quem planum inclinatum AC cum horizonte AB facit $= \varphi$, pondus oneris eiusve massam $= Q$, atque onus urgebitur deorsum secundum

directionem verticalem QV per eius centrum gravitatis Q transeuntem vi $=$ Q, quae resolvatur secundum directiones QR et QS, quarum illa sit ad planum inclinatum normalis, haec vero eidem parallela. Posito ergo sinu toto $= 1$, erit ob angulum $\mathrm{VQR} = \mathrm{BAC} = \varphi$

$$\text{vis } \mathrm{QR} = \mathrm{Q} \cos\varphi, \text{ et vis } \mathrm{QS} = \mathrm{Q} \sin\varphi:$$

quae posterior tota motui reluctatur. Prior vero vis $\mathrm{Q}\cos\varphi$ apprimit onus ad planum inclinatum, unde nascitur frictio F, dum onus movetur; quae si trienti vis apprimentis sit aequalis, erit $\mathrm{F} = \frac{1}{3}\mathrm{Q}\cos\varphi$. Generatim autem ponamus frictionem

$$\mathrm{F} = \frac{1}{\nu}\mathrm{Q}\cos\varphi,$$

ita ut dum onus promovetur, tota vis motui renitens sit

$$= \mathrm{Q}\sin\varphi + \frac{1}{\nu}\mathrm{Q}\cos\varphi.$$

27. Si igitur planum AC esset horizontale, seu $\varphi = 0$, tota vis oneris motui renitens foret $= \frac{1}{\nu}\mathrm{Q}$, seu sola frictione constaret: sin autem planum AC verticaliter erigatur, ut angulus φ fiat rectus, frictio evanescet, et onus solo suo pondere motui renitetur. In reliquis autem plani AC inclinationibus tam ob pondus quam ob frictionem onus motui reluctabitur, et dabitur quidem eiusmodi plani inclinatio, ex qua oritur maxima reluctatio, ita ut onus super eo difficilius elevetur, quam si verticaliter elevari deberet. Quae inclinatio invenietur, si differentiale formulae $\mathrm{Q}\sin\varphi + \frac{1}{\nu}\mathrm{Q}\cos\varphi$ ponatur $= 0$, unde fit $\operatorname{tang}\varphi = \nu$: unde si $\nu = 3$, angulus BAC fiet circiter $= 71^\circ\ 34'$, et super huiusmodi plano AC onus omnium difficillime elevabitur. Vis enim renitens ob

$$\operatorname{tang}\varphi = 3, \text{ hincque } \sin\varphi = \frac{3}{\sqrt{10}} \text{ et } \cos\varphi = \frac{1}{\sqrt{10}},$$

erit $= \frac{\sqrt{10}}{3}\mathrm{Q}$, cum in situ plani verticali sit tantum $= \mathrm{Q}$. Dabitur ergo quoque eiusmodi plani inclinatio, in qua onus motui aeque renitetur, ac si verticaliter esset elevandum, quod evenit, si

$$\mathrm{Q}\sin\varphi + \frac{1}{\nu}\mathrm{Q}\cos\varphi = \mathrm{Q},$$

hoc est, si

$$\sin\varphi = 1 - \frac{1}{\nu}\cos\varphi$$

unde fit

$$\cos\varphi = \frac{2\nu}{1+\nu\nu} \quad \text{et} \quad \sin\varphi = \frac{\nu\nu-1}{\nu\nu+1}\,.$$

Si $\nu = 3$, erit iste angulus $= 53^\circ\ 8'$.

28. Quodsi iam vis ponatur $= p$ eiusque inertia $=$ P, celeritas oneri iam debita sit altitudini v, atque dum promotio fit per spatiolum $\mathrm{P}p = dz$, erit per regulas motus

$$dv = \left(p - \mathrm{Q}\sin\varphi - \frac{1}{\nu}\,\mathrm{Q}\cos\varphi\right)dz : (\mathrm{P}+\mathrm{Q}),$$

unde patet, motum denuo fore uniformiter acceleratum, si quidem vis sollicitans fuerit eiusmodi, ut aequaliter urgere pergat, sive tardius moveatur sive celerius. Perspicuum est igitur, quo oneri motus imprimatur, necessario vim sollicitantem p superare debere vim renitentem

$$\mathrm{Q}\sin\varphi + \frac{1}{\nu}\,\mathrm{Q}\cos\varphi\,.$$

Sin autem in crescente motu ipsa vis trahens remittatur, ut fit in viribus hominum et animalium; utendum erit pro p valore supra assignato $g - \frac{gv}{h}$; fietque

$$dv = \left(g - \frac{gv}{h}\,\mathrm{Q}\sin\varphi - \frac{1}{\nu}\,\mathrm{Q}\cos\varphi\right)dz : (\mathrm{P}+\mathrm{Q}).$$

Hoc ergo casu motus ad aequabilitatem converget, cuius celeritas definietur hac aequatione

$$v = h - \frac{h\mathrm{Q}}{g}\left(\sin\varphi + \frac{1}{\nu}\cos\varphi\right).$$

Ceterum hic tam inertiam funis, quam effectum ex trochlea oriundum negleximus, quippe qui peculiarem investigationem requirit.

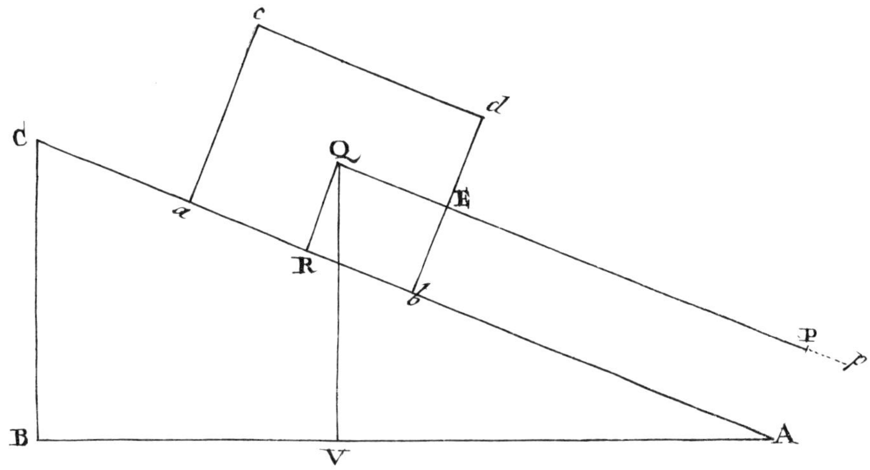

Fig. 4

29. Consideremus descensum oneris super plano inclinato tam spontaneum, quam a vi secundum directionem QP ipsi plano CA parallelam urgente productum (Fig. 4). Transeat autem huius vis directio QP per ipsum oneris centrum gravitatis Q, et basis oneris *ab*, qua plano incumbit, tam sit larga, ut onus volvendo prolabi nequeat. Sit igitur angulus $A = \varphi$, quem planum CA cum horizonte BA constituit, et vocetur massa oneris, eiusve pondus $= Q$; cuiusvis directio QV cum sit verticalis, resolvatur secundum directiones QP, ipsi plano CA parallelam, et QR ad planum perpendicularem, atque ob angulum $VQR = A = \varphi$, erit vis $QP = Q\sin\varphi$ et vis $QR = Q\cos\varphi$. Illa ergo vis $QP = Q\sin\varphi$ motui non solum non reluctatur, sed etiam ipsam vim protrahentem, si quae adest, adiuvabit, ad motum accelerandum. Altera vero vis $QR = Q\cos\varphi$ oneri ad planum apprimendo impenditur, ab eaque frictio originem habebit. Scilicet si frictio aequetur trienti viris apprimentis, erit haec frictio $= \frac{1}{3}Q\cos\varphi$. Quo autem investigatio latius pateat, ponamus frictionem esse $= \frac{1}{\nu}Q\cos\varphi$: quae hoc casu sola motui renitetur.

30. Sit iam p vis sollicitans, qua onus praeter vim propriam $QP = Q\sin\varphi$ secundum directionem QP protrahatur: haecque vis coniuncta sit cum inertia $= P$. Tota ergo vis onus promovens erit $= p + Q\sin\varphi$: et quia sola frictio motui reluctatur, onus accelerabitur ab excessu istius vis supra frictionem

$$p + Q\sin\varphi - \frac{1}{\nu}Q\cos\varphi.$$

Quo igitur motus oriatur, necesse est, ut sit

$$p + Q\sin\varphi > \frac{1}{\nu}Q\cos\varphi,$$

quamdiu enim fuerit

$$p + Q\sin\varphi < \frac{1}{\nu} Q\cos\varphi,$$

onus in quiete perseverabit. Quodsi ergo onus a nulla vi externa p sollicitetur, sed solo suo pondere ad motum nitatur, nullus motus subsequetur, quamdiu fuerit

$$Q\sin\varphi < \frac{1}{\nu} Q\cos\varphi \quad \text{seu} \quad \operatorname{tang}\varphi < \frac{1}{\nu};$$

statim vero atque angulus φ tantum augeatur, ut fiat $\operatorname{tang}\varphi > \frac{1}{\nu}$, onus descendet. Ex quo tutissimus ac facillimus modus obtinetur quantitatem frictionis explorandi. Onere enim quocunque huiusmodi plano imposito, eius inclinatio seu angulus $A = \varphi$ pedetentim augeatur, donec onus super eo descendere incipiat, sicque innotescet anguli φ magnitudo, cuius tangens sit $= \frac{1}{\nu}$; hincque porro valor fractionis $\frac{1}{\nu}$, per quam frictio determinatur. Ita si iste elevationis angulus A deprehendatur $= 18°$, erit $\frac{1}{\nu} = 0{,}3249$ seu proxime $\frac{1}{\nu} = \frac{13}{40}$. Hoc ergo modo pro omnis generis corporibus quantitas frictionis explorari poterit. Atque si frictio aequetur tertiae parti vis apprimentis, onus super plano inclinato quiescere perget, quoad angulus inclinationis BAC non excedat $18° \, 26'$.

31. Ut autem ipsum motum oneris definiamus, qui oritur, quando

$$p + Q\sin\varphi > \frac{1}{\nu} Q\cos\varphi,$$

ponamus onus iam confecisse spatium $= z$, eiusque celeritatem nunc esse debitam altitudini $= v$. Quoniam vis accelerans est

$$= p + Q\sin\varphi - \frac{1}{\nu} Q\cos\varphi,$$

et massa movenda $= P + Q$, erit

$$(P + Q)\, dv = \left(p + Q\sin\varphi - \frac{1}{\nu} Q\cos\varphi\right) dz:$$

atque si vis p in motu non diminuatur, sed perpetuo constans maneat, erit quoque

$$(P + Q)\, v = \left(p + Q\sin\varphi - \frac{1}{\nu} Q\cos\varphi\right) z,$$

quae aequatio indicat, motum fore uniformiter acceleratum. Sin autem vis p in motu remittatur, seu ad genus virium animalium pertineat, ut sit $p = g - \frac{gv}{h}$, erit $(\mathrm{P}+\mathrm{Q})\,dv = \left(g - \frac{gv}{h} + \mathrm{Q}\sin\varphi - \frac{1}{\nu}\,\mathrm{Q}\cos\varphi\right) dz$. Hoc ergo casu motus ad uniformitatem converget, cuius celeritas debita sit altitudini

$$v = h + \frac{h\mathrm{Q}}{g}\left(\sin\varphi - \frac{1}{\nu}\cos\varphi\right),$$

si quidem fuerit $\sin\varphi < \frac{1}{\nu}\cos\varphi$ seu $\operatorname{tang}\varphi < \frac{1}{\nu}$. Si enim angulus φ maior fuerit, ut frictio a sola gravitate oneris superetur, tum etiamsi nulla vis p adesset, motus oneris in infinitum acceleraretur. Atque hoc casu vis p tamdiu tantum aget, quoad fiat $v = h$; ac deinceps onus a sola gravitate accelerabitur, nisi forte vis p motui celeriori, a quo ipsa abripiatur, reluctetur; hocque casu fiat negativa. Quod si eveniat, visque p negativum valorem induat, quando $v > h$; tum acceleratio oneris a propria gravitate orta coercebitur, atque motus ad uniformitatem reducetur celeritate debita altitudini

$$v = h + \frac{h\mathrm{Q}}{g}\left(\sin\varphi - \frac{1}{\nu}\cos\varphi\right).$$

Hoc ergo casu prorsus contrarium accidit, atque in praecedente: dum hic vis, quae corpus initio accelerabat, deinceps in vim retardantem abit, atque effectum gravitatis reprimere debet.

SUR L'ACTION DES SCIES

Commentatio 235 indicis ENESTROEMIANI

Mémoires de l'académie des sciences de Berlin [12] (1756), 1758, p. 267–291

1. Je ne m'arrêterai pas ici aux scies, qui sont manœuvrées par des hommes, lesquels en les appliquant plus ou moins fortement au bois, en peuvent modérer l'effet à leur volonté: cette action étant presqu'entierement arbitraire, n'est gueres susceptible d'une détermination geométrique. Ce seront donc les scies mises en mouvement par quelque machine, qui fourniront le sujet de mes recherches, dans ce Mémoire: et partant je suppose d'abord que la scie ABCD (Fig. 1) se meut constamment sur la même ligne verticale EF, en montant et descendant alternativement, par le moyen d'un chassis, auquel elle est attachée: l'arbre, qui doit être scié, tiendra donc une situation horizontale et sera rapproché à chaque coup de la scie, à mesure qu'elle y pénétre, comme cela se pratique ordinairement. Le mouvement de la scie sera donc alternatif et chaque coup sera composé d'une descente et d'une montée: or ce n'est que dans la descente que la scie agit sur le bois en y pénétrant avec ses dents, de sorte qu'elle monte toujours librement, sans faire des efforts sur le bois; et pendant ce tems l'arbre se rapproche de nouveau de la scie, pour en recevoir de nouvelles impressions dans le coup suivant. Il en est de même lorsque plusieurs scies agissent à la fois sur l'arbre, et il suffira de ramener l'action d'une seule au calcul mécanique.

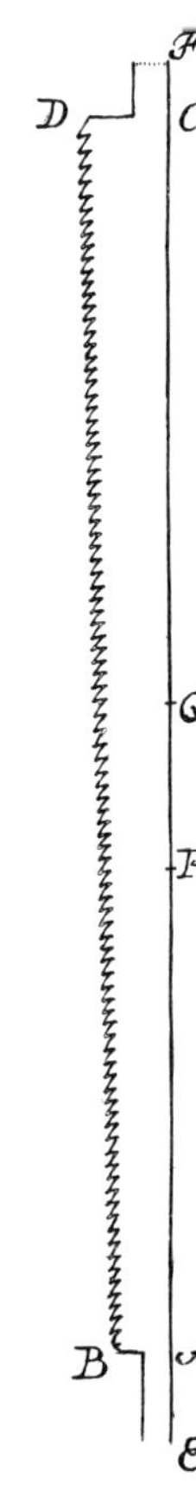

Fig. 1

2. Pour connoitre la maniere d'agir d'une scie, commençons par la considération d'une seule dent, dont l'action consiste en traçant sur le bois une rénure jusqu'à une certaine profondeur, et en y arrachant les fibres du bois. La résistance que cette action d'une dent rencontre, dépend donc 1°. de la dureté du bois, 2°. de la largeur de la dent et 3°. de la profondeur à laquelle elle pénétre dans le bois. Pour ce troisième article, on voit que la profondeur ne sauroit être, ni trop grande, ni trop petite; car, si elle

étoit trop petite, la dent ne couperoit rien du bois, et si elle étoit trop grande, la dent romproit plutôt que de passer par le bois: et partant cette profondeur doit être réglée tant sur la dureté du bois, que sur la force des dents. Cependant, lorsque la dent est capable d'agir sur le bois, la résistance croît évidemment dans une proportion plus grande que celle de la profondeur, à laquelle la dent pénétre dans le bois, et la résistance sera plus que double, lorsque la dent sera enfoncée à une profondeur double: ainsi posant la profondeur, à laquelle la dent pénétre dans le bois, $=\alpha$ et la résistance qu'elle rencontre $=\varrho$, la force ϱ croîtra dans une plus grande raison que α, et sera peut être proportionnelle au quarré de α.

3. Afin que toutes les dents de la scie agissent également sur le bois, il faut que chacune pénétre à la même profondeur: d'où l'on voit que les dents ne sauroient être disposées sur une ligne droite parallele à AC: puisqu'alors ce ne seroit que la premiere dent B, qui agiroit sur le bois, et toutes les suivantes ne feroient que passer librement par la trace de la premiere. Il faut donc que les dents soient disposées sur une ligne BD inclinée à AC, en sorte que la distance d'enhaut CD soit plus grande que celle d'enbas AB, puisque alors chaque dent avancera plus dans le bois, pendant que la scie descend. Donc, pour que toutes les dents travaillent également sur le bois, ou que chacune y pénétre à la même profondeur $=\alpha$, si la distance AB de la premiere dent B à la droite verticale AC, est posée $=k$, la distance de la seconde doit être $=k+\alpha$, celle de la troisième $=k+2\alpha$, de la quatrième $=k+3\alpha$, et ainsi de suite. Ainsi, si le nombre de toutes les dents sur la scie BD est $=n$, la distance de la plus haute D, ou dernière[1]) CD, doit être $=k+(n-1)\alpha$.

4. Posant donc la longueur de la scie $\mathrm{AC}=f$, le nombre des dents $=n$ et la profondeur à laquelle pénétre chacune $=\alpha$, la largeur de la scie en bas étant $\mathrm{AB}=k$, la largeur d'enhaut sera $\mathrm{CD}=k+(n-1)\alpha$. Donc la ligne BD sera convergente avec la verticale AC, et étant prolongée en bas, jusqu'à la concurrence, y feroit un angle dont la tangente seroit $=\frac{(n-1)\alpha}{f}$. Cet angle qui marque l'obliquité de la scie, étant de la derniere importance dans l'action de la scie, je le nommerai $=\zeta$, de sorte que nous ayons

$$\operatorname{tang}\zeta=\frac{(n-1)\alpha}{f}.$$

1) Ed. originale: derriere. Corr. C.B.

Donc, sachant la longueur de la scie $AC = f$ et le nombre des dents $s = n$, la profondeur à laquelle pénétre chaque dent dans le bois sera $\alpha = \frac{f \operatorname{tang} \zeta}{n-1}$, et à chaque coup de scie, supposé que toutes les dents passent par le bois, il en sera scié à la profondeur $n\alpha = \frac{nf \operatorname{tang} \zeta}{n-1}$; et puisque le nombre des dents est ordinairement assez grand pour qu'on puisse mettre l'unité pour la fraction $\frac{n}{n-1}$, cette profondeur sera assez exactement $= f \operatorname{tang} \zeta$; laquelle sera donc l'effet de chaque coup de la scie.

5. Puisque chaque dent, en agissant sur le bois, y rencontre une résistance $= \varrho$, si le nombre des dents qui travaillent à la fois sur le bois est $= \nu$, la résistance sera $= \nu\varrho$. Or, supposant que la partie de la scie $PQ = z$ agisse sur le bois, puisque la longueur entiere f contient n dents, la partie z en contiendra $\frac{nz}{f}$, et partant la résistance sera $= \frac{nz\varrho}{f}$, avec laquelle la scie pénétrera dans le bois à la profondeur

$$\nu\alpha = \frac{nz\alpha}{f} = z \operatorname{tang} \zeta,$$

à cause de $n\alpha = f \operatorname{tang} \zeta$. Donc, si nous posons la résistance de la scie entiere $= R$, qu'elle éprouveroit, si toutes les dents étoient à la fois en action, s'il n'y en a qu'une partie $PQ = z$, qui est en action, la résistance sera $= \frac{z}{f} R$. Or, puisque

$$R = n\varrho = \frac{f\varrho \operatorname{tang} \zeta}{\alpha},$$

cette résistance sera

$$= \frac{z\varrho \operatorname{tang} \zeta}{\alpha}.$$

Je poserai de plus la profondeur $f \operatorname{tang} \zeta$, à laquelle la scie pénétre à chaque coup $= c$, pour abréger le calcul, de sorte que $f \operatorname{tang} \zeta = c$, ou $\operatorname{tang} \zeta = \frac{c}{f}$. Donc, lorsque une partie de la scie $PQ = z$ est appliquée au bois, la pénétration aura la profondeur $= \frac{cz}{f}$, et la résistance $= \frac{\varrho}{\alpha} \cdot \frac{cz}{f} = \frac{c\varrho}{\alpha} \cdot \frac{z}{f}$, où $\frac{c\varrho}{\alpha}$ marque une force, qui dépend de la constitution de la scie et peut être regardée comme connue.

6. Après ces réflexions générales sur l'action d'une scie, je m'en vai considérer la manœuvre suivante. La scie étant chargée d'un poids suffisant, descend par sa pesanteur naturelle, sans qu'aucune autre force la pousse en bas; c'est donc tant par l'impulsion que par la gravité, qu'elle agit sur le bois, et pour que la premiere action commence d'abord avec un certain degré de vitesse, on fait en sorte, que la scie tombe au commencement librement par une certaine hauteur, avant que ses dents atteignent le bois: ce n'est donc qu'après cette premiere chûte que l'action de la scie sur le bois commence. Or alors il faut distinguer trois tems; le premier depuis l'entrée de la dent B dans le bois jusqu'à sa sortie, supposé que la longueur de la scie surpasse l'épaisseur de l'arbre. Le second tems dure depuis la sortie de la dent B, jusqu'à ce que la derniere dent D entre dans le bois: et pendant ce tems l'arbre est scié par toute son épaisseur. Le troisième tems enfin commence lorsque la derniere dent D entre dans le bois, et finit lorsqu'elle en sort. Dans ces trois tems donc, toute la scie passe par l'arbre et y fait une incision à la profondeur $c = f \tang \zeta$.

7. Connoissant maintenant l'effet d'une descente entiere de la scie sur le bois, voyons combien de tems la scie mettra à achever une telle descente. Pour cet effet on n'aura qu'à calculer la durée de chacun des trois tems marqués. Or, comme ces trois tems sont précédés de la chûte libre de la scie, qui se fait, comme nous supposons, avant qu'elle attaque le bois, soit a la hauteur de cette chûte, et on sait que le tems de cette chûte sera exprimé par $2\sqrt{a}$. Ou bien, prenant g pour la hauteur, par laquelle un corps pesant tombe dans une seconde, cette chûte durera $\sqrt{\frac{a}{g}}$ secondes, et après cette chûte la scie frappera le bois avec une vitesse due à la hauteur a: ou bien la premiere dent B agira avec cette vitesse sur le bois. Voilà donc déjà une partie du tems de la descente, qui est celle de la chûte libre, et qui dure $\sqrt{\frac{a}{g}}$ secondes.

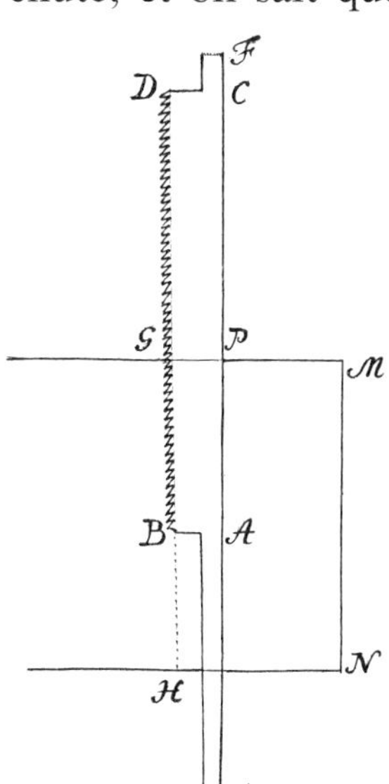

Fig. 2

8. Pour trouver maintenant la durée du premier tems de l'action de la scie, soit l'épaisseur de l'arbre $MN = GH = b$ (Fig. 2), et qu'après un tems t la premiere dent B se soit enfoncée depuis G jusqu'à B par l'espace $GB = z$; et soit la vitesse de la scie en cet instant duë à la hauteur $= v$. Soit de plus le poids entier de la scie $= P$,

qui marque en même tems son inertie, et la résistance que la scie rencontre dans cet état, sera

$$=\frac{z\varrho \tang \zeta}{\alpha}=\frac{c\varrho}{\alpha}\cdot\frac{z}{f}.$$

Posons le coëfficient constant $\frac{\varrho}{\alpha}\tang\zeta = \mathrm{N}$, pour avoir la résistance $=\mathrm{N}z$; et les principes de Mécanique nous fourniront l'équation suivante:

$$\mathrm{P}dv = (\mathrm{P}-\mathrm{N}z)\,dz \quad \text{ou} \quad dv = dz\left(1-\frac{\mathrm{N}z}{\mathrm{P}}\right)$$

dont l'intégrale, à cause de $v=a$, lorsque $z=0$, sera

$$v = a + z - \frac{\mathrm{N}zz}{2\mathrm{P}}.$$

Donc, au bout du premier tems, lorsque la dent B sera parvenue jusqu'à H où $z=b$, la vitesse de la scie sera duë à la hauteur

$$= a + b - \frac{\mathrm{N}bb}{2\mathrm{P}}.$$

9. Soit encore pour abréger $\frac{\mathrm{P}}{\mathrm{N}} = e$, ou bien

$$e = \frac{\alpha \mathrm{P}}{\varrho \tang \zeta},$$

et nous aurons

$$v = a + z - \frac{zz}{2e} = \frac{2ae+2ez-zz}{2e};$$

de là nous trouverons l'élément du tems

$$dt = \frac{dz\sqrt{2e}}{\sqrt{(2ae+2ez-zz)}},$$

dont l'intégration dépend du cercle. Or, puisque $t=0$, lorsque $z=0$, on trouvera

$$t = \sqrt{2e}\left(\mathrm{A}\sin\frac{z-e}{\sqrt{(2ae+ee)}} + \mathrm{A}\sin\frac{e}{\sqrt{(2ae+ee)}}\right)$$

ou bien

$$t = \left(\operatorname{Asin} \frac{e}{\sqrt{(2ae+ee)}} - \operatorname{Asin} \frac{e-z}{\sqrt{(2ae+ee)}}\right)\sqrt{2e}.$$

Donc la durée de ce premier tems de l'action de la scie, posant $z = b$, sera

$$= \left(\operatorname{Asin} \frac{e}{\sqrt{(2ae+ee)}} - \operatorname{Asin} \frac{e-b}{\sqrt{(2ae+ee)}}\right)\sqrt{\frac{e}{2g}} \text{ secondes}$$

ou bien

$$= \frac{\sqrt{e}}{\sqrt{2g}} \cdot \operatorname{Asin} \frac{e\sqrt{(2ae+2be-bb)} - (e-b)\sqrt{2ae}}{2ae+ee} \text{ secondes.}$$

10. Au bout de ce premier tems, la premiere dent sera parvenüe jusqu'en H avec une vitesse duë à la hauteur $= a + b - \frac{bb}{2e}$ (Fig. 3). Qu'elle soit donc descendue outre par l'espace $\mathrm{HB} = z$ dans le tems $= t$, et que la vitesse de la scie soit dans cet instant duë à la hauteur $= v$. Puisque toute l'épaisseur de l'arbre est attaquée par la scie, la résistance sera $= \mathrm{N}b$, et nous aurons cette équation:

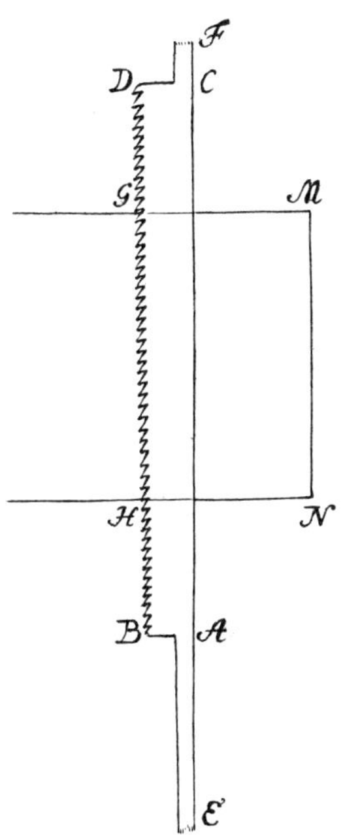

Fig. 3

$$dv = dz\left(1 - \frac{\mathrm{N}b}{\mathrm{P}}\right) = dz\left(1 - \frac{b}{e}\right)$$

à cause de $\frac{\mathrm{P}}{\mathrm{N}} = e$; d'où nous tirons par l'intégration:

$$v = a + b - \frac{bb}{2e} + \left(1 - \frac{b}{e}\right)z.$$

Or, à cause de la longueur de la scie $\mathrm{BD} = f$, nous aurons $\mathrm{DH} = f - z$ et $\mathrm{DG} = f - b - z$, quantité, qui évanouit au bout du second tems, ce qui arrivera lorsque $z = f - b$. Donc au bout de ce tems la vitesse de la scie sera duë à la hauteur

$$= a + \frac{bb}{2e} + f\left(1 - \frac{b}{e}\right).$$

11. Pour la durée de ce second tems, nous n'avons qu'à intégrer cette formule:

$$dt = \frac{dz}{\sqrt{v}} = \frac{dz\sqrt{2e}}{\sqrt{(2ae + 2be - bb + 2\,(e-b)\,z)}}$$

dont l'intégrale sera

$$t = \frac{\sqrt{2e}}{e-b}\left(\sqrt{(2ae + 2be - bb + 2\,(e-b)\,z)} - \sqrt{(2ae + 2be - bb)}\right).$$

Posant donc $z = f - b$, la durée de ce second tems sera:

$$\frac{\sqrt{2e}}{2\,(e-b)\sqrt{g}}\left(\sqrt{(2ae + bb + 2\,(e-b)f)} - \sqrt{\,(2ae + 2be - bb)}\right)\text{secondes.}$$

S'il étoit $e = b$, on auroit

$$t = \frac{z\sqrt{2}}{\sqrt{(2a+b)}},$$

et la durée du second tems seroit de

$$\frac{f-b}{\sqrt{2g\,(2a+b)}}\ \text{secondes.}$$

12. Le troisième tems a donc commencé, lorsque la derniere dent D entre dans le bois en G (Fig. 4) avec une vitesse duë à la hauteur

$$a + \frac{bb}{2e} + f\left(1 - \frac{b}{e}\right).$$

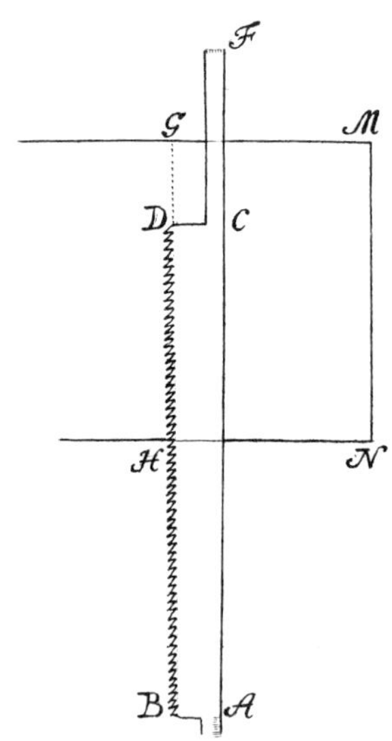

Fig. 4

Supposons que depuis ce moment la dent D soit descendue par l'espace $\mathrm{GD} = z$ pendant le tems t, et que sa vitesse soit alors duë à la hauteur $= v$. Puisque la scie n'est alors appliquée qu'à l'espace $\mathrm{DH} = b - z$, la résistance sera

$$= \mathrm{N}\,(b-z) = \frac{\mathrm{P}\,(b-z)}{e}$$

et partant nous aurons cette formule différentielle

$$dv = dz\left(1 - \frac{(b-z)}{e}\right) = \frac{dz\,(e-b+z)}{e}$$

dont l'intégrale sera:

$$v = a + \frac{bb}{2e} + f\left(1 - \frac{b}{e}\right) + \left(1 - \frac{b}{e}\right) z + \frac{zz}{2e}.$$

Et comme le troisième tems finit lorsque $z = b$, la vitesse de la scie au bout de ce tems sera duë à la hauteur

$$= a + b + f\left(1 - \frac{b}{e}\right).$$

13. Pour la durée on aura

$$dt = \frac{dz}{\sqrt{v}} = \frac{dz\sqrt{2e}}{\sqrt{(2ae + bb + 2f(e-b) + 2\,(e-b)\,z + zz)}}$$

dont l'intégrale dépendant des logarithmes sera

$$t = \sqrt{2e} \cdot l\,\frac{z + e - b + \sqrt{(2ae + bb + 2f(e-b) + 2\,(e-b)\,z + zz)}}{e - b + \sqrt{(2ae + bb + 2f(e-b))}}.$$

Et partant la durée du troisième et dernier tems sera de

$$\frac{\sqrt{e}}{\sqrt{2g}}\, l\,\frac{e + \sqrt{(2ae + 2be + 2f(e-b))}}{e - b + \sqrt{(2ae + bb + 2f(e-b))}} \quad \text{secondes.}$$

Voilà donc la durée de chacun de nos trois tems exprimée en secondes, d'où l'on tirera aisément le tems entier, que chaque descente de la scie dure, pendant lequel l'arbre est scié à la profondeur $c = f \tang \zeta$.

14. La somme de tous ces tems, ou le tems d'une descente entiere de la scie, sera donc exprimée en minutes secondes par la formule suivante:

$$\sqrt{\frac{a}{g}} + \sqrt{\frac{e}{2g}} \cdot \left(\operatorname{Asin} \frac{e}{\sqrt{(2ae+ee)}} - \operatorname{Asin} \frac{e-b}{\sqrt{(2ae+ee)}}\right)$$
$$+ \sqrt{\frac{e}{2g}} \cdot \frac{\sqrt{(2ae+bb+2f(e-b))} - \sqrt{(2ae+2be-bb)}}{e-b}$$
$$+ \sqrt{\frac{e}{2g}} \cdot l\, \frac{e+\sqrt{(2ae+2be+2f(e-b))}}{e-b+\sqrt{(2ae+bb+2f(e-b))}}.$$

Or pour la quantité $e = \frac{\alpha P}{\varrho \operatorname{tang} \zeta}$, à cause de $\operatorname{tang} \zeta = \frac{c}{f}$, nous aurons $e = \frac{\alpha f P}{\varrho c}$; mais cette quantité se connoitra plus commodément par la résistance que la scie rencontre, étant engagée par toute sa longueur f dans le bois; supposons que cette résistance soit $= \mathrm{R}$, et ayant $\mathrm{R} = \mathrm{N}f = \frac{\mathrm{P}f}{e}$, nous en tirerons $e = \frac{\mathrm{P}}{\mathrm{R}} f$; donc il y aura $\mathrm{R} = \frac{c}{\alpha} \varrho$, où ϱ marque la résistance d'une dent qui a pénétré dans le bois à la profondeur $= \alpha$.

15. Mais il ne faut pas oublier ici une circonstance bien essentielle, qui est que toutes ces formules ayent des valeurs réelles, ce qui ne manquera pas d'arriver, pourvu que la vitesse de la scie à chaque instant soit réelle, ou bien la hauteur due à la vitesse toujours positive. D'abord donc il faut qu'il soit $a + b > \frac{bb}{2e}$, et en second lieu

$$a + \frac{bb}{2e} + f\left(1 - \frac{b}{e}\right) > 0,$$

et en troisième lieu

$$a + b + f\left(1 - \frac{b}{e}\right) > 0:$$

où il est clair, que toutes ces conditions ont lieu, lorsque $b < e$; mais, lorsque $b > e$, il ne suffit pas que ces trois égalités subsistent, il faut outre cela que la valeur générale de v pour le troisième tems qui est

$$v = a + \frac{bb}{2e} - f\left(\frac{b}{e} - 1\right) - z\left(\frac{b}{e} - 1\right) + \frac{zz}{2e},$$

demeure positive, quelque valeur moyenne entre 0 et b qu'on donne à z, puisque des valeurs moyennes rendent v plus petit, que ou $z=0$ ou $z=b$; or la plus petite valeur résulte en posant $z=b-e$, et alors il devient

$$v=a+b-\tfrac{1}{2}e-f\left(\frac{b}{e}-1\right).$$

Il faut donc qu'il soit

$$a+b>\tfrac{1}{2}e+f\left(\frac{b}{e}-1\right),$$

et cette condition étant remplie, les deux dernieres le seront aussi.

16. On aura donc deux cas à considérer, l'un où $b<e$ et l'autre où $b>e$; dans le premier cas la vitesse de la scie est toujours réelle, quand même la hauteur de la chûte libre évanouiroit. Or, pour que le second cas devienne possible, il faut que ces deux conditions ayent lieu:

$$\text{I. } a+b>\frac{bb}{2e} \quad \text{et II. } a+b>\tfrac{1}{2}e+f\left(\frac{b}{e}-1\right).$$

La premiere condition a toujours lieu, pourvu que b ne soit pas plus grand que $2e$, quelque petite que soit la hauteur a: mais lorsque $b>2e$, il faut qu'il soit

$$a>\frac{b(b-2e)}{2e}.$$

Pour l'autre condition, soit $b=e+k$, et on aura:

$$a+\tfrac{1}{2}e+k>\frac{fk}{e};$$

or f étant par hypothese plus grand que b, si nous posons $f=e+k+i$, il faut qu'il soit

$$a+\tfrac{1}{2}e>\frac{k(k+i)}{e}.$$

A moins que ces deux conditions n'ayent lieu, la scie ne passera pas entierement par le bois, mais sera arrêtée quelque part dans sa descente; ce qui peut arriver, ou lorsque l'arbre est trop épais, ou lorsque la scie est trop longue.

17. Considérons le cas où $b=e$, qui aura lieu lorsque le poids de la scie P est rendu tel, que $\mathrm{P}=\frac{b}{f}\mathrm{R}$: et alors le tems de toute la descente de la scie sera exprimé en sorte en secondes:

$$\sqrt{\frac{a}{g}}+\sqrt{\frac{b}{2g}}\cdot \mathrm{A\,sin}\sqrt{\frac{b}{2a+b}}+\frac{f-b}{\sqrt{2g(2a+b)}}+\sqrt{\frac{b}{2g}}\cdot\, l\,\frac{\sqrt{b}+\sqrt{(2a+2b)}}{\sqrt{(2a+b)}}$$

et cette expression sera toujours réelle, quelques valeurs que puissent avoir les quantités a, b et f. Et si la hauteur de la premiere chûte a évanouissoit, le tems de la descente de la scie deviendroit

$$\frac{\pi}{2}\sqrt{\frac{b}{2g}}+\frac{f-b}{\sqrt{2gb}}+\sqrt{\frac{b}{2g}}\cdot l(1+\sqrt{2})\ \text{secondes.}$$

Puisque R marque la résistance que la scie rencontreroit, si elle étoit engagée par toute sa longueur, l'expression $\frac{b}{f}\mathrm{R}$ marquera la résistance que la scie rencontre actuellement pendant le second tems, où elle travaille sur toute l'épaisseur du bois, qui est $=b$: c'est donc la plus grande résistance que la scie rencontre en sciant l'arbre, et ce cas porte que le poids de la scie soit précisément égal à cette plus grande résistance.

18. En général donc, puisque $\mathrm{P}=\frac{e}{f}\mathrm{R}$, le poids de la scie P est supposé égal à la résistance de la scie, si une partie de la longueur $=e$ étoit engagée dans le bois. Donc, si e est plus grand que b, le poids de la scie est plus grand, que la plus grande résistance de la scie, en sciant l'arbre de l'épaisseur $=b$. Dans ce cas donc la scie est toujours capable de vaincre la résistance, et elle descendra même d'un mouvement accéléré, quand même la hauteur de la chute a évanouïroit. Mais, lorsque e est moindre que b, la résistance en sciant le bois surpassera le poids de la scie, et partant le mouvement sera retardé pendant le second tems, où l'arbre est scié par toute son épaisseur; et comme nous avons vu, ce cas ne sauroit réüssir, à moins que ces deux conditions n'ayent lieu:

$$a+b>\frac{bb}{2e}\quad\text{et}\quad a+b>\tfrac{1}{2}e+f\left(\frac{b}{e}-1\right)\quad\text{ou}\quad f<\frac{e(a+b-\frac{1}{2}e)}{b-e}.$$

19. Puisque dans ce cas $e<b$, à moins qu'il ne soit $e<\frac{1}{2}b$, on pourra se passer de la chûte initielle, ou poser la hauteur $a=0$ pourvu que la scie ne soit pas trop longue; ou bien il faut que la longueur de la scie soit moindre que $\frac{b-\frac{1}{2}e}{b-e}e$. Donc, puisque $e>\frac{1}{2}b$ ou $b<2e$, nous aurons pour les différentes valeurs de e les limites suivantes de la longueur de la scie f,

$$\begin{array}{l} e=\frac{1}{2}b;\ \frac{2}{3}b;\ \frac{3}{4}b;\ \frac{4}{5}b;\ \frac{5}{6}b;\ \frac{6}{7}b;\ \frac{7}{8}b;\ \frac{8}{9}b;\ \ldots\quad b \\ f<\frac{3}{4}b;\ \frac{4}{3}b;\ \frac{15}{8}b;\ \frac{12}{5}b;\ \frac{35}{12}b;\ \frac{24}{7}b;\ \frac{63}{16}b;\ \frac{40}{9}b;\ \ldots\infty b \end{array}$$

Donc, puisque la longueur de la scie f surpasse nécessairement l'épaisseur de l'arbre b par hypothese, le cas $e=\frac{1}{2}b$ et $a=0$ ne sauroit avoir lieu, et il faut qu'il soit

$$e>\frac{b}{1+\sqrt{\frac{1}{2}}},$$

ou à peu près $e>\frac{17}{29}b$: car si $e=\frac{b}{1+\sqrt{\frac{1}{2}}}$ on trouvera $f<b$: et si

$$e=b\left(n+1-\sqrt{(nn+1)}\right)$$

on obtient $f<nb$. Donc, si l'on veut qu'il fût $f=nb$, il faut qu'il soit

$$e>b\left(n+1-\sqrt{(nn+1)}\right)$$

et partant pour qu'il soit $f=2b$, il doit être $e>(3-\sqrt{5})\,b$ ou $e>\frac{13}{17}b$; et lorsque cette condition n'a pas lieu, il faut absolument que l'opération de la scie commence par une chûte libre de la hauteur

$$a>\frac{1}{2}e+\frac{2bb}{e}-3b,$$

posant $f=2b$. Ainsi, s'il étoit $e=\frac{2}{3}b$, il devroit être $a>\frac{1}{3}b$.

20. Après ces recherches sur l'action de la scie et le tems qu'elle employe à achever une descente, considérons la hauteur entiere, par laquelle la scie est descendue, qui est $= a + b + f$; c'est donc sur cette hauteur, qu'il faut régler le chassis, dans lequel la scie est enchassée, et pendant cette descente l'arbre est scié à la profondeur $= c = f \operatorname{tang} \zeta$, de laquelle dépend la résistance $\mathrm{R} = \frac{c\varrho}{\alpha}$, où ϱ marque la résistance d'une seule dent de la scie, supposé qu'elle pénétre à la profondeur $= \alpha$. D'où l'on voit que, plus la quantité c sera grande et plus aussi sera grande la résistance R, dont il faut savoir le rapport au poids de la scie P, selon les circonstances que je viens de remarquer. Or après cette descente il faut remonter la scie par la même hauteur $a + b + f$, à quoi il faut employer des forces étrangeres, où il faut avoir égard à la quantité de ces forces et au tems qu'elles y employent, qui étant ajouté à celui de la descente de la scie, doit être comparé avec l'effet que la scie produit sur le bois pendant sa descente.

21. Or, avant que de remonter la scie, il faut avoir égard à la vitesse, qu'elle aura acquise en sortant du bois, et nous avons vu que cette vitesse est duë à la hauteur

$$a + b + f\left(1 - \frac{b}{e}\right)$$

ou

$$a + b - f\left(\frac{b}{e} - 1\right):$$

car ce mouvement doit être amorti avant qu'on puisse remonter la scie. Pour cet effet la scie doit rencontrer en sortant du bois un obstacle mol et élastique, sur lequel tombant elle perde son mouvement, et qu'elle en soit relevée à quelque hauteur pour faciliter ensuite l'opération, par laquelle elle doit être remontée à sa premiere hauteur. Or on voit que cette vitesse est toujours assez considérable, lorsque $b < e$, puisqu'elle est alors plus grande que $\sqrt{(a + b)}$; mais, lorsque $b > e$, à cause de

$$a + b > \tfrac{1}{2}\, e + f\left(\frac{b}{e} - 1\right),$$

elle est plus grande que $\sqrt{\tfrac{1}{2}\, e}$: de sorte que ce dernier cas aura l'avantage sur le premier, que le mouvement descendant de la scie sera plutôt anéanti.

22. Supposons donc que la scie ayant passé par le bois tombe d'abord en E sur un corps élastique ou sur un levier à ressort (Fig. 5): au premier instant donc elle ne rencontrera aucune résistance, mais à mesure qu'elle déprime ce corps, la résistance croît en même raison. Que Q exprime la résistance, que la scie rencontreroit, si elle s'etoit enfoncée dans ce corps jusqu'à la profondeur $EK = k$, et à toute autre dépression $EV = z$, la résistance sera $= \frac{Qz}{k}$. Soit donc v la hauteur due à la vitesse, que la scie aura en V, et puisqu'elle tombe par son poids $= P$, on aura

Fig. 5

$$dv = dz\left(1 - \frac{Qz}{Pk}\right),$$

donc

$$v = a + b + f\left(1 - \frac{b}{e}\right) + z - \frac{Qzz}{2Pk}:$$

de sorte qu'elle perdra son mouvement s'étant enfoncée à la profondeur

$$EO = \frac{Pk}{Q} + \surd\left(\frac{PPkk}{QQ} + \frac{2Pk}{Q}\left(a + b + f\left(1 - \frac{b}{e}\right)\right)\right).$$

23. Or le tems de cet enfoncement sera =

$$\frac{\surd 2Pk}{\surd Q}\int\frac{dz}{\surd\left(\frac{2Pk}{Q}\left(a + b + f\left(1 - \frac{b}{e}\right)\right) + \frac{2Pk}{Q}z - zz\right)}$$

donc ce tems entier en secondes se trouvera par l'intégration

$$\frac{\surd Pk}{\surd 2Qg}\left(\frac{\pi}{2} + \mathrm{A}\sin\frac{1}{\surd\left(1 + \frac{2Q}{Pk}\left(a + b + f\left(1 - \frac{b}{e}\right)\right)\right)}\right)$$

D'où l'on voit que ce tems sera d'autant plus long, plus la quantité Q, ou la force élastique du levier, sera petite. Il conviendra donc de donner à ce levier un aussi grand ressort qu'il sera possible, de maniere pourtant que le choc n'en devienne pas trop rude et il n'y aura point de danger de faire en sorte que

$$\frac{2Q}{k}\left(a + b + f\left(1 - \frac{b}{e}\right)\right)$$

devienne incomparablement plus grand que P; et dans ce cas le tems trouvé sera de $\frac{\pi}{2}\sqrt{\frac{Pk}{2Qg}}$ secondes, et partant, puisque g est ordinairement plus grand que

$$a+b+f\left(1-\frac{b}{e}\right),$$

ce tems pourra être fort au dessous d'une seconde; de sorte que nous le pourrons négliger entierement dans le calcul.

24. Le mouvement de la scie sera donc tout à fait anéanti, lorsqu'elle sera descenduë outre l'espace $a+b+f$ par l'espace EO, qui sera fort à peu près

$$=\sqrt{\frac{2Pk}{Q}}\left(a+b+f\left(1-\frac{b}{c}\right)\right)$$

si

$$\frac{2Q}{Pk}\left(a+b+f\left(1-\frac{b}{e}\right)\right)$$

est, comme nous supposons, un nombre très grand. Or alors cet espace EO sera si petit, que nous le pourrons négliger sans faute dans l'action destinée pour remonter la scie. Car, quoique la scie doive être remontée par la hauteur

$$=a+b+f+\mathrm{EO},$$

le même ressort du levier aidera cette opération, de sorte que si nous regardons aux forces étrangeres, qui y sont nécessaires, ce sera à peu près la même chose, que si la scie ne devoit être élevée que par la hauteur $=a+b+f$.

25. Supposons donc qu'on veuïlle employer pour remonter la scie, la force de m hommes, dont chacun travaille avec une vitesse dont il parcoure un espace $=s$ par seconde et que la force de chacun vaille un poids $=\mathrm{S}$. Donc la force de tous les m hommes étant $=m\mathrm{S}$, pour qu'elle soit en équilibre avec le poids de la scie P, la machine, à laquelle les hommes travaillent, doit être tellement appliquée à la scie, que la scie soit élevée à la hauteur $=\frac{m\mathrm{S}s}{\mathrm{P}}$ par seconde. Par conséquent, pour lever la scie à la hauteur $=a+b+f$, il faut que les m hommes travaillent pendant le tems de

$$\frac{\mathrm{P}(a+b+f)}{m\mathrm{S}s}\ \text{secondes.}$$

Or pendant ce tems il faut non seulement remonter la scie, mais il faut aussi vaincre le frottement, qui pourra se trouver dans le mouvement de la scie et surtout il faut aussi avancer l'arbre horizontalement par l'espace $=c$, afin que la scie y ait prise dans la descente suivante. Il faudroit donc que chaque homme apportât un peu plus de force, que nous n'avons supposé, pour produire ce plus grand effet.

26. On voit bien qu'il seroit inutile, si nous voulions tenir compte plus exactement de la force, qui est requise pour avancer l'arbre, pendant chaque montée de la scie, puisque d'un côté cette force dépend du poids de l'arbre et de la manœuvre dont on se sert pour ce dessein et d'un autre côté la force des hommes, qui doit produire cet effet, n'est pas tellement déterminée, qu'elle ne souffre une latitude assez considérable, tant par rapport à l'effort S même qu'à la vitesse s dont ils agissent. A cause de ce défaut de détermination le plus seur moyen sera donc de donner aux quantités S et s des valeurs un peu plus petites, que les hommes n'en exercent ordinairement; afin que la partie négligée soit suffisante, tant pour vaincre le frottement, que pour avancer l'arbre autant qu'il faut à chaque coup de la scie.

27. Le tems de chaque coup de la scie sera donc composé du tems de la descente de la scie et de celui de la montée; et partant posant ce tems $=\mathrm{T}$ secondes, nous aurons en combinant ce qui vient d'être trouvé:

$$\begin{aligned}\mathrm{T} = \sqrt{\frac{a}{g}} &+ \sqrt{\frac{e}{2g}} \cdot \left(\mathrm{A}\sin \frac{e}{\sqrt{(2ae+ee)}} - \mathrm{A}\sin \frac{e-b}{\sqrt{(2ae+ee)}}\right) \\ &+ \sqrt{\frac{e}{2g}} \cdot \frac{\sqrt{(2ae+bb+2f(e-b))} - \sqrt{(2ae+2be-bb)}}{e-b} \\ &+ \sqrt{\frac{e}{2g}} \cdot l\, \frac{e+\sqrt{(2ae+2be+2f(e-b))}}{e-b+\sqrt{(2ae+bb+2f(e-b))}} \\ &+ \frac{\mathrm{P}(a+b+f)}{m\mathrm{S}s} \text{ secondes.}\end{aligned}$$

Donc, puisque dans chaque T l'arbre est scié à la profondeur

$$= c = f \operatorname{tang} \zeta,$$

pendant un tems donné Θ, l'arbre sera scié à la profondeur $= \frac{\Theta}{\mathrm{T}} f \operatorname{tang}\zeta$: et ce sera aussi l'effet de la force de m hommes, qu'ils sont capables de produire pendant le tems donné Θ.

28. De là on voit que cet effet peut être très différent selon les diverses déterminations des quantités a, e, f et P, pendant que l'épaisseur de l'arbre b, l'obliquité de la scie ζ et la force des hommes, demeurent les mêmes: de sorte qu'il sera possible de donner en chaque cas aux lettres a, e, f, et P, de telles valeurs que l'effet $\frac{\Theta}{\mathrm{T}} f \operatorname{tang} \zeta$ produit dans un tems donné Θ soit le plus grand. Or il faut remarquer que les quantités e et P dépendent tellement l'une de l'autre, que le poids entier de la scie P est supposé égal à la résistance, que la scie éprouveroit, si une partie de la longueur $= e$ étoit engagée dans le bois: et ensuite la résistance dépend tant de la dureté du bois, que de l'angle ζ, et il n'y a pas d'autre moyen que l'expérience, d'où l'on puisse déterminer cette quantité.

29. On pourra d'abord demander quelle sera la chûte libre, ou la hauteur a la plus avantageuse, les autres quantités demeurant les mêmes, pour que l'effet de la scie $\frac{\Theta}{\mathrm{T}} f \operatorname{tang} \zeta$ devienne le plus grand: on n'aura pour cet effet, qu'à différentier la formule T, en ne supposant que la quantité a variable, et poser le différentiel $= 0$. Or cette opération donnera:

$$\frac{d\mathrm{T}}{da}\sqrt{\frac{2g}{e}} = \frac{\sqrt{2ae}}{2ae+ee} - \frac{\sqrt{(2ae+2be-bb)}}{(2a+e)(e-b)} + \frac{e\sqrt{\big(2ae+bb+2f(e-b)\big)}}{(e-b)\big(2ae+2be-ee+2f(e-b)\big)}$$
$$- \frac{ee}{\big(2ae+2be-ee+2f(e-b)\big)\sqrt{\big(2ae+2be+2f(e-b)\big)}} + \frac{\mathrm{P}}{m\mathrm{S}s}\sqrt{\frac{2g}{e}}.$$

Mais le cas où $e = b$, qui a quelque chose de singulier, donne:

$$\frac{d\mathrm{T}}{da}\sqrt{\frac{2g}{b}} = \frac{\sqrt{2ab}}{2ab+bb} + \frac{b-f}{(2a+b)\sqrt{(2ab+bb)}} - \frac{b}{(2a+b)\sqrt{(2ab+2bb)}} + \frac{\mathrm{P}}{m\mathrm{S}s}\sqrt{\frac{2g}{b}}.$$

Or on voit bien, que si l'on vouloit de là déterminer la quantité a, on seroit obligé de s'engager en des calculs extrèmement embrouïllés.

30. Cependant il est évident, que ce différentiel évanouïroit, si l'on mettoit la hauteur a infinie: mais dans ce cas, quoique le tems de la descente deviendroit infiniment petit, celui de la montée $\frac{\mathrm{P}(a+b+f)}{m\mathrm{S}s}$ seroit sans doute infini et

partant ce cas donneroit plutôt un *maximum*, qu'un *minimum*. D'où je conclus que, pour produire le plus grand effet, il faut rendre la hauteur a aussi petite qu'il est possible: car, puisque le tems de la montée surpasse ordinairement le tems de la descente, une plus grande hauteur a augmenteroit beaucoup plus le tems de la montée, qu'elle ne diminueroit celui de la descente. Or, supposant la hauteur a évanouïssante, ou extrèmement petite, le tems d'un coup de la scie sera:

$$\mathrm{T} = \sqrt{\frac{e}{2g}} \cdot \left(\frac{\pi}{2} - \mathrm{A}\sin\frac{e-b}{e}\right) + \sqrt{\frac{e}{2g}} \cdot \frac{\sqrt{(bb+2f(e-b))} - \sqrt{(2be-bb)}}{e-b}$$
$$+ \sqrt{\frac{e}{2g}} \cdot l\,\frac{e+\sqrt{(2be+2f(e-b))}}{e-b+\sqrt{(bb+2f(e-b))}} + \frac{\mathrm{P}(b+f)}{m\mathrm{S}s}.$$

Et si outre cela $e = b$, ce tems sera exprimé en sorte:

$$\mathrm{T} = \sqrt{\frac{b}{2g}} \cdot \left(\frac{\pi}{2} + \frac{f-b}{b} + l\left(1+\sqrt{2}\right)\right) + \frac{\mathrm{P}(b+f)}{m\mathrm{S}s} \text{ secondes.}$$

31. Pour mieux connoitre la nature de cette formule, faisons en l'application à quelques cas. Soit donc

I. $a = 0$, $b = 1$, $e = 1$, $f = 3$ en pieds, en sorte que $g = 15{,}625$ et nous aurons par la derniere formule le tems d'un coup de scie

$$\mathrm{T} = \frac{\frac{1}{2}\pi + 2 + l(1+\sqrt{2})}{\sqrt{31{,}25}} + \frac{4\mathrm{P}}{m\mathrm{S}s} = 0{,}79643 + \frac{4\mathrm{P}}{m\mathrm{S}s} \text{ secondes,}$$

où il faut remarquer, que $l\ (1+\sqrt{2})$ signifie le logarithme hyperbolique de $1+\sqrt{2}$, qui est $= 0{,}881374$. Ainsi dans ce cas le tems d'une descente de la scie sera environ de $\frac{4}{5}$ secondes, et le tems d'une montée de $\dfrac{4\mathrm{P}}{m\mathrm{S}s}$ secondes. Et partant, si Θ marque le tems d'une heure, ou de 3600 secondes, et que ζ soit l'obliquité de la scie, l'arbre sera scié pendant une heure à la profondeur de

$$\frac{3600 \cdot 3 \tang\zeta}{0{,}79643 + \frac{4\mathrm{P}}{m\mathrm{S}s}} \text{ pieds.}$$

32. Or, pour connoitre à peu près le poids P, ou la résistance, que la scie rencontre étant engagée par la longueur d'un pied dans le bois, consultons une expérience, par laquelle on a trouvé que trois hommes sont capables de scier une piece de bois de chêne verd d'un pied d'epaisseur, sur la longueur de 10 pieds. De là posant $m = 3$, $s = 2$ pieds et $S = 30$ livres, on aura

$$\frac{10800 \operatorname{tang} \zeta}{0{,}79643 + \frac{1}{45} P} = 10,$$

donc

$$1080 \operatorname{tang} \zeta = 0{,}79643 + \tfrac{1}{45} P.$$

Or pour l'ordinaire une scie de la longueur de 3 pieds pénétre chaque coup dans le bois d'$\frac{1}{6}$ pouce, ou d'$\frac{1}{72}$ pieds, de sorte que

$$\operatorname{tang} \zeta = \tfrac{1}{72} \cdot \tfrac{1}{3} = \tfrac{1}{216},$$

et 1080 $\operatorname{tang} \zeta = 5$; d'où nous tirons $\frac{1}{45} P = 4{,}20357$, et partant la résistance $P = 189$ livres. Or, puisque trois hommes en agissant de la maniere ordinaire sont capables de vaincre la résistance, il y a apparence, que le poids P ne sauroit surpasser 90 livres, et dans ce cas on trouvera l'obliquité de la scie $\operatorname{tang} \zeta = \frac{1}{386}$.

33. Il semble donc que pour les scies à main on pourroit supposer l'obliquité $\operatorname{tang} \zeta = \frac{1}{386}$, ou bien $\operatorname{tang} \zeta = \frac{1}{400}$: or pour les scies manœuvrées par une machine, on pourra bien mettre $\operatorname{tang} \zeta = \frac{1}{200}$, et dans ce cas pour une épaisseur d'un pied de bois de chêne verd la résistance P sera à peu près de 200 livres. Ainsi, si $e = 1$, on auroit $P = 200$ livres, et si e est plus grand ou plus petit, la résistance P suivra la même raison. Et partant posant constamment $\operatorname{tang} \zeta = \frac{1}{200}$, la scie pénétrera dans le bois de chêne verd, sur lequel a été faite l'expérience alléguée, pendant une heure à la profondeur de $\dfrac{18f}{T}$; en exprimant toujours e en pieds, la valeur de la formule $\dfrac{P}{mSs}$ sera $\dfrac{10}{9}e$, lorsque trois hommes sont employés à l'ouvrage, et pour le nombre d'hommes $= m$, cette valeur sera $\dfrac{10e}{3m}$.

34. Donc dans le cas de l'exemple précédent où $a = 0$, $b = e = 1$ et $f = 3$, le bois étant de chêne verd, le tems d'un coup de scie sera $= 0{,}79643 + \dfrac{40}{3m}$, et ces m hommes scieront l'arbre pendant une heure sur la longueur

$$= \frac{54}{0{,}79643 + \frac{40}{3m}} = \frac{405m}{100 + 6m} \text{ pieds.}$$

Donc, dans le cas de cet exemple, pendant une heure

1 homme sciera sur la longueur	=	3,82 pieds
2 hommes scieront sur la longueur	=	7,23 pieds
3 hommes scieront sur la longueur	=	10,30 pieds
4 hommes scieront sur la longueur	=	13,06 pieds
5 hommes scieront sur la longueur	=	15,57 pieds

d'où l'on voit qu'en multipliant le nombre des hommes, l'effet croit selon une proportion moindre; car, quand même on employeroit une infinité d'hommes, ils ne scieroient pendant 1 heure, que sur $67\frac{1}{2}$ pieds.

35. Retenons donc ces valeurs

$$\operatorname{tang}\zeta = \frac{1}{200} \quad \text{et} \quad \frac{\mathrm{P}}{m\mathrm{S}s} = \frac{10e}{3m},$$

examinons aussi d'autres cas: soit donc:

$$\text{I.} \ a = 0, \ b = 1, \ e = 2 \ \text{et} \ f = 3,$$

ou bien soit le poids de la scie deux fois plus grand qu'auparavant, le reste demeurant le même. Dans ce cas le tems de la descente de la scie deviendra plus petit qu'auparavant, mais le tems de la montée sera $= \frac{80}{3m}$ secondes. Cependant le tems de la descente ne pouvant pas devenir plus petit que $\sqrt{\frac{a+b+f}{g}}$ secondes, ce qui seroit le tems de la chûte libre, lorsque $e = \infty$; donc il est seur, que le tems de la descente sera plus grand que $\sqrt{\frac{4}{g}}$ ou $\frac{1}{2}$ seconde. Donc, si nous supposons ce tems $= 0{,}6$ secondes, nous aurons $\mathrm{T} = 0{,}6 + \frac{80}{3m}$ et pendant une heure l'arbre sera scié sur la longueur

$$= \frac{54}{0{,}6 + \frac{80}{3m}} = \frac{162m}{80 + 1{,}8m}.$$

36. Ainsi, sans nous donner la peine de calculer le véritable tems de la descente, qui ne sauroit différer considérablement du précedent, nous pourrons comparer l'effet de cet exemple avec celui du précédent, et nous verrons que pendant une heure

1 homme sciera sur la longueur $= 1{,}98$
2 hommes scieront sur la longueur $= 3{,}87$
3 hommes scieront sur la longueur $= 5{,}69$
4 hommes scieront sur la longueur $= 7{,}43$
5 hommes scieront sur la longueur $= 9{,}10$

Or une infinité d'hommes scieront sur la longueur de 90 pieds.

Donc, pour un petit nombre d'hommes la premiere machine sera plus avantageuse que celle-cy. Si l'on vouloit employer 66 hommes, l'une et l'autre seroit également avantageuse, et celle-cy le seroit encore davantage, si l'on augmentoit le nombre d'hommes au delà de 66.

37. De là il est clair, que si l'on ne vouloit employer qu'un ou deux hommes pour monter la scie, l'arrangement du premier exemple seroit environ deux fois plus avantageux que celui du second. Donc, ayant posé dans le premier $e = 1$ et dans le second $e = 2$, on pourra conclure, que l'avantage sera encore plus grand, en donnant à e une valeur plus petite que 1. Or si la hauteur a doit évanouir puisque $f > \frac{35}{12} b$, il faut absolument qu'on prenne $e > \frac{5}{6} b$, ou $e > \frac{5}{6}$ à cause de $b = 1$, et partant, tant qu'on veut supposer $a = 0$, le cas ne sauroit être différent du premier exemple.

38. Voyons donc s'il y aura à gagner quelque chose en admettant quelque chûte libre par une hauteur $= a$, pour pouvoir donner à e une valeur plus petite. Soit donc

III. $b = 1$, $f = 3$, comme auparavant; or $e = \frac{1}{2}$,

et il faut qu'il soit

tant $a + 1 > 1$ que $a + 4 > \frac{1}{4} + 6$ ou $a > 2\frac{1}{4}$.

Soit donc $a = 2\frac{1}{2} = \frac{5}{2}$ pieds, et nous aurons par la formule de [§] 27.

$$T = \sqrt{\frac{5}{2g}} + \left(2\,\mathrm{A}\sin\frac{1}{\sqrt{11}} - \sqrt{2} + \sqrt{10} + l\,\frac{1+\sqrt{2}}{-1+\sqrt{2}}\right)\sqrt{\frac{1}{4g}} + \frac{65}{6m}\ \text{sec.}$$

or

$$l\,\frac{1+\sqrt{2}}{-1+\sqrt{2}} = 2\,l\,(1+\sqrt{2}) = 1{,}762746$$

et

$$\mathrm{A}\sin\frac{1}{\sqrt{11}} = 17°\ 32'\ 54'' = 63174''$$

ou en parties du rayon

$$\mathrm{A}\sin\frac{1}{\sqrt{11}} = 0{,}306276,$$

donc

$$\mathrm{T} = \sqrt{\frac{5}{2g}} + 4{,}123366\sqrt{\frac{1}{4g}} + \frac{65}{6m} = 0{,}92156 + \frac{65}{6m}\ \text{sec.}$$

39. Donc par cet arrangement m hommes scieront l'arbre pendant une heure sur la longueur

$$= \frac{324m}{65 + 5{,}52942m}\ \text{pieds:}$$

ou en donnant quelque chose pour amortir le mouvement de la scie, sur la longueur de $\frac{324m}{65 + 6m}$ pieds. Et partant pendant une heure

1 homme sciera sur la longueur	=	4,56 pieds
2 hommes scieront sur la longueur	=	8,42 pieds
3 hommes scieront sur la longueur	=	11,71 pieds
4 hommes scieront sur la longueur	=	14,56 pieds
5 hommes scieront sur la longueur	=	17,05 pieds.

Cet arrangement de la machine est donc plus avantageux que le premier, tandis que le nombre des hommes est médiocre, ou plus petit que 11. Car si le nombre des hommes surpassoit 12, le premier arrangement produiroit un plus grand effet.

40. De là on voit aussi, qu'il est toujours plus avantageux d'employer un aussi petit nombre d'hommes qu'il est possible; car nous voyons par tous ces arrangements, qu'en augmentant le nombre des hommes l'effet croit dans une moindre raison et qu'un nombre double d'hommes ne produit pas un effet double. Donc, puisqu'il est à propos d'employer aussi peu d'hommes qu'il est possible, ce dernier arrangement l'emportera sans doute sur les deux précédens: or il ne paroit pas convenable de diminuer la valeur de e encore davantage, puisque d'un côté la chûte libre a deviendroit trop grande, ce qui embarrasseroit et que d'un autre côté il seroit à craindre, que la scie pourroit être arrêtée en chemin.

41. Il sera encore important d'examiner s'il ne seroit pas plus avantageux de se servir d'une scie plus courte. Posons donc

$$\text{IV.}\ a=0,\ b=1,\ e=1\ \text{et}\ f=2$$

et à cause de

$$\frac{\mathrm{P}}{m\mathrm{S}s}=\frac{10e}{3m}=\frac{10}{3m}$$

nous trouverons

$$\mathrm{T}=\left(\frac{\pi}{2}+1+l\left(1+\sqrt{2}\right)\right)\sqrt{\frac{1}{2g}}+\frac{10}{m}\ \text{secondes}=0{,}61754+\frac{10}{m}\,.$$

Donc pendant une heure m hommes scieront l'arbre sur la longueur de $\frac{54m}{15+m}$ pieds. Donc pendant une heure

1 homme sciera sur la longueur	=	3,38 pieds
2 hommes scieront sur la longueur	=	6,35 pieds
3 hommes scieront sur la longueur	=	9,00 pieds
4 hommes scieront sur la longueur	=	11,37 pieds
5 hommes scieront sur la longueur	=	13,50 pieds.

42. On voit donc que la scie de trois pieds a produit un plus grand effet que celle de deux pieds; d'où l'on peut conclure, qu'il sera avantageux de faire la scie aussi longue que les circonstances le permettent. L'avantage en sera aussi d'autant plus considérable par cette raison, puisqu'à chaque coup il se fait nécessairement quelque petit repos, d'où l'ouvrage sera d'autant plus arrêté, plus on sera obligé de faire de coups. En effet on trouve qu'en posant $f=4$ pieds, en laissant $a=0,\ b=1,\ c=1,$ un homme sera capable de scier l'arbre pendant une heure sur la longueur de 4 pieds; or une longueur plus grande de la scie ne produira point un effet beaucoup plus considérable. De là il semble que pour l'ordinaire le plus avantageux arrangement sera de poser toujours $e=b,\ a=0,$ de donner à la scie une grande longueur et d'employer aussi peu d'hommes, qu'il sera possible.

SUR LA FORCE DES COLONNES

Commentatio 238 indicis ENESTROEMIANI
Mémoires de l'académie des sciences de Berlin 13 (1757), 1759, p. 252–282

1. Quand je développai dans le supplément de mon Traité sur les Isopérimetres les courbes des lames élastiques[1]), j'en ai tiré une régle pour juger de la force des colonnes, qui me parut dabord fort remarquable. Il s'agit de déterminer le poids qu'une colonne peut soutenir, sans être sujette à se plier. La régle que j'ai trouvée, regarde les colonnes, qui sont également fortes par toute leur longueur; et si l'on nomme la hauteur d'une telle colonne $= a$ et le moment de son ressort $= \mathrm{E}kk$, dont j'ai expliqué tant la signification, que les moyens pour en trouver la juste valeur en chaque cas, le poids que cette colonne est capable de soutenir sans se plier, est $= \pi\pi \cdot \frac{\mathrm{E}kk}{aa}$, où π marque la circonference d'un cercle dont le diamètre est $= 1$; d'où l'on voit que ce poids suit la raison renversée du quarré de la hauteur de la colonne. Mais pour faire usage de cette régle, il est bon que je rapporte ici ce qu'il faut entendre par l'expression $\mathrm{E}kk$, que je viens de nommer *Moment du Ressort.*

2. D'abord je dois remarquer, que ce moment n'est pas uniquement attaché aux corps élastiques, parmi lesquels on pourroit douter avec raison, si les colonnes y étoient comprises. Il regarde proprement la force, dont un corps quelconque s'oppose à l'inflexion, et il est tout à fait indifférent, si le corps après l'inflexion est doué d'une force de se retablir ou non? Par cette raison on pourroit plutôt nommer ce moment celui de roideur, puisqu'il a effectivement lieu dans tous les corps qui s'opposent à l'inflexion, soit qu'ils soient élastiques ou non. Ces recherches peuvent donc être appliquées à toutes les colonnes, dont la force dépend de leur roideur et qui sont capables de soutenir des fardeaux, en tant qu'elles résistent à l'inflexion. Si cette idée paroit moins convenir aux colonnes de pierre ou de marbre, elle sera sans contredit appliquable à celles de bois; et c'est sous cette vuë, que je me propose d'examiner leur force.

---

1) Il s'agit de l'Additamentum I, «*De curvis elasticis*», de E65, *Methodus inveniendi lineas curvas maximi minimive proprietate gaudentes...*, Opera omnia I 24; ce supplément figure aux pages 245 à 310 de l'édition originale et aux pages 231 à 297 de I 24; la préface du présent volume en contient une brève analyse. C.B.

3. Pour déterminer ledit moment de ressort, ou plutôt de roideur, exprimé par la formule Ekk, qui convient à une colonne quelconque, que je suppose ici comme également épaisse par toute sa longueur; soit ABCD la colonne proposée (Fig. 1), non seulement posée verticalement, mais aussi fermement enchâssée au fond AB, qu'elle ne puisse abandonner cette situation verticale, qu'en se pliant. Maintenant qu'on lui applique en haut une force horizontale CF, qui soit $=$ F, et qui plie tant soit peu la colonne, en la forçant dans la situation ABcd. Qu'on mesure exactement tant la hauteur de la colonne AC, que l'espace Dδ, par lequel la force a fait avancer le haut de la colonne, et l'expression $\mathrm{F}\cdot\mathrm{AC}^2\left(\frac{\mathrm{AC}}{3\,\mathrm{D}\delta}-\frac{1}{2}\right)$ donnera le moment de roideur Ekk. Or puisque Dδ est extrèmement petit par rapport à AC, on peut supposer sans erreur $\mathrm{E}kk=\frac{\mathrm{F}\cdot\mathrm{AC}^3}{3\,\mathrm{D}\delta}$. La raison de cette détermination se trouve exposée dans le paragraphe 39 du supplément allegué.[1])

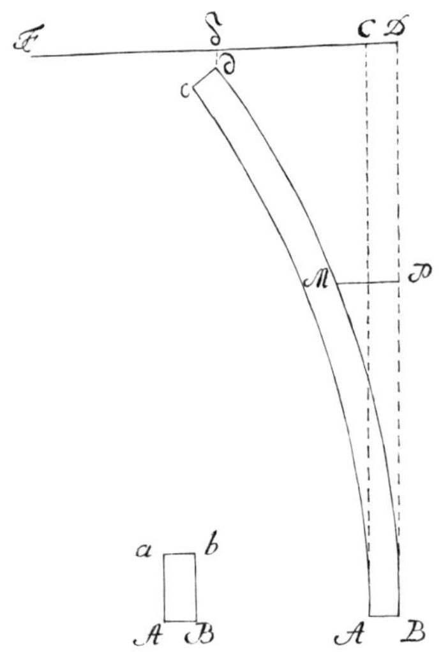

Fig. 1

4. Cette quantité Ekk exprimant le moment de roideur dans chaque endroit de la colonne, elle dépend uniquement de l'épaisseur de la colonne et de la roideur de la matière, dont elle est composée. Donc l'épaisseur et la matière demeurant les mêmes, l'expérience rapportée fournira toujours la même valeur pour Ekk, quelle que soit la hauteur de la colonne AC et la force F. D'où l'on voit, que si la force F demeure la même, l'espace Dδ doit se trouver proportionnel au cube de la hauteur de la colonne: mais si la force F varie, la hauteur AC demeurant la même, l'espace Dδ sera proportionnel à la force F: or en général si tant la hauteur de la colonne que la force varie, l'espace Dδ sera proportionnel à $\mathrm{F}\cdot\mathrm{AC}^3$. On pourra donc varier à l'infini les expériences pour découvrir la valeur Ekk, et en faisant plusieurs telles expériences, on s'assurera avec d'autant plus de certitude de la véritable quantité du moment de roideur Ekk.

5. Après avoir déterminé ce moment de roideur Ekk pour une certaine épaisseur et matière, il seroit bon de faire de semblables expériences pour en connoitre la valeur, si tant l'épaisseur que la matière de la colonne étoit diffé-

1) Loc. cit., p. 256. C.B.

rente. Or pour l'épaisseur, à moins qu'elle ne soit ronde ou circulaire, il la faut considérer dans un double sens; ou bien il y faut distinguer la largeur et l'épaisseur proprement ainsi nommée. Si la colonne a la forme d'un prisme rectangulaire, la dimension exprimée dans la figure par la ligne AB sera l'épaisseur, suivant laquelle la force tend à rompre la colonne: et si le rectangle ABab marque la base de la colonne, la dimension Aa en sera la largeur. Pour celle-cy il est assez évident, que le moment de roideur lui est proportionnel; mais pour l'épaisseur, puisqu'elle s'oppose davantage à l'inflexion, il semble que le moment de roideur en suive la raison doublée, ou même triplée: d'où l'on pourroit conclure, que si la colonne est un cylindre, son moment de roideur seroit proportionnel au cube, ou peut-être plutôt au quarré quarré du diamètre de sa base.

6. Cependant il seroit à souhaiter, qu'on fit plusieurs expériences sur plusieurs figures différentes, et qu'on les pliât par la force F en plusieurs sens différens, pour connoitre plus exactement, combien tant la largeur que l'épaisseur contribuent à augmenter le moment de roideur. On pourroit ensuite étendre ces recherches à plusieurs matières différentes, et ensuite par le secours de quelque Théorie on découvrira peut-être une régle, par laquelle on sera en état de déterminer d'abord le moment de roideur d'une colonne proposée quelconque, tant par rapport à la matière dont elle est composée, que par rapport à sa largeur et épaisseur. Alors, quand même la colonne ne seroit pas cylindrique ou prismatique, mais que son épaisseur seroit variable, on en pourroit assigner pour chaque endroit le vrai moment de roideur.

7. Connoissant ce moment de roideur, il est facile de déterminer la courbure, que l'action d'une force quelconque doit produire: car une force n'y agissant qu'en vertu de son moment rapporté à l'endroit où se fait la courbure, si nous posons ce moment de force $= \mathrm{P}f$, le moment de roideur étant $= \mathrm{E}kk$, le rayon de courbure imprimée au corps au même endroit, sera $= \frac{\mathrm{E}kk}{\mathrm{P}f}$. C'est la raison, que le moment de roideur est le produit d'une force par le quarré d'une ligne, et qu'il est semblable aux expressions qui marquent le moment d'inertie des corps. Donc réciproquement, si le rayon de courbure est posé $= r$, le moment de force requis à produire cette courbure est $= \frac{\mathrm{E}kk}{r}$; et c'est sur ce principe qu'est fondée toute la Théorie, qui sert à déterminer l'inflexion de tous les corps tant élastiques que simplement roides: car, tant qu'on ne regarde que l'inflexion, sans se soucier si le corps après la cessation de la force se retablit ou non, l'élasticité n'entre point en considération.

8. Ayant établi ce principe, il est aisé d'en déduire la regle que je viens d'exposer, pour déterminer par des expériences le moment de roideur. Car, posons pour un point quelconque M de la colonne cy-dessus les coordonnées $BP = x$ et $PM = y$, et considérant que l'appliquée PM est quasi infiniment petite, le rayon de courbure en M est $= \frac{dx^2}{ddy}$ prenant l'élément dx pour constant. Donc le moment de la force $CF = F$, à cause de $AC = a$, étant $= F(a-x)$ pour le point M, nous aurons

$$\frac{dx^2}{ddy} = \frac{Ekk}{F(a-x)},$$

posant Ekk pour le moment de roideur par toute l'étendue de la colonne. De là nous tirons

$$\frac{ddy}{dx} = \frac{F(a-x)dx}{Ekk},$$

et en intégrant

$$\frac{dy}{dx} = \frac{F(2ax - xx)}{2Ekk},$$

sans y ajouter de constante, puisque par l'hypothese il faut que $\frac{dy}{dx}$ évanouïsse au point A. La seconde intégration donne

$$y = \frac{F(3axx - x^3)}{6Ekk};$$

donc posant $x = a$, puisque y devient $= D\delta$, nous aurons $D\delta = \frac{Fa^3}{3Ekk}$, d'où découle la régle donnée

$$Ekk = \frac{Fa^3}{3D\delta} = \frac{F \cdot AC^3}{3D\delta},$$

savoir pour les cas où $D\delta$ est extrèmement petit par rapport à AC.

9. Nous voyons donc que, quelque petite que soit la force F, qui est supposée agir horizontalement, elle doit toujours produire quelque inflexion, puisque l'espace $D\delta$ est proportionnel à la force F même. Mais il n'en est pas de même lorsque la force agit verticalement, ou que la colonne a à soutenir un poids, dont elle est pressée par en haut. Or d'abord il semble, qu'une telle force, quelque grande qu'elle soit, ne sauroit plier la colonne: puisqu'il n'y auroit point de raison, pourquoi la colonne se plieroit dans un sens plutôt que dans un autre. Mais la moindre inégalité dans les parties de la colonne, ou le moindre effort

qu'elle éprouve par quelque côté, fournit bientôt la raison suffisante, pour la faire plier dans un certain sens. Cependant je dis, que tant que la force, ou le fardeau, que la colonne soutient, ne surpasse point la quantité $\pi\pi \cdot \frac{Ekk}{aa}$, il n'y a point à craindre que la colonne subisse la moindre inflexion; mais un fardeau plus pesant ne manquera pas de la faire plier, et cela d'autant plus, plus le fardeau surpasse la quantité marquée $\pi\pi \cdot \frac{Ekk}{aa}$.

10. Cette différence entre l'action d'une force horizontale et verticale ne paroitra pas peu paradoxe: et il semble que, si une grande force fait plier une colonne, une moindre devroit toujours produire un semblable effet, quoiqu'il fût peut-être imperceptible. Cela semble exiger le principe de continuité: car, quel que soit le rapport entre la force et l'inflexion produite, il est difficile à concevoir, comment des forces, qui se trouvent au dessous d'une certaine quantité, ne puissent produire absolument aucune inflexion, tandis que de plus grandes en produisent incontestablement. Mais ce raisonnement n'est que précipité, puisqu'on pourroit produire une infinité de cas semblables dans les lignes courbes, où nonobstant le principe de continuité il arrive, qu'il ne répond aucune appliquée aux abscisses, tant qu'elles sont au dessous d'un certain terme, lequel étant passé les appliquées deviennent réelles.

11. Donc, pour expliquer ce paradoxe, on n'a qu'à dire, que tant que le poids soutenu par la colonne est moindre que la quantité $\pi\pi \cdot \frac{Ekk}{aa}$, l'inflexion est imaginaire, et qu'elle devient $= 0$, lorsque le poids atteint cette limite, et que passant cette limite l'inflexion devienne réelle et croisse avec la force. Comme cela est conforme aux principes du calcul, lequel étant fondé sur le principe de continuité, ne sauroit rien donner de contraire à ce principe; on est sans doute obligé d'acquiescer à cette explication, et on peut établir pour principe général, que les résultats du calcul fournissent toujours les plus sûres régles, que nous devons suivre dans nos raisonnements sur le principe de continuité. Or on ne sauroit restraindre cette maxime à la seule Géometrie, ou aux spéculations purement théoriques. Après que je viens de montrer, qu'un cas semblable a actuellement lieu dans les colonnes, qui ne sont plus du ressort d'une Théorie purement spéculative.

12. La formule $\pi\pi \cdot \frac{Ekk}{aa}$ nous fournit des conséquences aussi importantes que curieuses sur la force des colonnes. D'abord nous voyons, que plus une

colonne est haute, et moins est elle capable de soutenir, ce qui se trouve suffisamment constaté par l'expérience; mais nous voyons de plus, que la force qu'une colonne peut soutenir, est réciproquement comme le quarré de sa hauteur. Donc deux colonnes cylindriques de la même matière et d'une égale épaisseur et dont l'une soit deux fois plus haute que l'autre, étant proposées, on peut prononcer, que la plus longue ne supportera que le quart du poids, que la plus courte est capable de soutenir. Ensuite, si le moment de roideur est proportionnel au cube du diamètre, les colonnes étant cylindriques, et qu'une colonne dont la hauteur est $=a$, et le diametre $=d$, puisse soutenir un poids $=p$; une autre colonne de la même matière, dont la hauteur $=\mathrm{A}$, et le diamètre $=\mathrm{D}$, soutiendra le poids $=\mathrm{P}$, en sorte qu'il soit

$$p:\mathrm{P}=\frac{d^3}{aa}:\frac{\mathrm{D}^3}{\mathrm{AA}},\quad \text{et partant}\quad \mathrm{P}=\frac{aa\mathrm{D}^3}{\mathrm{AA}d^3}\cdot p.$$

D'où l'on peut comparer ensemble les forces de différentes colonnes tant par rapport à leur hauteur qu'à leur épaisseur.

13. Pour juger mieux du poids absolu, qu'une colonne cylindrique peut soutenir, supposons qu'une force égale à ce poids $\pi\pi\cdot\frac{\mathrm{E}kk}{aa}$ soit appliquée horizontalement en haut à la même colonne, après l'avoir affermie en bas, en sorte qu'elle ne puisse pas être renversée, et nous aurons pour le cas de l'expérience développée cy-dessus paragraphe 8, $\mathrm{F}=\pi\pi\cdot\frac{\mathrm{E}kk}{aa}$: or, cette valeur y étant substituée, nous aurons $\mathrm{D}\delta=\frac{\pi\pi}{3}\cdot a$: donc, puisque $\pi\pi$ est à peu près $=10$, il y auroit $\mathrm{D}\delta=3\frac{1}{3}a=3\frac{1}{3}\cdot\mathrm{AC}$; ce qui est sans doute impossible. Mais il faut observer, que dans ce calcul nous avons supposé l'inflexion quasi infiniment petite, et qu'il ne peut pas par conséquent être appliqué au cas présent, pour lequel si l'on achevoit le calcul selon toute la rigueur, on trouveroit l'espace $\mathrm{D}\delta$ beaucoup plus petit. Cependant il est assez évident, que cette force étant appliquée horizontalement à la colonne, y produiroit une inflexion énorme, d'où l'on peut juger, combien grande doit être la force qu'une colonne est capable de soutenir verticalement.

14. Après ces réflexions je passe à la démonstration de cette régle, ou plutôt à l'analyse qui y conduit: car, puisque celle dont je me suis servi autrefois, est principalement appliquée aux lames élastiques, où j'ai eu à examiner plusieurs autres objets à la fois, il sera bon de donner ici une analyse qui y soit uniquement

attachée, afin qu'on soit d'autant plus assuré, que la considération du ressort ne change rien dans la courbe qu'une colonne forme en se pliant. Je restraindrai cette recherche d'abord, comme j'ai fait autrefois, uniquement aux colonnes cylindriques, ou qui ayent par toute leur longueur le même moment de roideur; et ensuite je tâcherai de pousser ces mêmes recherches aux colonnes dont l'épaisseur est variable. Or on verra que ce problème étant généralement proposé surpasse les bornes de l'analyse, ce qui m'oblige de n'en déveloper que quelques cas particuliers, mais qui ne laisseront pas cependant de répandre beaucoup de lumiere sur cette matière, et qui fourniront des réflexions assez importantes, tant sur le sujet même dont il s'agit, que sur l'analyse en général.

15. Concevons donc une colonne cylindrique chargée d'un poids si grand, qui la fasse plier tant soit peu, et soit AMC la figure infiniment peu courbe, qu'elle aura prise (Fig. 2). Posons la hauteur de la colonne $= a$, qui ne différera pas de la corde AC, que je suppose verticale, le poids du fardeau, dont elle est chargée en $D = P$, et le moment de roideur en chaque endroit $M = Ekk$. Maintenant la colonne est supposée reposer librement sur son piédestal par la base AB, sans y être affermie comme auparavant, où il s'agissoit de découvrir son moment de roideur, où un tel affermissement étoit nécessaire. La ligne verticale CA exprime donc la direction de la force P, qui produit cette inflexion: laquelle étant supposée infiniment petite, on pourra négliger le propre poids de la colonne, puisqu'il ne sauroit presque rien contribuer à l'inflexion: du moins je fais ici abstraction de son effet, pour rendre la question plus simple: me proposant d'examiner dans la suite, combien le propre poids de la colonne influe sur sa force.

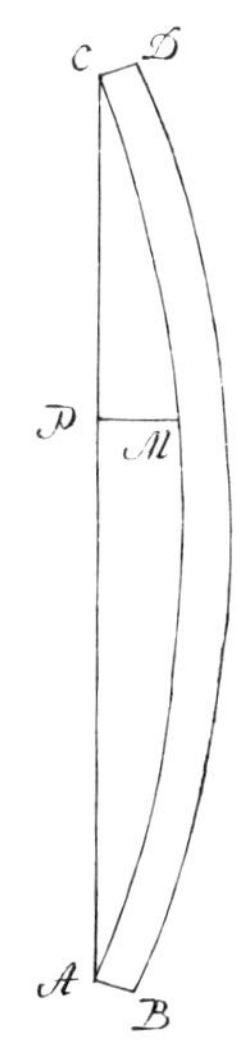

Fig. 2

16. Prenant maintenant sur la verticale une abscisse quelconque $CP = x$, à laquelle répond l'appliquée $PM = y$, qui étant infiniment petite, l'abscisse x examinera en même tems l'arc CM; et partant prenant l'élément dx constant le rayon de courbure en M sera $= \frac{-dx^2}{ddy}$, puisque la courbe tourne sa concavité vers l'axe CA. Or la force P agissant dans la direction CA, son moment pour produire cette courbe en M sera $= Py$: donc, en vertu du principe établi cydessus (§. 7) nous aurons

$$\frac{-dx^2}{ddy} = \frac{Ekk}{Py},$$

ou bien

$$\frac{\mathrm{E}kk}{\mathrm{P}} ddy + ydx^2 = 0.$$

Multiplions par $2dy$ et l'intégrale sera

$$\frac{\mathrm{E}kk}{\mathrm{P}} dy^2 + yydx^2 = \mathrm{C}dx^2;$$

ou

$$dx = \frac{dy\sqrt{\mathrm{E}kk}}{\sqrt{\mathrm{P}(\mathrm{C}-yy)}}:$$

pour déterminer la constante C, soit θ la tangente de l'angle infiniment petit PCM, et posant $y=0$, il faut qu'il devienne $\frac{dy}{dx} = \theta$, donc $1 = \frac{\theta\sqrt{\mathrm{E}kk}}{\sqrt{\mathrm{CP}}}$, de sorte que $\mathrm{CP} = \mathrm{E}kk\theta\theta$. Par conséquent ayant

$$dx = \frac{dy\sqrt{\mathrm{E}kk}}{\sqrt{(\mathrm{E}kk\theta\theta - \mathrm{P}yy)}},$$

l'intégration fournit:

$$x = \sqrt{\frac{\mathrm{E}kk}{\mathrm{P}}} \cdot \mathrm{A}\sin\frac{y\sqrt{\mathrm{P}}}{\theta\sqrt{\mathrm{E}kk}},$$

où il ne faut pas ajoûter de constante puisque l'abscisse x doit évanouïr en posant $y=0$.

17. Par le renversement de cette équation nous tirons

$$\frac{y}{\theta}\sqrt{\frac{\mathrm{P}}{\mathrm{E}kk}} = \sin x\sqrt{\frac{\mathrm{P}}{\mathrm{E}kk}}.$$

Mais la nature de la question demande, qu'il devienne encore $y=0$, en prenant $x = \mathrm{CA} = a$, il faut donc que l'angle $a\sqrt{\frac{\mathrm{P}}{\mathrm{E}kk}}$ soit égal à deux droits, et partant posant le rapport du diametre à la circonférence $= 1:\pi$, nous aurons $a\sqrt{\frac{\mathrm{P}}{\mathrm{E}kk}} = \pi$, et par conséquent $\mathrm{P} = \pi\pi\cdot\frac{\mathrm{E}kk}{aa}$. D'où nous apprenons que, pour faire plier infiniment peu la colonne, il faut que le poids dont elle est chargée soit $= \pi\pi\cdot\frac{\mathrm{E}kk}{aa}$: et de là il s'ensuit, que tant que le fardeau est moindre, la colonne ne sera assujettie à aucune inflexion, pas même infiniment petite. Or si l'on développe plus exactement le calcul, sans négliger la petite différence entre l'abscisse CP $= x$ et l'arc CM, on trouvera que pour que la tangente de l'angle PCM devienne $= \theta$, il faut que le poids P soit

$$= \pi\pi \cdot \frac{\mathrm{E}kk}{aa} \sqrt{(1 + \theta\theta)},$$

cependant cette expression n'a lieu que tandis que θ est extrèmement petit.

18. Voilà donc le denouëment complet du paradoxe rapporté cy-dessus: car puisqu'une inflexion qui répond à l'angle PCM, dont la tangente est supposée $= \theta$, demande un fardeau, dont le poids est

$$\mathrm{P} = \pi\pi \cdot \frac{\mathrm{E}kk}{aa} \sqrt{(1 + \theta\theta)},$$

il est évident, que cette force doit être plus grande que $\pi\pi \cdot \frac{\mathrm{E}kk}{aa}$, de sorte que, tant qu'elle est plus petite, elle ne sauroit produire aucune inflexion, ou bien, si $\mathrm{P} < \pi\pi \cdot \frac{\mathrm{E}kk}{aa}$, l'on voit que la quantité θ, qui détermine la grandeur de l'inflexion, deviendroit imaginaire, comme j'ai remarqué cy-dessus. Au reste on voit, que la courbe CMA est la trochoïde infiniment allongée, ou bien la ligne des *sinus*; quoique notre dessein n'exige pas la connoissance de cette courbe. Cependant il auroit été impossible de parvenir à notre conclusion, sans le secours de l'équation qui exprime la nature de cette courbe.

19. Il ne sera pas plus difficile de parvenir à une équation pour ces courbes, lorsque la colonne n'a pas partout la même épaisseur, mais qu'elle varie d'une manière quelconque; on la pourra considérer comme une certaine fonction de l'arc CM, ou bien de l'abscisse CP $= x$. Soit donc le moment de roideur en M $= \mathrm{E}kk\mathrm{X}$, où X marque une fonction quelconque de x; et au lieu de l'équation trouvée pour le cas précédent, nous aurons celle-cy:

$$\frac{-dx^2}{ddy} = \frac{\mathrm{E}kk\mathrm{X}}{\mathrm{P}y},$$

ou bien

$$\frac{\mathrm{E}kk}{\mathrm{P}} \cdot \mathrm{X}ddy + ydx^2 = 0,$$

qui posant $y = e^{\int udx}$ se change en celle-cy:

$$du + uudx + \frac{\mathrm{P}dx}{\mathrm{E}kk\mathrm{X}} = 0.$$

Or on sait qu'il est impossible de résoudre celle équation en général, ce qui m'oblige de borner mes recherches à des cas particuliers, dont la résolution est connue: qui sont, lorsque X est une puissance de x ou bien de $\alpha+\beta x$, dont l'exposant est compris dans cette serie:

$$0,\ 4,\ \tfrac{4}{3},\ \tfrac{8}{3},\ \tfrac{8}{5},\ \tfrac{12}{5},\ \tfrac{12}{7},\ \tfrac{16}{7},\ \tfrac{16}{9}\ \text{etc.}$$

20. Supposons donc premièrement

$$\mathrm{X}=\left(\alpha+\frac{\beta x}{a}\right)^4,$$

de sorte que le moment de roideur en M soit

$$=\mathrm{E}kk\left(\alpha+\frac{\beta x}{a}\right)^4,$$

et l'équation pour la courbe:

$$\frac{\mathrm{E}kk}{\mathrm{P}}\left(\alpha+\frac{\beta x}{a}\right)^4 ddy+ydx^2=0.$$

Posons pour abréger

$$\alpha+\frac{\beta x}{a}=s \quad \text{et} \quad \frac{\mathrm{P}aa}{\beta\beta\mathrm{E}kk}=nn,$$

et nous aurons:

$$s^4\,ddy+nnyds^2=0,$$

où l'élément ds est constant. Soit

$$y=be^{\int uds}$$

pour obtenir cette équation:

$$du+uuds+\frac{nnds}{s^4}=0,$$

dont l'intégrale complette est

$$u=\frac{1}{s}-\frac{n}{ss}\cot\left(\zeta+\frac{n}{s}\right),$$

où ζ est la constante arbitraire. Maintenant ayant

$$\int u ds = ls + l \sin\left(\zeta + \frac{n}{s}\right),$$

on obtiendra

$$y = bs \sin\left(\zeta + \frac{n}{s}\right),$$

ou bien

$$y = \frac{b}{a}(\alpha a + \beta x)\sin\left(\zeta + \frac{na}{\alpha a + \beta x}\right).$$

21. Puisque posant $x = 0$ et $x = a$, il faut que y évanouïsse, nous en déterminerons d'abord la constante $\zeta = -\frac{n}{\alpha}$, de sorte que

$$y = \frac{b}{a}(\alpha a + \beta x)\sin\frac{-n\beta x}{\alpha(\alpha a + \beta x)}:$$

où il faut remarquer qu'il est indifférent de prendre n positivement ou négativement, puisque dans l'équation différentio-différentielle il ne se trouve que le quarré nn: d'ailleurs on pourroit aussi donner à b une valeur négative. Mais, pour que y évanouïsse en posant $x = a$, il est clair qu'il doit être

$$\frac{n\beta a}{\alpha(\alpha a + \beta a)} = \pi = \frac{n\beta}{\alpha(\alpha + \beta)},$$

donc

$$n = \frac{\pi\alpha(\alpha + \beta)}{\beta}.$$

Or notre supposition donne

$$\mathrm{P} = \frac{nn\beta\beta}{\alpha a}\cdot \mathrm{E}kk,$$

et partant

$$\mathrm{P} = \frac{\pi\pi\alpha\alpha(\alpha + \beta)^2}{aa}\cdot \mathrm{E}kk,$$

le moment de roideur en M étant

$$= \mathrm{E}kk\left(\alpha + \frac{\beta x}{a}\right)^4.$$

Donc une telle colonne demeurera ferme tant que le fardeau qu'elle soutient, est moindre que

$$\frac{\pi\pi\alpha\alpha(\alpha+\beta)^2}{aa}\cdot \mathrm{E}kk;$$

si $\alpha = 1$, et $\beta = 0$, nous avons le cas, où la colonne est par toute sa longueur également épaisse.

22. Cette formule nous donne à connoitre, que si $\alpha = 0$, ou $\beta = -\alpha$, il devient $\mathrm{P} = 0$: dans le premier cas le moment de roideur évanouït en haut, et dans l'autre en bas; d'où nous voyons qu'une colonne pointue tant en haut qu'en bas n'a aucune force. Mais supposons l'épaisseur en haut telle, qu'il lui répondc le moment de roideur $\mathrm{E}kk$; et nous aurons $\alpha = 1$, et le moment de roideur en bas sera $= \mathrm{E}kk\,(\alpha+\beta)^4 = \mathrm{E}kk\,(1+\beta)^4$; et partant plus grand: or la charge de cette colonne étant $= \frac{\pi\pi\,(1+\beta)^2}{aa}\cdot \mathrm{E}kk$ on voit que cet élargissement en bas contribue considérablement à augmenter la force de la colonne. Si le diamètre de la base d'en haut est $= f$ et de celle d'en bas $= h$, à cause de $f^3 : h^3 = 1 : (1+\beta)^4$ nous aurons $(1+\beta)^2 = \frac{h\sqrt{h}}{f\sqrt{f}}$, et partant s'il y avoit $h = 2f$, la force de la colonne seroit $2\sqrt{2}$, ou bien 3 fois plus grande, que si l'épaisseur étoit partout égale à celle d'en haut.

23. Laissons $\alpha + \frac{\beta x}{a} = s$ et $\frac{\mathrm{P}aa}{\beta\beta\cdot \mathrm{E}kk} = nn$; et soit plus généralement le moment de roideur en $\mathrm{M} = \mathrm{E}kk \cdot s^{4\lambda}$ ce qui nous fournit cette équation:

$$s^{4\lambda}ddy + nnyds^2 = 0,$$

où λ soit un tel nombre, qui rende l'équation intégrable. Or, pour découvrir cette intégrale, mettons $-mm$ pour nn, puisque sans cela nous tomberions en des expressions imaginaires: et posons

$$y = e^{-m:(2\lambda-1)s^{2\lambda-1}}z$$

pour avoir cette équation transformée:

$$ddz + \frac{2mdsdz}{s^{2\lambda}} - \frac{2\lambda mzds^2}{s^{2\lambda+1}} = 0$$

pour laquelle supposons:

$$z = \mathrm{A}s^{\lambda} + \mathrm{B}s^{3\lambda-1} + \mathrm{C}s^{5\lambda-2} + \mathrm{D}s^{7\lambda-3} + \mathrm{E}s^{9\lambda-4} + \text{etc.}$$

et la substitution fournira les déterminations suivantes:

$$B = -\frac{\lambda(\lambda-1)A}{2(2\lambda-1)m},$$

$$C = +\frac{\lambda(\lambda-1)(3\lambda-1)(3\lambda-2)A}{2\cdot 4(2\lambda-1)^2 mm},$$

$$D = -\frac{\lambda(\lambda-1)(3\lambda-1)(3\lambda-2)(5\lambda-2)(5\lambda-3)A}{2\cdot 4\cdot 6(2\lambda-1)^3 m^3} \quad \text{etc.}$$

24. Puisque $m = n\sqrt{-1}$, tant l'expression exponentielle

$$e^{\frac{-m}{2\lambda-1}s^{-2\lambda+1}}$$

que les coëfficiens B, D, F, seront imaginaires. Donc, posant pour abréger

$$(2\lambda-1)s^{2\lambda-1} = v,$$

nous aurons

$$e^{\frac{-n\sqrt{-1}}{v}} = \cos\frac{n}{v} - \sqrt{-1}\cdot\sin\frac{n}{v}.$$

Ensuite soit

$$\frac{\lambda(\lambda-1)}{2(2\lambda-1)} = \mathfrak{A}, \quad \frac{(3\lambda-1)(3\lambda-2)}{4(2\lambda-1)} = \mathfrak{B}, \quad \frac{(5\lambda-2)(5\lambda-3)}{6(2\lambda-1)} = \mathfrak{C}$$

et notre intégrale sera:

$$y = A\left(\cos\frac{n}{v} - \sqrt{-1}\cdot\sin\frac{n}{v}\right)\left(s^\lambda + \frac{\mathfrak{A}\sqrt{-1}}{n}s^{3\lambda-1} - \frac{\mathfrak{A}\mathfrak{B}}{nn}s^{5\lambda-2} - \frac{\mathfrak{A}\mathfrak{B}\mathfrak{C}\sqrt{-1}}{n^3}s^{7\lambda-3} + \text{etc.}\right)$$

Or, puisque nous pouvons prendre avec autant de raison n négatif, il y aura également:

$$y = A'\left(\cos\frac{n}{v} + \sqrt{-1}\cdot\sin\frac{n}{v}\right)\left(s^\lambda - \frac{\mathfrak{A}\sqrt{-1}}{n}s^{3\lambda-1} - \frac{\mathfrak{A}\mathfrak{B}}{nn}s^{5\lambda-2} + \frac{\mathfrak{A}\mathfrak{B}\mathfrak{C}\sqrt{-1}}{n^3}s^{7\lambda-3} + \text{etc.}\right)$$

Mais il est aisé de voir, que si chacune de ces formules satisfait séparement à l'équation différentio-différentielle proposée, leur somme lui doit satisfaire également. Donc leur somme fournira l'intégrale complette de notre équation, puisqu'elle renferme deux constantes arbitraires A et A′.

25. Mais, pour délivrer cette expression des imaginaires, il faut donner aux constantes A et A′ des valeurs imaginaires: soit donc $A = M + N\sqrt{-1}$ et $A' = M - N\sqrt{-1}$; par ce moyen la somme des deux expressions trouvées, et partant l'intégrale complette sera exprimée en sorte:

$$y = \begin{array}{l} +2\left(M\cos\frac{n}{v} + N\sin\frac{n}{v}\right)\left(s^{\lambda} - \frac{\mathfrak{A}\mathfrak{B}}{nn}s^{5\lambda-2} + \frac{\mathfrak{A}\mathfrak{B}\mathfrak{C}\mathfrak{D}}{n^4}s^{9\lambda-4} - \text{etc.}\right) \\ -2\left(N\cos\frac{n}{v} - M\sin\frac{n}{v}\right)\left(\frac{\mathfrak{A}}{n}s^{3\lambda-1} - \frac{\mathfrak{A}\mathfrak{B}\mathfrak{C}}{n^3}s^{7\lambda-3} + \frac{\mathfrak{A}\mathfrak{B}\mathfrak{C}\mathfrak{D}\mathfrak{E}}{n^5}s^{11\lambda-5} - \text{etc.}\right) \end{array}$$

Soit $M = \frac{1}{2}b\sin\zeta$ et $N = \frac{1}{2}b\cos\zeta$, pour avoir

$$y = \begin{array}{l} b\sin\left(\zeta + \frac{n}{v}\right)\left(s^{\lambda} - \frac{\mathfrak{A}\mathfrak{B}}{nn}s^{5\lambda-2} + \frac{\mathfrak{A}\mathfrak{B}\mathfrak{C}\mathfrak{D}}{n^4}s^{9\lambda-4} - \text{etc.}\right) \\ -b\cos\left(\zeta + \frac{n}{v}\right)\left(\frac{\mathfrak{A}}{n}s^{3\lambda-1} - \frac{\mathfrak{A}\mathfrak{B}\mathfrak{C}}{n^3}s^{7\lambda-3} + \frac{\mathfrak{A}\mathfrak{B}\mathfrak{C}\mathfrak{D}\mathfrak{E}}{n^5}s^{11\lambda-5} - \text{etc.}\right) \end{array}$$

Qu'on pose de plus pour abréger:

$$s^{\lambda} - \frac{\mathfrak{A}\mathfrak{B}}{nn}s^{5\lambda-2} + \frac{\mathfrak{A}\mathfrak{B}\mathfrak{C}\mathfrak{D}}{n^4}s^{9\lambda-4} - \text{etc.} = R$$

$$\frac{\mathfrak{A}}{n}s^{3\lambda-1} - \frac{\mathfrak{A}\mathfrak{B}\mathfrak{C}}{n^3}s^{7\lambda-3} + \frac{\mathfrak{A}\mathfrak{B}\mathfrak{C}\mathfrak{D}\mathfrak{E}}{n^5}s^{11\lambda-5} - \text{etc.} = Q,$$

et qu'on introduise l'angle φ, dont $\text{tang}\,\varphi = \frac{Q}{R}$, et on aura enfin

$$y = b\sqrt{(RR + QQ)} \cdot \sin\left(\zeta + \frac{n}{v} - \varphi\right).$$

26. Maintenant la solution de notre problème, par lequel nous cherchons la force P capable de faire plier la colonne, dont la hauteur $AC = a$, et le moment de roideur dans un endroit quelconque M

$$= Ekk\left(\alpha + \frac{\beta x}{a}\right)^{4\lambda}$$

nommant $CP = x$, s'achevera en sorte. Premièrement on pose $x = 0$, ou $s = \alpha$, et ayant déterminé pour ce cas les quantités v et φ, on déterminera l'angle constant $\zeta = \varphi - \frac{n}{v}\cdot$ Ensuite on mettra $x = a$ et $s = \alpha + \beta$, et après avoir conformément déterminé les quantités v et φ, il faut que l'angle $\zeta + \frac{n}{v} - \varphi$ devienne $= \pi$, d'où l'on tirera la valeur de n; et de là enfin la force cherchée $P = \frac{nn\beta\beta}{aa}\cdot Ekk$. Si l'on pose $\lambda = 0$, ce qui est le cas des colonnes également épaisses, on a $v = -\frac{1}{s}$; $\mathfrak{A} = 0$, $[\mathfrak{A}]\,\mathfrak{B} = 0$, etc. donc $R = 1$ et $Q = 0$, par conséquent $\varphi = 0$, et $\zeta + \frac{n}{v} - \varphi = \zeta - ns$. Donc $\zeta - n\alpha = 0$ et $\zeta - n\ (\alpha + \beta) = \pi$, et partant $-n\beta = \pi$: d'où il s'ensuit comme cy-dessus la force $P = \frac{\pi\pi}{aa}\cdot Ekk$. Si $\lambda = 1$, on aura le cas déjà développé, où le moment de roideur étoit $= Ekk\left(\alpha + \frac{\beta x}{a}\right)^4$, et pour quelques autres ajoûtons les exemples suivans.

1er EXEMPLE

27. La hauteur de la colonne AC étant $= a$ et le moment de roideur en M

$$= Ekk\left(\alpha + \frac{\beta x}{a}\right)^4,$$

à cause de $\lambda = 1$, nous aurons $v = s$, $\mathfrak{A} = 0$, $\mathfrak{B} = 0$, etc. donc $R = s$ et $Q = 0$, et partant $\operatorname{tang}\varphi = \frac{Q}{R} = 0$, ou $\varphi = 0$. Notre angle $\zeta + \frac{n}{v} - \varphi$ sera donc $= \zeta + \frac{n}{s}$, et partant $\zeta = -\frac{n}{\alpha}\cdot$ Faisons maintenant $s = \alpha + \beta$, et posons

$$-\frac{n}{\alpha} + \frac{n}{\alpha + \beta} = \pi = -\frac{n\beta}{\alpha(\alpha + \beta)},$$

d'où nous tirons $n\beta = -\pi\alpha\,(\alpha+\beta)$. Par conséquent la force capable de faire plier la colonne sera

$$\mathrm{P} = \frac{\pi\pi\alpha^2(\alpha+\beta)^2}{aa}\cdot \mathrm{E}kk$$

tout comme nous l'avons trouvée cy-dessus.

2ème EXEMPLE

28. Soit $\lambda = \frac{1}{3}$, et la hauteur de la colonne étant $\mathrm{AC} = a$, le moment de roideur en M sera

$$= \mathrm{E}kk\left(\alpha + \frac{\beta x}{a}\right)^{\frac{4}{3}}.$$

Pour ce cas nous aurons

$$v = -\tfrac{1}{3}\, s^{-\frac{1}{3}} = \frac{-1}{3\sqrt[3]{s}} \quad \text{et} \quad \mathfrak{A} = \tfrac{1}{3},\ \mathfrak{B} = 0,$$

donc

$$\mathrm{R} = s^{\frac{1}{3}} \quad \text{et} \quad \mathrm{Q} = \frac{1}{3n},$$

et partant

$$\operatorname{tang}\varphi = \frac{1}{3n\sqrt[3]{s}},$$

ou bien

$$\varphi = \mathrm{A}\ \operatorname{tang}\frac{1}{3n\sqrt[3]{s}}.$$

Maintenant notre angle étant

$$\zeta + \frac{n}{v} - \varphi = \zeta - 3n\sqrt[3]{s} - \mathrm{A}\ \operatorname{tang}\frac{1}{3n\sqrt[3]{s}},$$

si nous posons $x = 0$, ou $s = \alpha$ pour le point C, nous aurons l'angle constant

$$\zeta = 3n\sqrt[3]{\alpha} + \mathrm{A}\ \operatorname{tang}\frac{1}{3n\sqrt[3]{\alpha}}.$$

Soit à présent pour l'autre bout A, $s = \alpha + \beta$, et notre angle doit devenir $= \pi$, ce qui donne

$$3n\sqrt[3]{\alpha} + \text{A tang}\,\frac{1}{3n\sqrt[3]{\alpha}} - 3n\sqrt[3]{(\alpha+\beta)} - \text{A tang}\,\frac{1}{3n\sqrt[3]{(\alpha+\beta)}} = \pi,$$

d'où l'on doit déterminer la valeur du nombre n, et alors le poids cherché P, qui est capable de faire plier la colonne, sera $\mathrm{P} = \frac{nn\beta\beta}{aa} \cdot \mathrm{E}kk$. Puisqu'il est difficile de trouver en général la valeur de n, soit $\alpha = 1$, et β extrèmement petit, et puisque alors $\sqrt[3]{(\alpha+\beta)} = 1 + \frac{1}{3}\beta$, et

$$\text{A tang}\,\frac{1}{3n\sqrt[3]{\alpha}} - \text{A tang}\,\frac{1}{3n\sqrt[3]{(\alpha+\beta)}} = \text{A tang}\,\frac{3n\sqrt[3]{(\alpha+\beta)} - 3n\sqrt[3]{\alpha}}{1 + 9nn\sqrt[3]{\alpha(\alpha+\beta)}},$$

nous aurons:

$$-n\beta + \text{A tang}\,\frac{n\beta}{1+9nn} = \pi = -\frac{9n^3\beta}{1+9nn},$$

d'où l'on voit que le nombre n est extrèmement grand: et partant assez près

$$-n\beta = \pi + \frac{\beta\beta}{9\pi},$$

de sorte que

$$\mathrm{P} = \left(\pi + \frac{\beta\beta}{9\pi}\right)^2 \cdot \frac{\mathrm{E}kk}{aa}.$$

Mais, en poursuivant plus exactement les approximations, on aura

$$\mathrm{P} = \pi\pi\left(1 + \frac{\beta}{3}\right)^2 \cdot \frac{\mathrm{E}kk}{aa}, \quad \text{ou} \quad \mathrm{P} = \pi\pi\left(1 + \frac{2}{3}\beta\right) \cdot \frac{\mathrm{E}kk}{aa},$$

le moment de roideur étant en $\mathrm{C} = \mathrm{E}kk$ et en $\mathrm{A} = \left(1 + \frac{4}{3}\beta\right) \cdot \mathrm{E}kk$.

29. Puisque nous voyons, que si ζ est un nombre fort petit par rapport à α, le nombre n devient très grand, les arcs seront à peu près égaux à leurs tangentes, et partant nous aurons

$$3n\sqrt[3]{\alpha} - 3n\sqrt[3]{(\alpha+\beta)} + \frac{1}{3n\sqrt[3]{\alpha}} - \frac{1}{3n\sqrt[3]{(\alpha+\beta)}} = \pi,$$

d'où nous tirons assez près

$$n = \frac{-\pi}{3\sqrt[3]{(\alpha+\beta)} - 3\sqrt[3]{\alpha}},$$

et partant

$$\mathrm{P} = \frac{\pi\pi\beta\beta}{9[\sqrt[3]{(\alpha+\beta)} - \sqrt[3]{\alpha}]^2} \cdot \frac{\mathrm{E}kk}{aa}.$$

Or, si β étoit plus grand, cette formule tromperoit: cependant l'erreur ne sera pas considérable, tant que β n'excede pas considérablement α. Pour prouver cela, soit $\beta = \alpha$, et selon cette régle on auroit

$$n = \frac{-\pi}{3\sqrt[3]{2\alpha} - 3\sqrt[3]{\alpha}} = -\frac{4{,}0289}{\sqrt[3]{\alpha}}.$$

Or faisant le calcul on trouve

$$n = -\frac{4{,}0505}{\sqrt[3]{\alpha}}, \quad \text{et} \quad \mathrm{P} = 16{,}4065\, \alpha\sqrt[3]{\alpha} \cdot \frac{\mathrm{E}kk}{aa}.$$

Donc si $\alpha = 1$, et le moment de roideur en M

$$= \left(1 + \frac{x}{a}\right)^{\frac{4}{3}} \cdot \mathrm{E}kk,$$

le poids, que cette colonne peut soutenir, sera

$$\mathrm{P} = 16{,}4065 \cdot \frac{\mathrm{E}kk}{aa}.$$

Or, si le moment de roideur étoit

$$= \left(1 + \frac{x}{a}\right)^4 \cdot \mathrm{E}kk,$$

ce poids se trouve

$$\mathrm{P} = 39{,}47842 \cdot \frac{\mathrm{E}kk}{aa}:$$

mais pour le cas du moment de roideur constant $= \mathrm{E}kk$, on a $\mathrm{P} = 9{,}86960 \cdot \frac{\mathrm{E}kk}{aa}$.

3ème EXEMPLE

30. Soit $\lambda = \frac{2}{3}$, ou la hauteur de la colonne étant $AC = a$, le moment de roideur en M

$$= \left(\alpha + \frac{\beta x}{a}\right)^{\frac{8}{3}} \cdot Ekk,$$

et pour ce cas nous aurons: $v = \frac{1}{3}\sqrt[3]{s}$, $\mathfrak{A} = -\frac{1}{3}$, $\mathfrak{B} = 0$, donc $R = \sqrt[3]{ss}$ et $Q = -\frac{1}{3n}s$, et partant $\text{tang}\,\varphi = -\frac{\sqrt[3]{s}}{3n}$, par conséquent notre angle

$$= \zeta + \frac{3n}{\sqrt[3]{s}} + A\ \text{tang}\,\frac{\sqrt[3]{s}}{3n}.$$

Soit $s = \alpha$, et nous aurons

$$\zeta = -\frac{3n}{\sqrt[3]{\alpha}} - A\ \text{tang}\,\frac{\sqrt[3]{\alpha}}{3n}.$$

De plus posant $s = \alpha + \beta$, il faut qu'il devienne:

$$-\frac{3n}{\sqrt[3]{\alpha}} + \frac{3n}{\sqrt[3]{(\alpha+\beta)}} - A\ \text{tang}\,\frac{\sqrt[3]{\alpha}}{3n} + A\ \text{tang}\,\frac{\sqrt[3]{(\alpha+\beta)}}{3n} = \pi,$$

où il est encore évident, que si β est fort petit par rapport à α, le nombre n sera fort grand, et partant il y aura fort exactement

$$nn = \frac{\pi\pi\sqrt[3]{\alpha\alpha}(\alpha+\beta)^2}{9\left(\sqrt[3]{(\alpha+\beta)} - \sqrt[3]{\alpha}\right)^2},$$

donc le poids que la colonne est capable de soutenir sera:

$$P = \frac{\pi\pi\beta\beta\sqrt[3]{\alpha\alpha}(\alpha+\beta)^2}{9\left(\sqrt[3]{(\alpha+\beta)} - \sqrt[3]{\alpha}\right)^2} \cdot \frac{Ekk}{aa}.$$

Mais, quand β surpasse α, il faut déterminer plus exactement le nombre n.

4ème EXEMPLE

31. Les autres cas où notre équation peut être resoluë, conduiroient à des formules trop compliquées. Mais il y a encore un cas bien remarquable, quand $\lambda = \frac{1}{2}$, où le moment de roideur en $\mathrm{M} = \left(\alpha + \frac{\beta x}{a}\right)^2 \cdot \mathrm{E}kk$; puisqu'alors notre équation différentio-différentielle posant $\alpha + \frac{\beta x}{a} = s$ devient homogène $ssddy + nnyds^2 = 0$, à laquelle doit satisfaire une certaine puissance de s. Posons donc $y = s^\mu$, et l'exposant μ se déterminera par cette équation $\mu(\mu - 1) + nn = 0$, d'où l'on tire

$$\mu = \tfrac{1}{2} \perp \sqrt{(\tfrac{1}{4} - nn)},$$

et cette double valeur nous fournit l'intégrale complette:

$$y = \mathrm{A}s^{\frac{1}{2} + \sqrt{(\frac{1}{4} - nn)}} + \mathrm{B}s^{\frac{1}{2} - \sqrt{(\frac{1}{4} - nn)}}.$$

Ici il est clair, que si $\sqrt{(\frac{1}{4} - nn)}$ est réél, ou $nn < \frac{1}{4}$, il est impossible que y évanouïsse dans les deux cas $s = \alpha$ et $s = \alpha + \beta$. D'où il s'ensuit que si $nn < \frac{1}{4}$, une force $\mathrm{P} = nn\beta\beta \cdot \frac{\mathrm{E}kk}{aa}$, n'est pas capable de faire plier la colonne. Il en est encore de même si $nn = \frac{1}{4}$, auquel cas l'intégrale est

$$y = (\mathrm{A} + \mathrm{B}\, ls)\sqrt{s}.$$

32. Soit donc $nn > \frac{1}{4}$ et $\sqrt{(nn - \frac{1}{4})} = \nu$, ou $nn = \nu\nu + \frac{1}{4}$, et notre intégrale étant

$$y = (\mathrm{A}s^{+\nu\sqrt{-1}} + \mathrm{B}s^{-\nu\sqrt{-1}})\sqrt{s},$$

les exposans imaginaires se réduisent en cette forme:

$$y = ((\mathrm{A} + \mathrm{B})\cos \nu ls + (\mathrm{A} - \mathrm{B})\sqrt{-1} \cdot \sin \nu ls)\sqrt{s},$$

et changeant les constantes nous aurons:

$$y = b \sin(\zeta + \nu ls) \cdot \sqrt{s}.$$

Or la position $s=\alpha$ donne $\zeta=-\nu l\alpha$, et posant $s=\alpha+\beta$, il faut qu'il soit

$$-\nu l\alpha+\nu l(\alpha+\beta)=\pi=\nu l\left(1+\frac{\beta}{\alpha}\right),$$

donc

$$\nu=\frac{\pi}{l\left(1+\frac{\beta}{\alpha}\right)} \quad \text{et} \quad nn=\frac{1}{4}+\frac{\pi\pi}{\left(l\left(1+\frac{\beta}{\alpha}\right)\right)^2}$$

et cette valeur de nn étant la force cherchée sera

$$\mathrm{P}=\left(\frac{1}{4}+\frac{\pi\pi}{\left(l\left(1+\frac{\beta}{\alpha}\right)\right)^2}\right)\beta\beta\cdot\frac{\mathrm{E}kk}{aa},$$

ou toute force moindre que celle-cy ne produira aucune inflexion.

33. Ces cas peuvent suffire pour juger de la force des colonnes non cylindriques, pourvu que leur figure ne s'écarte pas très considérablement de celles qui répondent aux cas développés. Si la figure ne différe pas beaucoup d'un cylindre, tous ces cas aboutissent au même resultat: car soit le moment de roideur en haut en $\mathrm{C}=\mathrm{E}kk$ et celui d'en bas en $\mathrm{A}=mm\ \mathrm{E}kk$, où m soit un nombre peu différent de l'unité; et nous aurons dans tous nos exemples $\alpha=1$. Or si la figure répond au premier exemple, nous aurons $(1+\beta)^4=mm$, donc $(1+\beta)^2=m$. Donc cette colonne pourra soutenir sans se plier un poids

$$\mathrm{P}=\pi\pi m\cdot\frac{\mathrm{E}kk}{aa}=9{,}86960m\cdot\frac{\mathrm{E}kk}{aa}.$$

Mais, si elle convient avec le second exemple, à cause de $(1+\beta)^{\frac{4}{3}}=mm$ et $1+\beta=m^{\frac{3}{2}}$, ce poids sera

$$\mathrm{P}=\frac{\pi\pi\,(m^{\frac{3}{2}}-1)^2}{9(\sqrt{m}-1)^2}\,\frac{\mathrm{E}kk}{aa}=\frac{1}{9}\,\pi\pi(m+\sqrt{m}+1)^2\cdot\frac{\mathrm{E}kk}{aa};$$

et partant, si $m=1+\omega$, de sorte que ω soit fort petit, on aura

$$\mathrm{P}=\pi\pi(1+\omega)\cdot\frac{\mathrm{E}kk}{aa}:$$

ce même accord se trouve aussi dans les autres exemples. Mais, si m n'est pas si près de l'unité, le premier exemple demeure dans son entier, mais le quatrième donne

$$P = (m-1)^2\left(\frac{1}{4}+\frac{\pi\pi}{(lm)^2}\right)\cdot\frac{Ekk}{aa}.$$

à cause de $1+\beta = m$.

34. Si la colonne a la figure d'un cone tronqué et que le diamètre de la base d'en haut soit $=f$, et de celle d'en bas $=h$, le diamètre de son épaisseur en M sera $= f+\frac{(h-f)x}{a}$. Donc, posant le moment de roideur en haut $= Ekk$, si le moment de roideur étoit comme le quarré-quarré du diamètre de l'épaisseur, nous aurions le cas du premier exemple, et le poids, que la colonne peut soutenir sans se plier seroit

$$P = \frac{\pi\pi hh}{ff}\cdot\frac{Ekk}{aa}.$$

Mais, si le moment de roideur étoit comme le cube du diamètre de l'épaisseur, le moment de roideur en M sera

$$= Ekk\left(1+\frac{(h-f)x}{fa}\right)^3,$$

auquel cas notre calcul ne peut pas être appliqué. Mais, si h différe fort peu de f, puisqu'il y aura fort à peu près

$$\left(1+\frac{(h-f)x}{fa}\right)^3 = 1+\frac{3(h-f)x}{fa} = \left(1+\frac{3(h-f)x}{4fa}\right)^4,$$

le premier exemple, à cause de $\alpha = 1$ et $\beta = \frac{3(h-f)}{4f}$, donne le poids, que cette colonne peut encore soutenir sans se plier

$$P = \frac{\pi\pi(3h+f)^2}{16ff}\cdot\frac{Ekk}{aa}.$$

Or ce cas étant pareillement appliqué au quatrième exemple, où l'on auroit $\beta = \frac{3(h-f)}{2f}$, on trouveroit ce poids

$$P = \frac{9(h-f)^2}{4ff}\left(\frac{1}{4} + \frac{\pi\pi}{\left(l\,\frac{3h-f}{2f}\right)^2}\right)\cdot\frac{Ekk}{aa},$$

la lettre a marquant la hauteur de la colonne.

35. Quoique ces deux expressions deviennent d'accord si la différence $h-f$ est extrèmement petite, elles s'écartent sensiblement, lorsque cette différence $h-f$ est considérable, la dernière donnant une valeur plus petite pour P. Cependant, comme la véritable formule

$$\left(1 + \frac{(h-f)x}{fa}\right)^3,$$

tient un milieu entre celles qui repondent à nos deux exemples, il est certain que la valeur de P tirée du premier exemple est trop grande et l'autre trop petite, de sorte qu'en prenant en chaque cas un milieu, on approchera fort de la vérité. Ainsi, s'il étoit $h = 2f$ la premiere formule donneroit $P = 30{,}225686 \cdot \frac{Ekk}{aa}$, et la seconde $P = 27{,}01189 \cdot \frac{Ekk}{aa}$, donc prenant un milieu il y aura fort à peu près $P = 28\frac{1}{2} \cdot \frac{Ekk}{aa}$. Or la pratique ne demande jamais un tel degré de précision.

36. Examinons enfin aussi, combien le propre poids d'une colonne contribue à la plier: dans cette recherche je considérerai la colonne comme cylindrique, dont la hauteur soit, comme jusqu'ici, $AC = a$, et soit Q le poids de toute la colonne, P étant celui du fardeau dont elle est chargée. Rapportons l'inflexion qui en naît à celle de l'axe de la colonne, puisqu'il passe par les centres de gravité de toutes les sections. Soit donc CMA la figure de cet axe courbé (Fig. 3), dont la courbure soit infiniment petite, et le moment de roideur partout $= Ekk$. Nommant maintenant $CP = x$ et $PM = y$, le rayon de courbure en M sera $= -\frac{dx^2}{ddy}$, prenant dx pour constant; et le moment de la force P pour produire cette inflexion sera $= Py$, auquel il faut ajoûter le moment

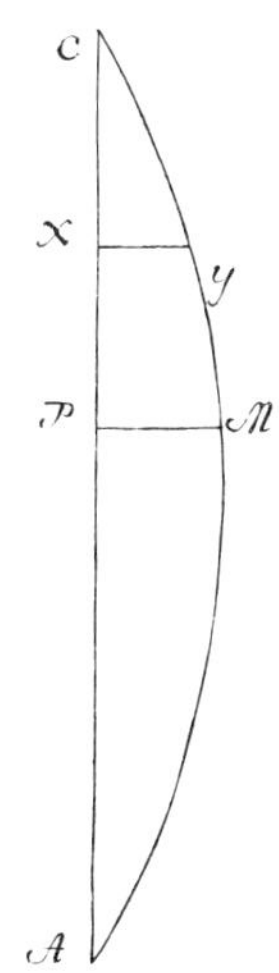

Fig. 3

qui resulte du poids de la partie CM[1]). Or la longueur CM étant $=x$, le poids de la partie CM sera $=\frac{Qx}{a}$: lequel doit être conçu ramassé au centre de gravité de la partie CM, mais cette considération meneroit à un calcul trop ennuyant.

37. Envisageons pour un moment le point M comme fixe, par rapport auquel le point Y soit variable, et nommons $CX = CY = X$ et $XY = Y$. Maintenant, quel que soit le moment du poids de l'arc CY sur le point M, son différentiel sera égal au poids de l'élément $Yy = \frac{QdX}{a}$ par $y - Y$, c'est-à-dire

$$=\frac{Q\,dX}{a}(y-Y)$$

[ce qui donne en intégrant]

$$=\frac{Q}{a}(yX - \int YdX).$$

Avançons à présent le point Y jusqu'en M, et à cause de $X = x$ et $Y = y$, le moment du poids de la partie, qui répond à l'arc CM sera

$$=\frac{Q}{a}(xy - \int ydx) = \frac{Q}{a}\int xdy,$$

qui étant ajoûté au moment déjà trouvé Py, donne le moment total

$$= Py + \frac{Q}{a}\int xdy,$$

d'où nous tirons pour la courbe cette équation:

$$Ekk = -\frac{dx^2}{addy}(Pay + Q\int xdy),$$

1) EULER fait ici une erreur qui fausse l'essentiel de la fin de ce mémoire: il oublie en effet de tenir compte du moment de la force de liaison horizontale en C; c'est dans le travail E510, ce volume p. 266–293, qu'il constatera cette erreur et cherchera à la corriger; voir la préface de ce volume, p. VII et suivantes.
C.B.

ou bien

$$Ekkaddy + Paydx^2 + Qdx^2 \int xdy = 0,$$

laquelle étant encore différentiée pour la dégager de l'intégral $\int xdy$ donne

$$Ekkad^3y + Padx^2dy + Qxdx^2dy = 0.$$

38. Posons pour abréger $1 + \frac{Qx}{Pa} = s$, et l'élément ds sera maintenant constant. Donc, à cause de $dx = \frac{Pads}{Q}$, notre équation prendra cette forme:

$$\frac{QQ}{P^3} \cdot \frac{Ekk}{aa} d^3y + sds^2dy = 0.$$

Soit $dy = uds$, et à cause de $d^3y = dsddu$ nous aurons

$$\frac{QQ}{P^3} \cdot \frac{Ekk}{aa} ddu + usds^2 = 0,$$

laquelle se peut bien réduire à une équation simplement différentielle en posant $u = e^{\int vds}$, et on parviendra à celle-cy:

$$dv + vvds + \frac{P^3aa}{Q^2Ekk} \cdot sds = 0,$$

qui est un tel cas de l'équation de Riccati, qu'on s'est donné jusqu'ici en vain la peine de l'intégrer: et partant on n'en attendra pas ici le dénouëment.

39. Cependant, quand le poids Q est très petit par rapport au poids P, ce qui arrivera presque toujours, puisqu'une colonne peut toujours porter un poids, qui surpasse plusieurs fois son propre poids, avant que de plier: dans ces cas il ne sera pas difficile d'approcher de la solution. Car, puisque $s = 1 + \frac{Qx}{Pa}$ différe fort peu de l'unité, et que cette quantité est presque constante, cette considération nous fournit l'approximation suivante. Posons pour abréger: $\frac{Paa}{Ekk} = nn$ et $\frac{Q}{P} = m$, nombre très petit, et notre équation donnant

$$\int xdy = -\frac{ay}{m} - \frac{a^3ddy}{mndx^2},$$

ce sera une condition à remplir dans les intégrations suivantes, que $\int x dy$ évanouïsse en posant $x = 0$. Or différentiant encore nous aurons:

$$(a + mx)\,dy + \frac{a^3 d^3 y}{nndx^2} = 0,$$

et faisant $dy = udx$ celle-cy:

$$(a + mx)\,u + \frac{a^3 ddu}{nndx^2} = 0.$$

40. S'il étoit $m = 0$, l'intégrale complette seroit

$$u = \alpha \sin\left(\zeta + \frac{nx}{a}\right).$$

Mais, puisque m est très petit, on pourra envisager $1 + \frac{mx}{a}$ comme étant $= \left(1 - \frac{mx}{4a}\right)^{-4}$, de sorte qu'on ait

$$nnudx^2 + aaddu\left(1 - \frac{mx}{4a}\right)^4 = 0,$$

dont l'intégrale complette est

$$u = \mathrm{C}\left(1 - \frac{mx}{4a}\right) \sin\left(\zeta + \frac{16an}{m(4a - mx)}\right) = \frac{dy}{dx},$$

et partant

$$\frac{du}{dx} = \frac{ddy}{dx^2} = -\frac{\mathrm{C}m}{4a}\sin\left(\zeta + \frac{16an}{m(4a - mx)}\right) + \frac{4n\mathrm{C}}{4a - mx}\cos\left(\zeta + \frac{16an}{m(4a - mx)}\right).$$

Mais en intégrant

$$y = \frac{\mathrm{C}}{4a}\int (4a - mx)dx \sin\left(\zeta + \frac{16an}{m(4a - mx)}\right),$$

ce qu'il faut déterminer par approximation.

41. D'abord, puisque m est très petit, on aura

$$\frac{16na}{m(4a-mx)} = \frac{4n}{m} + \frac{nx}{a} + \frac{mnxx}{4aa}.$$

Donc posant $\zeta + \frac{4n}{m} = \theta$,

$$u = \mathrm{C}\left(1 - \frac{mx}{4a}\right) \sin\left(\theta + \frac{nx}{a} + \frac{mnxx}{4aa}\right),$$

ou

$$u = \mathrm{C}\left(1 - \frac{mx}{4a}\right) \sin\left(\theta + \frac{nx}{a}\right) + \frac{mn\mathrm{C}xx}{4aa} \cos\left(\theta + \frac{nx}{a}\right) = \frac{dy}{dx}$$

et en différentiant

$$\frac{du}{dx} = \frac{ddy}{dx^2} = -\frac{m\mathrm{C}}{4a} \sin\left(\theta + \frac{nx}{a}\right) + \frac{n\mathrm{C}}{4a}\left(1 + \frac{mx}{4a}\right) \cos\left(\theta + \frac{nx}{a}\right)$$
$$- \frac{mnn\mathrm{C}xx}{4a^3} \sin\left(\theta + \frac{nx}{a}\right).$$

Mais, puisque y évanouït au cas $x = 0$, il faut que $\frac{ddy}{dx^2}$ évanouïsse aussi : ce qui donne

$$-\frac{m}{4} \sin\theta + n\cos\theta = 0,$$

donc tang $\theta = \frac{4n}{m}$. Ensuite nous trouverons :

$$y = \int u dx = -\frac{\mathrm{C}a}{n} \cos\left(\theta + \frac{nx}{a}\right) + \frac{3m\mathrm{C}x}{4n} \cos\left(\theta + \frac{nx}{a}\right) - \frac{3m\mathrm{C}a}{4nn} \sin\left(\theta + \frac{nx}{a}\right)$$
$$+ \frac{m\mathrm{C}xx}{4a} \sin\left(\theta + \frac{nx}{a}\right) + \frac{\mathrm{C}a}{n} \cos\theta + \frac{3m\mathrm{C}a}{4nn} \sin\theta,$$

ayant ajoûté une telle constante, que y évanouïsse quand on met $x = 0$.

42. Maintenant, posant $x=a$, il faut qu'il devienne encore $y=0$, d'où l'on parvient à cette équation:

$$0=-\frac{1}{n}\cos(\theta+n)+\frac{1}{n}\cos\theta+\frac{3m}{4n}\cos(\theta+n)-\frac{3m}{4nn}\sin(\theta+n)$$

$$+\frac{3m}{4nn}\sin\theta+\frac{m}{4}\sin(\theta+n),$$

d'où il s'agit de trouver la valeur de n. Pour cet effet cherchons encore la valeur de $\operatorname{tang}\theta$, qui sera:

$$\operatorname{tang}\theta=\frac{4n\cos n-4n-3mn\cos n+3m\sin n-mnn\sin n}{4n\sin n-3mn\sin n-3m\cos n+3m+mnn\cos n}=\frac{4n}{m},$$

d'où l'on trouve, en négligeant les termes, où m monte à la seconde dimension:

$$4n\sin n-3mn\sin n-4m\cos n+4m+mnn\cos n=0.$$

Puisque nous savons que, s'il étoit $m=0$, il seroit $n=\pi$, posons $n=\pi-\omega$, de sorte que $\sin n=\omega$ et $\cos n=-1$, et notre équation devenant:

$$4\pi\omega-3m\pi\omega+8m-m\pi\pi=0$$

donne $\omega=\frac{(\pi\pi-8)m}{4\pi}$; donc $n=\pi-\frac{(\pi\pi-8)m}{4\pi}$. Par conséquent le poids P qui commence à faire plier la colonne sera:

$$\mathrm{P}=\left(\pi\pi-\frac{\mathrm{Q}}{2\mathrm{P}}(\pi\pi-8)\right)\cdot\frac{\mathrm{E}kk}{aa}=\pi\pi\cdot\frac{\mathrm{E}kk}{aa}-\frac{(\pi\pi-8)\mathrm{Q}}{2\pi\pi}.$$

43. Par là nous apprenons, que le poids que la colonne est capable de soutenir, est un peu diminué par le propre poids de la colonne, celui-cy contribuant quelque chose à la faire plier. Cependant cet effet est très petit, et puisque $\pi\pi=10$ fort à peu près, il ne vaut qu'environ la dixième partie du poids entier de la colonne. Ayant donc fait voir que ce poids est fort petit par rapport à

celui qui est capable de faire plier la colonne, il est certain que dans l'estime de la force des colonnes on peut hardiment négliger leur propre poids, pourvu qu'elles ne soient faites d'une matière extrèmement fragile, ou qu'elles ne soient très hautes par rapport à leur épaisseur. Au reste, pour ce qui regarde les colonnes, ou cylindriques, ou qui ont la figure d'un cone tronqué, la matière étant la même, tant la Théorie que quelques expériences faites sur la roideur des corps, nous assurent que le moment de roideur en chaque endroit est assez exactement proportionnel au quarré-quarré du diametre de l'épaisseur, ou au quarré de la section faite au même endroit.

44. De ce que je viens d'exposer, on peut tirer les conséquences suivantes sur la force des colonnes. D'abord on peut supposer, qu'on ait une colonne cylindrique quelque petite qu'elle soit, faite de la même matière, et qu'on ait déterminé par quelques expériences le poids qu'elle est capable de soutenir sans se plier. Soit a la hauteur de cette colonne, d le diametre de l'une de ses bases et p le poids qu'elle peut soutenir. Maintenant ayant une autre colonne cylindrique faite de la même matière, dont la hauteur soit $=\mathrm{A}$ et le diametre de l'une de ses bases $=\mathrm{D}$, on trouvera le poids qu'elle peut soutenir $\mathrm{P}=\frac{aa\mathrm{D}^4}{\mathrm{AA}d^4}\cdot p$. Mais si la colonne a la figure d'un cone tronqué de la hauteur $=\mathrm{A}$, et que le diamètre de sa base d'en haut soit $=\mathrm{D}$ et de celle d'en bas $=\mathrm{E}$, le poids qu'elle sera capable de soutenir sera $\mathrm{P}=\frac{aa\mathrm{DDEE}}{\mathrm{AA}d^4}p$. Si l'on veut juger des colonnes faites d'une autre matière, il faut se procurer un modèle de la même matière, pour servir de fondement à ces conclusions.

45. Considérons deux colonnes parfaitement semblables et faites de la même matière, les mesures de la première étant à celles de l'autre comme $1:n$, et il est clair, que les poids soutenus par ces colonnes seroient entr'eux comme $1:nn$, ou bien une colonne, dont la hauteur seroit double, et partant aussi le diamètre de son épaisseur, ne seroit capable de porter qu'un poids quadruple, quoique son poids soit 8 fois plus grand. Or, si les bâtiments soutenus par les colonnes sont semblables, il faudroit que les colonnes, dont la hauteur est double, portassent un poids huit fois plus grand, et en général les poids soutenus par les colonnes devroient être proportionnels aux cubes de leurs hauteurs. A cet égard donc, on peut dire que les colonnes plus hautes sont moins fortes; en tant qu'on les construit sur le même modèle, comme les Architectes ont coutume de faire. Et partant si les poids que les colonnes doivent soutenir, suivent la raison

cubique de leur hauteur, leur épaisseur doit être augmentée dans une plus grande raison que leur hauteur, et on ne sauroit plus les former sur le même modèle.

46. Car, posant la hauteur d'une petite colonne $= a$, le diamètre de son épaisseur $= d$, et le poids qu'elle est capable de soutenir $= p$; s'il faut construire une colonne de la hauteur na, qui doive porter le poids $= n^3p$, le diamètre de l'épaisseur de cette colonne ne doit pas être pris $= nd$, mais il faut qu'il soit $= nd\sqrt[4]{n}$; d'où l'on tire cette table[1])

hauteur de la colonne	diamètre de l'épaisseur	poids soutenu	hauteur de la colonne	diamètre de l'épaisseur	poids soutenu
a	$1{,}0000d$	p	$7a$	$11{,}3860d$	$343p$
$2a$	$2{,}3784d$	$8p$	$8a$	$13{,}4543d$	$512p$
$3a$	$3{,}9482d$	$27p$	$9a$	$15{,}5885d$	$729p$
$4a$	$5{,}6569d$	$64p$	$10a$	$17{,}7828d$	$1000p$
$5a$	$7{,}4767d$	$125p$	$11a$	$20{,}0328d$	$1331p$
$6a$	$9{,}3905d$	$216p$	$12a$	$22{,}3345d$	$1728p$

47. Peut-être que ces proportions serviroient mieux à établir les ordres et les régles pour la construction des colonnes, si nous en exceptions ce qui regarde uniquement leurs ornemens. Mais, puisque le poids à soutenir n'est pas toujours proportionnel au cube de la hauteur des colonnes, il conviendra de donner à notre régle une plus grande étendue. Soit la hauteur d'une colonne, qui nous sert de modèle $= a$, le diamètre de son épaisseur $= d$ et le poids, qu'elle est capable de soutenir $= p$, et qu'il faille construire une colonne de la même matière, dont la hauteur soit $= na$, et qui doive soutenir un poids $= mp$. Alors il faudra que le diamètre de l'épaisseur de cette colonne soit $= d\sqrt[4]{mnn}$; et de là on tirera aisément pour tous les cas le juste épaisseur des colonnes qu'on veut employer, dont le diamètre doit suivre la raison composée de la racine quarrée de sa hauteur et de la racine quarré-quarrée du poids qu'elle doit soutenir.

1) Edition originale: 3.9528 et 17.3828 au lieu de 3.9482 et 17.7828. C.B.

DE APTISSIMA FIGURA ROTARUM DENTIBUS TRIBUENDA

Commentatio 249 indicis ENESTROEMIANI
Novi commentarii academiae scientiarium Petropolitanae 5 (1754/5), 1760, p. 299–316
Summarium ibidem, p. 25–26

SUMMARIUM

De figura, quam dentibus rotarum dari conveniat, varii Auctores, vario consilio, sunt commentati, quoniam plures sunt circumstantiae, ex quibus ista figura determinari potest. In hac Dissertatione duplex finis proponitur, alter ut dum dentes duarum rotarum in se invicem agunt, nulla oriatur frictio, sed dentes ita alter super altero incedant, quemadmodum circulus super plano volvi concipitur, dum cycloidem describit. Alter finis autem eo tendit, ut dum altera rota uniformiter circumvolvitur, alteri rotae etiam motus uniformis imprimatur. Quodsi has ambas conditiones simul implere liceret, nullum est dubium, quin ea dentium figura, quae hoc praestaret, esset perfectissima. Maximi enim est momenti attritum in mutua dentium actione evitare, quandoquidem hoc modo Machina diutissime in statu suo conservari posset. Haud minoris autem est momenti altera conditio, quoniam in omnibus Machinis uniformitas motus multum ad effectum augendum confert. Ostendit autem Auctor non solum utrique conditioni simul satisfieri non posse, sed etiam priorem solam nullo modo impleri posse. Cum igitur dentium attritus eius modi sit incommodum, quod effugere minime licet, Auctor inquisitionem suam ad solam alteram conditionem dirigit, ac dentes ita formare docet, ut, dum motus rotae impellentis est uniformis, motus etiam propulsae fiat uniformis. Haec autem nimis videntur subtilia, quam ut in praxi usus inde expectari possit.

Quando in machinis una rota ab alia ope dentium movetur duae res requiri solent, quibus satisfieri oportet:

Primo, ut, dum una rota motu uniformi gyratur, alterius rotae motus pariter fiat uniformis.

Ac deinde, ut in mutua dentium actione nullus attritus oriatur.

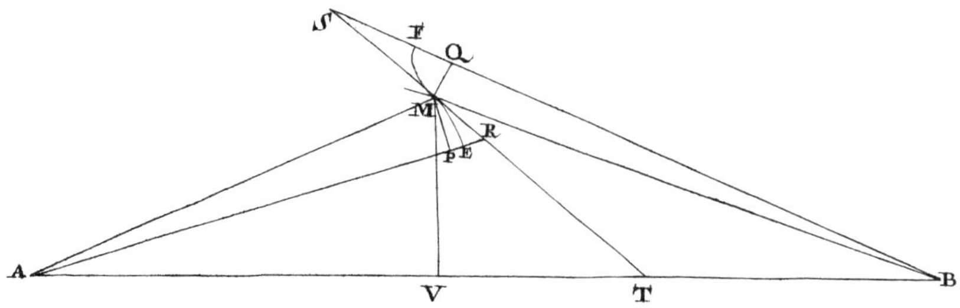

Fig. 1

Quibus conditionibus ut satisfiat, sint A et B centra rotarum (Fig. 1), quarum altera alteram ad motum concitet, sintque EM et FM dentes, qui nunc in se mutuo agunt, puncto contactus existente M.

Ductis ad apices utriusque dentis rectis AE et BF vocetur $AB = a$, angulus $BAE = \varphi$ et angulus $ABF = \psi$. Iam dum rota A unam facit revolutionem, altera rota B absolvat n revolutiones, et ob utriusque motus uniformitatem debet esse $d\psi = n d\varphi$.

Porro ex puncto contactus M ducantur ad axes ordinatae MP et MQ, itemque tangens communis SMRT, ac vocentur:

$$AP = x, \quad PM = y, \quad BQ = t \text{ et } QM = u,$$

tum demisso ex M ad AB perpendiculo MV erit

$$\begin{aligned} AV &= x \cos\varphi - y \sin\varphi, & MV &= x \sin\varphi + y \cos\varphi \\ BV &= t \cos\psi + u \sin\psi, & MV &= t \sin\psi - u \cos\psi, \end{aligned}$$

unde obtinemus:

$$\begin{aligned} t \cos\psi + u \sin\psi &= a - x \cos\varphi + y \sin\varphi \\ t \sin\psi - u \cos\psi &= x \sin\varphi + y \cos\varphi \end{aligned}$$

ex quibus aequationibus elicimus:

$$\begin{aligned} t &= a \cos\psi - x \cos(\varphi + \psi) + y \sin(\varphi + \psi) \\ u &= a \sin\psi - x \sin(\varphi + \psi) - y \cos(\varphi + \psi). \end{aligned}$$

Deinde ob communem tangentem erit

$$PR = \frac{-ydx}{dy} \quad \text{et} \quad QS = \frac{-udt}{du}$$

ideoque

$$\operatorname{tang} ARM = \frac{-dy}{dx} \quad \text{et} \quad \operatorname{tang} BSM = \frac{-du}{dt}.$$

At cum sit

$$ATM = ARM - \varphi = BSM + \psi,$$

erit

$$\operatorname{tang}(ARM - BSM) = \operatorname{tang}(\varphi + \psi)$$

ideoque

$$\operatorname{tang}(\varphi + \psi) = \left(\frac{-dy}{dx} + \frac{du}{dt}\right) : \left(1 + \frac{dy}{dx} \cdot \frac{du}{dt}\right).$$

Denique ne ullus fiat attritus, necesse est ut sit arcuum summa $EM + FM =$ const., seu

$$\sqrt{(dx^2 + dy^2)} + \sqrt{(dt^2 + du^2)} = 0,$$

ideoque $dx^2 + dy^2 = dt^2 + du^2$. Hanc ob rem habebimus

$$\sin(\varphi + \psi) = \frac{dydt - dxdu}{dx^2 + dy^2} \quad \text{et} \quad \cos(\varphi + \psi) = \frac{-dxdt - dydu}{dx^2 + dy^2}.$$

At vero est

$$dt = -nad\varphi \sin\psi + (n+1)\, xd\varphi \sin(\varphi + \psi)$$
$$+ (n+1)\, yd\varphi \cos(\varphi + \psi) - dx \cos(\varphi + \psi) + dy \sin(\varphi + \psi),$$

$$du = nad\varphi \cos\psi - (n+1)\, xd\varphi \cos(\varphi + \psi)$$
$$+ (n+1)\, yd\varphi \sin(\varphi + \psi) - dx \sin(\varphi + \psi) - dy \cos(\varphi + \psi).$$

Ergo illae aequationes praebent

$$(dx^2 + dy^2)\sin(\varphi + \psi) = -nad\varphi\,(dy \sin\psi + dx \cos\psi)$$
$$+ (n+1)\,d\varphi\,(xdy - ydx)\sin(\varphi + \psi) + (dx^2 + dy^2)\sin(\varphi + \psi)$$
$$+ (n+1)\,d\varphi\,(xdx + ydy)\cos(\varphi + \psi)$$

$$(dx^2 + dy^2)\cos(\varphi + \psi) = nad\varphi\,(dx \sin\psi - dy \cos\psi)$$
$$- (n+1)\,d\varphi\,(xdx + ydy)\sin(\varphi + \psi) + (dx^2 + dy^2)\cos(\varphi + \psi)$$
$$+ (n+1)\,d\varphi\,(xdy - ydx)\cos(\varphi + \psi)$$

sicque per $d\varphi$ dividendo obtinemus has duas aequationes

$$\frac{na}{n+1}(dy \sin\psi + dx \cos\psi) = (xdy - ydx)\sin(\varphi + \psi) + (xdx + ydy)\cos(\varphi + \psi)$$
$$\frac{na}{n+1}(dy \cos\psi - dx \sin\psi) = (xdy - ydx)\cos(\varphi + \psi) - (xdx + ydy)\sin(\varphi + \psi)$$

unde porro elicimus istas:

$$xdy - ydx = \frac{na}{n+1}(dy \cos\varphi + dx \sin\varphi)$$

$$xdx + ydy = \frac{na}{n+1}(dx \cos\varphi - dy \sin\varphi).$$

Hinc autem prodit

$$\frac{dy}{dx} = \frac{(n+1)\,y + na \sin\varphi}{(n+1)\,x - na \cos\varphi} = \frac{na \cos\varphi - (n+1)\,x}{(n+1)\,x - na \sin\varphi}$$

ideoque $((n+1)\,y + na \sin\varphi)^2 + ((n+1)\,x - na \cos\varphi)^2 = 0$,

cui aequationi aliter satisfieri nequit, nisi ponendo

$$y = -\frac{na}{n+1}\sin\varphi \quad \text{et} \quad x = \frac{na}{n+1}\cos\varphi$$

unde fit

$$u = \frac{a}{n+1}\sin\psi \quad \text{et} \quad t = \frac{a}{n+1}\cos\psi$$

sicque prodirent duae rotae dentibus destitutae: ac propter ea fieri nequit, ut utrique conditioni praescriptae satisfiat.

Quodsi ergo alteram conditionem attritus negligamus, perveniemus ad hanc aequationem unicam:

$$\left.\begin{array}{c} -\,na\,d\varphi\,(dy\sin\psi + dx\cos\psi)\cos(\varphi+\psi) \\ +\,(n+1)\,d\varphi\,(xdy - ydx)\sin(\varphi+\psi)\cos(\varphi+\psi) \\ +\,(n+1)\,d\varphi\,(xdx + ydy)\cos(\varphi+\psi)^2 \\ -\,na\,d\varphi\,(dx\sin\psi - dy\cos\psi)\sin(\varphi+\psi) \\ -\,(n+1)\,d\varphi\,(xdy - ydx)\sin(\varphi+\psi)\cos(\varphi+\psi) \\ +\,(n+1)\,d\varphi\,(xdx + ydy)\sin(\varphi+\psi)^2 \end{array}\right\} = 0$$

seu

$$\frac{na}{n+1}(dx\cos\varphi - dy\sin\varphi) = xdx + ydy$$

Data ergo pro lubitu aequatione inter x et y, hinc tam x quam y per angulum φ exprimi poterit, indeque determinabitur simul altera curva inter t et u.

Quoniam autem fieri nequit, ut motus utriusque rotae reddatur uniformis, simulque attritus in contactu dentium mutuo evitetur, videndum est, utri harum duarum conditionum potius satisfieri conveniat, altera neglecta. Ac primo quidem, quod ad attritum attinet, dubium est nullum, quin omnis generis machinae, quae rotis impelluntur, insigne perfectionis augmentum essent accepturae, si dentes ita efformarentur, ut sine ulla frictione se mutuo impellerent, sicque motus hinc nullum impedimentum pateretur. Praeterea vero ipsi rotarum dentes attritu mutuo sublato, multo diutius salvi manerent, suamque figuram conservarent; cum contra si attritus adsit, continuo aliquantillum a dentibus abraditur, unde eorum figura tandem immutabitur, ita ut si dentes initio ad alterum requisitum fuerint accommodati, ii tandem ne huic quidem amplius sint satisfacturi, sicque machina omnibus commodis ex hac conditione oriundis privetur.

Deinde tamen eiusmodi dantur machinae, in quibus uniformitas motus multo maioris est momenti, quam frictionis sublatio. Quae enim machinae ad insigne quoddam opus perficiendum sunt destinatae, plurimum interest, eas ita instruxisse, ut tota vis, qua impelluntur, ad hoc opus absolvendum impendatur, nullaque eius vis portio in motu machinae conservando consumatur. Quodsi autem omnes machinae partes, dum opus propositum exequitur, motu uniformi feruntur, huius motus conservatio nulla vi indiget, sicque tota vis effectui proposito integra relinquitur, quamobrem istius modi machinas ita instrui conveniet, ut omnes partes, quibus sunt compositae, motu uniformi commoveantur.

Hinc quando rotae aliae ab aliis ope dentium ad motum impelluntur, necesse est, ut dum rotae primae motus est uniformis, cuiusque reliquarum, quae ab illa cientur, motus pariter uniformis evadat. Si enim qua rota modo celerius, modo tardius gyretur, semper vis quaedam ad hunc motum sive accelerandum, sive retardandum requiritur, cuius iactura effectus, ad quem machina est accommodata, diminuitur: atque haec diminutio plerumque multum superare solet eam, quae forte ab attritu dentium oriri posset. Quare his casibus, cum dentibus eiusmodi figura tribui nequeat, ut simul motus uniformitas obtineatur, et frictio tollatur, omnino expedit levem dentium attritum admitti, dummodo omnium rotarum motus aequabilis efficiatur; siquidem illud incommodum hoc commodo largiter compensatur.

Quae autem machinae ita sunt comparatae, ut non ad onus quodpiam elevandum, aliudve opus exequendum sint destinatae, sed potius sui motus aequabilitate scopo intento satisfaciant, cuiusmodi sunt omnis generis horologia, quae motus sui aequabilitate temporis mensuras continere solent, in his, quoniam nulla resistentia superanda proponitur, ratio modo memorata penitus cessat. Quin etiam motus aequabilis, si omnibus partibus conciliaretur, potius scopo proposito adversaretur, quam faveret. Cum enim in his machinis nullum onus superandum adsit, in quo actio vis motricis consumatur, ab ea ipse machinae motus continuo augeretur, motusque iam impressus a continua vis impellentis sollicitatione perpetuo acceleraretur, siquidem singularum partium motus quovis momento esset aequabilis; cum nihil obstaret, quo minus is a nova potentiae impulsione celerior redderetur.

Hanc ob rem horologiorum structura data opera ita attemperari solet, ut quovis momento motus, quem quaevis pars iam conceperat, iterum intereat, singulisque momentis machina, quasi de novo, ad motum concitari debeat. Ita fit ut dummodo machinae singulis momentis par motus imprimitur, motus totalis, qui inde resultat, aequabilis videatur, siquidem illa momenta satis fuerint exigua, ut inaequalitas, quae in unoquoque existit, percipi nequeat. Ita motus ad aequabilitatem totalem obtinendam moderatio, vel ope penduli, vel alius motus reciproci effici solet, dum quavis oscillatione unus dens rotae dentatae propellitur; hocque pacto cum oscillationes sint isochronae, aequalibus temporibus aequalis dentium numerus propellitur, unde in rotis lentioribus motus quasi uniformis exoritur; qui tamen re vera ita est comparatus, ut singulis oscillationibus ex statu quietis de novo producatur. Cum igitur in horologiis nullius rotae motus sit continuus et uniformis, nulla quoque ratio urget, dentes rotarum ita efficere, ut motus angularis rotae impulsae ad motum angularem rotae impellentis, quovis instanti, datam teneat rationem, sed sufficit, dum unusquisque dens rotae impellentis unum dentem rotae impulsae promoveat. Quocirca his rotis omnis perfectionis gradus, cuius sunt capaces, conciliabitur, si dentes ita efformentur, ut eorum actio mutua nullam patiatur frictionem: sic enim dentes diutissime debitam figuram suam conservabunt, in quo eximia horologiorum virtus continetur.

Hinc ergo duplicis generis rotas dentatas obtinemus: alterum, quo rotae se mutuo sine frictione ad motum impellunt, alterum vero, quo, si rotae impellentis motus fuerit uniformis, simul rotae impulsae motus efficitur uniformis. Quemadmodum ergo dentes in utroque rotarum genere efformatos esse oporteat, ex formulis ante exhibitis indagabo.

I. DE ROTIS, QUAE SE MUTUO SINE DENTIUM FRICTIONE IMPELLUNT

1. Cum igitur in his rotis uniformitas motus locum non habeat, seu motus angularis unius, ad motum angularem alterius, rationem non teneat constantem, quantitas $\frac{d\psi}{d\varphi} = n$ non erit constans, seu n quantitatem variabilem denotabit. Hoc autem non obstante easdem, quas supra, obtinebimus formulas, scilicet

$$y = \frac{-na}{n+1}\sin\varphi \quad \text{et} \quad x = \frac{na}{n+1}\cos\varphi$$

itemque

$$u = \frac{a}{n+1}\sin\psi \quad \text{et} \quad t = \frac{a}{n+1}\cos\psi,$$

hoc tantum discrimine, quod hic n non denotet numerum constantem, sed eius loco scribi debeat fractio variabilis $\frac{d\psi}{d\varphi}$, ita ut sit

pro curva dentis EM

$$x = \frac{ad\psi}{d\varphi + d\psi}\cos\varphi$$

$$y = \frac{-ad\psi}{d\varphi + d\psi}\sin\varphi$$

pro curva dentis FM

$$t = \frac{ad\varphi}{d\varphi + d\psi}\cos\psi$$

$$u = \frac{-ad\varphi}{d\varphi + d\psi}\sin\psi$$

2. Cuiusmodi autem ex his formulis utriusque dentis EM et FM debeat esse figura, sequenti modo colligo. Primo observo, ductis ad commune punctum contactus M rectis AM et BM, fore

$$\mathrm{AM} = \frac{a d\psi}{d\varphi + d\psi} \quad \text{et} \quad \mathrm{BM} = \frac{a d\varphi}{d\varphi + d\psi}.$$

Hinc ergo erit $\mathrm{AM} + \mathrm{BM} = a = \mathrm{AB}$, unde patet punctum contactus M semper in recta AB centra rotarum iungente reperiri, et ob hanc rationem angulos AMT et BMT esse deinceps positos. Praeterea ob incessum dentium sine frictione, quantum arcus EM crescit, tantum dens arcus FM decrescere debet.

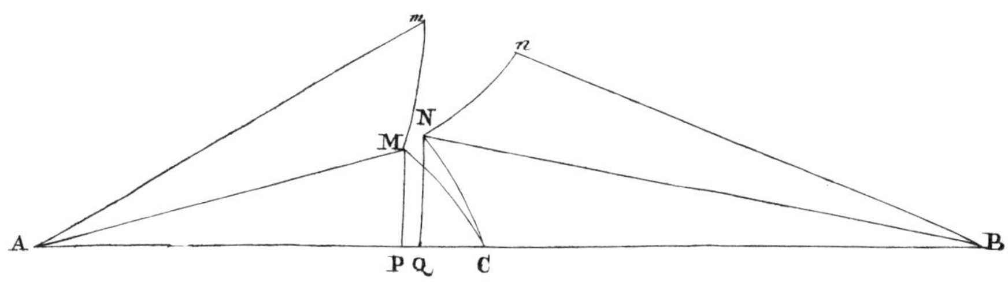

Fig. 2

3. Ponamus ergo rotae circa A mobilis dentium figuram esse CMm (Fig. 2), rotae vero alterius circa B mobilis CNn, atque contactus iam erit in ipso puncto C. Capiantur utrinque arcus aequales $\mathrm{CM} = \mathrm{CN} = s$, et cum motu angulari prioris rotae punctum M pervenit in rectam AB, simul alterius rotae punctum N pervenire debet in eandem rectam AB, ita ut dum illa rota motu suo conficit angulum CAM, haec rota moveatur per angulum CBN. Ponatur ergo angulus $\mathrm{CAM} = \varphi$ et angulus $\mathrm{CBN} = \psi$. Tum vero, quia puncta M et N in contactum pervenient in recta AB, oportet, ut sit tam $\mathrm{AM} + \mathrm{BN} = \mathrm{AB} = a$, quam summa angulorum $\mathrm{AMC} + \mathrm{BNC} =$ duobus rectis.

4. Ad hoc ponatur $\mathrm{AM} = v$ et $\mathrm{BN} = z$, eritque primo $v + z = a$; deinde ob aequalitatem arcuum $\mathrm{CM} = \mathrm{CN}$, erit

$$\int \surd(dv^2 + vvd\varphi^2) = \int \surd(dz^2 + zzd\psi^2),$$

ideoque ob $dz = -dv$, fiet

$$vd\varphi = zd\psi = (a-v)\,d\psi.$$

Porro est

$$\text{tang AMC} = \frac{vd\varphi}{dv} \quad \text{et} \quad \text{tang BNC} = \frac{zd\varphi}{dz}:$$

unde ob $\text{AMC} + \text{BNC} = 2$ rectis, necesse est, ut sit

$$\frac{vd\varphi}{dv} = -\frac{zd\varphi}{dz},$$

quae aequatio, ob $dz = -dv$, redit ad superiorem $vd\varphi = zd\psi$. Ita data curva CM per aequationem inter $\text{CAM} = \varphi$ et $\text{AM} = v$, pro altera curva CN haec habebitur aequatio inter $\text{CBN} = \psi$ et $\text{BN} = z$, ut sit $z = a - v$ et

$$d\psi = \frac{vd\varphi}{a-v} \quad \text{seu} \quad \psi = \int \frac{vd\varphi}{a-v},$$

unde haud difficulter constructio idonea eruitur.

5. Verum hic ingens incommodum occurrit, quo huiusmodi dentes ad praxin plane inutiles redduntur, cum enim altera rota, puta A, ab altera B moveri debeat, manifestum est, hoc fieri non posse, nisi ubi angulus AMC est obtusus; tum enim contactu existente in MN, rotae A punctum M, a rotae puncto N deprimetur; sin autem angulus AMC esset vel rectus, vel adeo acutus, rota B nullam plane vim exereret in rotam A, illaque motum aliquantillum prosequi posset, cum tamen haec non sequatur. Cum igitur dentium natura non permittat, ut angulus AMC ubique sit obtusus, evidens est, fieri non posse, ut hoc modo rota alia ab alia ad motum incitetur. Quin etiam cum mutuus contactus necessario in recta AB contingere debeat, per novum contactum, quo dentes alibi in se mutuo agere inciperent, motus rotae A conservari nequit: quam ob causam huius generis dentes ad praxin plane sunt inepti. Cum igitur istius modi dentes ad horologia accommodati sint visi, manifestum est, ne hic quidem frictionem in dentium actione mutua tolli posse, ita ut et in huius generis machinis consultum sit dentes adhibere, quae altero commodo gaudeant, et motum rotae impulsae quoque uniformen reddant, siquidem motus rotae impellentis fuerit uniformis.

II. DE ROTIS QUAE MOTU UNIFORMI SE MUTUO PROPELLUNT

6. Pro hoc ergo casu cum $d\varphi$ ad $d\psi$ semper eandem rationem tenere debeat, si ponatur $d\psi = n d\varphi$, angulus φ ita a figura dentis EM pendet, ut sit

$$\frac{na}{n+1}(dx\cos\varphi - dy\sin\varphi) = xdx + ydy$$

quo invento, figura dentis alterius rotae ita definietur, ut sit:

$$t = a\cos\psi - x\cos(\varphi+\psi) + y\sin(\varphi+\psi)$$
$$u = a\sin\psi - x\sin(\varphi+\psi) - y\cos(\varphi+\psi)$$

unde simili modo fit

$$\frac{a}{n+1}(dt\cos\psi + du\sin\psi) = tdt + udu.$$

Data ergo figura dentium rotae A, inde angulus φ per x et y definiri debet, tum posito $\psi = \alpha + n\varphi$, simul aequatio obtinebitur pro figura dentium alterius rotae B.

7. Quoniam in dente FM rectam BF, ad quam, tanquam axem, figuram dentis referimus, pro lubitu accipere licet, unde angulus ABF data quantitate vel augetur, vel diminuitur, hanc rectam BF ita ductam concipiamus, ut α evanescat, sitque perpetuo $\psi = n\varphi$. Deinde sit $\frac{na}{n+1} = b$ et $\frac{a}{n+1} = c$, ut habeatur $a = b + c$. His positis erit

$$b(dx\cos\varphi - dy\sin\varphi) = xdx + ydy$$
$$t = a\cos n\varphi - x\cos(n+1)\varphi + y\sin(n+1)\varphi$$
$$u = a\sin n\varphi - x\sin(n+1)\varphi - y\cos(n+1)\varphi$$

unde conficitur

$$c(dt\cos n\varphi + du\sin n\varphi) = tdt + udu.$$

8. Ponamus

$$dy = -dx\,\mathrm{tang}\,\theta, \quad \text{seu} \quad \frac{dy}{dx} = -\frac{\sin\theta}{\cos\theta}.$$

fietque $b(\cos\theta\cos\varphi+\sin\theta\sin\varphi)=x\cos\theta-y\sin\theta=b\cos(\theta-\varphi)$, et differentiando aequationem

$$y=\frac{x\cos\theta}{\sin\theta}-\frac{b\cos(\theta-\varphi)}{\sin\theta},$$

$$-\frac{dx\sin\theta}{\cos\theta}=\frac{dx\cos\theta}{\sin\theta}-\frac{xd\theta}{\sin\theta^2}+\frac{b(d\theta-d\varphi)\sin(\theta-\varphi)}{\sin\theta}+\frac{bd\theta\cos(\theta-\varphi)\cos\theta}{\sin\theta^2}$$

quae reducitur ad hanc

$$0=dx-\frac{xd\theta\cos\theta}{\sin\theta}+\frac{bd\theta\cos\theta\cos\varphi}{\sin\theta}-bd\varphi\cos\theta\sin(\theta-\varphi)$$

Dividatur per $\sin\theta$, et integretur: sicque prodibit

$$0=\frac{x}{\sin\theta}+b\int\frac{d\theta\cos\theta\cos\varphi}{\sin\theta^2}-b\int\frac{d\varphi\cos\theta\sin(\theta-\varphi)}{\sin\theta}$$

seu

$$0=\frac{x-b\cos\varphi}{\sin\theta}-b\int d\varphi\cos(\theta-\varphi)$$

ita ut sit

$$x=b\cos\varphi+b\sin\theta\int d\varphi\cos(\theta-\varphi):$$

atque hinc oritur

$$y=-b\sin\varphi+b\cos\theta\int d\varphi\cos(\theta-\varphi).$$

Sumto ergo angulo θ pro lubitu ratione anguli φ, innumerabiles figurae pro dente EM obtinebuntur.

9. Assumta autem quapiam figura pro dente EM, quae ex certa quadam relatione angulorum θ et φ oritur, conveniens figura pro dente FM alterius rotae B ita definietur, ut sit

$$t=a\cos n\varphi-b\cos n\varphi+b\sin((n+1)\varphi-\theta)\int d\varphi\cos(\theta-\varphi)$$
$$u=a\sin n\varphi-b\sin n\varphi-b\cos((n+1)\varphi-\theta)\int d\varphi\cos(\theta-\varphi)$$

sive ob $a=b+c$

$$t=c\cos n\varphi+b\sin((n+1)\varphi-\theta)\int d\varphi\cos(\theta-\varphi)$$
$$u=c\sin n\varphi-b\cos((n+1)\varphi-\theta)\int d\varphi\cos(\theta-\varphi).$$

Hinc ergo aliquot exempla percurramus.

EXEMPLUM 1

10. Sit angulus $\theta = 0$; erit

$$\sin\theta = 0,\ \cos\theta = 1 \quad \text{et} \quad \cos(\theta - \varphi) = \cos\varphi;$$

unde fit

$$\int d\varphi \cos(\theta - \varphi) = \int d\varphi \cos\varphi = \sin\varphi + \mu,$$

denotante μ numerum quempiam constantem. Hinc pro figura dentis EM rotae A sequentes prodibunt formulae:

$$x = b\cos\varphi \quad \text{et} \quad y = \mu b.$$

Pro alterius autem rotae B dente FM habebitur

$$t = c\cos n\varphi + b\sin(n+1)\,\varphi\sin\varphi + \mu b\sin(n+1)\,\varphi$$
$$u = c\sin n\varphi - b\cos(n+1)\,\varphi\sin\varphi - \mu b\cos(n+1)\,\varphi$$

existente $b = \frac{na}{n+1}$ et $c = \frac{a}{n+1}$; ideoque $b = nc$.

11. Quoniam vero dum iidem dentes in se mutuo agunt, angulus φ non multum variatur, ideoque minimus manet, erit pro dente EM, $x = b - \frac{1}{2}b\varphi\varphi$ et $y = \mu b$, pro dente autem FM habebimus:

$$t = c\,(1 + \mu n\,(n+1)\varphi + \tfrac{1}{2}n\,(n+2)\,\varphi\varphi)$$
$$u = c\,(-\mu n + \tfrac{1}{2}\mu n\,(n+1)^2\varphi\varphi + \tfrac{1}{3}n\,(n+1)\,(n+2)\,\varphi^3)$$

vel

$$u = -c\,(\mu n - \tfrac{1}{2}\mu n\,(n+1)^2\varphi\varphi - \tfrac{1}{3}n\,(n+1)\,(n+2)\,\varphi^3).$$

12. Vel ponatur latitudo $\mu b = \mu nc = e$, erit primo $x = b - \frac{1}{2}b\varphi\varphi$ et $y = e$, tum vero

$$t = c + (n+1)\,e\varphi + \tfrac{1}{2}n\,(n+2)\,c\varphi\varphi$$
$$u = -e + \tfrac{1}{2}(n+1)^2\,e\varphi\varphi + \tfrac{1}{3}n\,(n+1)\,(n+2)\,c\varphi^3$$

unde patet si $\varphi = 0$ fore $x = b$, $y = e$ et $t = c$, $u = -e$. Ubi cum valor ipsius u prodeat negativus, cognoscimus applicatam u super axe BF capi debere, quae proinde erit

$$u = e - \tfrac{1}{2}(n+1)^2\,e\varphi\varphi - \tfrac{1}{3}n\,(n+1)\,(n+2)\,c\varphi^3.$$

13. Ut autem longitudo dentium in utraque rota determinetur, maximus angulus φ spectari debet, ad quem si radius AC ad rectam AB inclinetur, dentes EM et FM se adhuc contingant. Notandum vero est, rotas ita instructas esse debere, ut antequam bini dentes se mutuo deserant, sequentes se mutuo arripiant, cui requisito commodissime satisfit, si dum bini dentes in medio existente $\varphi = 0$ in se invicem agunt, bini proximi sese arripere incipiant. Quodsi ergo in rota A distantia dentium angulo $= \alpha$ designetur, ita ut in rota B dentes angulo $= n\alpha$ distent, posito $\varphi = \alpha$, dentium magnitudo utrinque determinabitur. Interim tamen iuvabit, incisiones aliquantum profundiores fieri, ne motus ex hac parte obstaculum offendat.

14. Capiatur ergo in recta AB $= a$ centra rotarum iungente $AC = b = \dfrac{na}{n+1}$ et $BC = c = \dfrac{a}{n+1}$ (Fig. 3); et ex utroque centro describantur circuli CR et CS. Tum pro rota A ducatur mp ipsi AC parallela ad distantiam $Cm = Gp = e$, erit mp facies unius dentis. Ad alteram vero rotam describatur curva af ex valoribus datis t et u, quae versus mp erit convexa. Porro pro dentium distantia in utraque peripheria CR et CS aequales abscindantur arcus $C\mu$, $\mu\nu$ etc. et $C\beta$, $\beta\gamma$ etc. $= b\alpha = nc\alpha$, similiterque describantur facies dentium nq et bg, or et ch etc. Quo facto altitudo dentium in rota B ita determinabitur, ut secundus dens bg tantum non dentem nq apprehendat, sic dabitur magnitudo dentis bg, cui aequalis esse debet af, atque hinc in rota A profunditas dentis mp innotescet, quae aliquantillum superare debet altitudinem af, ne in fundo f contactus fiat, sicque motus impediatur.

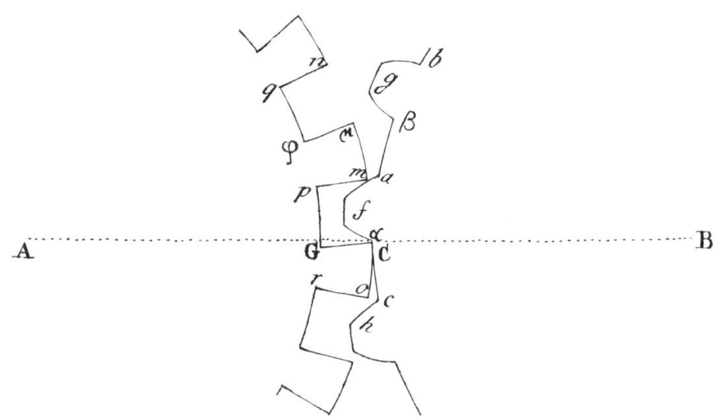

Fig. 3

15. Quo autem rotae se mutuo quoque in alteram partem impellere queant, alterae dentium facies simili modo efformari debebunt, quae pro rota A erunt CG, $\mu\varphi$, $\nu\varrho$ etc. pro rota vero B, αf, βg, γh etc. quarum istas pari curvatura praeditas esse oportet, atque alteras. Verum ne motus obstaculum offendat, crassitiem dentium rotae B scilicet $a\alpha$, $b\beta$, $c\gamma$, etc. aliquanto minorem esse oportet,

quam amplitudinem intervallorum inter dentes alterius rotae Gp, φq, ϱr etc. Denique evidens est, in rota B dentes quoque aliquanto profundius exscindi oportere: tum vero quoque conveniet dentes alterius rotae A aliquanto longiores fieri, ne unquam contactus in ipso eorum angulo a eveniat.

EXEMPLUM 2

16. Ponamus esse $\theta = \varphi$, erit $\cos(\theta - \varphi) = 1$ et $\int d\varphi \cos(\theta - \varphi) = \varphi + \gamma$: sicque erit

$$x = b\cos\varphi + \gamma b \sin\varphi + b\varphi \sin\varphi$$
$$y = -b\sin\varphi + \gamma b \cos\varphi + b\varphi\cos\varphi$$

tum vero porro ob $b = nc$

$$t = c\cos n\varphi + n\gamma c \sin n\varphi + nc\varphi \sin n\varphi$$
$$u = c\sin n\varphi - n\gamma c \cos n\varphi - nc\varphi \cos n\varphi$$

qui casus ideo videtur notatu dignus, quia pro utraque rota similis dentium prodit figura.

17. Ponatur $\gamma b = n\gamma c = e$, quae est quantitas arbitraria, et cum angulus φ semper sit minimus, erit pro figura dentium rotae A:

$$x = b\,(1 + \tfrac{1}{2}\varphi\varphi) + e\varphi\,(1 - \tfrac{1}{6}\varphi\varphi)$$
$$y = e\,(1 - \tfrac{1}{2}\varphi\varphi) - \tfrac{1}{2}b\varphi^3.$$

Pro figura dentium autem rotae B habebitur:

$$t = c\,(1 + \tfrac{1}{2}nn\varphi\varphi) + ne\varphi\,(1 - \tfrac{1}{6}nn\varphi\varphi)$$
$$u = -e\,(1 - \tfrac{1}{2}nn\varphi\varphi) + \tfrac{1}{3}n^3c\varphi^3.$$

Quemadmodum ergo coordinatae x et y ab angulo φ et radio b pendent, ita similiter coordinatae t et u ab angulo $n\varphi$ et radio c pendent.

18. Si constans e esset $= 0$, uterque dens desineret in cuspidem inversam, acumine scilicet centrum rotae utriusque respiciente; quae figura cum sit inepta ad praxin, constans e nihilo aequalis statui nequit. Tantus ergo valor ipsi e tribui debet, ut utraque curva a cuspide liberetur, ideoque quando angulus φ

maximum obtinet valorem α, ut e ad αb seu $n\alpha e$ certam quampiam teneat rationem. Ne autem, angulum φ tam affirmative, quam negative capiendo, unquam idem valor sive pro x, sive pro t recurrat, oportet, ut sit $e > \alpha b$. Si enim idem valor recurreret, tum eidem abscissae gemina applicata conveniet, ideoque dentis curva ibi duplicem haberet ramum, quod praxi adversaretur.

19. Curvae autem his formulis contentae propius cognoscentur ex ea conditione quod $\theta = \varphi$: ideoque $\operatorname{tang}\varphi = \frac{-dy}{dx}$: unde patet tangentem in puncto contactus SMT rectae AB esse parallelum, seu angulum $\mathrm{ATS} = 0$, ex quo fit $\mathrm{BST} = -n\varphi$, ideoque $\operatorname{tang} n\varphi = \frac{du}{dt}$. Hinc aequatio

$$b\,(dx \cos\varphi - dy \sin\varphi) = x dx + y dy$$

abit in

$$\frac{b\,(dx^2 + dy^2)}{\sqrt{(dx^2 + dy^2)}} = b\sqrt{(dx^2 + dy^2)} = x dx + y dy:$$

quae indicat curvam EM ex evolutione circuli radio $\mathrm{AE} = b$ descripti enasci, similique modo figura FM est curva ex evolutione circuli radio $\mathrm{BF} = c$ descripti nata.

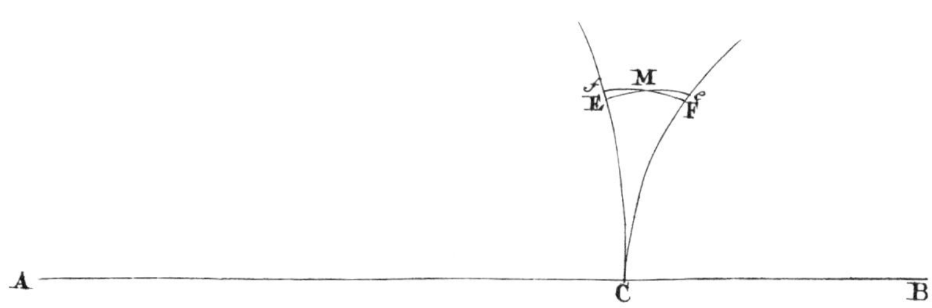

Fig. 4

20. Quodsi ergo centris A et B describantur circuli CE et CF (Fig. 4), ille radio $\mathrm{AC} = b$, hic vero radio $\mathrm{BC} = c$; sumtisque arcubus aequalibus CE = CF, circulus CE evolvatur in EMe, circulus CF autem in FMf, hae duae quidem curvae se mutuo in M tangent, verum hoc punctum contactus simul erit punctum intersectionis, ita ut ambo dentes se mutuo penetrare deberent. Hoc autem incommodum potissimum obstat, cum ambae rotae fere sunt aequales: at si altera rota AC sit maxima, illa intersectio evanescit, puncto contactus M in ipsum punctum E abeunte.

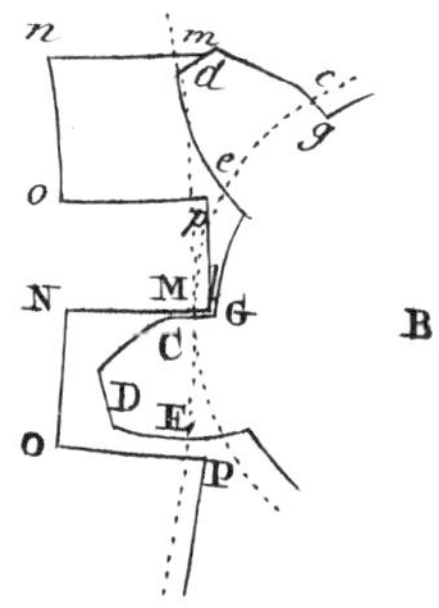

Fig. 5

21. Si ergo altera rota A praegrandis fuerit prae altera B (Fig. 5), huius dentes CD, *cd* commode per evolutionem circuli C*c* describi poterunt, dum dentes rotae magnae planae constituuntur, qui quidem ratione contactus ad minimum spatium M*l* se extendent, recta M*l* existente ad rotae peripheriam normali. Ex distantia porro dentium minoris rotae C*c*, quae ex eorum numero determinatur, eorum magnitudo *cm* inde definietur, ut cum contactus dentium M eveniat in recta AB, dentes proximi *cd* tantum non dentes *m* arripiant, ne unquam tres dentes simul agant. Tum vero magnitudine dentium CD et *cd* definita, tantae cavitates in maiori rota exscindi debent, veluti MNOP, *mnop*, ut dentes rotae minoris capere valeant; atque etiam hos dentes profundius exscindi oportebit, ut prominentiae dentium maioris rotae M*l* excipi queant. Hinc denique crassities dentium CE, *ce* determinabitur, ut in cavitatibus maioris rotae locum inveniant, alterisque faciebus ED, *ed* similis figura tribuetur, ut rotarum motus pari modo in plagam oppositam converti queat.

22. Quando autem usus postulat, ut ambae rotae non multum a ratione aequalitatis recedant, tum ob rationem allegatam figura dentium non per evolutionem circulorum describere licet, sed tum potius conveniet dentibus eiusmodi tribui figuras, quales in exemplo primo determinavimus, ubi facies dentium alterius rotae erant rectae. Simul autem hic notari convenit, si rotae admodum fuerint inaequales, atque dentibus maioris rotae, secundum exemplum primum, tribuatur figura plana, tum quoque figuram dentium minoris rotae ita fore comparatam, ut earum evoluta sit circulus radio $\mathrm{BC} = e$ descriptus, ita ut hoc casu ambo exempla exhibita conveniant.

23. Cum igitur exemplum primum ad omnes casus sit accommodatum, ne in eo quicquam incongrui eveniat, constantem e ita definiri oportet, ut dum angulus φ per omnes valores, tam affirmativos, quam negativos, variatur, quamdiu iidem dentes in se mutuo agunt, punctum contactus continuo immutetur; quod ut eveniat, si α denotet maximum angulum, qui pro φ statui queat, necesse est, ut sit $e > \frac{n(n+2)c\alpha}{n+1} = \frac{n+2}{n+1} b\alpha$. Ita si sit $\mathrm{AC} = b$, $\mathrm{BC} = c$, capiaturque $\mathrm{CD} = e$ (Fig. 6), recta DH ipsi AC parallela exhibebit faciem

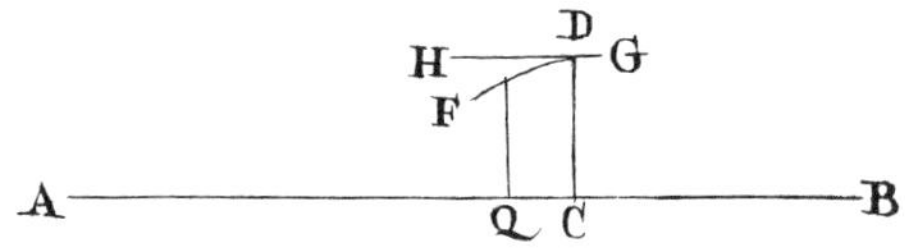

Fig. 6

dentis rotae A, quae ultra D non porrigitur ob $x = b\cos\varphi$ et $y = e$. Pro figura autem dentis FDG alterius rotae B, positis $\mathrm{BQ} = t$ et $\mathrm{QN} = u$, erit

$$t = c + (n+1)\,e\varphi + \tfrac{1}{2}n\,(n+2)\,c\varphi\varphi$$

$$u = e - \tfrac{1}{2}(n+1)^2\,e\varphi\varphi - \tfrac{1}{3}n\,(n+1)\,(n+2)\,c\varphi^3$$ [1]

unde posito $\varphi = \alpha$ terminus dentis F, posito autem $\varphi = -\alpha$ alter terminus G reperitur; hincque quovis casu figura dentium facile delineabitur.

1) Editio princeps: $\frac{1}{2}$ loco $\frac{1}{3}$. Corr. C.B.

PRINCIPIA THEORIAE MACHINARUM

Commentatio 277 indicis ENESTROEMIANI
Novi commentarii academiae scientiarum Petropolitanae 8 (1760/1), 1763, p. 230–253
Summarium ibidem, p. 39–43

SUMMARIUM

Hic non agitur de vulgari Machinarum doctrina, qua constructio earum et compositio ex machinis simplicibus tradi solet, et quae ex solis principiis staticis naturae aequilibrii innixis petitur, ita ut ad ipsum motum, quo tamen totus effectus absolvitur, vix respiciatur. In hac igitur dissertatione ea potissimum, quae ad effectum machinarum determinandum spectant, exponuntur, in quo negotio commode usu venit, ut quomodocunque machina fuerit composita, nihil aliud inde in computum ingrediatur, praeter solam rationem, quae inter celeritatem vis agentis et celeritatem oneris movendi intercedit, et ex machinae structura secundum praecepta in staticis tradita facile innotescit. Bina scilicet loca in qualibet machina sunt consideranda, in quorum altero vis movens, in altero vero vis oneris reluctans, applicatur, motuque machinae impresso videndum est, quam rationem celeritates in his locis inter se sint habiturae. Iam cognita hac ratione certum est, ad onus movendum tantam requiri vim, quae ad onus teneat eandem rationem inversam. Hinc Auctor momentum vis agentis appellat productum, quod oritur, si haec vis per celeritatem, qua operatur, multiplicetur; et ut ista mensura sit determinata, celeritatem exprimit spatio uno minuto secundo confecto. Simili modo momentum oneris, seu vis reluctantis, vocat productum, quod oritur, si haec vis reluctans per suam celeritatem seu spatium uno minuto secundo absolutum, multiplicetur. Perspicuum autem est, hoc momento oneris veram mensuram effectus, quam machina producit, contineri, cum sine dubio effectus tanto maior sit aestimandus, quo magis oneri renitatur, et quo celerius promoveatur; at momentum hoc modo expressum simul effectum uno minuto secundo editum accurate metietur. Simili modo prius momentum vis agentis veram mensuram *actionis* largitur, quam certe distinctius mente concipere non licet. In omnibus nunc motibus machinarum ope effectis semper momentum vis agentis aequale est momento vis reluctantis, seu actio aequalis effectui, si quidem a frictione mentem abstrahamus, et motus machinae fuerit aequabilis. Verum frictionis ratio haud difficulter habetur, dum ob eam tantum oneris momentum augetur, ita ut tum hoc momentum ob frictionem auctum momento vis agentis aequale sit statuendum, unde pro data actione effectus machinae ob frictionem utique diminuitur. In machinarum ergo constructione imminutio frictionis utique maximi est momenti, at perfectio machinarum non tam a minuta frictione ipsa, sed ab imminutione eius momenti pendet, quod quomodo obtineri possit, ipsa frictione non minuta, ab Auctore docetur. Quod vero ad motum machinae uniformem attinet, pleraeque quidem, dum sunt in actione, aequabiliter moventur; verum tamen in earum partibus saepe motus inaequalitas spectatur, dum verbi gratia pistilla alternatim attolluntur et detruduntur, unde actio machinae quoddam patitur detrimentum, atque Auctori ansam praebet hanc machinarum conditionem accuratius investigandi. His autem praemissis tota machinarum perfectio eo revocatur, ut data vi agente machina ita instruatur, ut inde maximus obtineatur effectus, quae quidem quaestio primo intuitu solutionis non capax videtur, cum semper effectus sit actioni huius vis aequalis, nisi totam perfectionem in sola momenti frictionis imminutione quaerere velimus. Verum Auctor hic imprimis ostendit, etiamsi vires ad machinam movendam adhibendae sint datae, tamen idcirco earum actionem neutiquam esse datam, sed prouti tardius, vel celerius, operentur, eam modo maiorem, modo minorem, existere posse; ex quo his viribus quovis casu ita convenit, ut earum actio fiat maxima; quia tum etiam effectus machinae maximus efficietur. Hic igitur indoles virium moventium potissimum est spectanda, ubi primo quidem, si viribus hominum utamur, notari oportet, quantacunque vi homo, dum est in quiete, operari, hoc est trahere, vel trudere valeat, tamen eius vim, quo celerius idem opus exequi debet, continuo diminui, ac tandem prorsus evanescere. Ita si homo, dum quiescit, onus 100 librarum movere valeat, idem progrediens eo minus onus post se trahere valebit, quo celerius incedit, ac si maxima qua potest celeritate currit, ne minimum quidem onus protrahere poterit, cum omnes suas vires in proprium motum impendat. Ponamus eius vires consumi, dum singulis minutis secundis spatium 6 pedum percurrit; et cum priori casu, quo quiescit, vis exerta sit 100 libr. celeritas autem nulla, posteriori vero vis nulla, celeritas autem 6 pedum, utroque casu actio hominis, productum scilicet ex vi in celeritatem, est nulla; dabitur ergo certus celeritatis gradus, quo si homo operetur, tametsi minorem vim quam 100 libr. exerat, actio tamen eius sit maxima, atque adeo machinae applicata maximum effectum producat. Ad hanc definiendam Auctor quidem ad hypothesin confugit, sed ratione non destitutam, atque experientia confirmatam: sumit scilicet, si homo, aliave potentia agens, in quiete exerere valeat vim $= \mathrm{A}$, at vero celeritate $= f$ progrediens nihil amplius praestare possit; tum si idem homo celeritate $= v$ incedat, exerere posse vim $= \left(1 - \dfrac{v}{f}\right)^2 \mathrm{A}$: unde cum eius actio sit aestimanda $= v\left(1 - \dfrac{v}{f}\right)^2 \mathrm{A}$, ea erit maxima, si fuerit $v = \frac{1}{3} f$, et ipsa actio maxima sit $= \frac{4}{27} \mathrm{A} f$. Ita si pro homine sumatur $\mathrm{A} = 100$ libr. et celeritas extrema $f = 6$ ped. homo efficacissime operabitur, si celeritate 2 ped. uno minuto secundo aget, tum autem vim exeret

$$= \tfrac{4}{9}\,100 = 44\tfrac{1}{2}\text{ libr.}$$

et eius actio erit

$$= 44\tfrac{1}{2}\cdot 2 = 89.$$

Quoties ergo ad machinas movendas operis hominum uti velimus, efficiendum est, ut hominum motus sit 2 ped. singulis minutis secundis; scilicet si onus movendum cum frictione resistentiam faciat R libr. id tanta celeritate u moveri poterit, ut sit

$$\mathrm{R}u = \tfrac{4}{27}\mathrm{A}f,$$

ideoque

$$u = \frac{4\mathrm{A}f}{27\mathrm{R}}:$$

unde cum celeritas vis agentis sit $= \frac{1}{3}f$, machinam ita instrui conveniet, ut sit celeritas vis ad celeritatem oneris ut 1 ad $\dfrac{4\,\mathrm{A}}{9\,\mathrm{R}}$.

Idem tenendum est de viribus animalium cuiusque generis, quae ad machinas movendas adhibentur; ubi imprimis notandum est, ea, quae maximae celeritatis sunt capacia, maximum effectum producere. Ita si equus in quiete tantum anniti queat, quantum tres homines, simul vero triplo maiorem celeritatem sustinere possit, eius actio efficacissima novies erit maior quam unius hominis, unusque equus tantum praestare poterit, quam novem homines. Eadem regula quoque locum habet in vi fluminis, cuius actio ad rotas circumagendas est maxima, si rota tanta velocitate versetur, ut celeritas aquae allabentis sit pars tertia. Haec igitur sunt vera principia, ex quibus omnis generis machinae ad summum perfectionis gradum evehi poterunt, ad quod vulgarem machinarum doctrinam parum conferre manifestum est.

1. *Primum omnes machinas in duas classes distribui convenit: quarum prima eas complectitur, quae dum in actione versantur, ita uniformiter moventur, ut omnes eius partes perpetuo motu uniformi ferantur. Ad alteram vero classem eae pertinent machinae, quarum singulae partes in motu suo modo accelerantur, modo retardantur, etiamsi forte tota machina motum uniformem mentiatur.*

Prioris classis sunt machinae oneribus elevandis destinatae, item molae frumentariae, quippe quae dum in actione debita versantur, omnes earum partes iugiter motu uniformi agitantur, ita ut nusquam neque acceleratio, neque retardatio motus, adsit. Pistrina vero, aliaequa machinae, quae tundendo opus conficiunt, quoniam pistilla alternatim attolluntur, ac remittuntur, ad classem posteriorem sunt referendae: quorum etiam pertinent omnis generis horologia, in quibus cum nullum proprie adsit onus superandum, tota actio in alterna partium acceleratione ac retardatione consumitur. Machinae quoque aquis attollendis destinatae huic classi sunt annumerandae, quoniam cum embola non motu uniformi agitantur, tum etiam ipsi aquae, quae primum fuerat in quiete, motus imprimi debet, ad quod necessario acceleratio requiritur. Posterior ergo classis latissime patet, atque adeo saepe machinas, quae ad priorem pertinere debebant, recipit; in quod earum vitio evenit, quando dentes, quibus rotae se mutuo urgent, non ita fuerint elaborati, ut dum una motu uniformi gyratur, reliquae pari motu cieantur, sed quasi per successiones impellantur. Alio autem loco ostendi, cuiusmodi figuram dentibus binarum rotarum se invicem trudentium tribui oporteat, ut dum altera motu uniformi circumagitur, alterius quoque motus futurus sit uniformis[1]). Quam necessaria autem haec sit machinarum distinctio, ad earum actionem recte perspiciendam, mox clarius exponetur.

2. *In machinis primae classis, quae in omnibus partibus motu uniformi feruntur, vis ad earum motum conservandum requisita praecise aequalis est ei, qua opus est ad aequilibrium, seu quae resistentiae tantum non superandae par est.*

Quae igitur vis aequilibrio producendo sufficit, eadem motum quantumvis celerem in machina, dummodo fuerit uniformis, conservare valet. Hinc si machina ponderi 100 librarum elevando destinata ita sit instructa, ut pro aequilibrio opus sit vi 10 librarum, eadem vis 10 librarum sufficiet ad idem pondus 100 librarum celeritate quantumvis magna uniformiter elevandum. Statim enim ac motus machinae ad uniformitatem est perductus, quia singulae partes ob inertiam ad hunc motum conservandum sunt dispositae, continuatio motus plus non requirit, quam ut resistentia motui adversans superetur, quae cum eadem sit atque in statu quietis, eadem vis, quae machinam in statu quietis conservare, eiusve motum vel minimum valet, ad motum uniformem conservandum sufficit. Mirum quidem videbitur et experientiae contrarium, quod celerrimus motus maiori vi non indigeat, quam tardissimus; cum tamen in machinis, vel aqua, vel animalibus actis, nullum sit dubium, quin ad motum velociorem producendum maior aquae copia, maiorve animalium numerus requiratur. Verum his casibus

1) In E249, p. 119 huius voluminis. P. H.

perpendendum est, augendo vel aquae copiam, vel animalium numerum, vim inde ortam non augeri, propterea quod, quo velocius machina movetur, sive aquae, sive animalium vis in machinam agens minuatur: unde fit, ut etiamsi pro motu celeriori maior vis non requiratur, tamen maiori sive aquae copia, sive animalium numero sit opus: quod idem de reliquis virium generibus, quae ad machinas movendas adhiberi solent, est tenendum. Minime igitur nostra propositio, qua motum etiam velocissimum, dummodo fuerit uniformis, maiorem vim non exigere statuimus, quam tardissimum affirmamus, veritati adversari est censenda, quin potius, uti firmissimis Theoriae principiis innititur, ita quoque experientiae apprime conformis deprehenditur, dummodo quantitatem virium rite aestimare discamus.

3. *Hinc evidens est, si vis machinam sollicitans vel maior fuerit, vel minor ea, quae ad aequilibrium conservandum requiritur, seu quae ipsi vel minimum motum imprimere valet, tum motum machinae priori casu acceleratum, posteriori vero retardatum iri.*

Vicissim ergo intelligitur, si motus machinae debeat accelerari, maiorem vim requiri, quam quae aequilibrio conservando sufficiat: hoc enim casu non solum resistentiam, seu vim motui machinae proprie adversantem, vinci oportet, sed etiam ipsi accelerationi inertia tam oneris, quam singularum ipsius machinae partium, reluctatur. Quamobrem si ex vi data, quae superet eam, qua ad aequilibrium sustinendum opus est, motus machinae acceleratus definiri debeat, praeter vim resistentem simul inertiae ratio est habenda, quae investigatio idcirco proprie ex principiis motus est expedienda, dum consideratio motus uniformis per sola principia statica, seu aequilibrii, perfici potest. Unde fit, ut si accelerationem cuiuspiam machinae definire velimus, in calculos plerumque admodum molestos prolabamur, dum motus uniformis facillime ad calculum revocatur. Similis est ratio retardationis motus, quae oritur, si vis sollicitans minor fuerit ea, quam aequilibrii conservatio exigit: tum enim vis resistentiae, motui machinae reluctans, quatenus vim sollicitantem superat, in retardationem motus impenditur; cuius accurata explicatio pariter ex motus principiis est petenda. Quando ergo machina alternatim motu accelerato et retardato agitatur, tuto concludere possumus, vim sollicitantem alternatim maiorem minoremque esse ea, quae ad motum uniformem esset necessaria: difficillimum autem plerumque erit ipsam accelerationem et retardationem assignare. Interim tamen sine dubio pronunciare licet, si omnes illae vires modo maiores, modo minores, ad mediam quandam vim revocentur, hanc minorem non esse futuram ea vi, quae ad motum uniformem requireretur, si modo acceleratio et retardatio utrinque aeque a motu uniformi discedant.

4. *In machinis prioris classis, quae motu uniformi agitantur, productum ex vi sollicitante in celeritatem, qua incedit, aequale est producto ex vi resistente in celeritatem, qua promovetur.*

Haec propositio sequitur ex principio universali aequilibrii, quo constat tum binas vires contrarias machinae cuicunque applicatas esse in aequilibrio, cum impresso machinae vel minimo motu vires fuerint reciproce ut spatia percursa, seu uti celeritates; hinc enim producta utriusque vis in suam celeritatem fient inter se aequalia. Ostendimus autem, in motu machinarum uniformi ad resistentiam vincendam maiorem vim non requiri, quam in statu aequilibrii: unde, cum motus machinae tam vi sollicitanti, quam resistenti, certum celeritatis gradum tribuat, si utraque vis per suam celeritatem multiplicetur, ambo producta necesse est, ut inter se sint aequalia. Verum celeritas, qua vis quaecunque movetur, secundum directionem eius propriam aestimari debet, in directione scilicet vis mente concipiatur fixum quodpiam punctum, cum quo conferatur punctum, ubi vis machinae applicatur; et ex mutatione momentanea distantiae horum punctorum celeritatem definiri oportet. Quomodo autem quovis casu haec bina producta, quorum aequalitate actio machinae continetur, recte exprimi conveniat, mox accuratius exponetur. Quod autem ad machinas motu non uniformi operantes attinet, hinc satis est perspicuum, si productum ex vi sollicitante in suam celeritatem maius fuerit, quam productum ex vi resistente in suam celeritatem, quoniam tum vis sollicitans maior est quam motus uniformitas requirit, motum machinae inde accelerari; contra vero, si illud productum hoc fuerit minus, retardari. Ex quo intelligitur, istorum productorum accuratam cognitionem ad actionem omnis generis machinarum definiendam maxime esse necessariam. Quomodocunque ergo machina fuerit composita, hic non tam ipsa compositionis ratio in computum ingreditur, quam ratio celeritatum, quibus cum potentia tum onus, dum machinae motus imprimi concipitur, promoventur: quandoquidem ex hac ratione statim ratio inter potentiam et onus, quam tam motus uniformis, quam acceleratus et retardatus requirit, innotescit.

5. *Momentum effectus invenitur, si vis motui machinae reluctans, seu cui movendae machina destinatur, per viam ab ea dato tempore descriptam multiplicetur. Pro hoc autem tempore hic perpetuo minutum secundum assumemus.*

In hoc momento effectus vera continetur notio effectus a machina quacunque editi. Quo celerius enim onus, seu vis resistens, movetur, seu, quo maius fuerit spatium, per quod dato tempore promovetur, eo maior aestimatur machinae effectus, et, manente celeritate eadem, quo maior fuerit ipsa resistentia, eo maior quoque effectus censetur. Ad hoc ergo momentum definiendum primo ipsa vis resistens, quatenus motui machinae reluctatur, explorari, eiusque quantitas per pondus aequivalens exprimi debet, tum vero dispiciendum est, per quantum spatium ea dato quodam tempore promoveatur. Hinc momentum effectus ad definitum quodpiam tempus adstringitur, pro quo hic commoditatis gratia minutum secundum assumamus; ita ut hac expressione effectus uno minuto secundo editus indicetur, unde autem facile ad quodvis aliud tempus, siquidem motus fuerit uniformis, transferri poterit. Ita si onus, cuius pondus $= Q$, sit verticaliter attollendum, idque singulis minutis secundis per altitudinem a elevetur, erit momentum effectus $= Qa$. Sin autem onus horizontaliter promoveri debeat, eius tantum frictio superanda est, quae si aequivaleat ponderi Q, onusque pariter per spatium a singulis minutis secundis protrahatur, momentum effectus pariter erit $= Qa$. At si onus super plano inclinato sursum trahi debeat, vis resistens Q partim pondere oneris, partim frictione exprimenda erit. Quod si in molis momentum effectus sit aestimandum, indagari debet vis ad molam circumagendam requisita, cuius quidem punctum applicationis imprimis est spectandum; quod enim quo magis ab axe motus fuerit remotum, eo minor vis resistentiae superandae par erit. Quoniam vero haec vis per spatium uno minuto secundo percursum multiplicari debet, quod in ratione distantiae ab axe crescit, productum eandem quantitatem retinebit, sive distantia illa maior minorve assumatur, unde momentum effectus fixum obtinebit valorem. Si machina ad aquam elevandam fuerit accommodata, ex Theoria fluidorum ostendi potest, momentum effectus inveniri, si copia aquae, eius scilicet pondus, quae singulis minutis secundis elevatur, per totam altitudinem elevationis multiplicetur, similique modo pro omnibus omnino casibus momentum effectus assignari poterit.

6. *Momentum impulsus simili modo reperitur, si vis machinam actu impellens multiplicetur per spatium, quod ab ea dato tempore conficitur: ubi iterum pro hoc dato tempore minutum secundum assumetur.*

Duae ergo res requiruntur ad momentum impulsus constituendum; primo scilicet ipsa vis impellens, cuius quantitatem pondere metiri licet, deinde spatium, quod ea agendo singulis minutis secundis absolvit: harumque duarum quantitatum multiplicatione momentum impulsus oritur, quod ergo homogeneum erit cum momento effectus. Circa aestimationem ipsius vis impellentis plerumque ad celeritatem, qua in machinam agit, est respiciendum; nisi enim haec vis a gravitate ponderis descendentis petatur, quod, dummodo aequabiliter descendat, perpetuo aequali vi urget, aucta celeritate, qua in machinam agit, simul eius quantitas diminui solet, idque diversimodo pro varia virium sollicitantium natura. Ita si machina operis hominum animaliumve impellatur, eorum vis actu exerta maxime ab actionis celeritate pendet: cum enim animal vi indigeat ad se ipsum movendum, atque omni, quo pollet, nisu adhibito se ultra certum celeritatis gradum movere nequeat, quo propius eius actio ad hunc gradum accesserit, eo minorem vim exerere valebit, quippe quae cum illum gradum attigerit, penitus evanescet. Quare si vim impellentem aestimare velimus, minime magnitudinem conatus, quo machinam quiescentem sollicitat, tanquam eius mensuram accipere debemus, sed ad hoc iam ipsam celeritatem, qua machina movetur, spectari oportet, unde pro natura vis agentis eius vera quantitas definiri queat: atque hanc demum vim per viam minuto secundo percursam multiplicando obtinebimus verum momentum impulsus. Istud vis agentis decrementum a motu iam acquisito ortum clarissime perspicitur in machinis a vi illabentis aquae impulsis: quo celerius enim rota aquaria gyratur, eo minorem vim ab aqua sustinet; dum contra vis aquae in rotam quietam est maxima. Probe igitur cuiusque generis virium, quae ad machinas movendas adhibentur, natura est exploranda, ut pro quolibet celeritatis gradu vera vis agentis quantitas assignari possit.

7. *Si machina frictione careat, eiusque motus fuerit uniformis, momentum effectus praecise aequale erit momento impulsus; ideoque ex cognito momento impulsus verus effectus eiusve momentum poterit determinari.*

Assumo hic primum, machinam frictione carere, tum vero eius motum esse uniformem, ut conservatio motus machinae nullam vim requirat, totaque vis impellentis actio in onus promovendum impendatur. Ita enim fiet, ut superatio vis reluctantis maiorem vim non exigat, quam quae aequilibrio continendo sufficeret, propterea quod solum onus motui machinae resistentiam opponit. Cum igitur productum ex vi resistente in suam celeritatem aequale sit vi impellenti per suam celeritatem multiplicatae, haeque celeritates sint ut spatia eodem tempore confecta, si earum loco spatia uno minuto secundo absoluta substituamus, illa producta abeunt in momenta impulsus et effectus, prouti ea modo definivimus, quae igitur inter se aequalia esse oportet. Hinc si cognita fuerit quantitas vis impellentis una cum celeritate, qua agit, inde simul momentum effectus innotescit; ita si vis impellens sit $= P$, spatiumque, quod ab ea singulis minutis secundis conficitur, $=p$, exprimet Pp momentum impulsus, cui cum aequale sit momentum effectus, si Q designet resistentiam oneris et q spatium, per quod uno minuto secundo promoveatur, erit $Qq = Pq$, hincque $q = \frac{Pp}{Q}$. In hac formula nota illa aequalitas inter causam et effectum continetur, quatenus ea quidem rite ad actionem machinarum accommodatur; eique actioni machinarum certus terminus praefigitur, quem nunquam transgredi valeant. Pendet igitur quantitas effectus non solum a quantitate vis impellentis, sed etiam a celeritate, qua agere potest, et quoniam vidimus, plerasque vires, quae ad machinas agitandas adhiberi solent, ita esse comparatas, ut aucta celeritate ipsae minuantur, de quantitate effectus nihil certi definire licet, nisi exploratum sit, qua lege quantitas vis impellentis pro singulis celeritatis augmentis diminuatur. Atque hinc evenire potest, ut manente eadem vi sollicitante, effectus machinae plurimum variari possit, prout scilicet ea vis alia atque alia celeritate fuerit praedita, quod tamen neutiquam aequalitatem inter causam et effectum evertit, propterea quod in iusta causae aestimatione simul celeritatis ratio haberi debet.

8. *Frictio vero, quam partes machinae, dum inter se commoventur exerunt, non admodum iudicium machinarum turbat; quoniam enim motui machinae reluctatur, resistentiam oneris tantum augere est censenda, ex quo momentum effectus data quadam quantitate augeri debet, antequam momento impulsus aequale statuatur.*

Hic ex experientia assumitur frictionis quantitatem eandem manere, quantacunque celeritate machina moveatur: unde machinae cuiusvis propositae frictio explorari potest, si remota oneris resistentia investigetur, quanta vi opus sit, ad machinam, dum est in quiete, vel tantillum commovendam; tanta enim vis deinceps quoque in motu, utcunque fuerit rapidus, perpetuo ad frictionem superandam requiretur. Perinde igitur erit, ac si resistentia oneris certa quadam quantitate sit aucta, sicque commode frictio cum ipso onere coniungetur, ita ut ob frictionem resistentia oneris maior sit aestimanda, quam re vera est. Quoniam enim resistentia oneris perpetuo eadem manet, quacunque celeritate moveatur, frictio congrue ad oneris resistentiam adiicitur. Dum minus congrue propter eam vis impellens quapiam quantitate imminui conciperetur, quia haec cum celeritate motus variatur, etiamsi ratione recte instituta res eodem redeat. Atque hinc frictionis nulla ratione seorsim habita resistentia oneris ob eam aucta statim per experientiam cognosci poterit: quaecunque enim machina cum adiuncta oneris resistentia fuerit proposita, quaeratur vis, quae illi vel tantillum commovendae par sit, atque ex regulis staticis statim colligetur, quanta sit tota vis resistentiae, quae tam ex onere ipso, quam ex frictione resultat. Quae si fuerit cognita, ac ponatur $= Q$, ea in momentum effectus introduci debet, cui deinceps momentum impulsus erit coaequandum, dummodo motus fuerit uniformis, prorsus ut ante est praeceptum. Totum ergo negotium huc redit, ut in computo ob frictionem resistentia oneris data quapiam quantitate augeatur, ac momentum effectus ex hac resistentia aucta determinetur, cui aeque ac ante momentum impulsus aequale statui debebit.

9. *Proposita machina cum resistentia superanda ante omnia indagari debet quantitas vis impellentis, quae ad eam in motu uniformi conservandam requiritur. Haecque investigatio commodissime per experimenta instituitur, ut simul frictio in effectu comprehendatur.*

In hunc finem bina machinae loca praecipue sunt notanda, ubi tam vis impellens, quam resistentia oneris, applicatur, atque ex structura machinae patebit, quaenam ratio, dum movetur, inter celeritatem vis impellentis et celeritatem oneris intercedat. Quare si quantitas oneris, seu vis motui machinae reluctantis, fuerit $= Q$, et ratio celeritatis vis impellentis ad celeritatem vis reluctantis sit ut m ad n, quantitas vis impellentis foret $= \frac{Qn}{m}$, si motus machinae ob frictionem non impediretur. Quando ergo frictio adest, quae insuper vinci debet, maior vis impellens requiritur, ad quam inveniendam, cum frictio difficulter a priori definiri queat, commodissime ad experimenta confugietur. Machina scilicet in quiete constituta ei in loco, ubi vis impellens est applicanda, vis adhibeatur, quae primo aequilibrio conservando par sit, deinde ea sensim augeatur, quoad machinae vel minimum motum imprimere valeat; hocque modo habebitur ea ipsa vis, quae motui machinae quantumvis celeri, dummodo fuerit uniformis, conservando sufficiet. Ob frictionem autem haec vis maior prodibit, quam $\frac{Qn}{m}$, eoque magis hanc quantitatem excedet, quo maior fuerit frictio; seu posita hac vi per experimentum inventa $= P$, erit $P > \frac{Qn}{m}$, ideoque $P = \frac{Qn}{m} + F$, existente F eius augmento ad frictionem superandam requisito. Vel si ponatur $F = \frac{Gn}{m}$, ob

$$P = \frac{n}{m}(Q + G),$$

frictio eundem praestabit effectum, ac si loco resistentiae Q maior resistentia $Q + G$ superari deberet. Neque vero opus est, ut in hoc experimento vis explorans P in eo ipso loco, ubi deinceps vis impellens applicari debet, applicetur; si enim in alio loco applicetur, cuius celeritas ad celeritatem in loco vis impellentis sit ut μ ad ν, eaque vis reperiatur $= \Pi$, hinc facile concludetur vera vis impellentis P quantitas, quippe quae erit $P = \Pi \frac{\mu}{\nu}$: quemadmodum ex principiis staticis est manifestum. Hoc ergo modo plura experimenta institui poterunt, quo certiores de vera quantitate vis P reddamur.

10. *Quantacunque fuerit resistentia superanda, machina semper ita instrui potest, ut data vis impellens, quae simul data celeritate agat, ei uniformiter movendae sufficiat; unde itaque momentum effectus sponte innotescet.*

Exprimat Q resistentiam superandam, quae simul frictionem rite aestimatam et ad locum resistentiae reductam complectatur: deinde sit P vis impellens, quae singulis minutis secundis spatium p absolvat; quoniam enim vires, quibus machinae agitari solent, ita sunt comparatae, ut aucta actionis celeritate minuantur, de earum quantitate absolute nihil certi pronunciare licet, nisi celeritas, qua agant, simul definiatur. His positis, ex vulgaribus Mechanicae elementis constat, quemadmodum partes machinae instrui ac disponi debeant, ut vis P resistentiam Q in aequilibrio continere valeat. Efficiendum scilicet est, ut dum machina tantillum movetur, spatia tam a vi impellente P, quam a resistentia Q percursa ipsis viribus sint reciproce proportionalia. Machina igitur ita instructa, motus quicunque uniformis maiorem vim impellentem quam P non requiret; et quia vis impellentis quantitas eatenus est $= P$, quatenus ea praescripta celeritate agit, hoc est singulis minutis secundis spatium $= p$ conficit, etiam in motu machinae uniformi haec celeritas vi impellenti conveniet. Cum igitur momentum impulsus sit $= Pp$, eidem momentum effectus erit aequale, ita si q denotet spatium, per quod resistentia Q singulis minutis secundis promovetur, quia est $Qq = Pp$, erit $q = \frac{Pp}{Q}$, sicque verus machinae effectus innotescit, siquidem motus uniformis sit capax. Quoniam vero in resistentia superanda Q frictionem sumus complexi, evidens est, quo maior fuerit frictio, eo minorem esse futurum verum machinae effectum. Hinc si frictio aequivaleat vi G in loco resistentiae applicatae, atque iam Q denotet ipsam resistentiam superandam, erit $Pp = (Q + G)\ q$, ideoque verum momentum effectus $Qq = Pp - Gq$, seu ob ob $q = \frac{Pp}{Q+G}$ erit id

$$Qq = \frac{PQ}{Q+G}\,p = \frac{Q}{Q+G} \cdot Pp;$$

scilicet in ratione Q + G ad Q minus erit, quam momentum impulsus Pp.

11. *Nisi vis impellens sit pondus descendens, eius quantitas a celeritate, qua agit, pendet, ita ut pro celeritate nulla sit maxima, tum vero aucta celeritate decrescat, donec, cum celeritas datum gradum attigerit, penitus evanescat; neque unquam hunc gradum superare queat.*

Ista vis impellentis diminutio ratione auctae celeritatis clarissime in impulsu aquae contra obicem mobilem perspicitur. Ponamus enim obicem esse planum, et aquam in eum directe celeritate altitudini c debita illidere, obicisque superficiem esse $= aa$, erit vis aquae aequalis ponderi massae aquae, cuius volumen est $= aac$, quae statuatur $= \mathrm{A}$. Iam si obex habeat motum, quo impulsui aquae directe cedat, eiusque celeritas debita sit altitudini v, perinde erit, ac si aqua tantum celeritate $\sqrt{c} - \sqrt{v}$ illidat, cum ante celeritate $\sqrt{c}$ incurrisset, unde nunc vis impulsus aequabitur ponderi massae aquae, cuius volumen est $= aa\left(\sqrt{c} - \sqrt{v}\right)^2$, quae ergo ob $aac = \mathrm{A}$ erit $= \mathrm{A}\left(1 - \sqrt{\frac{v}{c}}\right)^2$. Cum igitur haec vis evanescat, si fiat $\sqrt{v} = \sqrt{c}$, eademque sit $= \mathrm{A}$, dum adhuc in quiete versatur, generalius actionem huiusmodi virium ita describere poterimus, ut dicamus, si quantitas talis vis, dum quiescit, sit $= \mathrm{A}$, dum autem singulis minutis secundis spatium $= f$, percurrit, evanescat, tum si ita moveatur, ut singulis minutis secundis spatium p, existente $p < f$, absolvat, eius quantitatem fore $= \mathrm{A}\left(1 - \frac{p}{f}\right)^2$. Quae etsi ex natura impulsus aquae sunt desumta, tamen latius patere, atque adeo in actione hominum animaliumque locum habere videntur; de quo eo minus dubitare licet, cum huiusmodi vires nonnisi propemodum ad calculum revocari queant. De hominibus ergo atque animalibus, quorum ope machinae agitari solent, statuemus, si hominis animalisve, dum quiescit, vis fuerit $= \mathrm{A}$, ea vero, quando singulis minutis secundis spatium $= f$ percurrit, evanescat, tum eiusdem vim, dum ita movetur, ut singulis minutis secundis spatium $= p$ absolvat, fore $= \mathrm{A}\left(1 - \frac{p}{f}\right)^2$. Quodsi ergo talis vis, dum singulis minutis secundis per spatium $= p$ fertur, ponatur $= \mathrm{P}$, erit $\mathrm{P} = \mathrm{A}\left(1 - \frac{p}{f}\right)^2$, ac si insuper constet vis A, quam eadem vis in quiete exerit, hinc vicissim concludemus maximam eius celeritatem f, quae nullam amplius vim exeret: erit enim $1 - \frac{p}{f} = \sqrt{\frac{\mathrm{P}}{\mathrm{A}}}$, hincque $f = \frac{p\sqrt{\mathrm{A}}}{\sqrt{\mathrm{A}} - \sqrt{\mathrm{P}}}$, unde natura huiusmodi virium distincte intelligitur.

12. *Si huiusmodi vis ad machinam movendam adhibeatur, quae in quiete maior sit, quam resistentiae aequilibrium requirit, tum machina mox ad motum uni-*

formem perducetur, quo deinceps perpetuo agitabitur, siquidem ipsa machina motus uniformis fuerit capax.

Sit igitur haec vis impellens ita comparata, ut in quiete eius quantitas sit $=A$; dum autem singulis minutis secundis spatium $=f$ absolvit, in nihilum abeat: eiusdem ergo vis impellentis quantitas erit $=A\left(1-\frac{p}{f}\right)^2$, dum minuto secundo spatium $=p$ conficiet. Sit porro tota resistentia superanda $=Q$, qua simul frictio comprehendatur, ipsaque machina ita instructa, ut status aequilibrii vim $=\frac{n}{m}Q$ requirat. His positis, quia assumo esse $A>\frac{n}{m}Q$, statim ab initio motus machinae accelerabitur, et quoniam aucto motu vis impellens continuo imminuitur, acceleratio tamdiu durabit, quoad vis impellens quantitatem $\frac{n}{m}Q$ attigerit. Re vera quidem hoc demum tempore elapso infinito eveniet, verum plerumque mox ab initio machinae talis motus imprimetur, qui ab isto uniformitatis gradu vix parte centesima differat, qui igitur in praxi iam pro uniformi haberi poterit. Quod si evenerit, motusque iam pro uniformi haberi possit, necesse est, ut sit

$$A\left(1-\frac{p}{f}\right)^2=\frac{n}{m}Q$$

ideoque

$$1-\frac{p}{f}=\sqrt{\frac{nQ}{mA}}$$

et

$$p=\frac{\sqrt{mA}-\sqrt{nQ}}{\sqrt{mA}}\cdot f,$$

quae formula spatium exprimit, quod tum a vi impellente singulis secundis absolvetur; visque resistens ergo eodem tempore per spatium

$$=\frac{n}{m}p=\frac{n}{m}\cdot\frac{\sqrt{mA}-\sqrt{nQ}}{\sqrt{mA}}\cdot f$$

promovebitur. Unde momentum effectus habebitur

$$=\frac{n}{m}\cdot\frac{\sqrt{mA}-\sqrt{nQ}}{\sqrt{mA}}\cdot fQ=\frac{n}{m}\left(1-\sqrt{\frac{nQ}{mA}}\right)fQ,$$

quo simul momentum impulsus definitur. Patet ergo, quo maioris celeritatis vis impellens fuerit capax, antequam actionem amittat, eo maiorem ab ea produci effectum; his autem casibus machina tardius ad motus uniformitatem perducetur. Ac si adeo spatium f fuerit infinitum, quo casu vis impellens constanter eandem quantitatem A retineret, tum quidem tandem effectum in infinitum excrescere posse, verum mox tam debilia incrementa acciperet, ut a levissima resistentia ulterior acceleratio impediri posset. Semper tamen caeteris paribus effectus eo maior obtinebitur, quo maius fuerit spatium f, etiamsi is non in eadem ratione augeri sit censendus.

13. *Etiamsi igitur eadem impulsione ad eandem resistentiam superandam utamur, effectus tamen plurimum a machinae indole pendebit, seu a ratione $m:n$, quae inter celeritates vis impellentis et resistentis statuitur. Haecque adeo ita temperari poterit, ut maximus effectus consequatur.*

Quoniam pro positionibus modo in genere traditis invenimus momentum effectus

$$=\frac{n}{m}\left(1-\sqrt{\frac{nQ}{mA}}\right)fQ,$$

patet eius quantitatem manentibus A, f et Q plurimum a ratione $m:n$, quam structura machinae praebet, pendere; si enim fuerit vel $\frac{n}{m}=0$, vel $\frac{nQ}{mA}=1$, seu $\frac{n}{m}=\frac{A}{Q}$ utroque casu effectus penitus evanescit. Unde inter limites 0 et $\frac{A}{Q}$ dabitur valor quidam medius pro fractione $\frac{n}{m}$ capiendus, qui cum maximo effectu futurus sit coniunctus; quem ergo potissimum operae pretium erit cognovisse. Ponamus in hunc finem $\frac{n}{m}=zz$, et huic formulae $zz-z^3\sqrt{\frac{Q}{A}}$ maximum valorem conciliari oportebit; reperietur autem

$$2z-3zz\sqrt{\frac{Q}{A}}=0,$$

ideoque $z=\frac{2}{3}\sqrt{\frac{A}{Q}}$ quare habebitur $\frac{n}{m}=\frac{4A}{9Q}$ seu machina ita instrui debet, ut sit celeritas vis impellentis ad celeritatem vis resistentis ut 9Q ad 4A. Quodsi ergo iste valor $\frac{4A}{9Q}$ pro fractione $\frac{n}{m}$ substituatur, fiet $\sqrt{\frac{nQ}{mA}}=\frac{2}{3}$ et $1-\sqrt{\frac{nQ}{mA}}=\frac{1}{3}$; hincque maximum momentum effectus obtinebitur

$$\frac{4A}{9Q}\cdot\frac{1}{3}\cdot fQ=\frac{4}{27}Af.$$

Hinc igitur luculenter perspicimus, quantopere effectus ab idonea machinae dispositione pendeat, cum unico modo iste effectus maximus obtineri queat, scilicet efficiendo, ut sit $m : n = 9\mathrm{Q} : 4\mathrm{A}$, a qua proportione si machina recesserit, semper minorem effectum producet, etiamsi tam vis impellens, quam vis resistens, cum frictione maneant eaedem, quam si haec iusta ratio observetur. Interim si vel tantillum ab ea aberretur, detrimentum in effectu vix erit sensibile, quoniam maxima et minima aliquam latitudinem admittunt, id quod commode evenit, quia in praxi hanc rationem summo rigore vix observare licet. In eo tamen erit elaborandum, ut machina, quam fieri potest exactissime, ad hanc rationem accommodetur.

14. *Si vis impellens ita sit comparata, ut celeritate f omnem actionem amittat, machina semper maximum praestabit effectum, si ita instruatur, ut vis impellentis celeritas fiat pars tertia ipsius f.*

Sumo hic, ut et in sequentibus, spatium uno minuto secundo percursum pro mensura celeritatis; ac huiusmodi vim impellentem contemplor, cuius dum est in quiete quantitas sit $= \mathrm{A}$, quae autem celeritate f lata omni actione destituatur. Huius igitur vis, dum celeritate $= p$ procedit, quantitas erit $= \left(1 - \frac{p}{f}\right)^2$. Quodsi iam resistentia ope machinae superanda sit $= \mathrm{Q}$, et ratio celeritatis vis impellentis ad celeritatem resistentiae ponatur $= m : n$, quae ratio a structura machinae pendet, vidimus, ut effectus maximus obtineatur, statui oportere $\frac{n}{m} = \frac{4\mathrm{A}}{9\mathrm{Q}}$. Tum vero pro celeritate vis impellentis nanciscimur

$$p = \frac{\sqrt{m\mathrm{A}} - \sqrt{n\mathrm{Q}}}{\sqrt{m\mathrm{A}}} f = \left(1 - \sqrt{\frac{n\mathrm{Q}}{m\mathrm{A}}}\right) f:$$

erit itaque ob

$$\sqrt{\frac{n\mathrm{Q}}{m\mathrm{A}}} = \tfrac{2}{3}, \quad p = \tfrac{1}{3} f.$$

Hoc autem immediate ex actione vis impellentis colligi poterit, quippe cuius momentum impulsus maximum reddi debet, ut maximum momentum effectus obtineatur. Verum si vis impellens celeritate p agere assumatur, quia tum eius quantitas est $= \mathrm{A}\left(1 - \frac{p}{f}\right)^2$, erit momentum impulsus $= \mathrm{A}p\left(1 - \frac{p}{f}\right)^2$, quod maximum factum praebet

$$\mathrm{A}\left(1-\frac{p}{f}\right)^2=\frac{2\mathrm{A}p}{f}\left(1-\frac{p}{f}\right),$$

seu

$$1-\frac{p}{f}\frac{2p}{f}, \text{ hincque } 3p=f \text{ et } p=\tfrac{1}{3}f.$$

Effectus igitur maximus produci nequit, nisi vis impellens ita agat, ut eius celeritas p sit pars tertia celeritatis f, qua omni actione privatur. Posito autem $p=\frac{1}{3}f$, erit quantitas vis impellentis

$$=\mathrm{A}\left(1-\tfrac{1}{3}\right)^2=\tfrac{4}{9}\mathrm{A};$$

unde pro data vi resistente machina ita attemperari debet, ut vis $\frac{4}{9}\mathrm{A}$ in aequilibrio consistat cum vi resistente frictione simul complexa, seu ut vis $\frac{4}{9}\mathrm{A}$ tantum non motum machinae imprimere valeat. Scilicet si tota vis resistens sit $=\mathrm{Q}$, celeritas vis impellentis ad celeritatem resistentis statui debet, ut 9Q ad 4A, quo facto momentum effectus, ideoque et momentum impulsus erit $=\frac{4}{27}\mathrm{A}f$, quod nullo modo maius effici poterit seu fieri omnino nequit, ut ab eadem vi impellente maior effectus obtineatur.

15. *Cum ratione celeritatis, qua vis impellens agit, machina ad maximum effectum producendum fuerit instructa, frictio quoque spectari debet, quae primo, quantum fieri potest, erit diminuenda, tum vero eius effectus eo minor reddetur, quo longius vis impellens ab axe, circa quem machinam urget, removetur.*

Assumo ergo frictionem iam eo usque esse minutam, ut minor fieri nequeat, et vim impellentem rotae esse applicatam, cuius radius sit $=r$, in eadem autem distantia vi opus esse F ad frictionem superandam. Iam sit $\mathrm{M}f$ momentum impulsus, idque maximum, cuius vis impellens est capax, quae agat celeritate $=p$, et quia vis ad frictionem superandam requisita F, utpote in eodem loco applicata, eadem celeritate agit, erit eius momentum $=\mathrm{F}p$, ideoque verum momentum effectus detracta frictione erit

$$=\mathrm{M}f-\mathrm{F}p,$$

ex quo quantitas effectus ob frictionem minutus aestimari debet. Ponamus iam, rotae illius primariae radium augeri in ratione $1:\lambda$, ita ut vis impellens eadem nunc applicetur in distantia λr ab eius axe, et in hoc loco vi tantum opus erit $\frac{1}{\lambda}\mathrm{F}$

ad frictionem superandam: machina autem paucis mutandis denuo ita instruatur, ut pro motu uniformis vis impellens celeritate p, cui maximum momentum impulsus respondeat, incedat, et cum frictio nunc tantum huius momenti partem $\frac{1}{\lambda}\mathrm{F}p$ postulet, verum momentum effectus hoc casu erit $= \mathrm{M}f - \frac{1}{\lambda}\mathrm{F}p$, ideoque eo maius, quam casu praecedente, quo maior fuerit numerus λ. Hinc igitur patet fieri posse, ut ab eadem vi impellente, frictione non imminuta, multo maior effectus impetrari possit: hic autem suppono, aucto illius rotae diametro frictionem non augeri, unde haec regula ita debet limitari, ut quatenus augenda rota hac principali frictio vel non augetur, vel saltem in minore ratione augetur, quam diameter rotae, eatenus semper conveniat hanc rotam maximam fieri. Antequam autem ad hanc regulam confugiamus, maxime interest, ut notis artificiis frictionem, quantum quidem fieri potest, diminuere conemur; tum vero observatio huius regulae nihilominus maximam afferet utilitatem, propterea quod, etiamsi frictio sit minima, ob eam momentum effectus adhuc notabiliter diminui posset, si scilicet λ denotaret fractionem valde parvam.

16. *Denique plurimum ad machinarum perfectionem confert motus uniformitas, ad quam ideo imprimis machinas instrui oportet; si enim motus non fuerit uniformis, sed per intervalla modo intendatur, modo remittatur, tum effectus semper erit minor eo, qui secundum regulas praecedentes obtineri posset.*

In motus difformitate enim non solum portio vis impellentis in superanda inertia consumitur, sed etiam nonnisi maxima celeritas aequalis est ei, quam machina esset habitura, si motus foret uniformis. Namque dum motus acceleratur, vis impellens maior est vi ad aequilibrium requisita, eiusque idcirco celeritas minor, quam ea, quae motui uniformi conveniret; etsi autem interdum machinae motus celerior inesse queat, quia tamen hoc evenit, quando machina non in totum onus agit, inde nihil omnino in augmentum effectus redundat: utroque ergo casu semper non parum de vi impellente perit, quando motus non erit uniformis. Quare in hoc potissimum est incumbendum, ut machinae, quantum fieri potest, motus uniformis concilietur. Hunc in finem igitur, primo rotae, quae se mutuo movent, ita sunt fabricandae, ut dum una uniformiter movetur, etiam reliquarum motus prodeat uniformis, id quod dentibus rotarum debita figura inducenda efficietur, quod argumentum antehac pertractavi. Deinde defectus uniformitatis imprimis est pertimescendus, quando machina pistillis alternatim attollendis ac demittendis, vel deprimendis, destinatur, propterea quod corpori, quod est in quiete, non subito motus imprimi potest. His ergo casibus machina ad pistilla ita est applicanda, ut motus machinae non sequatur motum pistillorum, seu ut ille uniformis manere possit, etiamsi hic a statu quietis acceleretur iterumque retardetur, qui effectus commodissime per brachia incurvata impetrari solet; dum enim huiusmodi brachium pistillum elevandum primum arripit, motum suum continuare potest, etiamsi pistillum parum attollatur; id quod etiam usu venit, quando pistillum ad maximam altitudinem fuerit elevatum. Quoniam autem hoc pacto pistilla motui machinae non semper pari vi reluctantur, ea, si plura fuerint, ita disponi oportet, ut machina quovis momento in pistilla plura, quorum alia sint in loco imo, alia in summo, aliaque in medio statu versentur, agat, sic enim reluctantia aequabilis reddetur. Idem observandum est in omnibus machinis, quibus motus reciproci produci solent; ac perpetuo, quando his tribus regulis erit satisfactum, certi esse possumus, machinas ad summum perfectionis gradum, cuius sunt capaces, esse evectas.

DE MOTU ET ATTRITU LENTIUM DUM SUPER CATINIS POLIUNTUR

Commentatio 278 indicis ENESTROEMIANI
Novi commentarii academiae scientiarum Petropolitanae 8 (1760/1), 1763, p. 254–270
Summarium ibidem, p. 43–46

SUMMARIUM

Artifices olim in eiusmodi machinis excogitandis fuerunt occupati, quibus spreta figura sphaerica lentibus vitreis figuram, vel parabolicam, vel ellipticam, vel hyperbolicam, aliamve quamcunque inducere possent, nunc autem etsi Dioptricae tam theoria, quam praxis, uberius est exculta, praeclare tamen nobiscum agi arbitramur, si modo lentes exactissime ad sphaericam figuram elaborari possent; hoc enim si praestare liceret, multo perfectioribus certe tam telescopiis, quam microscopiis, uteremur. Duae autem sunt res, quae huic praxi impedimento esse deprehenduntur: altera in ipsius vitri natura flexibili et elastica est sita, qua fit, ut vitrum etiam planum catino concavo fortiter appressum eius figurae apprime se applicet, inde vero remotum in pristinam figuram restituatur. Quamvis ergo lens exactissime catini figuram induisse videatur, plerumque tamen eius figura deinceps multum diversa reperitur; quod vitium aliter evitare non licet, nisi ut vitrum, dum super catino atteritur, ipsi lenissime apprimatur, quo quidem modo labore multo diuturniore opus est, quem artifices aegerrime suscipiunt. Alterum impedimentum in ipso catino reperitur, cuius figura, dum lens atteritur, non parum vitiatur, ut necesse sit, saepius veram eius figuram restituere, antequam eandem fuerit adepta; attritu enim mutuo non solum a vitro, sed etiam ab ipso catino, plurimae particulae abraduntur. Hoc vitium imprimis se exerit in operis initio, quo lentis figura etiamnum vehementer discrepat a catini figura, ideoque catinus in certis tantum locis atteritur; cui vitio quidem artifices remedium afferre student, dum lentem per totam catini superficiem circumducunt, casui autem hic nimis latus campus relinquitur, quam ut quicquam certi hinc sperare liceat. Quando autem lens iam proxime catini figuram est adepta, ut laevigatione tantum sit opus, minus illud incommodum metuendum videtur, siquidem ubique tantumdem a catino abraderetur. Hinc Auctor sedulo in attritum, quem catinus a lente patitur, inquirit, ubi quidem mechanismum nunc fere utique usu receptum contemplatur, quo lens ope stili eius centro applicati ita catino in gyrum acto apprimi solet, ut interea libere circa stilum gyrari possit. Hic igitur primo observat, motum gyratorium lentis semper aequalem esse motui gyratorio catini, ut utrinque eodem tempore totidem revolutiones peragantur; tum vero ostendit, lentem quidem per totam superficiem aequaliter atteri, attritumque eo esse maiorem, quo longius $1^{mo.}$ lentis centrum a centro catini teneatur remotum, $2^{do.}$ quo fortius lens ad catinum apprimatur, $3^{tio.}$ quo minor fuerit lentis superficies et $4^{to.}$ quo celerius catinus in gyrum agatur, catinum vero demonstrat admodum inaequaliter abradi, siquidem lentis centrum immotum teneatur; unde cum eius figura mox depravetur, idem vitium in lentem transferatur necesse est, remedium autem, quo vulgo artifices uti solent, dum centrum lentis per totum catinum deducunt, nimis incertum iudicat; quin potius suadet, centrum lentis perpetuo in eadem a catini centro distantia detineri, atque ut catinus ubique aequalem attritum patiatur, definit figuram frusti cuiusdam vitri, quod in alio loco catino certa vi impressum praecise tantum de catino abradat, ut tota abrasio ubique aequalis reddatur. Tutissimus hic videtur modus, figuram catini ab omni depravatione immunem conservandi, atque artifices hunc modum facile ad praxin accommodabunt. Consultum quoque foret lentem non vi manus nimis inconstante ad catinum apprimi, sed certo quodam pondere ita moderando, ne prius incommodum supra memoratum locum habere possit; tum vero singulari artificio conatum lentis centrifugum coerceri conveniet, ut hoc pacto nihil plane fortunae et arbitrio artificis relinquatur. Frusti autem illius vitrei per se otiosi figura facile determinatur, aeque ac vis, qua id ad catinum apprimi debet, ut desideratus effectus obtineatur. Caeterum hic novum documentum principii minimae actionis praeter omnem expectationem cernitur, dum enim Auctor motum lentis super catino definivit, eum ita comparatum esse invenit, ut inde attritus minimus exoriretur, ex quo huius principii usus amplissimus et foecundissimus per universam naturam eo clarius elucet.

1. Inter plures modos, quibus lentes super catinis, sive immotis, sive in gyrum actis, atteri ac poliri solent, hic eum tantum ad examen revocare constitui, quo catino uniformiter in gyrum acto, lens ope styli eius centro applicati ad catinum apprimitur, quo fit, ut ipsa lens circa stylum libere mobilis a catini motu in gyrum agatur, et quatenus eius motus a motu catini discrepat, eidem atteratur, sicque politura perficiatur. Quoniam hac ratione arbitrio artificis nihil aliud praeter locum, ubi lentem super catino detineat, relinquitur. Hic modus lentes poliendi prae reliquis geometricae investigationis capax videtur, dum contra, ubi totus lentis motus ab arbitrio artificis pendet, vix quidquam definire licet.

2. Sit igitur PQRS (Fig. 1) catinus ope machinae rotatoriae certa quadam velocitate uniformiter in gyrum agendus, circa eius axem O, quem verticalem

assumo, ut motus catini in plano horizontali absolvatur. Lens autem AEBF ope styli eius centro C applicati ita continuo ad catinum apprimatur, ut punctum C immotum servetur, lens autem circum id libere revolvi queat. Catino iam in gyrum acto, ipsa lens circa stylum in motum abripietur, moxque uniformiter circumagetur, cuius motus celeritatem ante definiri oportet, quam effectus attritus, seu celeritas, qua singula lentis puncta super catino teruntur, assignari queat.

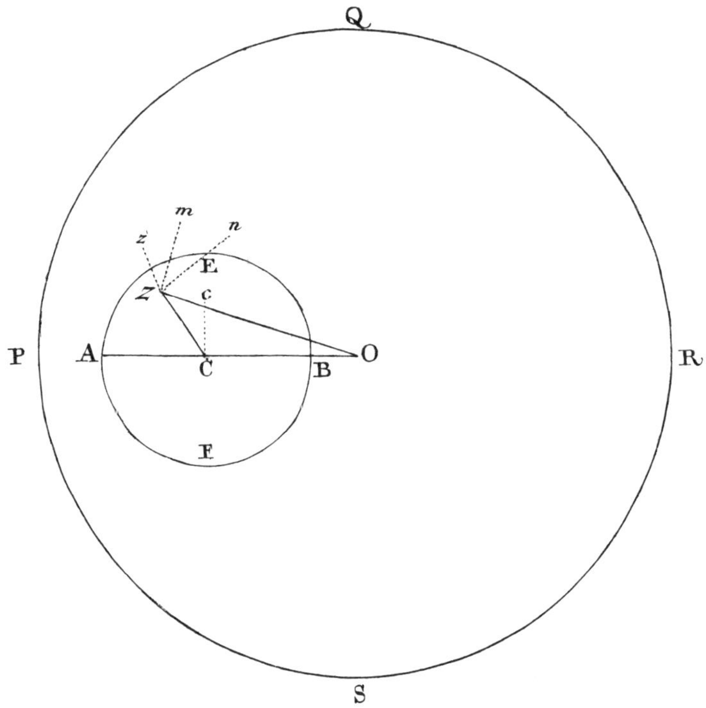

Fig. 1

3. Denotet u celeritatem gyratoriam catini, ita ad distantiam quandam fixam a centro O, unitate indicandam relatam, ut in distantia a centro quacunque z sit celeritas vera $= uz$, cuius quadratum $uuzz$, ut mensuras certas obtineamus, exprimat altitudinem huic celeritati debitam: hac ergo littera u motus catini prorsus determinatur, quippe qua constat, punctum quodcunque catini Z, cuius distantia ab axe O fuerit $\mathrm{OZ} = z$, ita moveri, ut eius directio sit recta Zm ad OZ normalis, celeritas vero $= uz$, quae tanta est intelligenda, quanta ex lapsu gravis per altitudinem $uuzz$ acquiri solet, quandoquidem catinus in plagam PQRS circumagitur; si enim in plagam contrariam circumageretur pari celeritate, celeritas quidem puncti Z foret eadem, sed directio Zm contraria esset statuenda.

4. Quod porro ad lentem attinet, primo eius diameter AB in computum est ducendus, cuius semissis sit $\mathrm{CA} = \mathrm{CB} = a$. Deinde plurimum refert, in quanta distantia eius centrum C a centro catini O ope styli fixum detineatur, quae distantia sit $\mathrm{OC} = c$. Tum vero si de effectu attritus iudicare velimus, vis qua ea

ad catinum apprimitur, rationem haberi convenit, quae vis aequetur ponderi $= \mathrm{P}$. Cum autem tanta vi tota facies lentis inferior catino apprimatur, vis qua quaelibet eius portio atque adeo elementum apprimitur, ex eius ratione ad totam faciem erit colligenda; siquidem assumimus, lenti iam catini figuram esse inductam, totumque negotium sola politura esse absolvendum.

5. His quae circa lentem sunt nota constitutis, investigandus est eius motus, qui ob centrum C fixum alius esse nequit, nisi gyratorius circa idem centrum, et qui inter quaerenda primum locum obtinet. Statim quidem patet, lentem ob motum catini, quem in plagam PQRS fieri pono, in similem plagam AEBF abreptum iri; sed celeritas huius motus etiam nunc est incognita. Sit ergo simili modo huius motus celeritas gyratoria $= v$, ita ad distantiam fixam $= 1$ relata, ut puncti lentis cuiuscunque Z, cuius distantia ab eius centro C fuerit $\mathrm{CZ} = x$, celeritas vera futura sit $= vx$, directione existente $\mathrm{Z}n$ ad CZ normali. Tum vero ut punctum C immotum teneatur, quoniam motus catini totam lentem avehere conatur, stylo praeterea vim contranitentem applicatam esse oportet, cuius quantitas pariter erit investiganda.

6. Quo nunc felicius haec, quae sunt incognita, definire liceat, ante omnia motum respectivum cuiusque lentis puncti ratione catini explorari convenit, in quo motu verus attritus consistit. Ac primo quidem attritus centri lentis C super catino per se est manifestus; cum enim ob distantiam $\mathrm{OC} = c$, punctum catini C celeritate $= cu$ in directione $\mathrm{C}c$ ad OC normali feratur, lentis autem punctum C quiescat, haec ipsa cu erit celeritas attritus; quae ergo eo maior est, quo longius centrum lentis C a centro catini O detineatur. Evidens autem est, effectum politurae ab hac attritus celeritate ita pendere, ut partim illi ipsi, partim pressioni futurus sit proportionalis.

7. Celeritas attritus autem omnium reliquorum lentis punctorum super catino, non solum ab huius, sed etiam a lentis motu pendet, ad quam investigationem figuram secundam maiori specie expressam accommodemus. Sit ergo pro puncto lentis quocunque Z (Fig. 2) distantia $\mathrm{CZ} = x$ et angulus $\mathrm{ACZ} = \varphi$, ad CZ normaliter iungatur $\mathrm{Z}n = vx$ motum verum puncti lentis Z exhibens. Catini autem punctum subiectum Z, posita distantia $\mathrm{OZ} = z$, feretur in directione $\mathrm{Z}m$ ad OZ normali celeritate $= uz$. Sumta ergo $\mathrm{Z}m = uz$, si catino et lenti simul motum imprimi concipiamus secundum directionem $\mathrm{Z}\nu$, ipsi $\mathrm{Z}n$ oppositam, et celeritate $\mathrm{Z}\nu = vx$; tum vero completo parallelogrammo $m\mathrm{Z}\nu z$ ducamus diago-

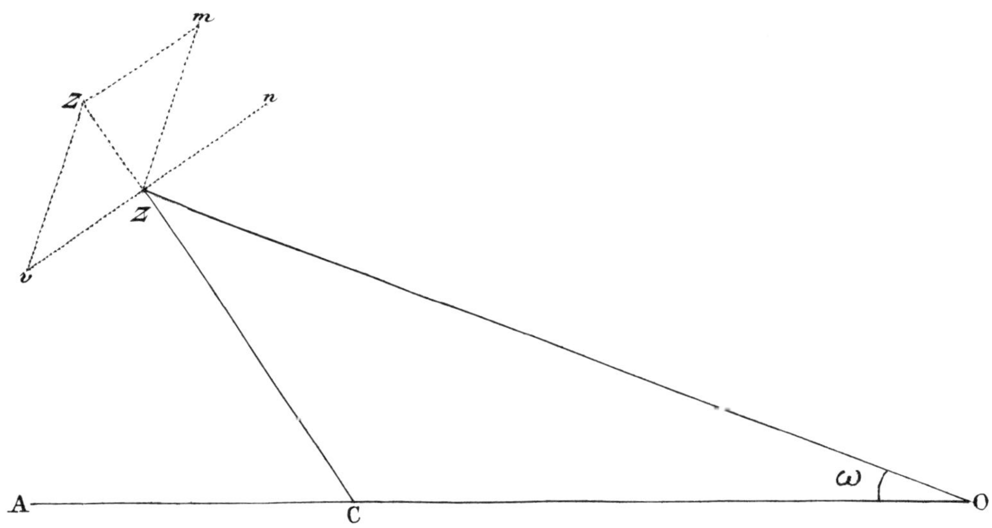

Fig. 2

nalem Zz, res eodem redibit, ac si puncto lentis Z quiescente catinus sub eo promoveatur in directione Zz celeritate $= Zz$, quae ergo erit celeritas attritus puncti Z.

8. Cum autem sit $OC = c$, $CZ = x$ et angulus $ACZ = \varphi$, erit

$$OZ = z = \sqrt{(cc + xx + 2cx\cos\varphi)}.$$

Deinde posito angulo $COZ = \omega$, erit

$$\operatorname{tang}\omega = \frac{x\sin\varphi}{c + x\cos\varphi} \quad \text{et} \quad \sin\omega = \frac{x\sin\varphi}{z}:$$

porro ang. $CZO = \varphi - \omega$, et

$$\operatorname{tang}(\varphi - \omega) = \frac{c\sin\varphi}{x + c\cos\varphi} \quad \text{atque} \quad \sin(\varphi - \omega) = \frac{c\sin\varphi}{z}.$$

In triangulo autem Zvz est $Zv = vx$; $zv = Zm = uz$ et

$$\text{angulus } Zvz = CZO = \varphi - \omega;$$

unde colligitur

$$Zz = \sqrt{(vvxx + uuzz - 2uvxz\cos(\varphi - \omega))}.$$

Inde vero colligitur $z\cos(\varphi-\omega)=x+c\cos\varphi$, quo valore substituto fit

$$Zz=\surd(vvxx+uuzz-2uvxx-2cuvx\cos\varphi)$$

seu

$$Zz=\surd(ccuu+2cu(u-v)x\cos\varphi+(u-v)^2xx).$$

9. Pro situ deinde huius lineae Zz, quae celeritatem attritus puncti lentis Z exprimit, erit primo $CZ\nu$ angulus rectus, tum vero

$$\cos\nu Zz=\frac{Zz^2+Z\nu^2-z\nu^2}{2Zz\cdot Z\nu}=\frac{-(u-v)x-cu\cos\varphi}{Zz}=\sin(CZ\nu+\nu Zz)$$

at

$$\sin\nu Zz=\frac{z\nu\sin Z\nu z}{Zz}=\frac{uz\sin(\varphi-\omega)}{Zz}=\frac{cu\sin\varphi}{Zz}=-\cos(CZ\nu+\nu Zz).$$

Si ergo in figura 1 lineam Zz superne cum CZ angulum constituere assumamus, erit

$$\sin CZz=\frac{(u-v)\,x+cu\cos\varphi}{Zz}$$

et

$$\cos CZz=\frac{-cu\sin\varphi}{Zz}$$

existente

$$Zz=\surd(ccuu+2cu(u-v)x\cos\varphi+(u+v)^2xx);$$

unde patet, si fuerit $ACZ=\varphi=0$, fore

$$Zz=cu+(u+v)x$$

et angulum CZz rectum; ac si practerea sit $x=0$, erit ut ante celeritas attritus centri lentis $C=cu$.

10. Iam quaestio huc redit, quamnam habitura sit rationem celeritas gyratoria lentis v ad celeritatem gyratoriam catini u? ad quam resolvendam duae patent viae, altera indirecta ex principio minimae actionis petita, altera directa ex principiis motus negotium conficiens. Secundum priorem nullum est dubium,

quin motus lentis ita comparatus sit futurus, ut attritus totus fiat minimus. Quare si in Z elementum superficiei lentis concipiatur, erit id ob variabilitatem tam distantiae $CZ = x$, quam anguli $ACZ = \varphi$, ita expressum $= xdxd\varphi$, quod per celeritatem attritus Zz multiplicatum, dabit eius attritus quantitatem

$$xdxd\varphi\sqrt{(ccuu + 2cu(u-v)x\cos\varphi + (u-v)^2xx)}$$

cuius integrale per totam lentem extensum minimum esse debet.

11. Producta recta ZC ultra C, concipiatur par elementum superficiei $xdxd\varphi$ ad alteram partem rectae AB, et quia hic fit vel x vel $\cos\varphi$ negativum, eius quantitas attritus erit

$$xdxd\varphi\sqrt{(ccuu - 2cu(u-v)x\cos\varphi + (u-v)^2xx)}.$$

Collectis his ambobus elementis, evidens est, eorum summam fieri minimam, si sumatur $v = u$, id quod utraque formula irrationali in seriem convertenda facillime patet, dum additione potestates impares ipsius x, ac proinde etiam ipsius $u - v$, se destruant, unde minimum ratione celeritatis v investigando manifesto elicitur $v = u$, quod cum de omnibus elementorum sibi hoc modo oppositorum paribus valeat, sequitur etiam, totius lentis attritum minimum esse futurum, si fuerit $v = u$, ideoque lens aeque celeriter in gyrum agatur atque catinus, ita ut ambo aequalibus temporibus suas revolutiones absolvant.

12. Verum etiam via directa ad eandem conclusionem manuducet. Cum enim experimentis constet, frictionem a sola pressione pendere, neque celeritatem attritus quicquam, sive ad augendam, sive diminuendam frictionem, conferre, elementum superficiei $xdxd\varphi$ in Z vi quadam ipsi proportionali, ob pressionem ubique aequalem, in directione Zz sollicitabitur; quae vis ergo sit $= \alpha xdxd\varphi$; et quia centrum lentis C immotum tenetur, erit huius respectu momentum illius vis $= \alpha xdxd\varphi .\ CZ \sin CZz$

$$= \frac{\alpha xdxd\varphi\, x\big((u-v)x + cu\cos\varphi\big)}{\sqrt{\big(ccuu + 2cu\,(u-v)x\cos\varphi + (u-v)^2xx\big)}}.$$

Ex elemento autem opposito, uti supra, sumto, orietur momentum

$$= \frac{\alpha xdxd\varphi\, x\big((u-v)x - cu\cos\varphi\big)}{\sqrt{\big(ccuu - 2cu\,(u-v)x\cos\varphi + (u-v)^2xx\big)}}.$$

13. Nunc autem, quia motus lentis iam ad uniformitatem compositus statuitur, necesse est, ut horum momentorum summa universa ad nihilum redigatur, quod cum fiat in binis elementis oppositis, si capiatur $v = u$, idem pro tota lente valebit. Idem etiam per integrationem solito more elucet, posito enim $v = u$, ex elemento Z oritur momentum $= \alpha xxdxd\varphi \cos\varphi$, unde pro sectore elementari CZ colligitur momentum $= \frac{1}{3}\alpha x^3 d\varphi \cos\varphi$, et pro toto ad marginem usque extenso $= \frac{1}{3}\alpha a^3 d\varphi \cos\varphi$, cuius denuo integrale est $= \frac{\alpha}{3} a^3 \sin\varphi$, quod per totam lentem extensum, donec fiat $\varphi = 360°$, manifesto in nihilum abit, quod non fieret, si non esset $v = u$. Vicissim ergo altera methodus per alteram confirmatur, et cum principium minimi per se sit evidens, patet simul alterum, quo frictio a sola pressione pendere assumitur, veritati omnino esse consentaneum.

14. Definita iam celeritate $v = u$, non difficile erit determinare vim, cui stylus centro lentis C applicatus, praeter pressionem P, reniti debet, ne centrum lentis C a motu catini abripiatur. Cum enim sit $v = u$, erit

$$Zz = cu, \quad \sin CZz = \cos\varphi \quad \text{et} \quad \cos CZz = -\sin\varphi,$$

ita ut sit $CZz = 90° + \varphi$ et $zZn = \varphi = ACZ$. Ob frictionem autem urgetur elementum superficiei lentis $xdxd\varphi$ secundum directionem Zz vi constante; et quia tota superficies, quae est $= \pi aa$, denotante π peripheriam circuli, cuius diameter est $= 1$, apprimitur vi P, elementum illud apprimetur vi

$$= \frac{Pxdxd\varphi}{\pi aa}$$

cuius parti quasi tertiae frictio aequatur. Scribamus autem generalius λ pro parte tertia, ita ut elementum in Z secundum Zz sollicitetur vi

$$= \frac{\lambda Pxdxd\varphi}{\pi aa},$$

quae secundum directionem CZ praebet vim

$$= \frac{\lambda Pxdxd\varphi \sin\varphi}{\pi aa}$$

et secundum directionem ad illam normalem vim

$$= \frac{\lambda Pxdxd\varphi \cos\varphi}{\pi aa}.$$

15. At per ea, quae supra ostendimus, omnes istae vires normales se destruunt, unde stylus sustinere debet alteras illas vires secundum CZ agentes, quae sunt

$$=\frac{\lambda \mathrm{P} x dx d\varphi \sin\varphi}{\pi aa},$$

et quasi ipsi centro lentis C secundum directionem CZ applicatae essent, concipi possunt. Quaelibet vero huiusmodi vis resolvatur secundum directiones fixas CA et Cc, eritque vis secundum CA

$$=\frac{\lambda \mathrm{P} x dx d\varphi \sin\varphi \cos\varphi}{\pi aa}$$

et vis secundum Cc

$$=\frac{\lambda \mathrm{P} x dx d\varphi \sin\varphi^2}{\pi aa}.$$

Illa primum integrata, posito $x = a$, dat

$$\frac{\lambda}{2\pi}\mathrm{P} d\varphi \sin\varphi \cos\varphi = \frac{\lambda}{4\pi}\mathrm{P} d\varphi \sin 2\varphi$$

cuius porro integrale est

$$=\frac{\lambda}{8\pi}\mathrm{P}(1-\cos 2\varphi).$$

Posito nunc pro tota lente $\varphi = 360°$, haec vis secundum CA evanescit. Altera vis secundum Cc semel integrata dat

$$\frac{\lambda}{2\pi}\mathrm{P} d\varphi \sin\varphi^2 = \frac{\lambda}{4\pi}\mathrm{P} d\varphi(1-\cos 2\varphi),$$

cuius sequens integrale est

$$=\frac{\lambda}{4\pi}\mathrm{P}(\varphi - \tfrac{1}{2}\sin 2\varphi),$$

et posito

$$\varphi = 360° = 2\pi$$

prodit vis secundum C$c = \frac{1}{2}\lambda \mathrm{P}$.

16. Ob motum ergo catini stylus sustinet vim $= \frac{1}{2}\lambda P$ secundum directionem Cc, quam artifex continuo vi contraria et aequali renitendo destruere debet, siquidem centrum lentis immotum tenere velit. Quare si $\lambda = \frac{1}{3}$, haec vis aequatur sextae parti pressionis totius P, qua lens catino apprimitur, cui conclusioni per se verae unicus casus adversatur, quo centrum lentis C ipsi centro catini O apprimitur; tum enim, quia lens pari motu cum catino circumagitur, nullusque attritus exercetur, stylus etiam nullam vim sustinet. At huiusmodi exceptio semper, quando de frictione agitur, admitti debet; cum enim in motu tardissimo frictio aeque sit magna atque in celerrimo, motu tamen plane evanescente, frictio quasi subito evanescit. Neque ergo hoc incommodum tanquam vitium calculo est imputandum.

17. Cum duplici demonstratione evictum sit, esse $v = u$, idem etiam experientia egregie confirmari deprehendi; in quacunque enim catini loco lens detinebatur, eius revolutiones semper exactissime cum revolutionibus catini conveniebant, neque vix ullam inaequalitatem, ne in motus quidem initio, observare licuit. Unde patet statim ab initio motus revolutiones lentis se ad eam aequalitatem componere, quam calculus ostendit, quin etiam motu catini modo intenso, modo remisso, lens eandem inaequalitatem sequi observata est. Hic ergo insigne cernitur specimen foecundissimi illius principii minimae actionis, quod eo magis omni attentione dignum videtur, quod etiam in motu per frictionem impedito tam felici cum successu adhiberi protuerit, cum hactenus eius usus tantum in motibus liberis a viribus veri nominis, quibus frictionem vix annumerare licet, perturbatis, sit ostensus.

18. Quoniam igitur ex eo, quod invenimus $v = u$, sequitur esse celeritatem $Zz = cu$, patet in eodem lentis situ omnia eius puncta aequali celeritate atteri, ideoque pari vi laevigari ac poliri, quo ipso hic mechanismus non mediocriter reliquis antecellit, cum alias alia lentis puncta fortius, alia debilius, atteri soleant. Praeterea vero hic perspicitur, celeritatem attritus rationem sequi intervalli $OC = c$, ita ut si centrum lentis C centro catini O applicetur, nullus plane attritus sit futurus; quo longius autem intervallum OC capiatur, eo maiorem fore attritum, idque in eadem ratione. Quam ob rem omnino necesse est, ut catini magnitudo multum superet magnitudinem lentis, quae regula etiam ab artificibus probe observari solet.

19. Hic igitur ingens conspicitur discrimen inter frictionem et attritum, quae duae res vulgo confundi solent. Frictio enim, sive motus sit tardior, sive velocior, perpetuo manet eadem, cum attritus eiusque effectus, qui in abrasione

est constituendus, maxime a velocitate pendent, ex quo attritus quantitatem commodissime metiemur eius celeritate Zz in pressionem ducta. Quare si in superficie lentis consideremus elementum dZ, quod quia catino apprimitur vi $=\frac{\mathrm{P}dZ}{\pi aa}$, teriturque celeritate cu, erit quantitas attritus $=\frac{\mathrm{P}cudZ}{\pi aa}$. Hinc ergo lens eo promptius laevigabitur et polietur, quo maior fuerit quantitas $\frac{\mathrm{P}cu}{\pi aa}$, quae proportionalis est 1°, vi P, qua lens catino apprimitur, 2°, celeritati u qua catinus in gyrum agitur, 3°, intervallo $\mathrm{OC}=c$ quo centrum lentis distat a centro catini et 4°, denique reciproce superficiei lentis, ita ut quo lens fuerit maior, eo tardius laevigatio perificiatur.

20. Hic autem non tantum ad lentis attritum est respiciendum, sed quia catinus etiam atteritur, eiusque superficies abraditur, nisi ubique aequaliter radatur, mox eius figura alteratur; unde fit, ut deinceps etiam lenti figura a proposita aberrans inducatur. Quam ob rem necesse est, ut etiam attritus ipsius catini accuratius investigetur. Primo autem patet omnia catini puncta ab eius centro aeque remota quavis revolutione aequaliter atteri. Consideremus ergo catini punctum quodcunque L a centro catini O distans intervallo $\mathrm{OL}=y$ (Fig. 3), quod una revolutione tamdiu tantum atteritur, quamdiu per angulum MON profertur. Cum igitur attritus momentaneus sit $\frac{\mathrm{P}cu}{\pi aa}$, una revolutione integra totus attritus censendus erit

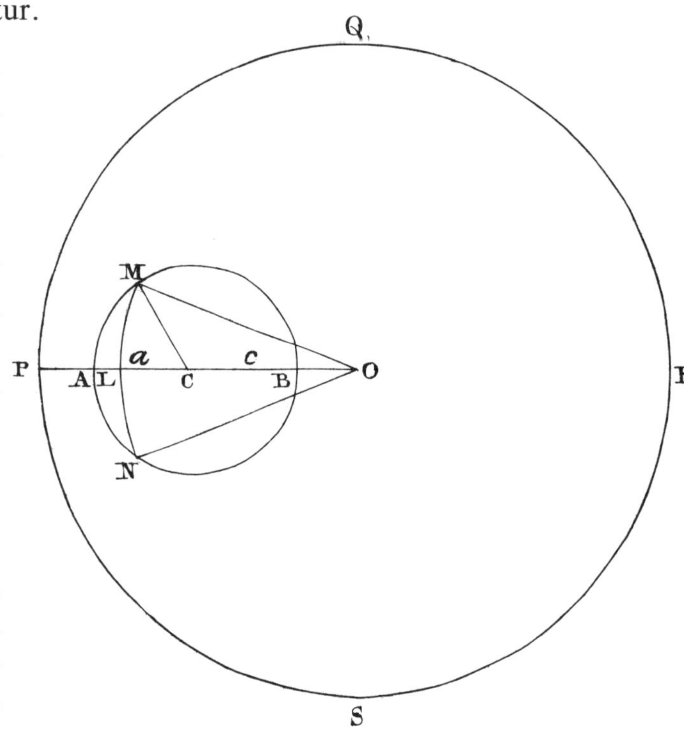

Fig. 3

$$=\frac{\mathrm{P}cu}{\pi aa}\cdot\frac{\text{ang MON}}{360°},$$

siquidem puncti lentis L quantitas attritus una revolutione exprimatur per $\frac{\mathrm{P}cu}{\pi aa}$.

21. Cum nunc sit $CM = CA = a$, $OC = c$, $OM = OL = y$, erit

$$\cos LOM = \frac{cc + yy - aa}{2cy},$$

unde, ob $\pi = 180°$, erit attritus puncti catini L durante una revolutione

$$= \frac{Pcu}{\pi\pi aa} \operatorname{A\cos} \frac{cc - aa + yy}{2cy},$$

quae expressio tantum pro iis catini punctis valet, quorum distantia a centro O intra limites $AO = c + a$ et $BO = c - a$ continetur, quoniam tam in utroque limite, quam extra eos, attritus evanescit. Hic autem notandum est, si fuerit $c < a$, et $y = a - c$, fore

$$\operatorname{A\cos} \frac{cc - aa + yy}{2cy} = 180° = \pi,$$

seu haec catini puncta perpetuo atteri, quod multo magis valebit, si fuerit $y < a - c$, hoc scilicet casu spatium circulare circa centrum catini O, cuius radius est $= a - c$, perpetuo attritum patietur, et quidem aequalem ei, cui lens est subiecta. Cuiusmodi attritu si totus catinus afficeretur, non esset metuendum, ut eius figura deformaretur.

22. Cum autem solum spatium annulare catini lenti se applicans atteratur, quamdiu quidem lens in eodem loco detinetur, eius tantum figura alterationem patitur, eamque non aequabilem, unde sphaericitas eius tandem vehementer mutabitur, lentique proinde figura a scopo non mediocriter aberrans imprimetur. Huic incommodo artifices remedium afferre conantur, dum lentem modo propius admovent ad centrum catini, modo ab eo longius removent, quo pacto quidem catinum circa centrum atterunt, sed circa marginem attritus multo minor manet, ita ut ne hoc quidem modo catinus per totam superficiem aequaliter radatur. Deinde vero etsi hoc modo attritus non tam inaequabilis sit, quam si lens iugiter in eodem loco detineretur, tamen is non certa quadam lege distribuitur, unde fit, ut figura catini a sphaerica mox notabiliter recedat, solique fortunae sit tribuendum, si quandoque bonae indolis lentes hoc modo elaborentur.

23. Ad catini autem attritum aequabilem reddendum optimum remedium videtur, si frustum quoddam vitri praeter lentem super catino atteratur, cuius figura et pressio ita sit comparata, ut singula catini puncta, tam a lente, quam ab

isto frusto, aequabilem attritum patiantur. Quo huius frusti figura simplicior prodeat (Fig. 4), ponamus intervallum BO evanescere, seu esse $OC = c = CB = a$, catinique radium OA diametro lentis $2a$ esse aequalem, quandoquidem, cum lens perpetuo in eodem loco detineatur, superfluum foret, catinum ampliorem efficere. Sit igitur EOhi figura illius frusti vitrei quaesita, quod continuo catino in eodem loco applicatum detineatur, eique pondere $= Q$ apprimatur,

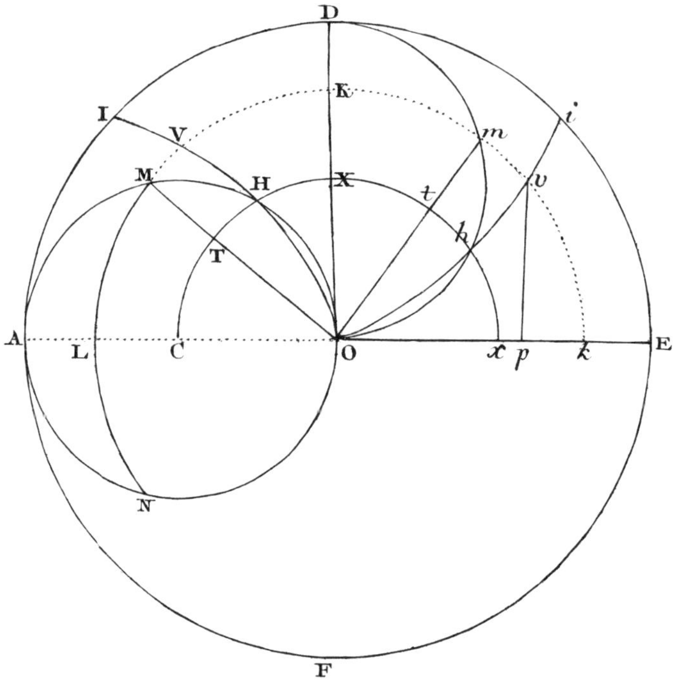

Fig. 4

cuius area sit $= ee$. Quoniam nihil refert, quo in loco hoc frustum applicemus, concipiamus id in situ DOHVT.

24. Cum igitur catini puncta L a centro O intervallo $OL = y$ distantia ob $c = a$ a lente attritum patiantur, cuius quantitas una revolutione est

$$= \frac{Pu}{\pi\pi a} \operatorname{A cos} \frac{y}{2a} = \frac{Pu}{\pi\pi ay} \cdot LM.$$

Tum vero eadem puncta L sub frusto vitri per arcum VR deferuntur celeritate uy, et quia pressio in singulis punctis est ut $\frac{Q}{ee}$, erit quantitas attritus in una revolutione

$$= \frac{Quy}{ee} \cdot \frac{KV}{2\pi y} = \frac{Qu}{2\pi ee} \cdot KV,$$

ubi $2\pi y$ peripheriam totius circuli denotat. Necesse ergo est, ut summa harum expressionum

$$= \frac{Pu}{\pi\pi ay} \cdot LM + \frac{Qu}{2\pi ee} \cdot KV$$

sit quantitas constans, quae statuatur $=\frac{Pu}{\pi\pi a}\cdot\frac{\pi}{2}$. At posita recta OD ad AO perpendiculari, ob arcum $LMK=\frac{\pi}{2}y$, erit haec constans $=\frac{Pu}{\pi\pi ay}\cdot LMK$, ita ut habeatur haec aequatio:

$$=\frac{Pu}{\pi\pi ay}\cdot LM+\frac{Qu}{2\pi ee}\cdot KV=\frac{Pu}{\pi\pi ay}\cdot LMK$$

quae reducitur ad hanc:

$$\frac{Q}{2ee}\cdot KV=\frac{P}{\pi ay}\cdot MK.$$

25. Erit ergo

$$\text{arcus } KV=\frac{2\,Pee}{Q\pi ay}\cdot MK,$$

existente $OK=y$; unde porro area spatii $DOHVI=ee$ definiri potest. Cum enim sit

$$MK=y\,\text{Asin}\,\frac{y}{2a},$$

habebitur

$$KV=\frac{2Pee}{Q\pi a}\;\text{Asin}\,\frac{y}{2a},$$

hincque areae elementum

$$KV\cdot dy=\frac{2Pee}{Q\pi a}dy\cdot\text{Asin}\,\frac{y}{2a},$$

cuius integrale est

$$\frac{2Pee}{Q\pi a}\left(y\,\text{Asin}\,\frac{y}{2a}+\surd(4aa-yy)-2a\right)$$

quod per totum frustum extensum ponendo $y=2a$ praebet aream totam

$$ee=\frac{2Pee}{Q\pi a}\left(2a\cdot\frac{\pi}{2}-2a\right)=\frac{2Pee}{Q\pi}(\pi-2)$$

unde quidem non area ee, sed pondus apprimens Q, ita definitur, ut sit $Q=\frac{2P(\pi-2)}{\pi}$; unde sive ponatur $\pi=\frac{22}{7}$ sive $\pi=\frac{355}{113}$ dat $Q=\frac{8}{11}\,P$, seu $Q=\frac{258}{355}\,P$, unde constat, quanto pondere frustum vitri catino apprimi debeat.

26. Ad figuram autem frusti vitrei inveniendam, quia invenimus

$$\frac{2\mathrm{P}ee}{\mathrm{Q}\pi}=\frac{ee}{\pi-2},$$

habebimus hanc aequationem

$$\mathrm{KV}=\frac{ee}{(\pi-2)\,ay}\cdot\mathrm{MK},$$

ubi ee pro lubitu assumere licet. Statuamus ergo $ee=(\pi-2)\,aa$, ut area frusti sit ad aream lentis, ut $\pi-2$ ad π, seu 4 ad 11, fiatque $\mathrm{KV}=\frac{a}{y}\,\mathrm{MK}$. Ad quam aequationem construendam ducto per centrum lentis C quadrante CHX, quem recta OM secet in T, erit $\mathrm{TX}=\frac{a}{y}\cdot\mathrm{MK}$, ideoque $\mathrm{KV}=\mathrm{XT}$. Ubique ergo sumatur arcus KV aequalis arcui XT, et spatium curva OHVI et radio OD inclusum dabit figuram frusti DOHVI, seu in situ lentem non impediente E$Ohvi$, quod pondere $\mathrm{Q}=\frac{8}{11}\mathrm{P}$ catino appressum desideratum praestabit effectum, ut figura catini non deformetur.

27. Etsi constructio lineae $Ohvi$, est facilis, dum ubique arcus kv arcui xt aequalis est capiendus, constituto semicirculo OmD semissi lentis aequali, tamen conveniet, aequationem huius curvae ad coordinatas orthogonales saltem proxime reduci. Sit igitur $Op=p$ et $pv=q$, existente

$$Ok=y=\sqrt{(pp+qq)}\quad\text{et}\quad Ox=a,$$

et vocetur

$$\text{angulus } kOm=\mathrm{A}\sin\frac{y}{2a}=\varphi,$$

ut sit

$$y=2a\sin\varphi,$$

unde ob $kv=xt=a\varphi$, hincque

$$\text{angulum } kOv=\frac{a\varphi}{y}=\frac{\varphi}{2\sin\varphi}$$

reperietur:

$$p=2a\sin\varphi\cos\frac{\varphi}{2\sin\varphi}\quad\text{et}\quad q=2a\sin\varphi\sin\frac{\varphi}{2\sin\varphi},$$

unde approximando colligitur

$$q=0{,}5463\,p+0{,}03513\cdot\frac{p^3}{aa}.$$

Initio scilicet circa O haec curva abit in rectam ad OE angulo 28° 39′, cuius arcus semissi radii aequatur inclinato; pro puncto extremo autem i fiunt coordinatae $p = q = a\sqrt{2}$.

28. Facillime autem huius frusti figura in praxi hoc modo delineabitur (Fig. 5): Radio OE diametro lentis aequali describatur circulus, in quo primo capiatur arcus Ei = 45°, tum vero arcus En semissi rectae OE aequalis, qui continebit quasi 28° 39′: Deinde centro O radio dimidio Oc describatur arcus cg continens 30°, ac ducta recta On linea quaesita circa O cum hac recta confundetur, tum vero ab ea paulatim recedens per punctum g transibit, indeque proferetur ita in punctum i, ut hic circulum Ei tangat. Frustum ergo vitri terminandum est primo recta OE, tum arcu Ei, ac denique linea curva Ogi ostenso modo praescripta: hocque vitrum catino appressum pondere $= \frac{8}{11}$P, dum P est pondus, quo lens ei apprimitur, impediet catini depravationem.

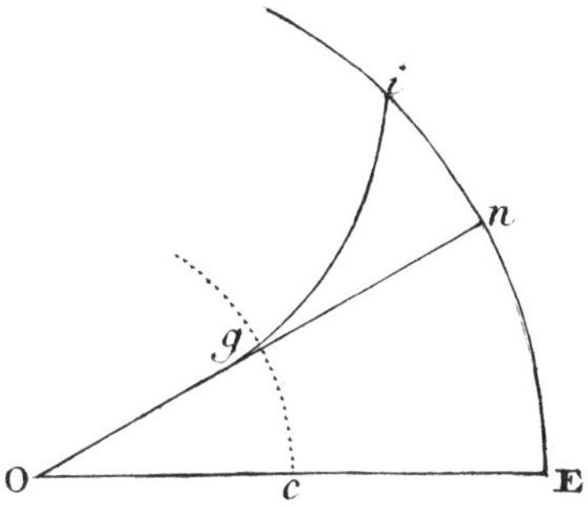

Fig. 5

29. Hic modus figuram catini intemeratam conservandi in usum vocari nequit, nisi lens ita detineatur, ut eius ora ad centrum catini usque pertingat. Si enim a lente centrum catini plane non attereretur, quoniam etiam a frusto vitri, quod catino immotum incumbere assumo, nullum attritum pateretur, nihil inde abraderetur, neque ergo depravatio eius caveri posset. Quae est causa, cur hic lentem usque ad catini centrum O porrigi assumserim. Caeterum cum tam lentis centrum C ope styli, quam totum vitri frustum perpetuo in eodem loco teneri debeat, artifex strenuus ope simplicis mechanismi haud difficulter hoc exequetur, simulque efficiet, ut cum lens dato pondere P catino apprimatur, frustum vitri debito pondere Q, quod ad illud sit ut 8 ad 11, sit oneratum. Hocque pacto lentibus praescripta figura induci poterit, dum inter operandum figura catini non depravatur.

COGITATIONES DE AGGERIBUS CONSTRUENDIS

Commentatio 288 indicis ENESTROEMIANI
Novi commentarii academiae scientiarum Petropolitanae 9 (1762/3), 1764, p. 352–378
Summarium ibidem, p. 36–38

SUMMARIUM

In provinciis maritimis haec quaestio maximi est momenti, ubi littora adversus fluctuum impetum aggeribus muniri oportet, quorum tam exstructio, quam conservatio, ingentes sumtus postulat. Antequam igitur huiusmodi opus suscipiatur, sollicite est disquirendum, utrum reditus ex terris hoc modo munitis percipiendi expensus ad aggeres requisitas superent, nec ne? Nisi enim cultura terrae plus fructuum afferret, de aggerum extructione cogitandum ne quidem foret. Tum vero etiam imprimis est perpendendum, si littorum ora fuerit valde irregularis et sinuosa, minime esse consultum, aggeres iuxta ipsam littoris figuram duci, sed potius praestare, ut aggeribus a littore reductis forma commodior tribuatur. Quanquam enim hoc modo minor terrae tractus includitur, unde propterea minores fructus percipiantur, tamen fieri potest, ut haec iactura aggeris contractione ob multo minores sumtus in eius extructionem requisitos largiter compensentur. Semper igitur haec quaestio diligentissime evolvi meretur, qua quaeritur: quomodo data littoris cuiuspiam figura aggeres in eo sint construendi, ut fructus ex terra percipiendi maximo lucro excedant sumtus in aggerum tam extructionem, quam conservationem, impendendos, in qua disquisitione facile intelligitur saepius evenire posse, ut maxime expediat minorem terrae portionem hoc modo muniri, lucrumque inde expectandum ob aggeris diminutionem multo maius esse aestimandum. Ad huiusmodi ergo quaestiones enodandas ante omnia expendi oportet: primo, quantas expensas exstructio aggeris datae longitudinis, veluti unius perticae, postulet; secundo, quantum ad conservationem talis portionis aggeris quotannis requiratur, quos annuos sumtus, tanquam usuram, ad sortem fixam revocari convenit, quibus coniunctis totum pretium unius perticae aggeris habebitur; tertio vero ad fertilitatem et usum terrae muniendae est spectandum, ut pateat, quantos fructus a qualibet pertica quadrata quotannis expectari liceat, quos pariter ad sortem fixam reduci conveniet. His rebus accurate determinatis quaestio ad meram Geometriam et Analysin revocatur, cuius tamen resolutio ingentem circumspectionem postulat, ideo necessariam, quod aggeres quidem quantumvis intra continentem reduci, neutiquam vero ultra extremam littoris oram extendi licet. In provinciis etiam aggeribus iam munitis haec eadem quaestio saepius occurrere solet, quando scilicet fluctus marini sensim tantum terrae ultra aggeres alluunt, ut operae pretium videatur, hanc novam terram novo aggere cingi, et in usum converti. Quod cum non ita pridem in provincia Germaniae maritima contigerit, atque haud levis controversia circa novi aggeris extructionem fuerit orta, et ad Auctorem delata, ansam ei praebuit, hoc argumentum, quod saepius summum usum habere potest, accurate pertractandi.

1. De hoc argumento, quod amplissimam rerum maritimarum notitiam postulat, commentari nunquam mihi in mentem venisset, nisi nuper mihi quaestio eo spectans cum controversia coniuncta esset proposita, ut sententiam meam aperirem, quandoquidem totum negotium ad Geometriam et Analysin revolvebatur. Res autem ita se habebat: In provincia maritima extra aggerem, quo littora sunt munita, fluctibus tantum terrae erat aggestum, ut novo aggere includendum videretur. Vetus agger secundum lineam AGKE erat ductus (Fig. 1), et

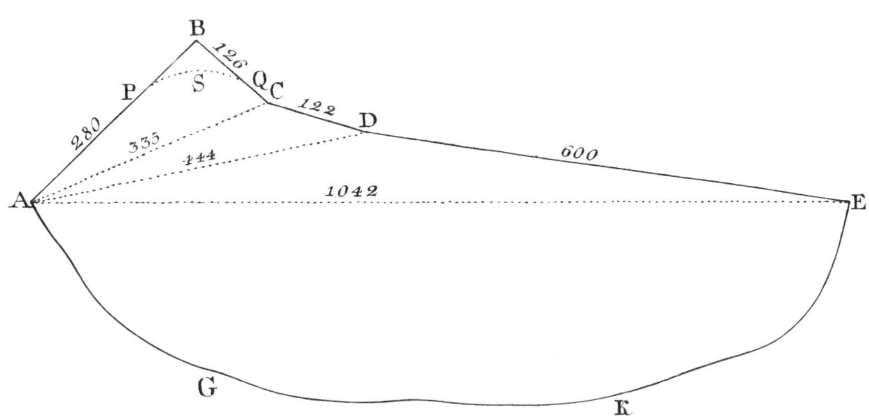

Fig. 1

terra extrinsecus adiecta usque ad lineam ABCDE patebat, secundum quam etiam novus agger longitudine 1128 perticarum erat extructus: quo pacto totum spatium inter veterem novumque aggerem interiectum in lucrum cessit. Constitit hoc opus 120 000 Thal. et singularum linearum mensurae in perticis in figura sunt adscriptae.

2. Iam iis, qui hunc aggerem extrui curaverant, obiectum est, cum hic agger secundum lineam inflexam ABCDE esset ductus, a puncto A ad E, eum potius secundum arcum circularem, qui aequale spatium concluderet, duci oportuisse, subductoque calculo compertum est, hunc aggerem 76 perticis breviorem futurum fuisse, ita ut idem commodum minoribus impensis, quot scilicet extructio aggeris 76 perticas longi requirit, obtineri potuisse. Cuius obiectionis ratio huic fundamento inniti videbatur, quod linea circularis inter omnes alias tantumdem spatii includentes sit brevissima, ac damnum quidem, ex neglectu huius principii natum, ad 9600 Thal. aestimabatur. Controversia igitur in hoc versabatur, num ab Architecto, vel iis, qui hunc aggerem extrui curaverunt, restitutio huius damni iure exigi queat? Atque hic quidem videndum est, utrum Architectus ob ignorantiam istius principii geometrici peccaverit, an ob alias causas ab eo recedere sit coactus?

3. Principium autem hoc Geometricum non solum nunc quidem est notissimum, sed etiam naturae nostrae quasi ingenitum, ut mihi nullo modo persuadere queam, eius ignorationem in causa fuisse, cur Architectus aggerem secundum lineam inflexam ABCDE duxerit. Si haec circuli proprietas ipsi incognita fuisset, cur aggerem non potius iuxta rectam AE duxit? vel si maius spatium complecti voluit, cur non latera polygoni cuiusdam regularis est secutus? Mihi quidem extra omne dubium positum videtur, si in aggere ducendo quicquam Architecti arbitrio esset relictum, illum certe neutiquam hunc ductum sinuosum ABCDE electurum fuisse. Ei quidem, postquam ab A ad B pervenit, non in mentem incidere non potuit, aggerem recta ab B ad E potius, quam per partes intus vergentes BC, CD, DE continuare; quippe quo modo breviori aggere adeo maius spatium inclusisset. Quin hoc noverit Architectus, quantumvis caeterum fuisset Geometriae rudis, dubitari nullo modo potest.

4. Causa igitur subesse debet, cur potius tractum hunc infractum ABCDE, quam alium quemcunque, in extruendo aggere sit secutus; atque, etsi omnes rationes Architecturae maritimae mihi non sunt perspectae, haec tamen causa manifesto in figura terrae fortuito aggestae sita videtur: agger enim constitui nequit, nisi ubi terra supra fundum maris iam satis fuerit elevata et confirmata. Loca igitur B, C, D ita videntur comparata, ut regio exterior, ob defectum fundi sufficientis, aggerem recipere non potuerit. Quodsi ergo rectas lineas AB, BC, CD, DE ut limites spectemus, ultra quos aggerem removere non liceat, causa manifesta est, ob quam Architectus aggerem iuxta has ipsas lineas constituerit; simulque perspicuum est, arcum illum circularem, qui aequale spatium

includeret, hic adhiberi non potuisse, propterea quod alicubi ultra hos limites extendi debuisset.

5. Si enim uspiam hos limites transgredi licuisset, equidem non in hoc Architectum reprehenderem, quod aggerem non secundum arcum circularem, qui aequale spatium includeret, duxerit, sed potius ideo, quod non eiusmodi arcum super corda AE constituerit, qui etiam maius spatium esset complexus. Etsi enim hoc modo agger maiorem longitudinem esset nactus, tamen sumtuum incrementum maiori terrae spatio in usum convertendo fortasse fuisset compensatum: ad hoc scilicet diiudicandum sumtus in singulas perticas, quibus agger longior redditur, impendendi una cum sorte pecuniae ad conservationem requisitae cum pretio singularum perticarum quadratarum, quibus terra usui futura augetur, comparari debent, ut pateat, utrum augmentum impensae superet lucri augmentum nec ne? Haec disquisitio ibi erit necessaria, ubi satis terrae firmae fuerit aggestum, ut quousque libuerit aggerem extendere liceat, qui casus, etsi a proposito abhorrere videatur, eum tamen accuratius evolvere haud erit incongruum.

PROBLEMA 1

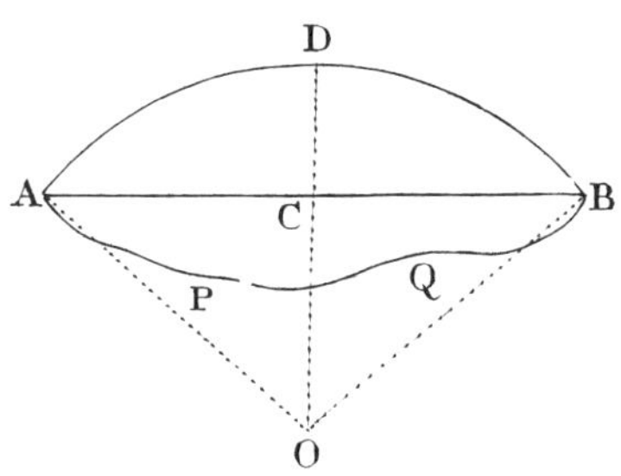

Fig. 2

Si extra aggerem APQB (Fig. 2) *tantum terrae a fluctibus maris sit cumulatum, ut a terminis A et B novum aggerem ADB quousque libuerit, protendere liceat, definire eum aggerem, qui maximum lucrum sit allaturus.*

SOLUTIO

6. Primum observo, huic aggeri novo ab A ad B ducendo figuram arcus circularis tribui oportere: quamcunque enim aliam figuram haberet, semper arcus circularis dari posset aequale spatium includens, qui, cum sit brevior, minoresque propterea sumtus postulet, illi omnino erit anteferendus. Sit igitur ADB huiusmodi arcus circularis centrum habens in O, ponaturque cordae semissis $AC = BC = c$ et anguli ad O semissis $AOD = BOD = \omega$; tum vero sit spatium inter aggerem veterem APQB et rectam AB inclusum $= hh$, quod

partem constituit spatii extructione novi aggeris acquirendi. Hinc ergo fit radius circuli $\mathrm{OA}=\frac{c}{\sin\omega}$ et $\mathrm{OC}=\frac{c\cos\omega}{\sin\omega}$ ideoque arcus $\mathrm{ADB}=\frac{2c\omega}{\sin\omega}$, qui dat longitudinem aggeris. Porro erit sector $\mathrm{AOB}=\frac{cc\omega}{\sin\omega^2}$, indeque auferendo triangulum $\mathrm{AOB}=\frac{cc\cos\omega}{\sin\omega}$, relinquitur area segmenti $\mathrm{ADBA}=\frac{cc\,(\omega-\sin\omega\cos\omega)}{\sin\omega^2}$, ita ut spatium terrae aggere ADB acquisitum sit $=\frac{cc\,(\omega-\sin\omega\cos\omega)}{\sin\omega^2}+hh$.

7. Ponamus, has mensuras in perticis dari, sintque sumtus ad unam perticam aggeris exstruendam $=m$ Thal. comprehensis simul impensis ad conservationem, quos casu exposito vidimus exsurgere ad 100. Thal. Pretium autem unius perticae quadratae terrae statuatur $=n$ Thal. quod utique ab indole terrae et fructibus inde percipiendis pendet. Hinc lucrum deductis impensis erit

$$\frac{ncc\,(\omega-\sin\omega\cos\omega)}{\sin\omega^2}+nhh-\frac{2mc\omega}{\sin\omega},$$

quod, nisi valorem obtineat positivum, praestabit res in pristino statu relinquere, neque exstructionem novi aggeris suscipere, quoniam sumtus superarent fructus inde sperandos.

8. Incipiamus a casu, quo agger recta ab A ad B ducitur; et quia terrae spatium fit $=hh$, et longitudo aggeris $=2c$, erit lucrum $=nhh-2mc$. Nisi ergo sit $hh>\frac{2m}{n}c$, seu $c<\frac{nhh}{2m}$, hic novus agger damnum afferret: ex quo duo casus evolvendi occurrunt; alter, quo $hh<\frac{2m}{n}c$, alter vero quo $hh>\frac{2m}{n}c$; illo casu non sine damno agger rectus iuxta cordam AB duceretur, hoc vero lucrum quidem praeberet, sed videndum est, num aggerem secundum arcum circularem incurvando non maius lucrum obtineri queat. Priori vero casu, quo agger rectus cum manifesto damno est coniunctus, inquiri convenit, an aggeris curvatura damnum non minuatur, ac tandem in lucrum converti queat?

9. Sit igitur $hh<\frac{2m}{n}c$, et videamus, si angulus $\mathrm{AOB}=2\omega$ minimus capiatur, utrum detrimentum minuatur nec ne? Ponamus $\sin\omega=z$, et ob

$$\omega=z+\tfrac{1}{6}z^3 \quad \text{et} \quad \cos\omega=1-\tfrac{1}{2}zz,$$

erit

$$\sin\omega\cos\omega = z - \tfrac{1}{2}z^3,$$

unde aestimatio lucri oritur:

$$\tfrac{2}{3}nccz + nhh - 2mc\,(1 + \tfrac{1}{6}zz)$$

quae ergo maior est praecedente $nhh - 2mc$, quoniam $\frac{2}{3}nccz > \frac{2}{6}mczz$ ob z minimum. Certum ergo est, incurvatione aggeris damnum diminui; an autem continuo minuatur? differentiatio nostrae formulae ostendet, quae praebet:

$$\frac{2nccd\omega\,(\sin\omega - \omega\cos\omega)}{\sin\omega^3} - \frac{2mcd\omega\,(\sin\omega - \omega\cos\omega)}{\sin\omega^2}$$

seu

$$\frac{2cd\omega\,(\sin\omega - \omega\cos\omega)}{\sin\omega^3}\,(nc - m\sin\omega).$$

Cum igitur sit $\sin\omega > \omega\cos\omega$, aestimatio lucri aggerem magis incurvando continuo crescit, quamdiu est $nc > m\sin\omega$.

10. Si esset $nc < m$, seu $c < \frac{m}{n}$, lucrum eousque tantum cresceret, quoad fieret $\sin\omega = \frac{nc}{m}$, tum vero, ultra augendo angulum ω, iterum decresceret, neque vero perpetuo. Nam cum anguli ω, postquam ultra rectum, quo casu arcus ADB fit semicirculus, fuerit acutus, sinus iterum decrescat, quando infra valorem $\frac{nc}{m}$ decreverit, lucri aestimatio iterum crescere incipit, idque deinceps continuo ac tantopere, ut tandem in infinitum augeatur. Quare lucrum dato quovis maius obtineri potest, dummodo angulus ω maxime obtusus capiatur, et arcus ADB segmentum maius maximi circuli constituat. Atque hoc in genere valet, sive fuerit $hh > \frac{2m}{n}c$, sive $hh < \frac{2m}{n}c$, ita ut neutro casu verum maximum locum habeat, sed lucrum continuo maius consequi liceat.

11. Sin autem aliae circumstantiae prohibeant, quo minus segmentum ADB ultra semicirculum augeri possit, tum semper, dummodo fuerit $c > \frac{m}{n}$, aggerem in figuram semicirculi duci conveniet, ut maximum lucrum, vel certe minimum damnum, obtineatur. Tum autem posito π pro semicircumferentia

circuli, cuius radius est $=1$, ut $\frac{1}{2}\pi$ angulum rectum denotet, ob $\omega=\frac{1}{2}\pi$, fiet lucri aestimatio:

$$\frac{1}{2}\pi ncc+nhh-\pi mc$$

quae expressio, nisi sit negativa, aggerem maxime lucrosum indicat, contra autem praestabit, nullum plane aggerem extruere. At si fuerit $c<\frac{m}{n}$, statuatur $c=\frac{m}{n}\sin\zeta$, ac tum segmentum ADB minus esse oportet semicirculo, sumendo angulum AOD $=\zeta$; ut lucrum maximum vel damnum minimum evadat. Posito autem $\omega=\zeta$ et $c=\frac{m}{n}\sin\zeta$ fit lucri aestimatio:

$$\frac{ncc(\zeta-\sin\zeta\cos\zeta)}{\sin\zeta^2}+nhh-\frac{2mc\zeta}{\sin\zeta}=nhh-\frac{mc}{\sin\zeta}(\zeta+\sin\zeta\cos\zeta)$$

seu

$$=nhh-\frac{mm}{n}(\zeta+\sin\zeta\cos\zeta).$$

Nisi ergo sit

$$hh>\frac{mm}{nn}(\zeta+\sin\zeta\cos\zeta)$$

nequidem aggerem sine damno extruere licet; nisi arcus semicirculo maiores admittantur.

12. Haec igitur sunt fere observanda, quando terra aggesta nullos limites ponit, ultra quos aggerem extendere non liceat, qui casus, cum nunquam locum habere possit, quandoquidem nunquam aggerem quasi in infinitum extendere conceditur, revertor ad ipsam quaestionem propositam, ubi ratio terrae extra veterem aggerem adiectae non permittit, ut agger usquam ultra limites per lineas AB, BC, CD, DE designatos producatur (Fig. 1). Atque hoc quidem casu manifestum est, novo aggere maiorem terrae quantitatem cingi non posse, quam quae figura est repraesentata; hocque spatium aliter in usum converti non posse, nisi agger secundam ipsos illos limites extruatur; utcunque enim ab iis recedatur, quoniam non extra eos vagari licet, semper minor terrae portio includetur. Quare si Architecto propositum fuerit, tantum terrae includere, quantum fieri licet, necessario aggerem iuxta ipsos limites extruere coactus fuit, neque quicquam in hoc opere ipsi vitio verti potest.

13. Hic autem alia quaestio meo quidem iudicio gravissima oritur, an non utilius fuisset, aliquid de campo includendo remittere, et aggerem intra limites praescriptos ita ducere, ut deductis impensis aggeris a pretio terrae acquisitae lucrum idque maximum obtineretur. Quaeritur scilicet eiusmodi aggeris constructio, qui si brevior sit, quam linea limitum ABCDE, p perticis, spatium autem includat minus quam id, quod intra limites illos contineretur, qq perticis quadratis, ut lucrum ex diminutione aggeris natum, quod valet mp Thal. maxime superet damnum ob diminutionem terrae ortum, quod aestimatur nqq Thal. seu ut $mp - nqq$ fiat maximum. Quem in finem, ut res generaliter ac dilucide pertractetur, sequentia problemata evolvam.

PROBLEMA 2

Si limites, ultra quos aggerem protendi non liceat, sint rectae AB et BC (Fig. 3), *in B datum angulum constituentes, determinare rectam PQ, ita ut, si agger iuxta rectas AP, PQ, QC ducatur, quo pacto quidem terrae spatium PBQ perit, maximum tamen lucrum obtineatur.*

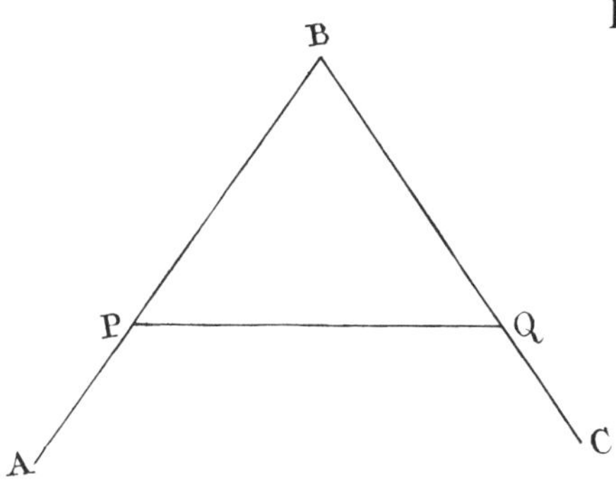

Fig. 3

SOLUTIO

14. Quodsi loco aggeris ABC aggere APQC utamur, in eius longitudine tot perticas lucramur, quot excessus laterum $\mathrm{BP}+\mathrm{BQ}$ iunctim sumtorum supra latus PQ exhibet, quod ergo in expensis lucrum praebet $= m\,(\mathrm{BP}+\mathrm{BQ}-\mathrm{PQ})$ Thal. Contra vero in campo includendo amittimus tot perticas quadratas, quot continet area trianguli PBQ, cuius pretium ad $n \cdot \varDelta\,\mathrm{PBQ}$ Thal. est constituendum. Lineam rectam ergo PQ ita duci oportet, ut haec quantitas

$$m\,(\mathrm{BP}+\mathrm{BQ}-\mathrm{PQ}) - n \cdot \varDelta\,\mathrm{PBQ}$$

maximum valorem adipiscatur.

15. Ponamus angulum $\mathrm{ABC} = \beta$, qui datur, sintque lineae quaesitae $\mathrm{BP} = x$ et $\mathrm{BQ} = y$, erit

$$\mathrm{PQ} = \sqrt{(xx - 2xy\cos\beta + yy)}$$

quae brevitatis gratia dicatur $=z$, et area trianguli PBQ fit $=\frac{1}{2}xy\sin\beta$; unde his longitudinibus x et y in perticis expressis, habetur lucrum ad pecuniam reductum

$$= m(x+y-z) - \tfrac{1}{2}nxy\sin\beta \quad \text{Thal.}$$

quod maximum est reddendum. Unde, cum sit

$$dz = \frac{xdx - ydx\cos\beta - xdy\cos\beta + ydy}{z},$$

prout vel x vel y ut variabilis tractatur, hac duae aequationes eliciuntur:

$$m\left(1 - \frac{x - y\cos\beta}{z}\right) - \tfrac{1}{2}ny\sin\beta = 0,$$

$$m\left(1 + \frac{x\cos\beta - y}{z}\right) - \tfrac{1}{2}nx\sin\beta = 0.$$

16. Quodsi illa per x; haec vero per y, multiplicetur, differentia ad hanc perducit aequationem:

$$m\left(x - y - \frac{xx - yy}{z}\right) = 0 = m(x-y)\left(1 - \frac{x+y}{z}\right).$$

Cum igitur fieri nequeat $1 = \frac{x+y}{z}$, seu $z = x+y$, necesse est, sit $x=y$, seu $\mathrm{BP}=\mathrm{BQ}$, quam quidem conditionem ipsa quaestionis natura statim suppeditare potuisset, cum nulla sit ratio, cur lineae BP et BQ inaequales capi deberent. Sit ergo $y=x$, et quia tum fit

$$z = \sqrt{(2xx - 2xx\cos\beta)} = 2x\sin\tfrac{1}{2}\beta,$$

alterutra illarum aequationum abit in hanc formam:

$$m\left(1 + \frac{\cos\beta - 1}{2\sin\frac{1}{2}\beta}\right) - \tfrac{1}{2}nx\sin\beta = 0,$$

seu

$$m\,(1-\sin\tfrac{1}{2}\beta)=\tfrac{1}{2}\,nx\sin\beta,$$

unde fit

$$x=\frac{2m\,(1-\sin\frac{1}{2}\beta)}{n\sin\beta}=\frac{m\,(1-\sin\frac{1}{2}\beta)}{n\sin\frac{1}{2}\beta\cos\frac{1}{2}\beta},$$

sive

$$x=\frac{m}{n\sin\frac{1}{2}\beta}\sqrt{\frac{1-\sin\frac{1}{2}\beta}{1+\sin\frac{1}{2}\beta}}=\frac{m\,\mathrm{tang}\,(45^\circ-\frac{1}{4}\beta)}{n\sin\frac{1}{2}\beta}$$

17. Problemati ergo ita satisfit, ut capiatur:

$$\mathrm{BP}=\mathrm{BQ}=\frac{2m\,(1-\sin\frac{1}{2}\beta)}{n\sin\beta},$$

siquidem lineae BA et BC fuerint maiores; sin autem hae lineae sint minores, tum evidens est, rectarum BP et BQ alteram breviori aequalem capi oportere, unde altera per eandem methodum definietur. Atque hoc modo, si limites habeant plures angulos, singuli resecari poterunt, siquidem extus sint versi, qui anguli enim intus vergunt, ut C et D in fig. 1, ii hanc operationem non admittunt, quin etiam deinceps novos angulos ad P et Q ortos simili modo subtendere licebit, quae operatio si continuetur, tandem agger figuram quasi curvilineam consequetur, quae omnium maximam utilitatem apportabit. Eam autem circuli arcum fore manifestum est, quem statim sequenti modo determinare poterimus.

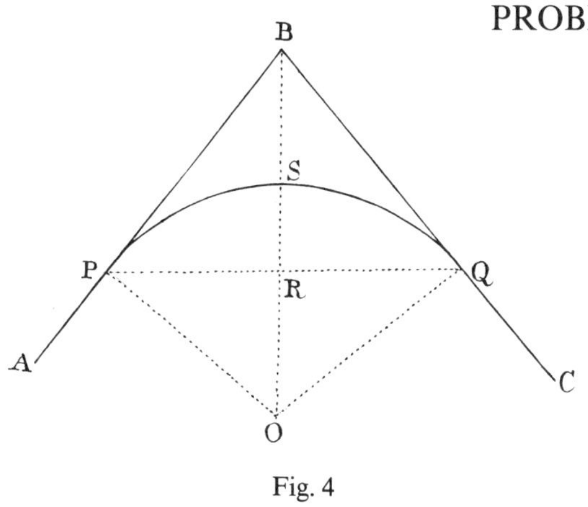

Fig. 4

PROBLEMA 3

18. *Si limites, ultra quos aggerem protendi non licet, sint rectae AB et BC, in B datum angulum facientes* (Fig. 4), *determinare eam aggeris figuram APSQC, qua maximum lucrum obtineatur.*

SOLUTIO

Primo patet, ut ante, partes a limitibus rescissas BP et BQ aequales esse debere, dummodo ipsae lineae BA et BC satis sint longae, ut huiusmodi partes mox definiendas contineant, quod quidem hic assumo; si enim altera, vel utraque, brevior fuerit, hic casus peculiarem evolutionem postulat. Tum vero etiam patet, lineam curvam PSQ fore circularem, quam totam intra limites contineri necesse est; eius ergo centrum erit in recta BO, angulum B bisecante.

Ponamus itaque angulum $ABC = 2\beta$, ut sit semissis $ABO = CBO = \beta$; tum vero statuatur $BP = BQ = x$, erit

$$PR = QR = x \sin\beta \text{ et } BR = x \cos\beta,$$

unde conficitur area trianguli PBQ

$$= xx \sin\beta \cos\beta.$$

Ponatur porro anguli POQ semissis $BOP = BOQ = \omega$, erit radius circuli

$$PO = QO = \frac{x \sin\beta}{\sin\omega} \quad \text{et} \quad OR = \frac{x \sin\beta \cos\omega}{\sin\omega},$$

hincque ipse

$$\text{arcus } PSQ = \frac{2x\omega \sin\beta}{\sin\omega} \quad \text{et sector } PSQO = \frac{xx\omega \sin\beta^2}{\sin\omega^2},$$

unde, cum sit

$$\text{triangulum } POQ = \frac{xx \sin\beta^2 \cos\omega}{\sin\omega}$$

fit area segmenti PSQP

$$= \frac{xx \sin\beta^2}{\sin\omega^2} (\omega - \sin\omega \cos\omega)$$

et trilinei BPSQB

$$= xx \sin\beta \cos\beta - \frac{xx \sin\beta^2}{\sin\omega^2} (\omega - \sin\omega \cos\omega).$$

Quod si iam agger non iuxta ipsos limites ABC, sed lineam mixtam APSQC ducatur, in longitudine aggeris lucramur

$$PB + QB - PSQ = 2x - \frac{2x\omega \sin\beta}{\sin\omega},$$

quod lucrum valet

$$2mx\left(1-\frac{\omega\sin\beta}{\sin\omega}\right)$$

at in campo perdimus trilineum BPSQB, quod damnum valet

$$nxx\left(\sin\beta\cos\beta-\frac{\sin\beta^2}{\sin\omega^2}(\omega-\sin\omega\cos\omega)\right).$$

Nunc igitur excessus lucri supra damnum maximus reddi debet, unde ob binas variabiles x et ω binas sequentes nanciscimur aequationes:

$$\text{I.}\quad m\left(1-\frac{\omega\sin\beta}{\sin\omega}\right)-nx\left(\sin\beta\cos\beta-\frac{\sin\beta^2}{\sin\omega^2}(\omega-\sin\omega\cos\omega)\right)=0,$$

$$\text{II.}\quad -\frac{2mx\sin\beta}{\sin\omega^2}(\sin\omega-\omega\cos\omega)-\frac{2nxx\sin\beta^2}{\sin\omega^3}(\omega\cos\omega-\sin\omega)=0$$

seu

$$\text{II.}\quad -\frac{2x\sin\beta}{\sin\omega^3}(\sin\omega-\omega\cos\omega)(m\sin\omega-nx\sin\beta)=0.$$

Ex hac posteriori, quia fieri nequit $\sin\omega-\omega\cos\omega=0$, fit

$$m\sin\omega=nx\sin\beta,\quad \text{seu}\quad x=\frac{m\sin\omega}{n\sin\beta},$$

qui valor, in priori substitutus, praebet

$$m\left(1-\frac{\omega\sin\beta}{\sin\omega}\right)-m\left(\cos\beta\sin\omega-\frac{\sin\beta}{\sin\omega}(\omega-\sin\omega\cos\omega)\right)=0,$$

seu

$$\sin\omega-\omega\sin\beta-\cos\beta\sin\omega^2+\omega\sin\beta-\sin\beta\sin\omega\cos\omega=0,$$

quae, per $\sin\omega$ divisa, dat:

$$1-\cos\beta\sin\omega-\sin\beta\cos\omega=0,$$

seu

$$1=\sin(\beta+\omega)$$

unde concludimus, fore $\beta+\omega=90°$, seu $\omega=90°-\beta$, ita ut angulus BPO sit rectus, ideoque arcus PSQ a limitibus AB et BC tangatur: ex quo totus arcus PSQ intra limites cadit, quemadmodum natura rei postulat.

Cum igitur sit $\omega=90°-\beta$, erit

$$\mathrm{BP}=\mathrm{BQ}=x=\frac{m\cos\beta}{n\sin\beta}=\frac{m}{n\,\mathrm{tang}\,\beta},$$

seu

$$x\,\mathrm{tang}\,\beta=\mathrm{PO}=\frac{m}{n},$$

ita ut $\frac{m}{n}$ perticae semper dent radium circuli PSQ, iuxta quem aggerem duci oportet, qui arcus cum limites tangere debeat, tota constructio est facilis. In recta enim BO, angulum ABC bisecante, id punctum O capi debet, e quo perpendiculum in alterum limitem demissum OP fiat $=\frac{m}{n}$, eritque O centrum circuli et OP eius radius.

Tum autem sumtis

$$\mathrm{BP}=\mathrm{BQ}=\frac{m\cos\beta}{n\sin\beta},$$

erit arcus $\mathrm{PSQ}=\frac{m}{n}(\pi-2\beta)$ denotante π semicircumferentiam et 2β arcum circuli, angulum ABC metientis, sinu toto existente $=1$, unde lucrum, ex aggeris diminutione ortum, est

$$=\frac{mm}{n}(2\cot\beta-\pi+2\beta)\text{ Thal.}$$

Damnum autem, ob diminutionem spatii inclusi natum, est

$$=\frac{mm}{n}(\cot\beta-\tfrac{1}{2}\pi+\beta),$$

quod lucri semissi aequatur, ita ut totum lucrum sit

$$=\frac{mm}{n}(\beta+\cot\beta-\tfrac{1}{2}\pi)\text{ Thal.}$$

COROLLARIUM 1

19. Quo maior ergo est angulus $\mathrm{ABC}=2\beta$, eo minores fiunt partes rescindendae $\mathrm{BP}=\mathrm{BQ}$, et plane evanescunt, si ille angulus ad duos rectos excrescat. Hinc quo obtusior fuerit angulus ABC, eo minus hac correctione est opus.

COROLLARIUM 2

20. At si angulus ABC fuerit acutus, ideoque β semirecto minor, partes rescindendae $BP = BQ$ maiores fiunt, quam $\frac{m}{n}$, hocque casu imprimis necesse erit, aggerem intra limites contrahi, quia alias ingentes sumtus frustra impenderentur.

COROLLARIUM 3

21. Quo facilius pro quovis angulo ABC constructio aggeris maxime conveniens perspiciatur, hanc tabellam subiungo:

Angulus ABC	Partes rescindendae $BP = BQ$	Diminutio aggeris	Diminutio terrae inclusae	Lucrum in pecunia
10°	$11{,}430052 \cdot \frac{m}{n}$	$19{,}89304 \cdot \frac{m}{n}$	$9{,}94652 \cdot \frac{mm}{nn}$	$9{,}94652 \cdot \frac{mm}{n}$
20	$5{,}671282 \cdot \frac{m}{n}$	$8{,}55004 \cdot \frac{m}{n}$	$4{,}27502 \cdot \frac{mm}{nn}$	$4{,}27502 \cdot \frac{mm}{n}$
30	$3{,}732051 \cdot \frac{m}{n}$	$4{,}84611 \cdot \frac{m}{n}$	$2{,}42305 \cdot \frac{mm}{nn}$	$2{,}42305 \cdot \frac{mm}{n}$
40	$2{,}747477 \cdot \frac{m}{n}$	$3{,}05149 \cdot \frac{m}{n}$	$1{,}52575 \cdot \frac{mm}{nn}$	$1{,}52575 \cdot \frac{mm}{n}$
50	$2{,}144507 \cdot \frac{m}{n}$	$2{,}02008 \cdot \frac{m}{n}$	$1{,}01004 \cdot \frac{mm}{nn}$	$1{,}01004 \cdot \frac{mm}{n}$
60	$1{,}732051 \cdot \frac{m}{n}$	$1{,}36970 \cdot \frac{m}{n}$	$0{,}68485 \cdot \frac{mm}{nn}$	$0{,}68485 \cdot \frac{mm}{n}$
70	$1{,}428148 \cdot \frac{m}{n}$	$0{,}93643 \cdot \frac{m}{n}$	$0{,}46821 \cdot \frac{mm}{nn}$	$0{,}46821 \cdot \frac{mm}{n}$
80	$1{,}191754 \cdot \frac{m}{n}$	$0{,}63817 \cdot \frac{m}{n}$	$0{,}31909 \cdot \frac{mm}{nn}$	$0{,}31909 \cdot \frac{mm}{n}$
90	$1{,}000000 \cdot \frac{m}{n}$	$0{,}42920 \cdot \frac{m}{n}$	$0{,}21460 \cdot \frac{mm}{nn}$	$0{,}21460 \cdot \frac{mm}{n}$
100	$0{,}839099 \cdot \frac{m}{n}$	$0{,}28193 \cdot \frac{m}{n}$	$0{,}14097 \cdot \frac{mm}{nn}$	$0{,}14097 \cdot \frac{mm}{n}$
110	$0{,}700207 \cdot \frac{m}{n}$	$0{,}17868 \cdot \frac{m}{n}$	$0{,}08934 \cdot \frac{mm}{nn}$	$0{,}08934 \cdot \frac{mm}{n}$
120	$0{,}577350 \cdot \frac{m}{n}$	$0{,}10750 \cdot \frac{m}{n}$	$0{,}05375 \cdot \frac{mm}{nn}$	$0{,}05375 \cdot \frac{mm}{n}$

Angulus ABC	Partes rescindendae $BP = BQ$	Diminutio aggeris	Diminutio terrae inclusae	Lucrum in pecunia
130	$0{,}466308 \cdot \frac{m}{n}$	$0{,}05995 \cdot \frac{m}{n}$	$0{,}02997 \cdot \frac{mm}{nn}$	$0{,}02997 \cdot \frac{mm}{n}$
140	$0{,}363970 \cdot \frac{m}{n}$	$0{,}02981 \cdot \frac{m}{n}$	$0{,}01490 \cdot \frac{mm}{nn}$	$0{,}01490 \cdot \frac{mm}{n}$
150	$0{,}267949 \cdot \frac{m}{n}$	$0{,}01230 \cdot \frac{m}{n}$	$0{,}00615 \cdot \frac{mm}{nn}$	$0{,}00615 \cdot \frac{mm}{n}$
160	$0{,}176327 \cdot \frac{m}{n}$	$0{,}00358 \cdot \frac{m}{n}$	$0{,}00179 \cdot \frac{mm}{nn}$	$0{,}00179 \cdot \frac{mm}{n}$
170	$0{,}087488 \cdot \frac{m}{n}$	$0{,}00044 \cdot \frac{m}{n}$	$0{,}00022 \cdot \frac{mm}{nn}$	$0{,}00022 \cdot \frac{mm}{n}$
180	$0{,}000000 \cdot \frac{m}{n}$	$0{,}00000 \cdot \frac{m}{n}$	$0{,}00000 \cdot \frac{mm}{nn}$	$0{,}00000 \cdot \frac{mm}{n}$

COROLLARIUM 4

22. Tota haec determinatio pendet a pretio aggeris, unam perticam longi, quod m Thaleros posuimus, et a pretio unius perticae quadratae agri, quod n Thal. sumsimus, quae duo pretia prouti variaverint, exstructio aggeris maxime idonea inde determinationem consequitur.

SCHOLION 1

23. Casu ergo proposito, quo angulus B est fere angulus rectus, ductum aggeris ita intra hunc angulum statui conveniet, ut rescissis rectis $BP = BQ = \frac{m}{n}$ pertic. a P ad Q arcus circuli ducatur, quem rectae BP et BQ tangunt: haecque constructio tanto utilior erit, quam si agger secundum ipsos limites duceretur, ut lucrum futurum sit $= \frac{2146}{10000} \cdot \frac{mm}{n}$ Thal. Cum igitur, uti vidimus, una pertica aggeris constet 100 Thal. si perticam quadratam agri aestimemus ad 1 Thal. ut sit $m = 100$ et $n = 1$, abscindi oportet $BP = BQ = 100$ pert. aggerque a P ad Q per arcum circularem PSQ extruatur; sicque lucrum obtinebitur $= 2146$ Thal. Haec scilicet constructio maxime praeferenda est ei, qua agger secundum ipsos limites PB et QB ad ipsum angulum B usque produceretur; minor quidem terrae portio hoc modo includitur, deficiens 2146 perticis quadratis, quarum pretium 2146 Thal. aestimatur: at agger hoc modo brevior fit $42\frac{92}{100}$ perticis, quae

sumtum = 4292 Thal. requirent, unde lucrum obtinetur 2146 Thal. Circa reliquos angulos C et D, quoniam intus vergunt, nulla emendatio locum habet, utcunque enim agger a Q et E intra hos limites constitueretur, non solum minor campus concluderetur, sed etiam agger longior evaderet. Unde Architectus ideo tantum est reprehendendus, quod aggerem usque ad angulum extus vergentem B extenderit, sicque sumtus inutiles 2146 Thal. erogarit, quos evitare licuisset; verum haec solertia ab homine Geometriae sublimioris experte non est exigenda.

SCHOLION 2

24. Comparemus etiam casum, quo agger secundum ipsam rectam AE duceretur, cum casu, quo iuxta limites ABCDE est ductus, visuri, utrum lucrum, an damnum, inde fuisset expectandum. Hoc autem modo agger brevior prodiisset 86 perticis, unde sumtuum diminutio fuisset 8600 Thal. Periisset autem omnis terra, inter limites ABCDE et rectam AE contenta, quae cum sit 44237 perticarum quadratarum, damnum totidem Thalerorum esset aestimandum, unde agger iuxta limites ductus praestat aggere secundum rectam AE ducto, discrimine existente 35637 Thal. Verum, uti iam vidimus, magis expedit arcus PSQ a limitibus recedere, quam ipsos limites sequi, lucro existente 2146 Thal. Hoc modo tota aggeris longitudo foret 1085 perticarum, cuius extructio, uti posuimus, postulat 108500 Thal. ac nunc quidem videndum est, an agri sic acquisiti quantitas, quae est spatium inter veterem aggerem AGKE et novum APSQCDE, superet 108500 perticas quadratas nec ne? si enim minor esset, praestitisset omnino extructione novi aggeris supersedere; eatenus enim tantum hoc opus suscipere operae pretium fuisset, quatenus quantitas terrae acquisitae superasset 108500 perticas quadratas, siquidem pretium unius perticae quadratae ad unum Thalerum constituatur. Praeterea vero etiam perpendendum est, extructo novo aggere, veterem aggerem nullos amplius sumtus ad conservationem requirere; cuius commodi ratio etiam in aestimatione lucri est habenda: impensae scilicet novi aggeris tanto minores sunt censendae. Cum igitur agger secundum ipsos limites sit extructus, qui ad 1128 perticas porriguntur, dummodo maior terrae quantitas quam 112800 pert. quadratarum fuerit acquisita, lucrum inde est comparatum, quod etsi non fuerit maximum, tamen Architecto vitio verti non potest, atque perpetuo extructio novorum aggerum secundum haec principia diiudicanda videtur, postquam tam sumtus in singulas aggeris perticas, quam pretium cuiusque perticae quadratae fuerit constitutum.

SCHOLION 3

25. Revertamur ad nostrum problema, quo limites duabus rectis AB et BC contineri assumsimus, ac perpendamus casum, quo altera harum duarum rectarum, puta BC, minor est quam pars abscindenda (Fig. 5), quae supra est inventa $=\frac{m}{n}\cot\beta$, existente altera BA > BC. Atque hic facile perspicitur, arcum circuli per ipsum punctum C transire debere; secet is ergo alteram in P, ac pariter evidens est, rectam PB huius arcus tangentem esse debere; si enim non tangeret, a puncto quodam rectae BA a B remotiori duci posset ad C arcus rectam BA tangens, aequale spatium ab angulo rescindens, quae cum aggerem breviorem daret, utique esset praeferenda. Manente ergo angulo ABC $=2\beta$, sit recta BC $=b$ et quaesita BP $=x$. Ducta PO ad BP normali, sit O centrum arcus PSC, unde OR cordam CP bisecans simul angulum COP bisecabit, et ad CP erit normalis. Statuatur angulus

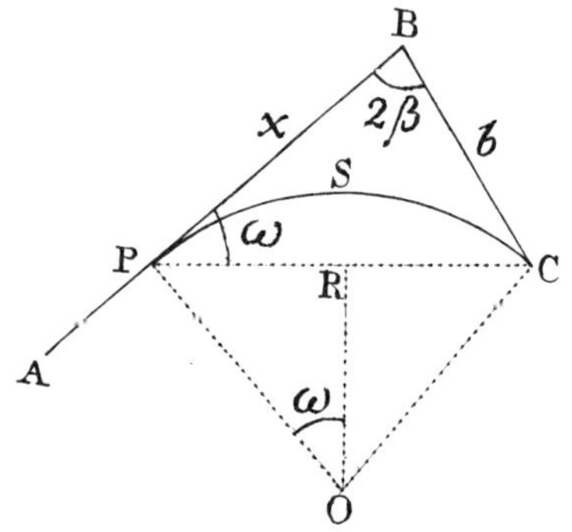

Fig. 5

$$\text{COR} = \text{POR} = \omega$$

erit

$$\text{CPB} = \omega \text{ et } \text{PCB} = 180° - 2\beta - \omega,$$

unde colligitur

$$\text{BP} = x = \frac{b\sin(2\beta+\omega)}{\sin\omega} \quad \text{et} \quad \text{CP} = \frac{b\sin 2\beta}{\sin\omega}$$

ut sit

$$\text{PR} = \frac{b\sin 2\beta}{2\sin\omega} \quad \text{et} \quad \text{PO} = \frac{b\sin 2\beta}{2\sin\omega^2},$$

atque

$$\text{OR} = \frac{b\sin 2\beta\cos\omega}{2\sin\omega^2}.$$

Hinc prodit

$$\text{arcus PSC} = \frac{b\omega\sin 2\beta}{\sin\omega^2} \quad \text{et} \quad \text{sector OPSC} = \frac{bb\omega\sin 2\beta^2}{4\sin\omega^4},$$

unde, ablato triangulo OCP

$$=\frac{bb\sin 2\beta^2\cos\omega}{4\sin\omega^3},$$

relinquitur segmentum CSPC

$$=\frac{bb\sin 2\beta^2}{4\sin\omega^4}(\omega-\sin\omega\cos\omega).$$

Cum iam sit

$$\mathrm{BC}+\mathrm{BP}=b\left(1+\frac{\sin(2\beta+\omega)}{\sin\omega}\right),$$

diminutio aggeris est

$$=b\left(1+\frac{\sin(2\beta+\omega)}{\sin\omega}-\frac{\omega\sin 2\beta}{\sin\omega^2}\right);$$

et ob aream trianguli CBP

$$=\tfrac{1}{2}bx\sin 2\beta=\frac{bb\sin 2\beta\sin(2\beta+\omega)}{2\sin\omega},$$

diminutio campi includendi

$$=\frac{bb\sin 2\beta}{4\sin\omega^4}\left(2\sin\omega^3\sin(2\beta+\omega)-\sin 2\beta(\omega-\sin\omega\cos\omega)\right).$$

Quare lucrum erit:

$$mb\left(1+\frac{\sin(2\beta+\omega)}{\sin\omega}-\frac{\omega\sin 2\beta}{\sin\omega^2}\right)$$

$$-\tfrac{1}{4}nbb\sin 2\beta\left(\frac{2\sin(2\beta+\omega)}{\sin\omega}-\frac{\sin 2\beta(\omega-\sin\omega\cos\omega)}{\sin\omega^4}\right),$$

cuius differentiale nihilo aequatum et per $\omega\cos\omega-\sin\omega$ divisum, praebet

$$nb\sin 2\beta=2m\sin\omega^2,$$

unde fit $\mathrm{PO}=\frac{m}{n}$ et

$$\sin\omega=\sqrt{\frac{nb\sin 2\beta}{2m}}=\sqrt{\frac{nb\sin\beta\cos\beta}{m}}\quad\text{et}\quad x=\frac{b\sin(2\beta+\omega)}{\sin\omega},$$

ubi, cum sit

$$b < \frac{m \cos\beta}{n \sin\beta},$$

erit

$$\sin\omega < \cos\beta \quad \text{seu} \quad \omega < 90^\circ - \beta,$$

ideoque BP > BC. Hinc sequitur, si esset BA < BP tum arcum circuli per ambo puncta A et C duci convenire, ut rectam BA tangat; tum scilicet magis lucrum obtinere non licet.

PROBLEMA 4

26. *Si limites, quos aggerem transgredi non oportet, tribus lineis rectis AB, BC, CD constent* (Fig. 6), *definire aggeris constructionem maxime lucrosam.*

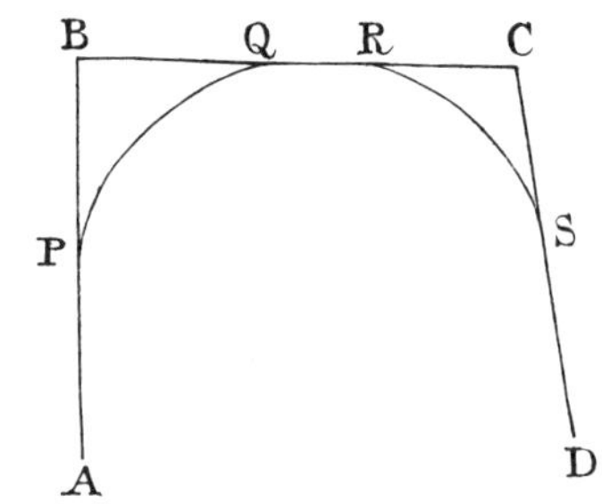

Fig. 6

SOLUTIO

Sit, ut ante, m pretium aggeris unam perticam longi, et n pretium unius perticae quadratae agri, ponatur angulus ABC $= 2\beta$ et angulus BCD $= 2\gamma$, ac si fuerit

$$BC > \frac{m}{n}(\cot\beta + \cot\gamma),$$

solutionem praecedens problema suppeditat. Primum enim circa B abscindantur portiones $BP = BQ = \frac{m}{n}\cot\beta$ et circa C portiones $CR = CS = \frac{m}{n}\cot\gamma$; describanturque, tam per puncta P et Q quam per R et S, eodem radio $= \frac{m}{n}$ pert. bini arcus circulares PQ et RS limites tangentes; quo facto aggerem secundum lineam mixtam APQRSD duci conveniet. Hoc modo maximum lucrum acquiretur, quod maius erit, quam si agger iuxta ipsos limites duceretur, excessu existente:

$$\frac{mm}{n}(\beta + \gamma + \cot\beta + \cot\gamma - \pi);$$

aggeris enim longitudo diminuetur quantitate:

$$\frac{2m}{n}(\beta+\gamma+\cot\beta+\cot\gamma-\pi) \text{ pert.}$$

at agri inclusi spatium minuitur quantitate:

$$\frac{mm}{nn}(\beta+\gamma+\cot\beta+\cot\gamma-\pi) \text{ pert. quadr.}$$

Quodsi lineae BA et CD vel alterutra earum minor fuerit quam portio inde rescindenda, puncta P et S in A et D capi oportet, et arcus PQ et SR semper eodem radio $=\frac{m}{n}$ pert. describendi tantum lineam BC tangent. Hoc casu non opus est, ut sit

$$BC>\frac{m}{n}(\cot\beta+\cot\gamma)$$

sed sufficit, si BC non fuerit minor quam BC et CR, quippe quae partes BQ et CR minores erunt quam casu praecedente. Si alteruter angulorum B et C intus vergat, in eo nulla correctio locum habet, sed tantum angulus extus vergens arcu erit subtendendus.

Si fuerit praecise $BC=\frac{m}{n}(\cot\beta+\cot\gamma)$, puncta Q et R convenient, prodibitque unus arcus continuus PQRS limites tangens, iuxta quem aggerem construi oportet. Sin autem recta BC minor fuerit quam $\frac{m}{n}(\cot\beta+\cot\gamma)$ neque rectae BA et CD tam sint parvae, ut praecedens solutio locum habere posset, sequenti modo solutio eruetur:

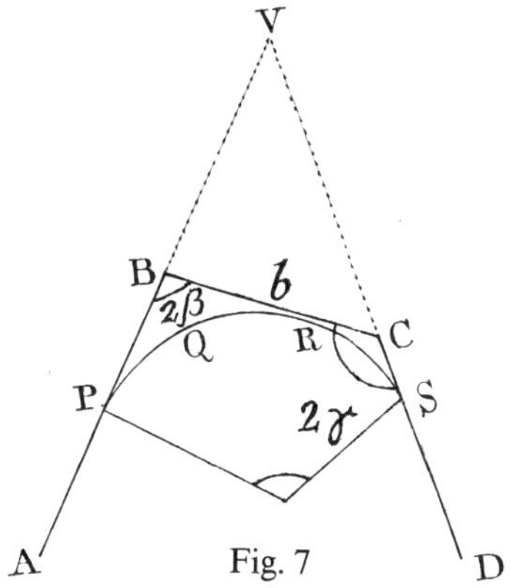

Fig. 7

Cum evidens sit, aggerem intra rectam BC cadere, is etiam maximi proprietate gaudebit, si rectae AV et DV ad concursum V productae limites constituerent (Fig. 7). Erit autem angulus $V=2\beta+2\gamma-180°$; unde posita recta $BC=b$, ut sit

$$b<\frac{m}{n}(\cot\beta+\cot\gamma) \text{ pert.}$$

erit

$$BV=\frac{b\sin 2\gamma}{\sin(2\beta+2\gamma-180°)}=-\frac{b\sin 2\gamma}{\sin(2\beta+2\gamma)}$$

et

$$CV = -\frac{b \sin 2\beta}{\sin(2\beta + 2\gamma)}.$$

Tum capiatur

$$VP = VS = \frac{m}{n} \cot(\beta + \gamma - 90°) = -\frac{m}{n} \operatorname{tang}(\beta + \gamma)$$

et per puncta P et S radio $= \frac{m}{n}$ pert. ducatur arcus circuli PQRS, limites AB et CD in P et S tangens, qui dabit ductum aggeris. Quodsi ponamus

$$b = \frac{\lambda m}{n}(\cot\beta + \cot\gamma) = \frac{\lambda m \sin(\beta + \gamma)}{n \sin\beta \sin\gamma}$$

ut sit $\lambda < 1$, reperitur:

$$BP = \frac{m}{n}(\lambda \cot\beta - (1 - \lambda) \operatorname{tang}(\beta + \gamma)),$$

$$CS = \frac{m}{n}(\lambda \cot\gamma - (1 - \lambda) \operatorname{tang}(\beta + \gamma)).$$

Quantum autem lucrum hoc modo obtineatur, ita cognoscetur: cum sit

$$VP + VS - PQRS = \frac{2m}{n}(\beta + \gamma - \operatorname{tang}(\beta + \gamma) - \pi)$$

et

$$VPQRSV = \frac{mm}{nn}(\beta + \gamma - \operatorname{tang}(\beta + \gamma) - \pi)$$

tum vero

$$BV + CV - BC = -\frac{b(\sin 2\beta + \sin 2\gamma + \sin(2\beta + 2\gamma))}{\sin(2\beta + 2\gamma)}$$

seu

$$BV + CV - BC = -\frac{2\lambda m}{n}(\cot\beta + \cot\gamma + \operatorname{tang}(\beta + \gamma))$$
$$= -\frac{2\lambda m}{n} \cot\beta \cot\gamma \operatorname{tang}(\beta + \gamma)$$

qua expressione inde ablata, prodit aggeris diminutio:

$$PB + BC + CS - PQRS$$
$$= \frac{2m}{n}(\beta + \gamma + \lambda \cot\beta + \lambda \cot\gamma - (1 - \lambda) \operatorname{tang}(\beta + \gamma) - \pi)$$
$$= \frac{2m}{n}(\beta + \gamma - (1 - \lambda \cot\beta \cot\gamma) \operatorname{tang}(\beta + \gamma) - \pi).$$

Deinde ob

$$\Delta\,\mathrm{BVC} = -\frac{bb \sin 2\beta \sin 2\gamma}{2 \sin(2\beta + 2\gamma)} = -\frac{\lambda\lambda mm}{nn} \cot\beta \cot\gamma \operatorname{tang}(\beta+\gamma),$$

fit campi includendi diminutio:

$$\mathrm{BPQRSC} = \frac{mm}{nn}(\beta + \gamma - (1 - \lambda\lambda \cot\beta \cot\gamma) \operatorname{tang}(\beta+\gamma) - \pi)$$

$$= \frac{mm}{nn}(\beta + \gamma + \lambda\lambda \cot\beta + \lambda\lambda \cot\gamma - (1 - \lambda\lambda) \operatorname{tang}(\beta+\gamma) - \pi)$$

unde totum lucrum aestimandum erit:

$$= \frac{mm}{nn}(\beta + \gamma - \operatorname{tang}(\beta+\gamma) + \lambda(2-\lambda) \cot\beta \cot\gamma \operatorname{tang}(\beta+\gamma) - \pi)$$

$$= \frac{mm}{nn}(\beta + \gamma + \lambda(2-\lambda)(\cot\beta + \cot\gamma) - (1-\lambda)^2 \operatorname{tang}(\beta+\gamma) - \pi).$$

COROLLARIUM 1

27. Si rectae AB et DC extus convergant, uti in figura exhibentur, erit $2\beta + 2\gamma > 180°$, ideoque $\beta + \gamma > 90°$, unde tang $(\beta+\gamma)$ fit negativa, hincque

$$\mathrm{BP} > \frac{\lambda m}{n} \cot\beta \quad \text{et} \quad \mathrm{CS} > \frac{\lambda m}{n} \cot\gamma.$$

Qui etiam posito $\beta + \gamma = 90° + \theta$, ut sit $\mathrm{V} = 2\theta$, habebitur

$$\mathrm{BP} = \frac{m}{n}\left(\cot\beta + \frac{(1-\lambda)\cos\gamma}{\sin\beta \sin\theta}\right) \quad \text{et} \quad \mathrm{CS} = \frac{m}{n}\left(\cot\gamma + \frac{(1-\lambda)\cos\beta}{\sin\gamma \sin\theta}\right)$$

adeoque

$$\mathrm{BP} > \frac{m}{n} \cot\beta \quad \text{et} \quad \mathrm{CS} > \frac{m}{n} \cot\gamma.$$

COROLLARIUM 2

28. Hoc ergo casu, quo $\beta + \gamma = 90° + \theta$, nihil obstat, quo minus solutio inventa applicari possit, dummodo rectae BA et CD superent valores pro BP et CS inventos. Sin autem altera vel utraque fuerit brevior, arcus circuli radio $\frac{m}{n}$ describendi per terminum brevioris ita duci debet, ut longiorem tangat; at si ne

hoc quidem fieri queat, per utrumque terminum A et D ita ducatur, ut longiorem tangat.

COROLLARIUM 3

29. Quodsi autem fuerit $\beta+\gamma=90^\circ+\theta$, et solutionem inventam applicare liceat, erit aggeris diminutio:

$$\frac{2m}{n}(\beta+\gamma+\cot\beta+\cot\gamma-\pi+(1-\lambda)\cot\beta\cot\gamma\cot\theta).$$

Campi autem includendi decrementum

$$\frac{mm}{nn}(\beta+\gamma+\cot\beta+\cot\gamma-\pi+(1-\lambda\lambda)\cot\beta\cot\gamma\cot\theta),$$

ita ut verum lucrum sit

$$\frac{mm}{n}(\beta+\gamma+\cot\beta+\cot\gamma-\pi+(1-\lambda)^2\cot\beta\cot\gamma\cot\theta).$$

COROLLARIUM 4

30. At si rectae BA et CD intus convergant, quo casu angulus θ fit negativus, partes BP et CS minores evadunt, quam casu $\lambda=1$, ideoque arcus circuli ultra rectam BC porrigeretur, quod cum naturae adversetur, hoc casu verum maximum locum non invenit. Quod etiam inde patet, quod intra rectas BA et CD convergentes circulum radii $=\frac{m}{n}$, qui utramque tangat, describere non licet.

SCHOLION 1

31. Antequam casum rectarum BA et CD intus convergentium perpendamus, consideremus casum, quo sunt parallelae (Fig. 8), ideoque $\beta+\gamma=90^\circ$ et $\theta=0$, atque

$$BC=b=\frac{\lambda m}{n\sin\beta\sin\gamma}=\frac{2\lambda m}{n\sin 2\beta},$$

existente $\lambda<1$. Sit autem

$$BA>\frac{m}{n}\cot\beta \text{ et } CD>\frac{m}{n}\cot\gamma;$$

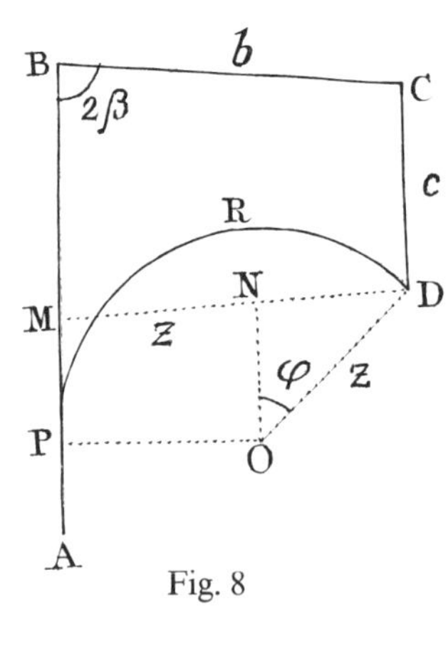

Fig. 8

per solutionem iam partes BP et CD capi deberent infinitae; quod cum fieri nequeat, arcum circularem ita per terminum breviorem D duci conveniet, ut alteram rectam BA tangat, radio $=\frac{m}{n}$, ac si esset etiam BA < BP, alio radio circulus per A et D duci deberet, quia rectam BA in A tangeret. Quantum igitur hinc lucrum oriatur, generalius investigemus: Sit $\mathrm{CD}=c$, ac demisso ex D in BA perpendiculo DM, erit

$$\mathrm{DM}=b\sin 2\beta=\frac{2\lambda m}{n} \quad \text{et} \quad \mathrm{BM}=c+b\cos 2\beta;$$

ponatur radius circuli $\mathrm{DO}=\mathrm{MN}=z$, erit

$$\mathrm{DN}=b\sin 2\beta-z \quad \text{et} \quad \mathrm{ON}=\sqrt{(2bz\sin 2\beta-bb\sin 2\beta^2)};$$

vocetur autem angulus $\mathrm{DON}=\varphi$, erit

$$\frac{b\sin 2\beta-z}{z}=\sin\varphi \quad \text{et} \quad z=\frac{b\sin 2\beta}{1+\sin\varphi};$$

ideoque

$$\mathrm{ON}=\mathrm{PM}=\frac{b\sin 2\beta\cos\varphi}{1+\sin\varphi};$$

hinc

$$\text{arcus PQRD}=\frac{(90^\circ+\varphi)\,b\sin 2\beta}{1+\sin\varphi}.$$

Quare ob

$$\mathrm{BP}=c+b\cos 2\beta+\frac{b\sin 2\beta\cos\varphi}{1+\sin\varphi},$$

respectu casus, quo agger secundum ipsos limites duceretur, in longitudine aggeris lucraremur

$$b+2c+b\cos 2\beta+\frac{b\sin 2\beta\cos\varphi}{1+\sin\varphi}-\frac{(\frac{1}{2}\pi+\varphi)\,b\sin 2\beta}{1+\sin\varphi}.$$

Porro est sector

$$\mathrm{DOP}=\frac{(\frac{1}{2}\pi+\varphi)\,bb\sin 2\beta^2}{2\,(1+\sin\varphi)^2}$$

area autem BCDOP

$$=bc\sin 2\beta+\tfrac{1}{2}\,bb\sin 2\beta\cos 2\beta+\frac{bb\sin 2\beta^2\cos\varphi}{(1+\sin\varphi)^2}+\frac{bb\sin 2\beta^2\sin\varphi\cos\varphi}{2\,(1+\sin\varphi)^2},$$

unde in magnitudine campi perdimus:

$$bc \sin 2\beta + \tfrac{1}{2}\, bb \sin 2\beta \cos 2\beta + \frac{bb \sin 2\beta^2 \cos\varphi}{(1+\sin\varphi)^2}$$
$$+ \frac{bb \sin 2\beta^2 \sin\varphi \cos\varphi}{2\,(1+\sin\varphi)^2} - \frac{(\frac{1}{2}\,\pi + \varphi)\, bb \sin 2\beta^2}{2\,(1+\sin\varphi)^2}.$$

Hinc igitur posito φ constante statim patet, eo maius fore lucrum, quo maiorem capere liceat lineam $CD = c$; ea enim elemento dc aucta, lucri augmentum erit

$$dc\,(2m - nb \sin 2\beta) = 2\,(1-\lambda)\, mdc.$$

Cum autem c detur, sumto angulo φ variabili, lucrum erit maximum, si

$$mb \sin 2\beta \left(d \cdot \frac{\cos\varphi}{1+\sin\varphi} - d \cdot \frac{\frac{1}{2}\pi + \varphi}{1+\sin\varphi^2} \right)$$
$$= nbb \sin 2\beta^2 \left(d \cdot \frac{\cos\varphi}{(1+\sin\varphi)^2} + \tfrac{1}{2}\, d \cdot \frac{\sin\varphi\cos\varphi}{(1+\sin\varphi)^2} - \tfrac{1}{2}\, d \cdot \frac{\frac{1}{2}\,\pi + \varphi}{(1+\sin\varphi)^2} \right),$$

quae aequatio evoluta commode ad hanc reducitur:

$$m = \frac{nb \sin 2\beta}{1+\sin\varphi} = nz, \text{ ita ut sit } z = \frac{m}{n},$$

uti quidem iam ex superioribus liquet. Erit ergo

$$1 + \sin\varphi = \frac{nb \sin 2\beta}{m} = 2\lambda \quad \text{et} \quad \sin\varphi = 2\lambda - 1.$$

Quia $\lambda < 1$, ponatur $\lambda = \cos\zeta^2$, erit

$$\sin\varphi = 2\cos\zeta^2 - 1 = \cos 2\,\zeta$$

et

$$\varphi = 90^\circ - 2\zeta = \tfrac{1}{2}\,\pi - 2\zeta;$$

hinc

$$\cos\varphi = \sin 2\zeta.$$

Diminutio ergo aggeris secundum longitudinem ob

$$b = \frac{2m \cos\zeta^2}{n \sin 2\beta}$$

erit

$$= 2c + \frac{2m\cos\zeta\cos(\beta-\zeta)}{n\sin\beta} - \frac{m}{n}(\pi - 2\zeta)$$

et diminutio agri inclusi:

$$\frac{2mc\cos\zeta^2}{n} + \frac{mm}{nn}\left(\sin\zeta\cos\zeta + \frac{2\cos\zeta^3\cos(2\beta-\zeta)}{\sin 2\beta} - \tfrac{1}{2}(\pi - 2\zeta)\right).$$

SCHOLION 2

32. Quod si lineae BA et CD intus convergant, ut sit

$$\beta + \gamma = 90^\circ - \theta \text{ et } \mathrm{BC} = b < \frac{m\cos\theta}{n\sin\beta\sin\gamma},$$

quaestio est magis difficilis, verumtamen ex principiis hactenus stabilitis expediri poterit. Huc imprimis pertinet casus, quo insula quaedam figurae et magnitudinis cuiuscunque aggere esset cingenda, cuius figura si fuerit polygonum, cuius singula latera superent quantitatem

$$\frac{m}{n}(\cot\tfrac{1}{2}p + \cot\tfrac{1}{2}q),$$

existentibus p et q angulis cuique lateri adiacentibus, quaestio nullam habet difficultatem, dum singuli anguli arcubus circuli, cuius radius est $= \frac{m}{n}$ pert. ita subtendi debent, ut latera fiant tangentes. At si quaedam latera, vel adeo omnia, sint minora, peculiari solutione est opus, cui autem hic non immoror, cum quaestio digna videatur, quae omni cura evolvatur, et ad usum communem accommodetur; quod opus, vel aliis perficiendum relinquo, vel in tempus magis opportunum mihi reservo.

SUPPLEMENTUM DE FIGURA DENTIUM ROTARUM

Commentatio 330 indicis ENESTROEMIANI
Novi commentarii academiae scientiarum Petropolitanae 11 (1765), 1767, p. 207–231,
Summarium ibidem, p. 23–24

SUMMARIUM

Constat ex principiis mechanicis, quantum pro machinarum constructione in eo momenti situm sit, ut uniformitas motus in omnibus earum partibus, quantum fieri potest, obtineatur, siquidem hoc modo maximus a viribus agentibus effectus exspectari potest; si enim vel tota machina vel tantum partes eius modo celerius, modo tardius, moveantur, hae ipsae accelerationes et retardationes non contemnendam virium agentium partem consumunt; quo ipso effectus, cui producendo machina destinata est, non mediocriter imminuitur. Cum igitur Illustrissimus Auctor iam in quinto[1]) volumine horum Commentariorum hoc argumentum tractavisset; iam ibi, quomodo rotarum dentes ad obtinendam in omnibus rotis uniformitatem motus formari oporteat, calculis satis prolixis investigavit; nunc vero methodo multo faciliori constructionem geometricam ipsi elicere licuit pro dentibus rotae impulsae ex data dentium rotae impellentis figura ita describendis, ut utrinque motus uniformis oriatur et quae vis ad alteram rotandam impenditur, ea perpetuo aequale momentum ad alteram circumagendam exerceat; et ex infinitis modis, quibus hic scopus obtineri potest, Illustrissimus Auctor ad eos inprimis attentus fuit, qui ad ipsam praxin maxime accommodati sunt visi; atque gravissimi huius argumenti, cuius tam praeclarus in mechanicis usus est, tractationem non solidissimis modo principiis superstruxit, sed variis quoque exemplis ipsum illius usum dilucide exposuit.

1. Quae in volumine quinto[2]) novorum Commentariorum Academiae Petropolitanae de figura dentium rotarum sum commentatus[3]), calculos satis prolixos sequenti modo contrahi indeque conclusiones ad praxin accommodatas deduci posse observavi. Cum igitur ibi ostendissem fieri omnino non posse, ut in dentium apprehensione omnis affrictus tollatur, in id erit incumbendum, ut dum

---

1) Editio princeps: quarto. Corr. C. B.
2) Editio princeps: quarto. Corr. C. B.
3) Vide commentationem E 249, p. 119–135 huius voluminis. C. B.

altera rota uniformiter circumagitur, alteri simul motus uniformis imprimatur: quo simul hoc obtinetur, ut quae vis ad alteram rotandam impenditur, ea perpetuo aequale momentum ad alteram circumagendam, exerceat. Cuiusmodi igitur figuram dentibus utriusque rotae tribui oporteat, ut hunc scopum obtineamus, sequenti modo sum investigaturus, et quoniam hoc infinitis modis praestari poterit, inde quovis casu eum, qui ad praxin maxime accommodatus videbitur, eligere licebit.

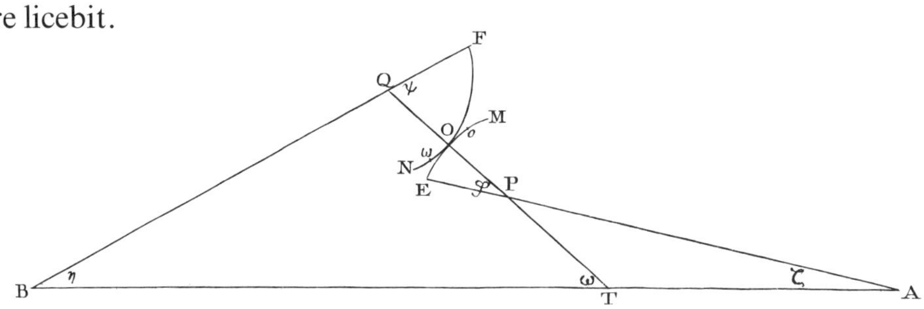

Fig. 1

2. Sint igitur A et B centra binarum rotarum se mutuo impellentium (Fig. 1), quorum distantia ponatur $AB = c$; illius autem rotae circa A mobilis dens sit EOM, huius vero quae circa B est mobilis dens sit FON, qui nunc quidem ab illo in puncto O contingatur. Ad planum contactus in O producatur recta normalis secans radium prioris rotae AE in P, radium alterius rotae BF in Q, ipsam vero rectam AB centra rotarum iungentem in T; puncta scilicet E et F in apicibus utriusque dentis assumo. His constitutis manifestum est dum rota prior circa A ita circumvertitur, ut angulus BAE augeatur, alteram rotam circa B ita conversum iri, ut angulus ABF increscat, atque ex incrementis horum angulorum utriusque rotae motus angularis aestimabitur, quorum ergo ratio perpetuo constans esse debet.

3. Ponamus angulos, uti in figura sunt notati:

$$BAE = \zeta,\ ABF = \eta,\ EPO = \varphi,\ FQO = \psi \text{ et } BTO = \omega$$

eritque

$$\zeta = \omega - \varphi \text{ et } \eta = \psi - \omega.$$

Tum vero posita distantia $AB = c$ sint reliquae lineae in computum ducendae:

$$AP = p,\ BQ = q,\ PO = r,\ QO = s.$$

Hinc erit per resolutionem triangulorum APT et BQT

$$\sin\omega : p = \sin\zeta : \mathrm{PT} = \sin\varphi : \mathrm{AT}$$

et

$$\sin\omega : q = \sin\eta : \mathrm{QT} = \sin\psi : \mathrm{BT}$$

unde colligitur

$$\mathrm{PT} = \frac{p\sin\zeta}{\sin\omega},\quad \mathrm{QT} = \frac{q\sin\eta}{\sin\omega},\quad \mathrm{AT} = \frac{p\sin\varphi}{\sin\omega},\quad \mathrm{BT} = \frac{q\sin\psi}{\sin\omega}.$$

Cum igitur sit $\mathrm{QT} - \mathrm{PT} = r + s$ et $\mathrm{AT} + \mathrm{BT} = c$ erit

$$\frac{q\sin\eta - p\sin\zeta}{\sin\omega} = r + s \quad \text{et} \quad \frac{p\sin\varphi + q\sin\psi}{\sin\omega} = c.$$

Unde elicitur:

$$p = \frac{(c\sin\eta - (r+s)\sin\psi)\sin\omega}{\sin\zeta\sin\psi + \sin\eta\sin\varphi} \quad \text{et} \quad q = \frac{(c\sin\zeta + (r+s)\sin\varphi)\sin\omega}{\sin\zeta\sin\psi + \sin\eta\sin\varphi};$$

at est

$$\sin\zeta\sin\psi + \sin\eta\sin\varphi = \sin\omega\sin(\psi - \varphi);$$

ita

$$p = \frac{c\sin\eta - (r+s)\sin\psi}{\sin(\psi - \varphi)} \quad \text{et} \quad q = \frac{c\sin\zeta + (r+s)\sin\varphi}{\sin(\psi - \varphi)}.$$

4. Sit nunc Π pressio, qua dentes in O se mutuo impellunt, cuius directio cum utrinque in rectam PQ incidat, erit eius momentum in rotam A $= \Pi p\sin\varphi$, in rotam vero B $= \Pi q\sin\psi$. Quare si M sit momentum, qua rota A circumagitur in eum sensum, quo angulus ζ augetur, ob $\Pi = \frac{\mathrm{M}}{p\sin\varphi}$, erit momentum, quo inde altera rota ad motum impelletur circa B $= \frac{q\sin\psi}{p\sin\varphi}\cdot\mathrm{M}$, hocque fiet in eum sensum, quo angulus η augetur. Quare si rota B continuo ab eodem momento virium sollicitari debeat, dum rota A dato momento M circumagitur, fractio $\frac{q\sin\psi}{p\sin\varphi}$ valorem constantem habere debet. Tum autem quoque ratio segmentorum AT et BT constans manere debet, cum sit

$$\mathrm{AT} : \mathrm{BT} = p\sin\varphi : q\sin\psi.$$

Ex quo punctum T erit invariabile seu fixum, ita ut sit AT ad BT ut momentum rotam A circumagens ad momentum rotam B circumagens.

5. Cum sit uti invenimus:

$$p \sin \varphi + q \sin \psi = c \sin \omega \quad \text{et} \quad q \sin \eta - p \sin \zeta = (r + s) \sin \omega,$$

si rationem habeamus relationis angulorum:

$$\zeta = \omega - \varphi \quad \text{et} \quad \eta = \psi - \omega$$

hosque valores in posteriori aequatione substituamus, erit:

$$q \sin \psi \cos \omega - q \cos \psi \sin \omega - p \cos \varphi \sin \omega + p \sin \varphi \cos \omega = (r + s) \sin \omega$$

hincque ob

$$q \sin \psi \cos \omega + p \sin \varphi \cos \omega = c \sin \omega \cos \omega,$$

dividendo per $\sin \omega$ adipiscimur:

$$c \cos \omega - q \cos \psi - p \cos \varphi = r + s$$

seu

$$p \cos \varphi + q \cos \psi = c \cos \omega - r - s;$$

simili modo si hos valores $\varphi = \omega - \zeta$ et $\psi = \omega + \eta$ in priori aequatione substituamus, prodit

$$p \cos \zeta \sin \omega - p \sin \zeta \cos \omega + q \cos \eta \sin \omega + q \sin \eta \cos \omega = c \sin \omega$$

quare cum sit

$$q \sin \eta \cos \omega - p \sin \zeta \cos \omega = (r + s) \sin \omega \cos \omega,$$

habebimus per $\sin \omega$ dividendo:

$$p \cos \zeta + q \cos \eta + (r + s) \cos \omega = c$$

seu

$$p \cos \zeta + q \cos \eta = c - (r + s) \cos \omega.$$

6. Praeter has determinationes satis obvias notari oportet pro curva EOM (Fig. 2) dari certam relationem inter ternas variabiles $\mathrm{AP} = p$, $\mathrm{PO} = r$ et angulum

Fig. 2

EPO $=\varphi$, quam hic imprimis investigari oportet. Consideremus ergo statum proximum in quo

$$\mathrm{A}p=p+dp,\quad po=r+dr \text{ et } \mathrm{E}po=\varphi+d\varphi\,;$$

unde productis normalibus OP, *op* ad concursum V, erit VO radius osculi curvaturae dentis in O. Centro V insuper ducatur arculus Pr et cum sit

$$Pp=-dp,\quad pr=dr,\ \text{ang. P}pr=\varphi+d\varphi \text{ et } \mathrm{OV}o=d\varphi,$$

colligimus:

$$pr=dr=-dp\cos\varphi,\quad \mathrm{P}r=-dp\sin\varphi \text{ et } \mathrm{PV}=\frac{-dp\sin\varphi}{d\varphi}$$

hincque radium osculi

$$\mathrm{VO}=r-\frac{dp\sin\varphi}{d\varphi}=r+\frac{dr\sin\varphi}{d\varphi\cos\varphi}=\frac{d\cdot r\sin\varphi}{d\varphi\cos\varphi}$$

tum vero elementum curvae

$$\mathrm{O}o=rd\varphi+\frac{dr\sin\varphi}{\cos\varphi}=\frac{d\cdot r\sin\varphi}{\cos\varphi}$$

Quod cum simili modo se habeat pro altero dente habebimus has novas determinationes:

$$dr=-dp\cos\varphi,\qquad \text{rad. osc. curvae EM in O}=\frac{d\cdot r\sin\varphi}{d\varphi\cos\varphi},$$
$$\text{elementum O}o=\frac{d\cdot r\sin\varphi}{\cos\varphi}$$

$$ds=-dq\cos\psi,\qquad \text{rad. osc. curvae FN in O}=\frac{d\cdot s\sin\psi}{d\psi\cos\psi},$$
$$\text{elementum O}\omega=\frac{d\cdot s\sin\psi}{\cos\psi}.$$

7. Cum igitur nunc dentes se mutuo in puncto O contingant, elapso autem temporis elemento puncto o et ω invicem applicentur, evidens est interea affrictum fieri per spatiolum $o\mathrm{O} + \omega\mathrm{O}$ ita ut totum spatiolum affrictus sit

$$= \frac{d \cdot r \sin \varphi}{\cos \varphi} + \frac{d \cdot s \sin \psi}{\cos \psi};$$

quod si ad nihilum redigi posset, omnis frictio tolleretur. At in superiori dissertatione ostendi hoc fieri non posse: semper ergo aderit frictio, quae in eo maius spatium exeretur, quo maiorem valorem obtinuerit formula

$$\frac{d \cdot r \sin \varphi}{\cos \varphi} + \frac{d \cdot s \sin \psi}{\cos \psi}.$$

Quod enim ipsam frictionis quantitatem attinet, ea est pressioni mutuae proportionalis, quae pressio fuerit $= \Pi$, frictio certae cuipiam eius parti $\delta \Pi$ aequabitur, cuius directio cum sit normalis ad OP, erit eius momentum in rotam A $= \delta \Pi (r + p \cos \varphi)$, in rotam vero B $= \delta \Pi (s + q \cos \psi)$, quorum momentorum summa est

$$= \delta \Pi (r + s + p \cos \varphi + q \cos \psi) = \delta \Pi c \cos \omega.$$

Unde momentum vis rotam A circumagentis, quod ponimus $= \mathrm{M}$ debet esse

$$\mathrm{M} = \Pi p \sin \varphi + \delta \Pi (r + p \cos \varphi).$$

8. His expositis perpendamus ipsum motum rotarum, et dum angulus ζ elemento $d\zeta$ augetur, videamus quantum angulus η interea crescat. Commodissime hoc colligimus ex aequatione

$$c \cos \omega = r + s + p \cos \varphi + q \cos \psi,$$

quae differentiata dat

$$- c d\omega \sin \omega = dr + ds + dp \cos \varphi - p d\varphi \sin \varphi + dq \cos \psi - q d\psi \sin \psi$$

at

$$dr = - dp \cos \varphi \text{ et } ds = - dq \cos \psi$$

unde fit

$$c d\omega \sin \omega = p d\varphi \sin \varphi + q d\psi \sin \psi$$

quare cum sit

$$c \sin \omega = p \sin \varphi + q \sin \psi$$

erit

$$0 = (d\varphi - d\omega)\, p \sin \varphi + (d\psi - d\omega)\, q \sin \psi;$$

verum est

$$d\omega - d\varphi = d\zeta \quad \text{et} \quad d\psi - d\omega = d\eta,$$

unde sequitur:

$$p d\zeta \sin \varphi = q d\eta \sin \psi \quad \text{ideoque} \quad \frac{p \sin \varphi}{q \sin \psi} = \frac{d\eta}{d\zeta}.$$

Angulorum ergo ζ et η mutationes eandem inter se tenent rationem quam momenta ex pressione Π nata.

9. Nunc igitur effici debet, ut haec ratio perpetuo fit constans, seu ut motus angularis rotae A ad motum angularem rotae B constanter eandem servet rationem. Cum igitur ratio $p \sin \varphi : q \sin \psi$ constans esse debeat, erit punctum T fixum. Statuamus ergo $\mathrm{AT} = a$ et $\mathrm{BT} = b$ ut fit $c = a + b$, eritque $p \sin \varphi = a \sin \omega$ et $q \sin \psi = b \sin \omega$; hinc neglecta frictione, si virium momentum rotam A circumagens sit $= \mathrm{M}$ altera rota circumagetur momento $= \frac{b}{a} \mathrm{M}$. Tum vero ratio motuum angularium erit $\frac{d\eta}{d\zeta} = \frac{a}{b}$, seu $a d\zeta = b d\eta$, hincque $a\zeta = b\eta$: unde dum rota A integram revolutionem absolvit, ut sit $\zeta = 360°$ altera rota circumagetur angulo $= \frac{a}{b} \cdot 360°$, scilicet dum rota A facit b revolutiones rota B faciet interea a sumtis pro a et b numeris, qui his lineis $\mathrm{AT} = a$ et $\mathrm{BT} = b$ sint proportionales.

10. Hinc data figura dentis EOM dentis alterius rotae FON figura et positio determinari poterit. Pro figura enim dentis EOM ponamus dari aequationem inter distantiam $\mathrm{AP} = p$ et angulum $\mathrm{EPO} = \varphi$, unde erit

$$\mathrm{PO} = r = h - \int dp \cos \varphi:$$

hincque statim reperitur angulus ω cum sit $\sin \omega = \frac{p \sin \varphi}{a}$: scilicet ad rectam OP productam applicetur $\mathrm{AT} = a$, quod cum duplici modo fieri possit, duplex valor pro angulo ω obtinetur, alter acutus alter obtusus, quo invento erit angulus

$\zeta = \omega - \varphi$. Tum ex positione rectae AT innotescit, sumta $\mathrm{AB} = a + b = c$, centrum alterius rotae B, hincque porro

$$q \sin \psi^{1)} = b \sin \omega = \frac{bp \sin \varphi}{a}.$$

Verum etiam esse debet

$$q \cos \psi = c \cos \omega - r - s - p \cos \varphi,$$

existente $ds = -dq \cos \psi$. Vel cum sit $ad\zeta = bd\eta$ seu

$$cd\omega = ad\varphi + bd\psi$$

ob

$$\zeta = \omega - \varphi \text{ et } \eta = \psi - \omega,$$

erit

$$a\varphi + b\psi = c\varepsilon + c\omega$$

denotante ε angulum quendam constantem pro lubitu accipiendum: unde definitur angulus

$$\mathrm{FQO} = \psi = \frac{c\varepsilon + c\omega - a\varphi}{b},$$

seu

$$\eta = \frac{c\varepsilon + a\omega - a\varphi}{b} = \frac{c\varepsilon + a\zeta}{b};$$

sicque habetur positio rectae BF, in qua capiatur

$$\mathrm{BQ} = q = \frac{bp \sin \varphi}{a \sin \psi}.$$

Ex puncto autem Q, quod etiam recta TPO producta indicat, cognoscitur dentis FON punctum O.

11. Hinc ergo ex quolibet dentis EOM puncto O definitur punctum respondens O dentis alterius FON. Cum autem actio huiusmodi binorum dentium per breve temporis spatium durare soleat, sufficiet pro elemento O*o* prioris

1) Editio princeps: ζ loco ψ. Corr. C.B.

dentis Oo conveniens elementum alterius dentis $O\omega$ determinare. Hunc in finem quaeri oportet radium curvedinis elementi $O\omega$, qui iam supra inventus est

$$=\frac{d\cdot s\sin\psi}{d\psi\cos\psi}=s+\frac{ds\sin\psi}{d\psi\cos\psi}=s-\frac{dq\sin\psi}{d\psi}.$$

Cum autem sit

$$q\sin\psi=\frac{bp\sin\varphi}{a}$$

erit

$$d\cdot q\sin\psi=\frac{b}{a}\,dp\sin\varphi-qd\psi\cos\psi^{1)}$$

ita ut sit iste radius curvedinis

$$=s+q\cos\psi-\frac{bd\cdot p\sin\varphi}{ad\psi}.$$

Verum quia

$$d\psi=\frac{cd\omega-ad\varphi}{b}\quad\text{et}\quad d\omega\cos\omega=\frac{d\cdot p\sin\varphi}{a}$$

habebimus

$$d\psi=\frac{cd\cdot p\sin\varphi}{ab\cos\omega}-\frac{ad\varphi}{b}=\frac{cd\cdot p\sin\varphi-aad\varphi\cos\omega}{ab\cos\omega},$$

ideoque radium curvedinis quaesitum

$$=s+q\cos\psi-\frac{bb\cos\omega d\cdot p\sin\varphi}{cd\cdot p\sin\varphi-aad\varphi\cos\omega}.$$

At curvae datae EOM radius curvedinis in O est

$$=r-\frac{d\cdot p\sin\varphi}{d\varphi}=r+p\cos\varphi-\frac{d\cdot p\sin\varphi}{d\varphi},$$

unde ob

$$r+s+p\cos\varphi+q\cos\psi=c\cos\omega,$$

summa horum duorum radiorum curvedinis est

$$=c\cos\omega-\frac{bb\cos\omega d\cdot p\sin\varphi}{cd\cdot p\sin\varphi-aad\varphi\cos\omega}-\frac{d\cdot p\sin\varphi}{d\varphi}.$$

1) Editio princeps: $d\eta\sin\psi$ loco $dq\sin\psi$. Corr. C.B.

12. Quia positio rectae BF ad dentis figuram non pertinet, sed data figura pro arbitrio assumi potest, quemadmodum etiam ex constante angulo ε arbitrario intelligitur, sufficiet remota penitus ex calculo recta BF quantitatem radii osculi OQ notasse, unde etiam ob

$$s + q\cos\psi = c\cos\omega - r - p\cos\varphi,$$

quantitates q, s cum angulo ψ ex calculo evanescunt, ita ut sit iste radius osculi:

$$c\cos\omega - r - p\cos\varphi - \frac{bb\cos\omega d\cdot p\sin\varphi}{cd\cdot p\sin\varphi - aad\varphi\cos\omega}$$

cuius quantitate cognita, quoniam rectae TPO positio constat, in ea ultra O producta capiatur OQ aequalis illi quantitati eritque Q centrum; ex quo exiguus arcus circularis radio QO descriptus dabit convenientem figuram dentis FON. In sequentibus igitur exemplis constructionem horum dentium accuratius perpendamus et describamus.

EXEMPLUM 1

13. Pro rota priori circa A mobili fiat contactus in plano per A transeunte, seu curva EM in ipsum radium AE et punctum contactus O in punctum P incidat. Cum ergo recta TP ad radium AE erit normalis, erit $\varphi = 90°$ et $r = 0$, unde

$$\sin\omega = \frac{p}{a} \quad \text{et} \quad \zeta = \omega - 90°,$$

atque pro altero dente ob $d\varphi = 0$ erit radius curvedinis:

$$\text{OQ} = c\cos\omega - \frac{bb\cos\omega}{c} = \frac{cc - bb}{c}\cos\omega.$$

Primum ergo patet distantiam $p = \text{AP}$ maiorem accipi non posse quam $\text{AT} = a$, sin autem capiatur $p = a$, fit $\omega = 90°$, $\zeta = 0$ et $\text{OQ} = 0$, ita ut dens FON curvaturam infinite magnam habere debeat, quod cum non conveniat, necesse est ut distantia $\text{AP} = p$ minor accipiatur quam a. Unde si pro momento actionis medio statuatur $p = f$, ut sit $\sin\omega = \frac{f}{a}$ fiet

$$\text{OQ} = \frac{cc - bb}{c}\cdot\frac{\sqrt{(aa - ff)}}{a} = \frac{c + b}{c}\sqrt{(aa - ff)}.$$

14. Constructio ergo ita se habebit (Fig. 3); sumto rotae prioris radio $AE = a$, capiatur in eo punctum P centro A propius, indeque erecto perpendiculo PTQ ex A applicetur $AT = AE = a$, eaque producatur in B ut sit $BT = b$ erit B centrum alterius rotae. Tum ob $AP = f$ et $AT = a$, erit

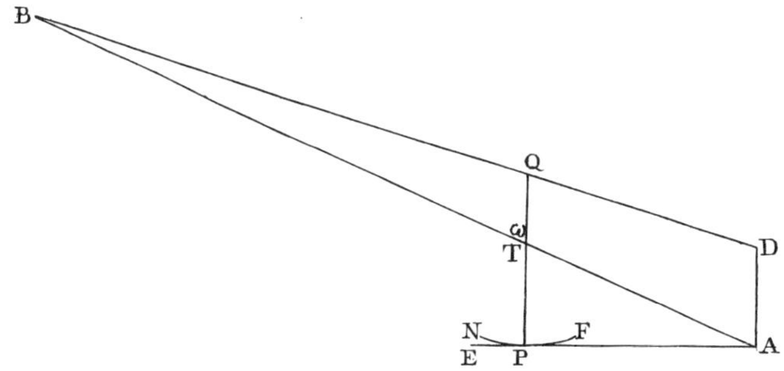

Fig. 3

$$PT = \sqrt{(aa - ff)};$$

hinc capi oportet

$$PQ = \frac{c+b}{c} \cdot PT = PT + \frac{BT}{AB} \cdot PT.$$

Quare ducta ad EA in A perpendiculari $AD = PT$, recta BD ipsum punctum Q indicabit, ex quo radio QP arcus circularis FPN descriptus dabit figuram dentis ad alteram rotam B pertinentis. Hunc autem arcum valde parvum esse oportet, neque maiorem, quam ut dum dentes sequentes se mutuo apprehendunt, hic omnis actio cesset; quem in finem si F et N sint termini istius dentis, ultra eos arcum continuari non convenit, sed potius dentem ultra F et N ita excidi oportet, ut nullus amplius contactus hic fiat, cum sequentes dentes se mutuo prehendere coeperint.

EXEMPLUM 2

15. Sit pro rota A figura dentis iterum plana, neque vero per centrum rotae A transiens (Fig. 4). Ex A ducatur radius APe illi plano parallela, eritque φ angulus rectus, et $PO = r$ quantitas constans $= h$, unde erit $\sin\omega = \frac{p}{a}$ ita ut p maior quam a capi nequeat. Tum vero ob $\varphi = 90°$ et $d\varphi = 0$, reperitur radius osculi

$$OQ = c\cos\omega - h - \frac{bb\cos\omega}{c}$$

$$= \frac{cc - bb}{c}\cos\omega - h.$$

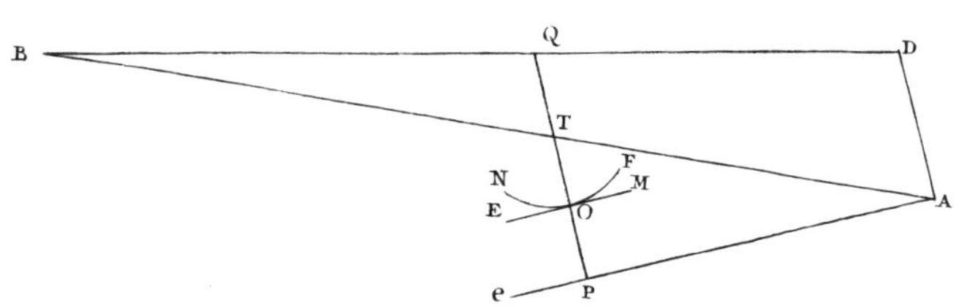

Fig. 4

Cum autem sit

$$\cos\omega = \frac{\sqrt{(aa-pp)}}{a},$$

erit

$$\mathrm{OQ} = \frac{c+b}{c}\sqrt{(aa-pp)} - h,$$

unde haec constructio fluit: si EOM sit figura dentis rotae A, et in medio actionis contactus fiat in O, ducatur recta QOP ad EM normalis in eamque ex A demittatur perpendiculum AP; tum applicetur $\mathrm{AT} = a$, et producatur in B, ut sit $\mathrm{TB} = b$, erit B centrum alterius rotae. Ad AP in A constituatur perpendicularis AD = PT, iunctaque BD dabit punctum Q ex quo radio = QO describatur arcus circuli FON, hicque praebebit figuram dentis pro rota B. Si PO evanescat, habetur casus exempli praecedentis: sive autem PO maior fuerit minorve, sive etiam negativa constructio eadem manet.

EXEMPLUM 3

16. Si pro rota A figura dentis sit arcus circuli EOM centro P descripti (Fig. 5), ex A ducatur per P radius APe sitque $\mathrm{AP} = f$, et radius circuli $\mathrm{PO} = r = h$. Erit ergo $\sin\omega = \frac{f\sin\varphi}{a}$ et

$$d\cdot p\sin\varphi = d\cdot f\sin\varphi = fd\varphi\cos\varphi$$

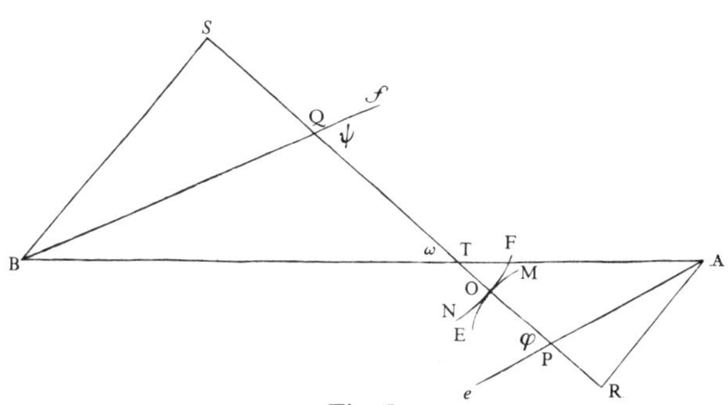

Fig. 5

pro altera rota invenitur radius curvedinis

$$\mathrm{OQ} = c\cos\omega - h - f\cos\varphi - \frac{bbf\cos\varphi\cos\omega}{cf\cos\varphi - aa\cos\omega}.$$

Sumto ergo radio $\mathrm{AP} = f$, angulo $e\mathrm{PO} = \varphi$, et $\mathrm{PO} = h$, ut sit arcus EOM centro P descriptus figura dentis rotae A, iungatur $\mathrm{AT} = a$, sumaturque

TB $= b$, erit B centrum alterius rotae. In PO productam ex A et B demittantur perpendicula AR et BS erit

$$\mathrm{PR} = f \cos\varphi,\ \ \mathrm{TR} = a\cos\omega,\ \ \mathrm{TS} = b\cos\omega \ \text{ et }\ \mathrm{RS} = c\cos\omega;$$

unde conficitur

$$\mathrm{OQ} = \mathrm{RS} - \mathrm{PO} - \mathrm{PR} - \frac{\mathrm{BT}\cdot\mathrm{PR}\cdot\mathrm{TS}}{\mathrm{AB}\cdot\mathrm{PR} - \mathrm{AT}\cdot\mathrm{TR}}$$

sive

$$\mathrm{OQ} = \mathrm{SO} - \frac{\mathrm{BT}\cdot\mathrm{PR}\cdot\mathrm{TS}}{\mathrm{AB}\cdot\mathrm{PR} - \mathrm{AT}\cdot\mathrm{TR}}$$

hincque

$$\mathrm{SQ} = \frac{\mathrm{BT}\cdot\mathrm{PR}\cdot\mathrm{TS}}{\mathrm{AB}\cdot\mathrm{PR} - \mathrm{AT}\cdot\mathrm{TR}}$$

unde per constructionem geometricam definitur punctum Q quod est centrum arcus FON figuram dentis rotae B repraesentantis.

17. Ex his perspicuum est amborum dentium EOM et FON descriptionem pendere a punctis P et Q in recta RS accipiendis, quae si fuerint debite inventa, punctum O pro lubitu assumere licet, per quod centris P et Q arcus illi EOM et FON ducantur. Quare posita recta AB rotarum centra A et B iungente, eaque in T divisa, ut sit AT $= a$, BT $= b$, primo per T pro lubitu ducatur recta RS, in eamque ex A et B demittantur perpendicula AR et BS, ac tum uti vidimus puncta P et Q ita capi necesse est, ut sit

$$\mathrm{AB}\cdot\mathrm{RP}\cdot\mathrm{SQ} = \mathrm{AT}\cdot\mathrm{RT}\cdot\mathrm{SQ} + \mathrm{BT}\cdot\mathrm{RP}\cdot\mathrm{ST}.$$

Vel cum sit

$$\mathrm{AB}:\mathrm{AT}:\mathrm{BT} = \mathrm{RS}:\mathrm{RT}:\mathrm{ST}$$

erit

$$(\mathrm{RT} + \mathrm{ST})\,\mathrm{RP}\cdot\mathrm{SQ} - \mathrm{RT}\cdot\mathrm{RT}\cdot\mathrm{SQ} - \mathrm{ST}^2\cdot\mathrm{RP} = 0$$

vel

$$-\,\mathrm{RT}\cdot\mathrm{SQ}\cdot\mathrm{TP} - \mathrm{ST}\cdot\mathrm{RP}\cdot\mathrm{TQ} = 0 \text{ [1])}$$

hincque

$$\frac{\mathrm{RT}\cdot\mathrm{TP}}{\mathrm{RP}} + \frac{\mathrm{ST}\cdot\mathrm{TQ}}{\mathrm{SQ}} = 0.$$

Unde patet si punctum P intra TR cadat, punctum Q extra rectam TS capi debere, secus ac figura ostendit.

1) Editio princeps: RQ loco TQ. Corr. C.B.

18. Pro situ ergo binorum huiusmodi punctorum P et Q sequens constructio negotium facillime conficere videtur (Fig. 6):

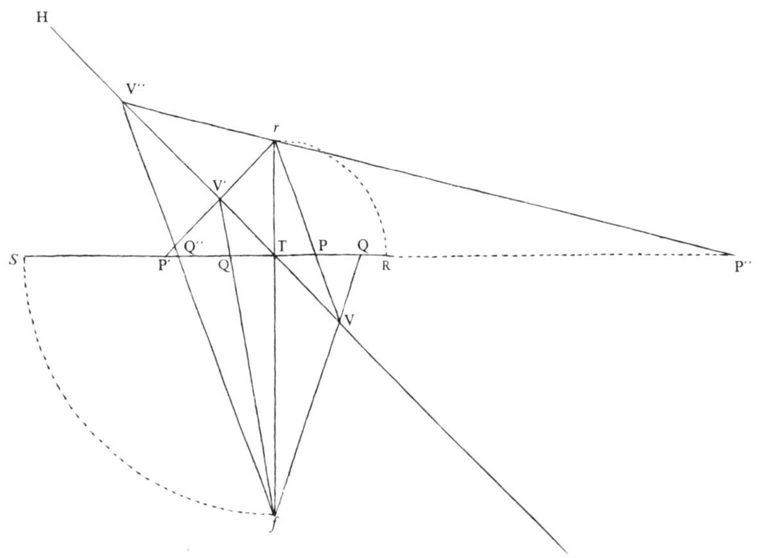

Fig. 6

Ad rectam RS in T normaliter constituatur recta ipsi aequalis *rs*, ut sit T*r* = TR et T*s* = TS: tum per T ducatur recta indefinita GTH angulos rectos RT*s*, ST*r* bisecans, in qua sumto pro lubitu puncto V, si per id ex punctis *r* et *s* agantur rectae *r*V et *s*V, eae in recta RS producta si opus fuerit, dabunt bina puncta P et Q. Analytice autem haec puncta ita definiri possunt, cum sit

$$\mathrm{TR} = a\cos\omega \quad \text{et} \quad \mathrm{TS} = b\cos\omega,$$

ponatur $\mathrm{TP} = x$ et $\mathrm{TQ} = y$, eritque ex superiori aequatione

$$\frac{ax\cos\omega}{a\cos\omega - x} + \frac{by\cos\omega}{b\cos\omega - y} = 0,$$

seu

$$\frac{ax}{a\cos\omega - x} = \frac{by}{y - b\cos\omega}.$$

Statuatur utrumque membrum $= u$, et sumta hac linea u pro lubitu, ambae distantiae x et y ita definientur, ut sit:

$$\mathrm{TP} = x = \frac{au\cos\omega}{a+u} \quad \text{et} \quad \mathrm{TQ} = y = \frac{bu\cos\omega}{u-b}$$

suntque P et Q centra, ex quibus arcus circulares EOM et FON per idem punctum O etiam pro lubitu assumendum duci debent.

CONSTRUCTIO GENERALIS FIGURAE BINORUM DENTIUM SE MUTUO PREHENDENTIUM

19. Sint A et B centra binarum rotarum se mutuo impellentium (Fig. 7), quorum distantia AB ita secetur in C, ut AC ad BC sit in ratione reciproca motuum angularium, et vocetur $AC = a$ et $BC = b$. Tum per C sub angulo quocunque $ACP = BCQ = \omega$ agatur recta GH, in qua capiantur puncta P et Q, ut sit:

$$CP = \frac{au \cos \omega}{a+u} = a \cos \omega - \frac{aa \cos \omega}{a+u}$$

et

$$CQ = \frac{bu \cos \omega}{u-b} = b \cos \omega + \frac{bb \cos \omega}{u-b}$$

sumta etiam pro lubitu quantitate u. Denique in eadem recta GH sumto etiam pro lubitu puncto O, centris P et Q per O describantur arcus circulares EOM et FON, quorum ille dabit figuram dentis rotae A, hic vero figuram dentis rotae B. Hic igitur tres res arbitrio nostro relinquuntur, primo scilicet angulus ACG sub quo recta GH per punctum C ducitur, secundo quantitas u: ac tertio punctum O, in quo fit contactus, medio actionis momento, dum hi duo dentes se mutuo impellunt.

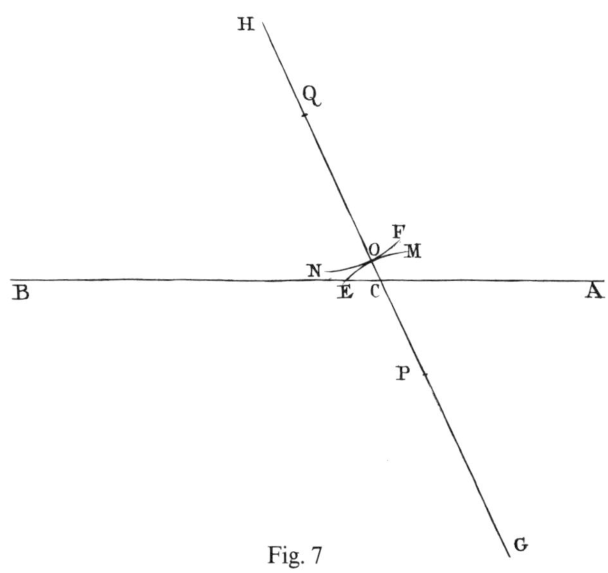

Fig. 7

Unde patet infinities infinitis modis conditiones praescriptas obtineri posse, ut ambo motus aeque ac vis impellentis momenta perpetuo eandem inter se servent rationem.

20. Circa haec autem, quae arbitrio nostro relinquuntur primum observo angulum ACG $= \omega$ rectum statui non posse quia alio quin vel ambae distantiae CP et CQ evanescunt, vel alterutra saltem, unde alter dens vel ambo figuram nimis curvam habere deberent, quam ut amplitudo tota, per quam fit contactus durante actione pro arcu circulari haberi possit; ex quo angulum ACG vel modice acutum vel obtusum capi oportet. Deinde observo ob eandem rationem quantitatem u neque evanescentem neque nimis parvam assumi posse: modice igitur magnam sive positivam sive negativam capi conveniet; ubi imprimis notari meretur casus, quo capitur $u = \infty$, quia fit

$$\mathrm{CP} = a \cos \omega \quad \text{et} \quad \mathrm{CQ} = b \cos \omega,$$

ita ut puncta P et Q sint ea ipsa, in quae perpendicula ex A et B in rectam GH demissa cadunt; tum enim erit CP ad CQ ut AC ad BC. Denique punctum O non longe a puncto C accipi convenit; ac si casu modo memorato $u = \infty$ in ipso puncto C capiatur, dentes ipsis radiis rotarum fient proportionales et inter se similes.

DE AMPLITUDINE DENTIUM EORUMQUE ACTIONE MUTUA TOTA

21. Dum rota A momento virium $= \mathrm{M}$ in gyrum agitur, inter dentes se mutuo impellentes oritur pressio

$$\Pi = \frac{\mathrm{M}}{p \sin \varphi} = \frac{\mathrm{M}}{a \sin \omega},$$

ubi $a \sin \omega$ est perpendiculum ex A in rectam GH demissum. Haec ergo pressio foret minima, si angulum ω rectum accipere liceret, unde ne pressio fiat nimis magna, angulum ω tam parum a recto discrepare convenit, quantum praecedentes conditiones permittunt. Deinde cum in medio actionis contactus fiat in puncto O, ex dentium numero iudicari potest, quamdiu bini dentes in se mutuo agere debeant, ut inde amplitudo utriusque arcus EOM et FON definiatur. Sit ergo m numerus dentium in rota A et n numerus dentium in rota B, ac primo quidem necesse est ut sit $m : n = a : b$. Idem ergo bini dentes tamdiu in se mutuo agunt, quoad rota A[1]) motu angulari absolverit angulum $= \frac{360°}{m}$, seu

1) Editio princeps: B loco A. Corr. C.B.

rota B angulum $=\frac{360^\circ}{n}$. Statuamus ergo $d\zeta=\frac{180}{m}$, et elementum curvae EOM huic differentiali $d\zeta$ conveniens, dabit dimidium arcum circularem EOM; similique modo ex differentiali $d\eta=\frac{180}{n}$ dimidius arcus FON innotescet.

22. Cum nunc in figura 1 si P sit centrum arcus EOM, et $\mathrm{PO}=r$ radius, dum angulus φ incrementum $d\varphi$ capit, punctum contactus O in o transfertur, ut sit $\mathrm{O}o=rd\varphi$. Tum vero notetur esse $d\zeta=d\omega-d\varphi$, et ob

$$\sin\omega=\frac{p\sin\varphi}{a}=\frac{f\sin\varphi}{a}$$

posito $\mathrm{AP}=f$, erit

$$d\omega\cos\omega=\frac{fd\varphi\cos\varphi}{a}$$

et

$$d\omega=\frac{fd\varphi\cos\varphi}{a\cos\omega}$$

unde colligitur

$$d\zeta=\frac{fd\varphi\cos\varphi}{a\cos\omega}-d\varphi$$

et

$$d\varphi=\frac{a\cos\omega}{f\cos\varphi-a\cos\omega}d\zeta.$$

Quocirca erit elementum arcus

$$\mathrm{O}o=\frac{ar\cos\omega}{f\cos\varphi-a\cos\omega}d\zeta.$$

Scribamus iam $\frac{180^\circ}{m}$ loco $d\zeta$, et pro dente EOM habebimus dimidiam amplitudinem

$$\mathrm{OE}=\mathrm{OM}=\frac{a\cos\omega}{f\cos\varphi-a\cos\omega}\cdot\frac{180^\circ}{m}\cdot r;$$

ideoque pro figura 5 adipiscimur

$$\mathrm{OE}=\mathrm{OM}=\frac{\mathrm{TR}}{\mathrm{TP}}\cdot\mathrm{PO}\cdot\frac{180^\circ}{m},$$

simulque intelligimus punctum M initio actionis fuisse in contactu, punctum E vero in fine. Simili modo pro altero dente erit

$$OF = ON = \frac{TS}{TQ} \cdot QO \cdot \frac{180°}{n};$$

atque initio actionis puncta M et N in fine autem puncta E et F sibi mutuo applicantur.

CONSTRUCTIO DENTIUM

23. Definita arcuum circularium, quibus dentes formari convenit, amplitudine, facile erit singulos dentes exscindere (Fig. 8). Cum autem punctum O ubi in media binorum dentium actione fit contactus, arbitrio nostro relinquatur, commodissime id in ipsa recta AB ideoque in eius puncto C capitur, ut actio, in utrumvis sensum rotae agantur, maneat similis. Quare si A et B sint centra rotarum, ac rota A habere debeat m dentes, rota vero B, n dentes, secetur recta AB in C, ut sit $AC:BC = m:n$, et centris A et B per C ducantur circuli, quorum illius periphaeria in m partes aequales in punctis C, a, a', α, α', huius vero in n partes aequales in punctis C, b, b', β, β' dividatur, ut sint arcus $Ca = C\alpha = \frac{360}{m}$ graduum et $Cb = C\beta = \frac{360}{n}$ graduum. Seu positis intervallis $AC = a$, $BC = b$ et ratione diametri ad peripheriam $1:\pi$, erunt ipsi arcus $Ca = C\alpha = \frac{2\pi a}{m}$ et arcus $Cb = C\beta = \frac{2\pi b}{n}$ qui ob $a:b = m:n$ sunt inter se aequales.

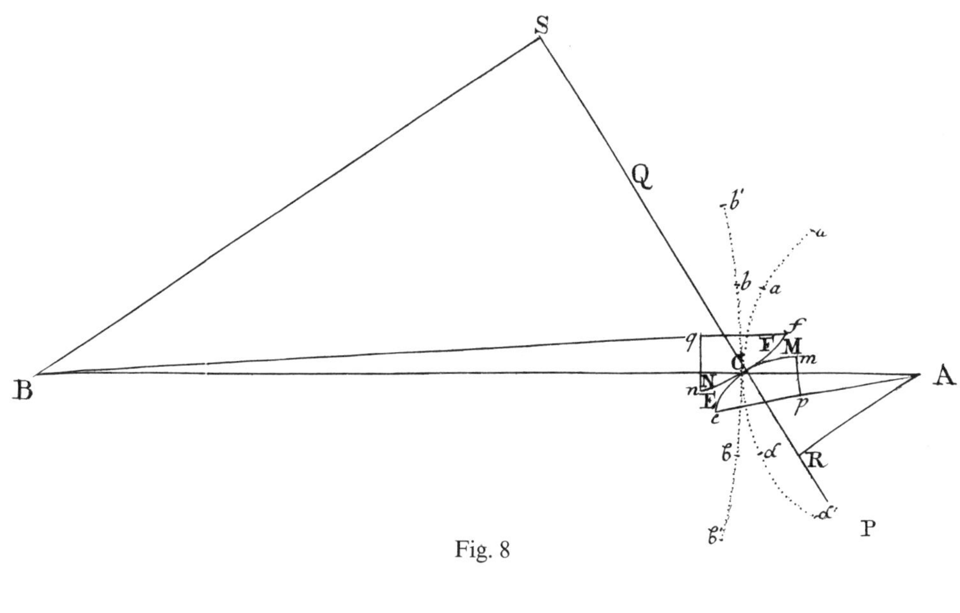

Fig. 8

24. Deinde per C utcunque oblique agatur recta RS in quam ex A et B demittantur perpendicula AR et BS, atque ut vidimus haec ipsa puncta R et S pro centris arcuum dentes formantium accipi possunt, quem casum utpote simplicissimum merito potissimum consideramus. Centro igitur R per C describatur arcus ECM, ut sit $EC = CM = CR \cdot \frac{180°}{m}$, et totus arcus $ECM = CR \cdot \frac{360°}{m}$ qui ergo se habebit ad arcum Ca ut CR : CA, seu totidem erit graduum. Simili modo centro S per C ducatur arcus FCN ut sit $CF = CN = CS \cdot \frac{180°}{n}$ et totus arcus $FCN = CS \cdot \frac{360°}{n}$, qui ergo ad arcum Cb eandem habet rationem; unde cum sit $Cb = Ca$, etiam arcus ECM et FCN magnitudine erunt aequales. Addatur utrique arcui utrinque particula E*e*, M*m* et F*f*, N*n*, quae autem intra utriusque arcus continuationes cadant, ut nunquam ad contactum perveniant, dabuntque ductis *e*A et *f*B figurae *e*ECM*mp* et *f*FCN*nq* semisses utriusque dentis; quae ad alteram partem rectarum *ep* et *fq* similiter descriptae dentes integros referent.

25. Verum hic imprimis observandum est totam utriusque dentis crassitiem non superare debere semissem intervalli Ca vel Cb, quia inter binos dentes unius rotae tantum spatii relinqui debet, cui dens alterius rotae inseri queat. Quare si quantitatem arcuum $Ca = Cb$ ponamus $= e$, crassities unius dentis non superare debet $\frac{1}{2}e$. Ponamus ergo angulum $ACR = BCS = \omega$ et cum sit arcus $ECM = e \cos \omega$, eiusque semissis $CE = CM = \frac{1}{2} e \cos \omega$, punctorum extremorum E et M neglecta curvatura distantiae ab axe AB erunt $= \frac{1}{2} e \cos \omega^2$, quarum summa $e \cos \omega^2$ dabit dimidiam crassitiem unius dentis, unde tota crassities erit $= 2e \cos \omega^2$, quae autem ob adiectam particulam E*e* aliquantillum erit maior: ex quo quantitas $2e \cos \omega^2$ minor esse debet quam $\frac{1}{2}e$, ideoque $\cos \omega^2 < \frac{1}{4}$, et $\cos \omega < \frac{1}{2}$, quocirca angulum $ACR = \omega$ maiorem 60° capi oportet, neque ergo hic arcus amplius arbitrio nostro relinquitur.

26. Perinde se res habet quando arcus ECM et FCN non ex centris R et S sed ex aliis punctis P et Q supra definitis describuntur. Sumta enim littera u negativa, sit

$$CP = a \cos \omega + \frac{aa \cos \omega}{u - a} = CR\left(1 + \frac{a}{u - a}\right)$$

et

$$CQ = b \cos \omega - \frac{bb \cos \omega}{b + u} = CS\left(1 - \frac{b}{b + u}\right)$$

ac centris P et Q descriptis arcubus ECM et FCN pro eorum amplitudine esse debet:

$$\mathrm{CE} = \mathrm{CM} = \mathrm{CR} \cdot \frac{180^\circ}{m} = \tfrac{1}{2} e \cos \omega$$

et

$$\mathrm{CF} = \mathrm{CN} = \mathrm{CS} \cdot \frac{180^\circ}{n} = \tfrac{1}{2} e \cos \omega$$

ob $\mathrm{C}a = \mathrm{C}b = e = a \cdot \frac{360^\circ}{m} = b \cdot \frac{360^\circ}{n}$ et $\mathrm{CR} = a \cos \omega$ atque $\mathrm{CS} = b \cos \omega$. Hinc ubicunque puncta P et Q superiori determinationi conformiter accipiantur, arcus ECM et FCN eandem magnitudinem $= e \cos \omega = \frac{\mathrm{CR}}{\mathrm{CA}} \cdot \mathrm{C}a$ habere debent ex quo uti casu praecedente crassities singulorum dentium prodit $= 2e \cos \omega^2$ neglectis particulis Ee et Ff, unde ut ibi angulus ω maior esse debet quam 60°. Tum vero longitudo dentis cuiusque ep maior esse debet quam

$$e \cos \omega \sin \omega = \tfrac{1}{2}\, e \sin 2\,\omega.$$

27. Quantitatem u ita accipere licet, ut ambo centra P et Q a puncto C aequaliter removeantur, radiique CP et CQ fiant inter se aequales, unde commodissima dentium constructio peti videtur, propterea quod, dum ambo arcus ECM et FCN aeque fiunt curvi, neuter nimis erit curvus quod eveniret, si radii CP et CQ essent inaequales; tum enim alteruter necessario foret minor. Statuamus ergo CP = CQ seu

$$\frac{au \cos \omega}{u - a} = \frac{bu \cos \omega}{b + u},$$

erit

$$u = \frac{2ab}{b - a} \quad \text{et} \quad u - a = \frac{a\,(a + b)}{b - a},$$

unde

$$\mathrm{CP} = \mathrm{CQ} = \frac{2ab \cos \omega}{a + b}$$

seu

$$\mathrm{CP} = \mathrm{CQ} = \frac{2\mathrm{CR} \cdot \mathrm{CS}}{\mathrm{CR} + \mathrm{CS}}.$$

Quare super recta RS in I bisecta describatur circulus (Fig. 9), et ex C applicetur recta CK ipsius radio aequalis, qua in L producta, capiatur CP = CQ = CL, atque centris P et Q per punctum C describantur arcus ECM et FCN, ex quibus ut ante dentes utriusque rotae formabuntur, qui inter se erunt aequales, quantum quidem rotarum inaequalitas permittit.

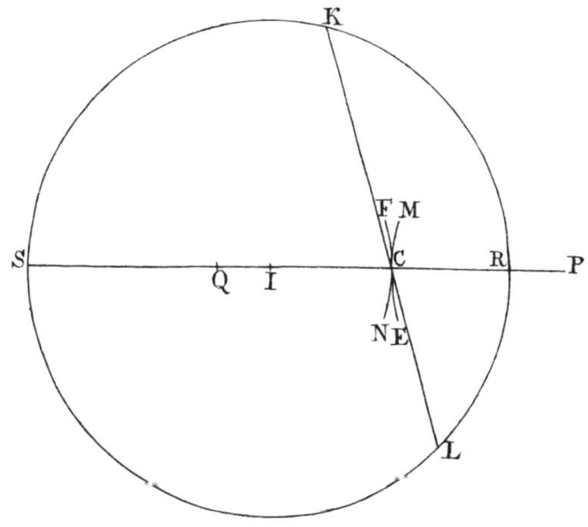

Fig. 9

28. Hinc nanciscimur istam constructionem dentium (Fig. 10): Recta iungente rotarum centra AB ita in C divisa, ut sit AC ad BC ut dentium numerus rotae A ad dentium numerum rotae B, per C centris A et B describantur circuli, qui in punctis C, a, a', α, α' et C, b, b', β, β' pro numero dentium in partes aequales dividantur. Tum per C agatur recta RS cum AB angulum 60° vel aliquanto maiorem constituens, in quam ex A et B demissis perpendiculis AR et BS, capiatur $\mathrm{CP} = \mathrm{CQ} = \frac{2\mathrm{CR}\cdot\mathrm{CS}}{\mathrm{RS}}$, et centris P et Q per C describantur arcus circulares ECM et FCN, in C bisecti, ut sit uterque totus arcus ECM vel FCN ad arcum Ca vel Cb ut CR ad CA seu in ratione subdupla,

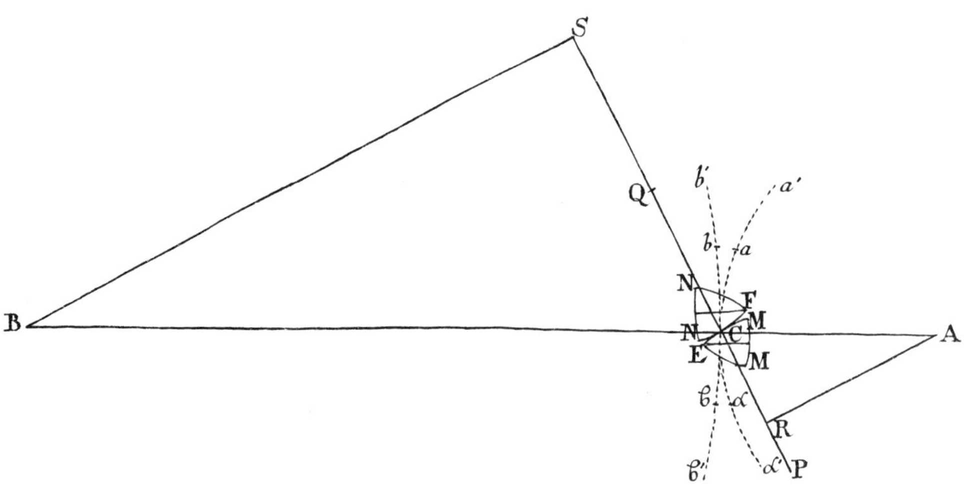

Fig. 10

si quidem angulus ACR sit 60°. Utrinque adiiciatur exigua particula, quae nunquam ad contactum perveniat, et circa EA et FB ad alteram partem similes figurae describantur, eritque MCEM dens rotae A et NCFN dens rotae B, tum igitur nil aliud restat, nisi ut in singulis punctis a, a', α, α' itemque b, b', β, β' similes figurae extruantur, hocque modo utraque peripheria dentibus compleatur.

ACCURATIOR DETERMINATIO FIGURAE DENTIUM

29. Praecedens figurae dentium determinatio proxime tantum satisfacit, quoniam utrinque figuram circularem assumsimus, perspicuum autem est, si altera sit arcus circularis, alteram re vera fore curvam satis complicatam, cuius loco arcum circuli osculantis assumsimus. Quo igitur hoc negotium accurate prosequamur, ex praecedentibus repetamus formulas principales, quae sunt

$$p \sin \varphi = a \sin \omega \quad \text{et} \quad q \sin \psi = b \sin \omega,$$

seu

$$\mathrm{AR} = a \sin \omega \quad \text{et} \quad \mathrm{BS} = b \sin \omega$$

tum vero

$$r + s + p \cos \varphi + q \cos \psi = (a + b) \cos \omega,$$

seu

$$\mathrm{RS} = (a + b) \cos \omega$$

quae formulae etiam immediate ex figura consequantur, cum AR et BS sint perpendicula ex punctis A et B in rectam RS per T pro libitu ductam demissa, OR autem et OS sunt rectae ad curvas ambas normales. Quodsi iam angulus ω statuatur constans, erunt quoque perpendicula AR et BS constantia, ideoque utraque curva EOM et FON ex evolutione circuli nata, illa nempe ex circulo, qui centro A radio AR, haec vero ex circulo qui centro B radio BS describitur, quae curvae cum sint descriptae facillime, solutionem commodissimam praebere videntur.

30. Sumto autem angulo ω constante erit differentiando:

$$dp = \frac{-p d\varphi \cos \varphi}{\sin \varphi} \quad \text{et} \quad dq = \frac{-q d\psi \cos \psi}{\sin \psi}$$

tum vero

$$dr + ds - \frac{p d\varphi \cos \varphi^2}{\sin \varphi} - \frac{q d\psi \cos \psi^2}{\sin \psi} - p d\varphi \sin \varphi - q d\psi \sin \psi = 0.$$

At est

$$dr = -dp \cos\varphi \quad \text{et} \quad ds = -dq \cos\psi,$$

unde

$$p\,d\varphi \sin\varphi + q\,d\psi \sin\psi = 0,$$

seu

$$a\,d\varphi + b\,d\psi = 0,$$

quod quidem per se patet. Tum vero est $d\zeta = -d\varphi$. Iam dum rota A angulo $d\zeta$ gyratur, in dente eius punctum contactus ex O in o transit, ut sit

$$\mathrm{O}o = r\,d\varphi + \frac{dr \sin\varphi}{\cos\varphi} = r\,d\varphi - dp \sin\varphi$$

$$= r\,d\varphi + p\,d\varphi \cos\varphi = d\varphi \cdot \mathrm{RO} = -\mathrm{RO}\cdot d\zeta.$$

In dente autem alterius rotae punctum contactus ex O in ω transfertur, ut sit $\mathrm{O}\omega = -\mathrm{SO}\cdot d\eta$, estque $a\,d\zeta = b\,d\eta$. Unde si $a\,d\zeta$ denotet distantiam dentium in utraque rota, magnitudo arcus dentem rotae A constituentis erit $= \mathrm{RO}\cdot d\zeta$ et magnitudo arcus dentem rotae B constituentis $= \mathrm{SO}\cdot d\eta$, unde magnitudo dentium definitur, ubi notari oportet, angulum ω tantum accipi debere, ut crassities unico dentis dimidium intervallum duorum dentium non superet.

31. Hoc modo adhuc istud lucramur, ut utriusque rotae dentes seorsim delineare possimus. Divisa enim centrorum distantia AB in ratione reciproca motuum angularium in C, radio AC describatur circulus secundum dentium numerum in partes aequales dividendus, cuiusmodi pars una sit CC′, tum sub dato

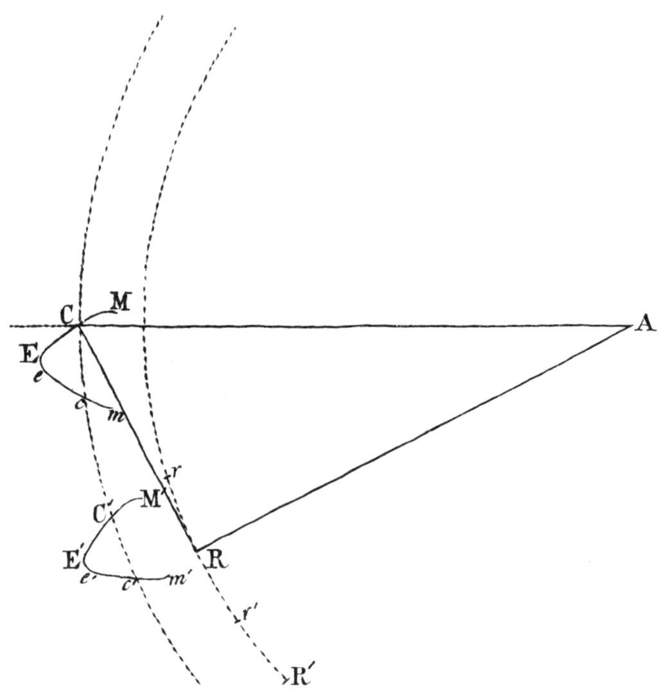

Fig. 11

angulo ω, quo etiam in altera rota est utendum, ducatur recta CR, in eamque ex A demittatur perpendiculum AR, quo tanquam radio novus circulus illi concentricus describatur, pariter ab R utrinque secundum dentium numerum dividendus, cuiusmodi pars sit RR′, quae autem singulae denuo bisecentur in r, r'. Deinde recta RC cum ad circulum interiorem involvatur usque ad r, tum vero evolvatur usque ad r', quo pacto altera facies dentis ECM describitur, similique modo per C′ dentis sequentis E′C′M′. Denique sumto arcu Cc minore semisse arcus CC′ per c modo inverso ducatur curva ecm, itemque $e'c'm'$, sicque nisi binae curvae se decussent clausis spatiolis Ee, E′e' habebitur integri dentis figura MEem: ab m ad M′ autem rotam profundius incidi convenit. Ceterum ne punctum e in E incidat, vel adeo praetereat, cavetur angulum ACR satis magnum accipiendo; quo maior enim assumitur, eo minorem profunditatem dentes obtinebunt.

REGULA FACILIS, PRO DIIUDICANDA FIRMITATE PONTIS ALIUSVE CORPORIS SIMILIS, EX COGNITA FIRMITATE MODULI

Commentatio 480 indicis ENESTROEMIANI
Novi commentarii academiae scientiarum Petropolitanae 20 (1775), 1776, p. 271–285,
Summarium ibidem, p. 36–40

SUMMARIUM

In hac dissertatione Illustrissimo EULERO propositum est investigare, quonam firmitatis gradu modulus pontis aliusve corporis similis praeditus esse debeat, ut ipse pons ad similitudinem moduli confectus satis roboris sit habiturus, quam investigationem hactenus, ni fallor, intactam, maximi momenti esse minus aegre fateberis, cum plerique in conficiendis talibus machinis opinione ducti fuerint, pontem ad similitudinem moduli exstructum satis roboris esse habiturum, si modo modulus simile onus gestare valeat, quale ipse pons sustinere debet, cui autem opinioni Illustrissimus dissertationis Auctor statim in limine observationem opponit, quod talis pons certe non ad quantumvis magnam distantiam extendi queat, quantumvis etiam roboris modulo conciliaveris, quocirca palam est, firmitatem pontis neutiquam a firmitate moduli secundum principium similitudinis definiri posse.

Duplex autem virium genus, alterum fractionis alterum divulsionis, hic accurate perpendendum esse iudicat Vir Illustrissimus quorum prius potissimum locum habet, si trabes adhibeantur, quae fractioni resistere debeant; posterius vero genus locum habet, si funes adhibeantur, quorum tenacitate tota machina innitatur. Iam cum vis, quam funis sustinere valet, a tenacitate filorum, ex quibus contortus est, pendeat, si ea in variis funibus eadem sit, patet, firmitatem crassitiei proportionalem esse debere. Dabitur ergo certa longitudo, quae in crassitiem ducta pro mensura eius vis, quam funis sustinere valet, haberi potest; quae longitudo ea erit, quam funis habere debet, ut, si verticaliter suspendatur, a proprio suo pondere disrumpatur. His observatis Illustrissimus Auctor breviter in caussam cohaesionis corporum inquirit, quam in vi elastica Aetheris potius quam in pressione Atmosphaerae quaerendam esse declarat, quia, si a solo pondere Atmosphaerae penderet, de quo notum est, duo marmora vel alia corpora polita, inter quae nullus aer locum inveniat, ad se invicem apprimi vi altitudini Barometri respondente, pro crassitie cc pondus columnae Mercurii cuius basis $= cc$ et altitudo $= k$ cohaesionem superaret. Unde si $n:1$ exprimat rationem gravitatis mercurii et materiae funis, foret longitudo illa maxima $= nk = 28$ dig. cum tamen sine dubio omnes fere funes maius pondus sustinere valeant.

His autem circa istam longitudinem, de qua notionem absolutam habuisse pro praesenti instituto superfluum foret, praemissis, Illustrissimus Auctor ipsum argumentum propositum aggreditur; at consideratis duobus funibus ex eadem materia confectis similique modo tensis, maior ad distantiam A, minor vero ad distantiam a, si V et v denotent vires, quas maior minorque funis sustinere valeat quin rumpatur, hae vires duabus partibus constare sunt censendae, quarum altera continet pondus funis, altera vero onus, quod gestare valet. Unde si p fuerit pondus minoris funis et P pondus maioris, tum vero q et Q sint onera, quae sine ruptione gestare valeant, erit $\mathrm{V} = \mathrm{P} + \mathrm{Q}$ et $v = p + q$. Quod si igitur per experimenta fuerit exploratum, quantum onus q minor funis gestare valeat quin rumpatur, inde statim onus a maiore sustentatum Q definiri poterit, pro quo autem, ne in negativum abeat, requiritur ut sit $q > \frac{\mathrm{A} - a}{a} p$. Ex qua limitatione statim patet, machinam ad similitudinem moduli non ad quamvis magnitudinem augeri posse, quia maximam longitudinem $\mathrm{A} = \frac{p+q}{p} a$ transgrediendo maior funis non solum nullum onus sustentare valeret, sed adeo proprio suo pondere divelleretur.

Hoc casu expedito Illustrissimus Auctor in resistentiam inquirit, quam trabes aliave corpora rigida ruptioni opponunt, quo summo cum acumine peracto, si stabiliatur longitudo pontis $= \mathrm{A}$, moduli $= a$, pondus moduli $= p$, pontis $= \mathrm{P}$, q et Q vero designent onera a modulo et ponte ipso sustentanda, per principia iis similia, quibus antea pro funibus usus est, ad hanc perducitur aequationem valorem oneris Q experimentem:

$$\mathrm{Q} = nn\,(p + q - np),$$

ubi $n:1$ rationem dimensionum pontis et moduli exprimit. Ex hac autem aequatione consequitur conditio $q > (n-1)\,p$, quem limitem onus a modulo gestatum eo magis superet necesse est, quo maiora sunt onera, quibus ipse pons sustentandis par esse debet. Ceterum Illustrissimus Auctor observat, si pons ad perfectam similitudinem exstructus non satis roboris esset habiturus, huic defectui remedium afferri posse, dum crassities trabium ultra rationem $1:n$ augeatur, quem in finem tabulam annectendam censuit, ex qua pateat, quoties haec ratio augeri debeat, ut ponti satis roboris concilietur.

Denique quo pons impetuositati ventorum resistere queat, tantum opus est, ut modulus ei resistat, quandoquidem impulsio venti superficiei in quam agit est proportionalis;

quam rationem etiam firmitas sequitur, qua machina vento resistit. Si autem modulus vento non satis resistat, huic defectui facile occurritur, dum latitudo trabium augetur.

1. Orta est nuper haec quaestio occasione pontis perennis trans fluvium Nevam construendi. Cum enim plures hoc opus aggredi fuissent conati, atque in hunc finem modulos confecerint, ad quorum similitudinem ipse pons exstrui posset, plerique sunt arbitrati, pontem satis firmitatis esse habiturum, si modo modulus certo firmitatis gradu fuisset praeditus. Putarunt scilicet, si modo modulus simile onus gestare valeret, quale ipse pons sustinere debeat, tum nullum esse dubium, quin ipse pons secundum similitudinem moduli exstructus satis roboris esset habiturus. Hanc autem conclusionem esse fallacem, exinde satis est manifestum, quod talis pons certe non ad quantumvis magnam distantiam, veluti unius pluriumve milliarium extendi queat, quin proprio pondere corruat, quantumvis etiam roboris modulus habuisse videatur. Ex quo perspicuum est, firmitatem pontis neutiquam ex firmitate moduli secundum principium similitudinis definiri posse. Quam ob rem, quemadmodum ex firmitate moduli firmitas ipsius pontis quantumvis magni cognosci queat, hic accuratius sum inquisiturus.

2. Firmitas autem tam ipsius pontis quam moduli utique componitur ex firmitate singularum partium et modo, quo inter se sunt coniunctae, ac diiudicari debet ex viribus quas sustinere valent, quin disrumpantur. Duplicis autem generis hic occurrunt vires, quibus tales machinae resistere debent, quarum alterae tendunt ad partes a se invicem divellendas, alterae vero ad eas frangendas, seu a compage reliquarum abrumpendas. Prius genus potissimum habet locum, si funes adhibeantur, quorum tenacitate tota machina innitatur; quando autem machina trabibus inter se coniunctis constat, alterum genus potissimum locum habet, ut scilicet trabes fractioni satis resistent, ne a viribus quas sustinere debent abrumpantur. Utrumque igitur hoc genus accuratius est perpendendum, ut diiudicare valeamus, quanta vi singulae partes tam divulsioni quam fractioni resistant.

3. Quod igitur ad genus prius pertinet, consideremus funem crassitiei datae, ac videamus, quantam tensionem sustinere valeat, antequam rumpatur. Ac primo quidem manifestum est, istam vim a tenacitate filorum ex quibus funis componitur pendere, quae si in variis funibus fuerit eadem, quando scilicet simili modo ex filamentis fuerint contorti, evidens est, eorum firmitatem eo fore maiorem, quo fuerint crassiores. Ita si crassities talis funis vocetur $= cc$, vis quam sustinere valebit, quin rumpatur proportionalis erit ipsi cc. Dabitur igitur certa

quaedam longitudo L, ut productum Lcc pro mensura eius vis, quam funis sustinere valet haberi possit; ubi manifestum est, quantitatem istam L a tenacitate filamentorum pendere. Quoniam igitur hoc productum Lcc massam ideòque pondus eiusdem funis refert, si eius longitudo esset $= L$, hinc patebit, quantam longitudinem funis habere debeat, ut verticaliter suspensus a proprio pondere divellatur.

4. Quoniam ista longitudo L a vi, qua minimae particulae singulorum filorum inter se cohaerent, seu potius a quapiam caussa externa ad se invicem comprimuntur, pendet, si haec compressio a solo pondere Atmosphaerae orietur, quo novimus, duo marmora polita inter quae nullus aer reperiatur tanta vi ad se invicem apprimi, quae respondeat altitudini Barometri, quam ponamus $= k$, pro crassitie $= cc$ cohaesio superari posset a pondere columnae mercurii, cuius basis esset $= cc$ et altitudo $= k$; unde si mercurius n vicibus gravior statuatur quam materia funis, foret utique $L = nk$ ideoque $= 28$ dig. At vero experientia satis declarat, plerosque funes multo maius pondus sustinere posse, unde patet, caussam cohaesionis non in pondere Atmosphaerae esse quaerendam, sed potius in vi elastica aetheris, qua omnia corpora in contactu, ubi Aether penitus excluditur ad se invicem apprimuntur. Ac plura quidem experimenta ostendunt, istam vim Aetheris propemodum millies maiorem statui debere quam pressionem Atmosphaerae; sicque facile intelligitur, dari eiusmodi materias, pro quibus longitudo L ad mille atque adeo plures pedes assurgere queat.

5. Quaecunque autem fuerit caussa firmitatis et cohaesionis corporum, pro praesenti instituto plane non est opus illam longitudinem L absolute nosse, quoniam hic non de absoluta firmitate cuiusque materiae, ex qua machinae componi solent, agitur, sed tota praesens quaestio tantum versatur circa comparationem roboris, quo varii funes ex eadem materia confecti fuerint praediti. Quantacunque igitur fuerit ista longitudo L, si duo funes simili modo confecti inter se comparandi occurrant, quorum alterius crassities sit cc, alterius vero $= CC$, quoniam vires, quas gestare valent sunt Lcc et LCC, eae utique inter se erunt ut $cc : CC$, ideoque tenebunt rationem crassitiei. Atque haec ratio sufficit, ad comparationem inter firmitatem plurium funium instituendam, si modo simili ratione fuerint compositi, atque vires quibus tales funes tenduntur simili modo fuerint applicati; id quod tuto assumere possumus; quandoquidem in omnibus huius generis machinis moduli ad perfectam similitudinem parari solent.

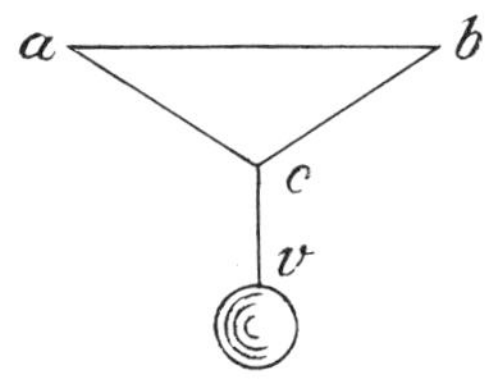

Fig. 1 et 2

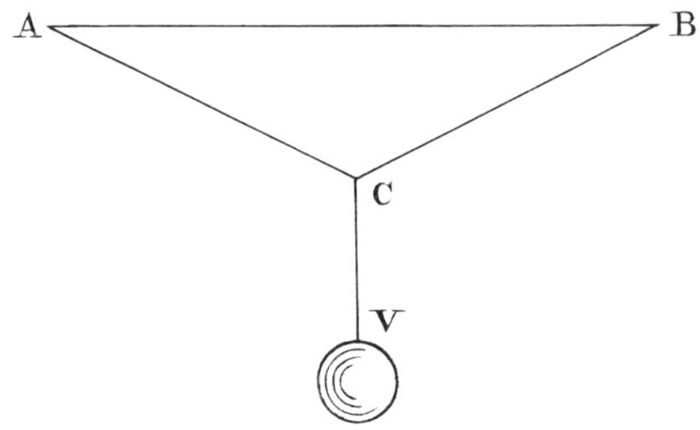

6. His praemissis consideremus duos funes acb et ACB (Fig. 1 et 2), non solum ex simili materia confectos sed etiam simili modo tensos, quorum minoris crassities sit $= cc$, maioris vero $= \mathrm{CC}$; pro minore autem distantia $ab = a$, pro maiore distantia $\mathrm{AB} = \mathrm{A}$. Iam denotet v vim, quam minor funis gestare valet quin rumpatur, V vero vim quam maior sustinere valeat; ac dummodo hae vires simili modo fuerint applicatae, manifestum est fore $v : \mathrm{V} = cc : \mathrm{CC}$, ita ut sit $\mathrm{V} = \frac{\mathrm{CC}}{cc} v$, ubi quidem dimensiones a et A non aliter in censum veniunt, nisi quatenus similitudinem crassitiei sequuntur.

7. Vires v et V duabus partibus constare sunt censendae, quarum altera continet ipsum pondus utriusque funis, cum partibus quae ipsis vi compagis sunt coniunctae, altera vero continet onera quae uterque funis gestare debet, et quae ipsis deinceps vel imponuntur vel appenduntur, hunc ipsum in finem, ut firmitas maioris ex firmitate minoris concludi possit. Sit igitur p pondus funis minoris et P maioris, atque ob similitudinem manifestum est fore $p : \mathrm{P} = acc : \mathrm{ACC}$, ita ut sit $\mathrm{P} = \frac{\mathrm{ACC}}{acc} p$[1]. Iam per experimentum exploretur, quantum onus minor funis sustinere valeat quin rumpatur, sitque hoc onus $= q$, atque hinc definire poterit onus Q, quod maior funis gestare valebit sine ruptione.

8. Quoniam igitur totae vires v et V utrinque sustinendae aggregatis ex ipso pondere et onere aequales sunt censendae: habebimus $v = p + q$ et $\mathrm{V} = \mathrm{P} + \mathrm{Q}$: utrinque enim licebit ipsum pondus cum onere coniungere. Quare cum sit $\mathrm{V} = \frac{\mathrm{CC}}{cc} \cdot v$ erit

$$\mathrm{P} + \mathrm{Q} = \frac{\mathrm{CC}}{cc} (p + q).$$

1) In paragraphis 7 et 8, semper notatur in editione principe bc et BC loco cc et CC. Corr. P.H.

Unde cum sit $\mathrm{P} = \frac{\mathrm{ACC}}{acc} p$ reperietur onus, quod maior funis gestare valebit

$$\mathrm{Q} = \frac{\mathrm{CC}}{cc}(p+q) - \frac{\mathrm{ACC}}{acc} p = \frac{\mathrm{CC}}{cc}\left((p+q) - \frac{\mathrm{A}}{a} p\right).$$

Ex quo statim patet, nisi fuerit $p + q > \frac{\mathrm{A}}{a} p$ sive $q > \frac{\mathrm{A}-a}{a} p$ maiorem funem non solum nullum onus sustinere posse, sed etiam proprio pondere disruptum iri, etiamsi minor funis satis notabile onus gestare potuerit. Sicque manifesto iam est evictum, ad similitudinem moduli ipsam machinam non ad quam vis magnitudinem augeri posse, sed maximam longitudinem A, quam etiamnunc obtinere liceat esse $\mathrm{A} = \frac{p+q}{p} \cdot a$, quam si transgredi voluerimus, machinam plane consistere non posse.

9. Hinc iam haud difficulter diiudicare poterimus, utrum ope funium pontem transfluvium Nevam, cuius latitudo est circiter 1000 ped. Rhenan. construere liceat nec ne. Hunc infinem conficiatur modulus ad longitudinem quantumvis exiguam veluti 20 pedum, cui ipse pons perfecte similis esse debeat, ita ut sit $\frac{\mathrm{A}}{a} = 50$, ac nisi iste modulus onus sustinere queat, quod plus quam 49 vicibus superet proprium pondus, pons plane subsistere non poterit. Ac si forte hoc successerit: tamen certum est, si latitudo fluvii adhuc esset maior, talem pontem nullo modo locum habere posse. Praeterea vero non sufficit, ut pons proprium pondus sustinere queat, sed etiam necesse est, ut insignia onera gestare valeat, ideoque valor ipsius Q ex nostra formula resultans debitum nanciscatur valorem.

10. His de firmitate funium expeditis, perpendamus, quomodo trabes aliave corpora rigida ruptioni resistant. Consideremus igitur trabem ACEF (Fig. 3), iam tantopere inflexum, ut tantum non in AC abrumpatur. Referat igitur angulus ACA′ maximam hanc inflexionem, quam sustinere valet, ita ut fibrillae extremae AA′ non amplius elongari queant, sitque l ista extensio maxima $= \mathrm{AA}'$ et L vis, qua sese contrahere conentur, atque manifestum est, hanc vim L eam ipsam esse vim, qua ante vidimus funes divulsioni resistere, ita ut, si tota trabs secun-

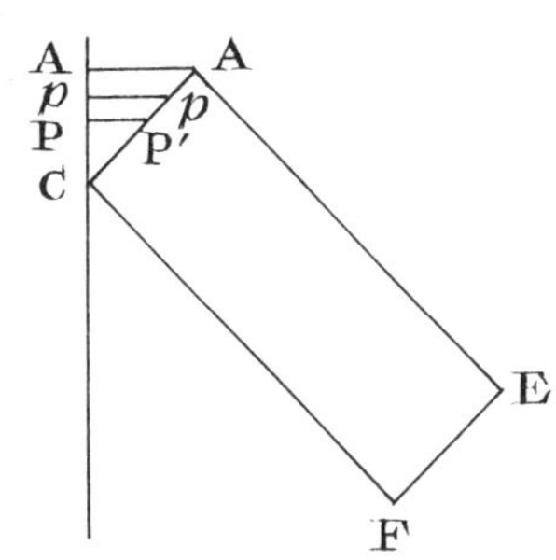

Fig. 3

dum longitudinem AE traheretur a vi, quae eius ponderi, si longitudinem haberet $= \mathrm{L}$, esset aequalis, tum tantum non penitus divelleretur.

11. Ponamus nunc crassitiem trabis $\mathrm{AC} = c$, dum scilicet trabs circa punctum C abrumpi concipitur, latitudinem vero trabis esse $= b$. Nunc in spatio AC capiamus abscissam indefinitam $\mathrm{CP} = x$, ubi ergo fibrillarum longitudo erit $\mathrm{PP'} = \frac{lx}{c}$, quarum ergo vis contrahendi in eadem ratione erit minor, quam in extremitate AA′, ita ut ista vis futura sit $\frac{\mathrm{L}x}{c}$; haec igitur multiplicata per elementum $\mathrm{P}p = dx$ dabit vim elementarem $\frac{\mathrm{L}xdx}{c}$ quam denuo per latitudinem trabis multiplicari oportet, ut prodeat $\frac{\mathrm{L}bxdx}{c}$. Quoniam vero motus quo abruptio peragitur fit circa axem C, momentum istius vis elementaris respectu huius axis erit $\frac{\mathrm{L}bxxdx}{c}$, cuius integrale $\frac{\mathrm{L}bx^3}{3c}$ per totam crassitiem trabis statuendo $x = c$ extensum praebebit totum momentum virium quibus trabs ruptioni resistit, quod ergo erit $= \frac{1}{3}\mathrm{L}bcc$. Quae expressio cum constet quatuor dimensionibus, ternae exprimunt aliquod volumen, cuius pondus vi abrumpenti aequatur, quarta vero dimensio exhibet longitudinem vectis, qua ista vis operatur. Quod si ergo haec trabs a tantis viribus sollicitetur, quarum momentum respectu puncti C superet valorem formulae $\frac{1}{3}\mathrm{L}bcc$, trabs in hoc loco certe abrumpetur.

12. Quod si iam in modulo hae dimensiones b et c referuntur ad singulas trabeculas, quarum firmitas ruptioni resistere debet; pro ipso ponte autem litterae B et C similes dimensiones trabium quibus constat exprimant, virium momenta, quibus tam modulus, quam ipse pons fractioni resistant inter se erunt ut bcc ad BCC. Ubi observari debet, actionem virium in eum tendere sensum, ut trabes secundum crassitiem AC rumpere conentur. Si enim secundum latitudinem, quam ponimus $= b$ vim suam exererent, momenta virium inter se forent ut bbc ad BBC.

13. Sit nunc longitudo moduli $= a$, ipsius pontis autem $= \mathrm{A}$; tum vero denotet v summam omnium virium, quas modulus sustinere valet quin rumpatur, littera vero V denotet summam omnium virium, quarum actioni etiamnunc resistere valet: utroque autem casu omnes istas vires simili modo per totam longitudinem tam moduli quam ipsius pontis distributas esse supponimus. Quo

posito manifestum est momenta omnium harum virium tam in modulo quam in ponte fore inter se ut $av:\mathrm{AV}$, unde concludimus hanc insignem proportionem, qua esse oportet

$$av:\mathrm{AV} = bcc:\mathrm{BCC},$$

unde sequitur

$$v:\mathrm{V} = \frac{bcc}{a} : \frac{\mathrm{BCC}}{\mathrm{A}}.$$

14. Consideremus nunc hic vires verticales quarum actionem pons sustinere debet, et quae oriuntur tam a proprio pondere pontis quam ab oneribus, quibus sustentandis par esse debet, pro quibus ergo litterae c et C referent crassitiem trabium qua viribus verticalibus resistunt, dum altera dimensio b latitudinem earum repraesentat. Statuamus igitur primo pro modulo eius proprium pondus a firmitate sustentandum $=p$, onus vero quod insuper gestare valeat $=q$, quod ergo per experimenta facile explorari poterit, dummodo per eius, longitudinem continuo maiora onera imponuntur, donec cedere incipiat. Pro ipso autem ponte designet littera P eius proprium pondus, Q vero sit summa omnium onerum, quae pons gestare posse postulatur; quibus positis, erit utique

$$v = p + q \quad \text{et} \quad \mathrm{V} = \mathrm{P} + \mathrm{Q},$$

unde nostra proportio ita se habebit

$$p + q : \mathrm{P} + \mathrm{Q} = \frac{bcc}{a} : \frac{\mathrm{BCC}}{\mathrm{A}},$$

unde pro ipso ponte deducimus

$$\mathrm{P} + \mathrm{Q} = \frac{a\mathrm{BCC}}{\mathrm{A}bcc}(p + q)$$

ex qua aequatione ergo summa omnium onerum quae pons gestare valebit determinari poterit, quae si minor fuerit quam requiritur, audacter pronunciare poterimus, pontem secundum modulum exstruendum non satis roboris esse habiturum.

15. Quoniam igitur ipsum pontem secundum modulum simili ratione et ex simili materia construi assumimus, eius proprium pondus P se habebit ad

pondus moduli ut ABC ad abc; sicque ex cognito pondere moduli p colligitur ipsius pontis pondus $\mathrm{P} = \frac{\mathrm{ABC}}{abc} p$; ex hoc ergo valore sequitur fore

$$\mathrm{Q} = \frac{a\mathrm{BCC}}{\mathrm{A}bcc}(p+q) - \frac{\mathrm{ABC}}{abc} p.$$

Huius igitur regulae ope ex firmitate moduli, prouti per experimenta fuerit exploratum, hoc est ex cognitis ponderibus p et q assignari potest totum onus Q, quod ipse pons supra proprium pondus sustinere valebit. Ante omnia igitur cavendum est, ne pars negativa $\frac{\mathrm{ABC}}{abc} p$ maior evadat parte positiva $\frac{a\mathrm{BCC}}{\mathrm{A}bcc}(p+q)$, quoniam alioquin pons plane subsistere non posset, sed proprio pondere corrueret. Ne igitur hoc eveniat omnino necesse est, ut sit

$$p + q > \frac{\mathrm{AA}\,c}{aa\mathrm{C}} p, \text{ ideoque } q > \left(\frac{\mathrm{AA}c}{aa\mathrm{C}} - 1\right) p.$$

16. Quod si iam assumamus, ipsum pontem prorsus et secundum omnes dimensiones similem esse modulo. (Facile enim intelligitur, nostram formulam etiam locum habere posse, quamvis ternae dimensiones maiores A, B, C non plane eandem rationem tenerent ad minores a, b, c, dummodo discrimen non fuerit satis magnum). Statuamus singulas dimensiones moduli se habere ad dimensiones ipsius pontis ut $1 : n$, eritque ergo

$$\mathrm{A} = na, \quad \mathrm{B} = nb \text{ et } \mathrm{C} = nc.$$

Hinc igitur habebimus istam aequationem pro onere Q definiendo:

$$\mathrm{Q} = n^2(p+q) - n^3 p$$

sive

$$\mathrm{Q} = nn(p + q - np)$$

unde patet, ut pons consistere possit, ante omnia necesse esse, ut sit $q > (n-1)p$, quia alioquin proprio pondere in ruinam laberetur. Praeterea vero necesse est, ut onus a modulo gestatum q eo magis superet hunc limitem $(n-1)p$, quo maius fuerit summa omnium onerum Q, quae ipse pons gestare posse postulatur. Ita si exempli gratia n fuerit $= 30$, necesse est ut sit $q > 29p$; unde si fuerit $q = 30p$ erit $\mathrm{Q} = 900p$; sin autem sit $q = 31p$ prodibit

$Q = 1800\,p$: at si sit $q = 32\,p$ fiet $Q = 2700\,p$ etc. Ex quo intelligitur, si modo q aliquot vicibus superet limitem $29\,p$ tum pontem iam satis notabile onus Q sustinere posse; quoniam pro qualibet vice incrementum capit $= 900\,p$.

17. Quod si hoc modo pons ad perfectam similitudinem moduli exstructus non satis roboris habiturus reperiatur, huic defectui remedium afferri poterit, dum crassities saltem trabium, quam littera C designavimus ultra rationem $1:n$ augeatur. Quanquam enim hac ratione non amplius perfecta similitudo inter modulum subsistet, tamen conclusiones, quas nostrae formulae suppeditant nihilo minus valebunt, dummodo dissimilitudo non fuerit enormis, atque onera utrinque aequabiliter per totam longitudinem distribuantur. Quemadmodum enim pontem cum modulo comparavimus, nulla necessitas urget, ut omnes ternae dimensiones a, b, c et A, B, C eandem prorsus inter se teneant rationem.

18. Maneat igitur ratio longitudinis $a:\mathrm{A} = 1:n$ sive $\mathrm{A} = na$, eademque ratio etiam pro latitudine retineatur ut sit $\mathrm{B} = nb$; verum pro crassitie statuatur $\mathrm{C} = zc$. Hinc igitur formula nostra pro onere Q (§ 15.) inventa sequenti modo se habebit:

$$\mathrm{Q} = zz\,(p+q) - nnzp.$$

Ex hac igitur aequatione si onus a ponte gestandum Q fuerit praescriptum, definiri poterit quantitas incognita

$$z = \frac{nnp + \sqrt{n^4pp + 4\,(p+q)\,\mathrm{Q}}}{2\,(p+q)}.$$

Hinc igitur, si circumstantiae permittant, ut in constructione pontis crassities trabium tanto maior capi queat, hoc modo ponti sufficiens firmitas conciliabitur.

19. Illustremus hanc formulam quodam exemplo, et sumamus latitudinem fluvii tricies superare longitudinem moduli, sive esse $n = 30$. Sumamus porro pontem tantum roboris habere debere, ut sustinere queat onus $= 3600\,p$; modulo autem explorato tantum prodiisse $q = 30\,p$, unde si pons perfecte similis conficeretur modulo, prodiret tantum $\mathrm{Q} = 900\,p$; quam ob rem in nostra formula faciamus $q = 30\,p$ et $\mathrm{Q} = 3600\,p$ ac reperiemus

$$z = \frac{900 + \sqrt{900^2 + 4\cdot 31\cdot 3600}}{2\cdot 31}$$

quae reducitur ad

$$z = \frac{900 + 30\sqrt{900 + 16 \cdot 31}}{2 \cdot 31}$$

cuius valor ergo reperietur $z = 32{,}595$, unde perspicitur, hoc casu pontem satis firmitatis esse adepturum, dummodo crassities trabium $32\frac{3}{5}$ vicibus maior sumatur quam in modulo, dum binae reliquae dimensiones tantum tricies maiores sumantur; quo pacto discrimen, quo a similitudine receditur vix animadverti poterit.

20. Hoc igitur remedium etiam in usum vocari poterit, quamvis modulo per experimenta explorato onus q multo minus repertum fuerit, quam $29p$. Quod ut generaliter ostendamus ponamus experimenta in modulo instituta praebuisse $q = (\lambda - 1)p$, manente onere ab ipso ponte gestando $Q = 3600p$. Cum igitur hinc sit $p + q = \lambda p$ habebitur

$$z = \frac{900 + 30\sqrt{900 + 16\lambda}}{2\lambda} = \frac{15}{\lambda}(30 + \sqrt{900 + 16\lambda}).$$

Hic igitur incipiendo a valore $\lambda = 33$ continuo minores assumamus, et valores ipsius z inde resultantes in sequenti tabula exhibeamus

λ	$q = (\lambda - 1)p$	$z = \frac{15}{\lambda}(30 + \sqrt{900 + 16\lambda})$
33	$32p$	30,81
32	$31p$	31,68
31	$30p$	32,60[1])
30	$29p$	33,58
29	$28p$	34,62
28	$27p$	35,74
27	$26p$	36,94[2])
26	$25p$	38,23
25	$24p$	39,63
24	$23p$	41,14
23	$22p$	42,79
22	$21p$	44,58
21	$20p$	46,54
20	$19p$	48,70

1) Editio princeps: 32,85 loco 32,60. Corr. P. H.
2) Editio princeps: 36,61 loco 36,94. Corr. P. H.

21. Ex hac igitur tabula colligimus, si firmitas moduli tantum praebuerit $q = 19\,p$[1]), quo casu exstructio pontis penitus repudianda videri posset: tamen ei satis roboris conciliatum iri, si modo crassities trabium secundum rationem $1:48{,}70$ multiplicetur. Similique modo etiam in aliis casibus, ubi pontes vel alia huiusmodi opera secundum modulum exstrui proponuntur, facile diiudicari poterit, utrum satis firmitatis sint habitura nec ne, atque adeo posteriori casu firmitatem pro lubitu augere licebit.

22. Verum quia pontes etiam impetui ventorum satis resistere debent, explorari etiam debebit modulus, dum fortissimo vento exponitur. Quod si enim eius impetum sustinere valeat, etiam certi esse poterimus, ipsum pontem a tali vento nullum damnum esse passurum. Cum enim impulsio venti eiusdem superficiei sit proportionalis, ideoque rationem $1:nn$ teneat, quoniam firmitas qua vento resistitur eandem rationem sequitur, manifestum est, ipsum pontem eosdem venti impetus sustinere posse, quibus modulus resistere valuerit.

23. Sin autem forte eveniat, ut pons non satis roboris habere deprehendatur, tum eius vis vento resistendi facile augeri poterit, dum latitudo trabium maior accipietur; imprimis autem utile erit, ponti in utroque termino maiorem tribuere latitudinem quam circa medium, ut hoc modo vento quasi fornicem offerat, quo eius impulsioni multo fortius resistat. Vix autem hinc quicquam metuendum videtur, dummodo ratione prioris generis satis habuerit roboris, eique insuper sufficiens latitudo tribuatur.

1) Editio princeps: $q = 20\,p$ loco $q = 19\,p$. Corr. P.H.

DETERMINATIO ONERUM, QUAE COLUMNAE GESTARE VALENT

Commentatio 508 indicis ENESTROEMIANI
Acta academiae scientiarum Petropolitanae (1778: I), 1780, p. 121–145

1. In Tomo tertio decimo Actorum Academiae Berolinensis exhibui commentationem de vi columnarum[1]); ubi ex principio prorsus singulari, quod ab hoc argumento penitus alienum videatur, determinavi quantitatem oneris, quod data quaevis columna sustinere valeat, quin rumpatur. Ista determinatio mihi ob hanc causam non solum prorsus nova, sed etiam maxime memorabilis est visa, quandoquidem in gestatione onerum vera natura columnarum constitui debet, idque eo magis, quod vulgo ab Auctoribus, qui doctrinam de columnis tractaverunt, hoc argumentum penitus negligi solet, dum potissimum in describendis ordinibus et ornamentis columnarum sunt occupati. Quin etiam Scriptores physici, qui tenacitatem et cohaesionem corporum solidorum sunt perscrutati, experimenta quidem instituerunt circa vires, quas exiguae columnae sustinere valeant, neque vero in legem et proportionem inquisiverunt, quam quantitas oneris sustinendi, tam ratione crassitiei, quam altitudinis sequatur.

2. Non parum igitur sum miratus, cum nuper celeberrimam Encyclopediam Gallicam evolverem, quod sub titulo columnarum disertis verbis ipsa mea proportio, quasi in vulgus cognita, in medium profertur, secundum quam onera, quae columnae cylindricae eiusdem diametri gestare valent, rationem reciprocam duplicatam altitudinum tenere perhibentur; ita ut columna duplo altior quartam tantum partem oneris sustinere queat; neque vero ullus auctor allegatur, qui hanc proportionem sive ex experimentis concluserit, sive per theoriam confirmaverit.

---

1) Vide commentationem E 238, p. 89–118 huius voluminis. C.B.

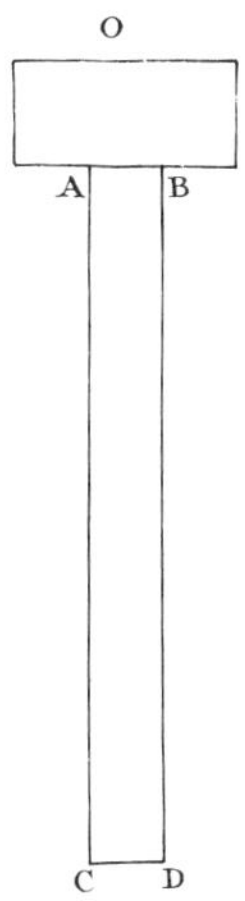

Fig. 1

3. Quando autem quaeritur, quantum onus O data quaevis columna ABCD (Fig. 1) pro ratione altitudinis et crassitiei gestare valeat, quaestio sine dubio maxime est ardua; neque enim video, quomodo ea ex cognitis principiis, circa soliditatem corporum stabilitis, resolvi possit. Quoniam enim onus O perpendiculariter deorsum premit, nulla prorsus vis adesse videtur, quae columnam rumpere tendat, quantumvis etiam magnum fuerit onus; propterea quod nulla ratio deprehenditur, cur columna potius versus unam regionem, quam quamvis aliam inflectatur et frangatur. Interim tamen experientia satis declarat, tale onus non ultra certos limites augeri posse, atque adeo in natura nunquam causae desunt, quae rupturam in unam plagam potius, quam omnes alias producant. Neque tamen a quoquam Auctore eiusmodi principia stabilita esse reperio, unde solutionem huius quaestionis petere liceat.

4. Quin etiam ipse praeter omnem expectationem ad enodationem huius quaestionis sum perductus, cum olim[1]) incurvationem laminarum elasticarum, quae ipsis a viribus quibuscunque inducatur, investigarem. Cum enim laminam elasticam ACB essem contemplatus (Fig. 2), quae tensione chordae AB in statum incurvatum ACB fuerit reducta, et pro quovis gradu incurvationis quantitatem tensionis chordae essem perscrutatus, non sine admiratione inveni, incurvationem adeo infinite parvam iam tensionem finitam postulare, ita ut, quamdiu chorda AB, utrique termino laminae elasticae alligata, vi quacunque minore intendatur, laminam nullam plane inflexionem, ne infinite quidem parvam, esse passuram, cum tamen eidem laminae ACB, parieti in B infixae (Fig. 3), etiam a minima vi $A\alpha$ quaedam incurvatio inducatur.

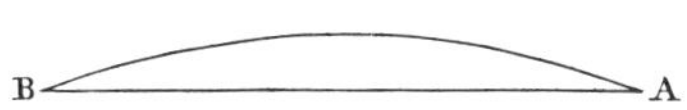

Fig. 2

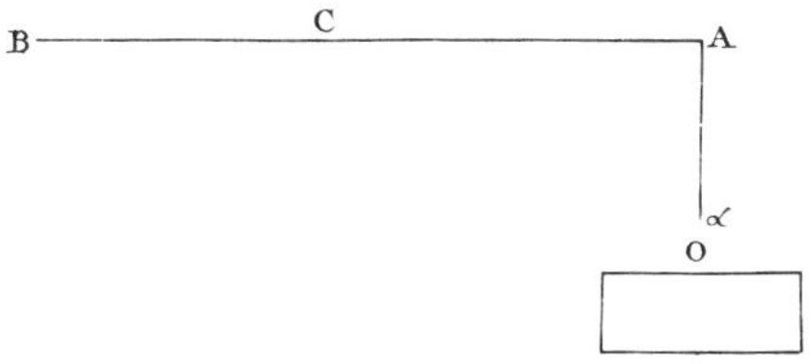

Fig. 3

1) In commentatione E 65, cf. supra p. 89. C. B.

5. Quanquam autem columna maxime discrepat a lamina elastica, tamen in hoc egregie conveniunt, quod columna a pondere incumbente rumpi nequeat, nisi ipsi ante vel minima quaedam inflexio inducatur. Quoniam igitur pondus incumbens simili modo in columnam agit, quo lamina elastica ACB (Fig. 2) a chorda AB sollicitatur, evidens est, etiam columnae ne minimam quidem inflexionem induci posse, nisi pondus incumbens certum quendam limitem superaverit. Consideremus enim columnam ABCD (Fig. 4), cui ab incumbente pondere iam inflexio infinite parva sit inducta, qua eius axis curvaturam infinite parvam OVP acceperit, ita ut recta OP sit verticalis, et quoniam onus incumbens secundum hanc ipsam directionem OP urget, eandem vim manifesto exerit, ac si chorda recta OP pari vi se contrahere anniteretur; ex quo similitudo cum lamina elastica supra considerata manifesto elucet, simulque intelligitur, columnam talem inflexionem, etiamsi infinite parvam, recipere non posse, nisi onus incumbens certum quendam limitem superaverit, atque hic ipse limes nobis maximum onus indicat, quod columna sustinere valebit.

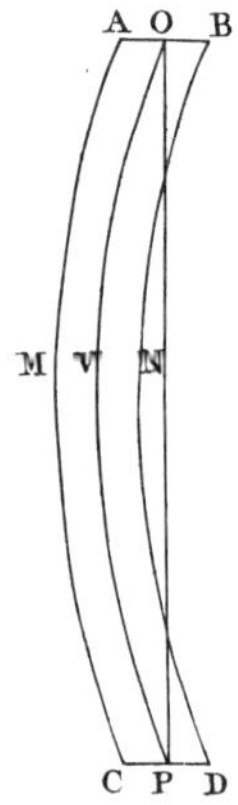

Fig. 4

6. Quemadmodum autem quaevis incurvatio, quae laminae elasticae induci debet, certam requirit vim, ita etiam facile intelligitur, certam quandam vim requiri, quae columnae nostrae incurvationem inducere valeat, quandoquidem ea tam ob soliditatem quam cohaesionem partium omni incurvationi resistit, quae resistentia sine dubio eo maior est censenda, quo crassior fuerit ipsa columna et quo maior simul fuerit incurvatio. Ad talem effectum explicandum in calculum introduci solet formula quaepiam rigorem absolutum corporis inflectendi exprimens, quae per radium curvaturae divisa praecise aequalis evadat momento virium ad hanc ipsam incurvationem producendam requisito; unde cum momenta virium sint producta ex vi agente seu quodam pondere per quampiam lineam rectam multiplicato, evidens est formulam, qua rigor absolutus exprimitur, esse debere productum ex quopiam pondere et quadrato cuiuspiam lineae rectae, ita ut si per radium osculi dividatur, prodeat formula similis ei, qua momenta virium exprimuntur.

7. Quo nostram investigationem a casu simplicissimo exordiamur, contemplemur primo eiusmodi columnam, quae per totam suam altitudinem eandem habeat crassitiem, ita ut rigor absolutus, quo omni incurvationi resistit,

habeat ubique eandem quantitatem, quam ergo exprimamus formula Ekk, ubi E certum designet pondus, k autem certam lineam rectam. Hic quidem in genere statim patet, quo crassior fuerit columna, et quo maiore soliditate praedita, eo maiorem fore valorem formulae Ekk. Infra autem ostendemus, si huiusmodi columnae fuerint cylindricae, ex materia eiusdem soliditatis formatae, tum formulam Ekk proportionalem fore biquadrato diametri crassitiei.

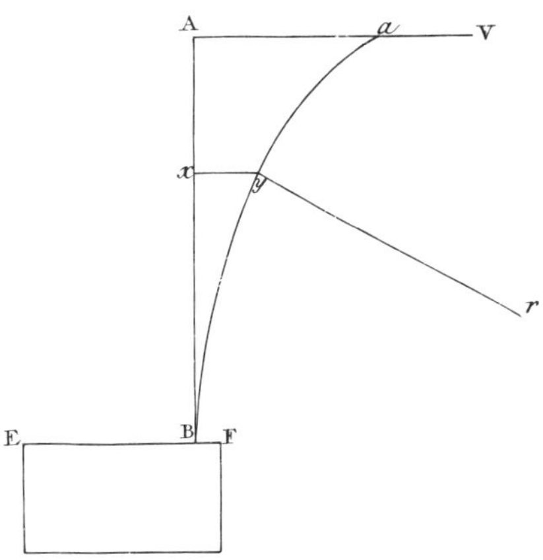

Fig. 5

8. Dum autem columnae cylindricae certae crassitiei tribuimus rigorem $=$ Ekk, valorem huius formulae haud difficulter per experimenta assignare licebit. Concipiamus enim, talem columnam, cuius axem tantum hic in figura repraesentamus, in B pavimento firmo (Fig. 5) ita firmiter esse infixam, ut inde dimoveri prorsus nequeat, cuius ergo rigor ubique sit $=$ Ekk, longitudo autem eius vocetur AB $= a$. Iam huic columnae in summitate A applicetur vis horizontalis AV, quae aequivaleat pondere $=$ F, a qua igitur ipsa columna incurvabitur in situm Bya, hancque curvaturam tanquam minimam spectemus, scilicet vis illa horizontalis F maior capi non debet, quam ut punctum supremum A per spatiolum A$a = \alpha$ detorqueat. Quibus positis ostendam, quomodo formula nostra rigorem exprimens, scilicet Ekk, ex vi sollicitante F et altitudine AB $= a$ cum spatiolo A$a = \alpha$ determinari possit.

9. Hunc in finem ante omnia in naturam curvae Bya inquiri oportet. Ducta igitur ex quovis curvae puncto y ad verticalem AB, normali yx, vocetur abscissa B$x = x$ et applicata $xy = y$, quae ergo per hypothesin est quam minima, ita ut longitudo curvae By, quae sit $= s$, ab ipsa abscissa B$x = x$ non discrepet. Quare si radius osculi huius curvae in y fuerit yr, eius longitudo, uti constat, est $\frac{ds^3}{dxddy}$, ideoque ob $ds = dx$ iste radius osculi erit $= \frac{dx^2}{ddy}$, ex quo rigor per hunc radium osculi divisus erit $\frac{\mathrm{E}kkddy}{dx^2}$, quae formula aequalis statui debet

momento vis sollicitantis F hanc curvaturam producentis, quod momentum cum sit $F \cdot Ax = F(a-x)$, habebitur pro nostra curva haec aequatio:

$$\frac{Ekkddy}{dx^2} = F(a-x),$$

ex qua ante omnia naturam curvae definire oportet.

10. Multiplicemus hanc aequationem per dx atque integratio nobis dabit:

$$\frac{Ekkdy}{dx} = \tfrac{1}{2} F(2ax - xx) + C$$

quae constans C ita debet esse comparata, ut posito $x = 0$, hoc est in ipso puncto B, non solum fiat $y = 0$, sed etiam $\frac{dy}{dx} = 0$, propterea quod recta AB in B firmiter est infixa, unde patet sumi debere $C = 0$, ita ut hanc habeamus aequationem:

$$Ekkdy = \tfrac{1}{2} Fdx(2ax - xx),$$

quae denuo integrata praebet

$$Ekky = \tfrac{1}{6} F(3axx - x^3),$$

unde posito $x = 0$ iam fit $y = 0$. Transferamus nunc punctum y in ipsam extremitatem a, sumendo $x = a$, et quoniam novimus, tum fieri applicatam $= Aa = \alpha$, aequatio nostra dabit

$$Ekk\alpha = \tfrac{1}{3} Fa^3,$$

ex quo manifesto prodit formula rigorem exprimens

$$Ekk = \frac{Fa^3}{3\alpha},$$

sicque per unicum experimentum pro quavis columna cylindrica eius rigor absolutus seu valor formulae Ekk expedite determinari poterit, cum ex elementis cognitis, scilicet F, a et α statui possit $E = F$ et $kk = \frac{a^3}{3\alpha}$.

11. Postquam igitur exploratus fuerit valor formulae Ekk pro quapiam proposita columna cylindrica, ponamus istam columnam, cuius axem tantum AB in figura exhibemus, a pondere incumbente O infinite parum esse inflexam, ita ut curvam AyB induerit, ambaeque extremitates A et B immotae manserint (Fig. 6); quoniam enim incurvatio supponitur infinite parva, ipsa curva AyB ab axe AB prorsus non discrepabit. His igitur positis vocemus altitudinem huius columnae AB $=a$, et pro puncto eius quocunque y ponamus abscissam A$x=x$ et applicatam $xy=y$, ita ut y evanescere debeat tam pro $x=0$ quam pro $x=a$: modo ante autem vidimus radium osculi in hoc puncto y esse $=\frac{dx^2}{ddy}$, qui cum hic axem versus vergat, poni debet $yr=-\frac{dx^2}{ddy}$, ita ut momentum inflexioni resistens sit $-\frac{\mathrm{E}kkddy}{dx^2}$.

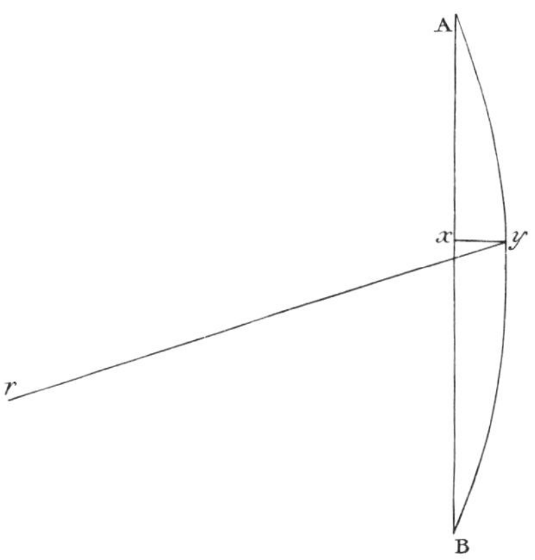

Fig. 6

12. Quoniam nunc onus columnae incumbens O secundum directionem verticalem AB deorsum urget, eius momentum respectu puncti y erit $=\mathrm{O}y$, unde statim deducitur haec aequatio:

$$-\frac{\mathrm{E}kkddy}{dx^2}=\mathrm{O}y,$$

pro qua brevitatis gratia scribamus $\frac{\mathrm{E}kk}{\mathrm{O}}=cc$, ut habeamus hanc aequationem:

$$\frac{ccddy}{dx^2}+y=0,$$

quae ducta in $2dy$ et integrata dat

$$\frac{ccdy^2}{dx^2}+yy=ff,$$

unde elicimus

$$dx^2=\frac{ccdy^2}{ff-yy}, \quad \text{ideoque} \quad dx=\frac{cdy}{\sqrt{(ff-yy)}}.$$

Hinc denuo integrando pervenimus ad hanc aequationem:

$$x = c \text{ Arcsin } \frac{y}{f} + \text{C},$$

ita ut duae constantes f et C in calculum sint ingressae, quas ita definiri oportet, ut y evanescat tam casu $x = 0$ quam casu $x = a$, prior autem conditio statim nobis dat $\text{C} = 0$, ita ut habeamus

$$x = c \text{ Arcsin } \frac{y}{f}.$$

Fiat nunc $x = a$, et quia fieri debet $y = 0$, habebimus $a = c$ Arcsin 0. Tales autem arcus sunt 0, π, 2π, 3π, etc. quorum primus iam pro termino A valuit; hic igitur valebit valor π, ita ut sit $a = \pi c$. Posueramus vero $cc = \frac{\text{E}kk}{\text{O}}$ quamobrem habebimus $a = \pi \sqrt{\frac{\text{E}kk}{\text{O}}}$.

13. Hic notatu dignum est, alteram constantem ff prorsus ex calculo esse egressam. Quoniam igitur invenimus $x = c \text{ Arcsin } \frac{y}{f}$, erit invertendo $y = f \sin \frac{x}{c}$; unde patet, quo maior fuerit quantitas f, eo magis incurvationem augeri, ideoque aequationem nostram finalem $a = \pi \sqrt{\frac{\text{E}kk}{\text{O}}}$ perinde subsistere, sive columnae curvatura inducta fuerit tantillo maior sive minor, dummodo fuerit quam minima. Nunc vero ex ipsa hac aequatione innotescet pondus O, quod talem incurvationem producere valeat: reperietur enim

$$\text{O} = \frac{\pi\pi \text{E}kk}{aa};$$

unde intelligitur, quamdiu onus, columnae incumbens, non maius fuerit quam $\frac{\pi\pi \text{E}kk}{aa}$, columnam omnino firmam consistere, neque ullum esse periculum, ut oneri succumbat. Hinc igitur statim patet, quod iam dudum inveneram, onera, quae columnae cylindricae eiusdem crassitiei sustinere valent, tenere rationem reciprocam duplicatam altitudinum a, ita ut columna duplo altior tantum quartam partem oneris gestare valeat.

14. Ut nunc etiam columnas diversae crassitiei inter se comparare queamus, investigari oportet, quomodo quovis casu formula rigorem exprimens Ekk a crassitie pendeat, id quod ex principiis physicis et experimentis super cohaesione et firmitate corporum institutis derivari debet; ubi imprimis ad ipsam materiam, ex qua columnae parantur, erit respiciendum; et quoniam corpora incurvari nequeunt, nisi quaedam elementa a se invicem longius removeantur, eiusmodi experimenta consulere debebimus, quibus talis diductio vel elongatio a viribus quibuscunque produci potest. Hanc igitur investigationem sequenti modo adgrediamur.

15. Ex eadem materia, qua columnae constant, paretur bacillus cylindricus, vel prismaticus EEFF (Fig. 7), qui altero termino EE pavimento MN ita firmiter infigatur, ut aliter inde divelli nequeat, nisi dirumpatur, in altero vero termino pondus P appendi concipiatur, quod eo usque augeri potest, ut iste bacillus dirumpatur. Ante autem quam ipsa ruptura evenit, bacillus aliquantillum elongabitur per spatiolum Ff, quod eo minus erit, quo firmior et solidior fuerit massa bacilli. Concipiamus ergo tale experimentum institui cum bacillo, cuius longitudo $EF = f$ et crassities $= gg$, tum vero istum bacillum ab appenso pondere P elongari per spatiolum $Ff = \varphi$; ac primo quidem patet, istam elongationem φ ipsi longitudini bacilli f esse proportionalem: si enim bacillus duplo esset longior, ab eodem pondere P duplo maior elongatio φ produceretur; unde si statuamus $\varphi = \delta f$, dabitur certa relatio inter pondus P et litteram δ, ita ut non amplius opus sit ipsam longitudinem f in computum ducere.

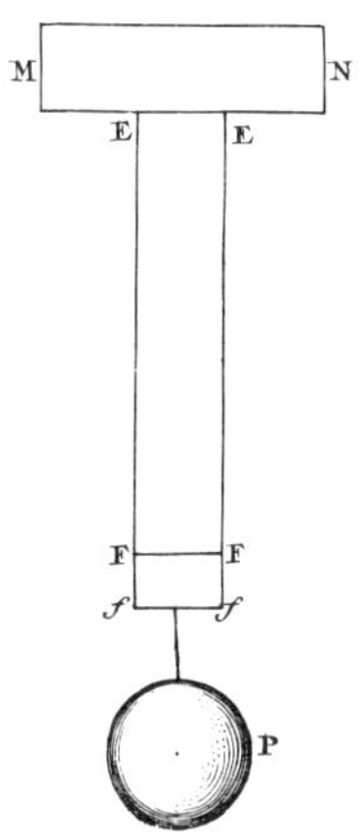

Fig. 7

16. Evidens autem est, quo maius fuerit pondus P, eo maiorem quoque esse debere litteram δ, hanc autem non ultra certum terminum augeri posse, quin bacillus penitus dirumpatur. Quamdiu autem istae elongationes sunt satis parvae, dubitari nequit, quin valor litterae δ ipsi ponderi P sit proportionalis, quandoquidem in omnibus huiusmodi mutationibus minimis effectus caussae semper est proportionalis. Deinde etiam evidens est, si bacillus esset duplo crassior, tum ad eandem elongationem producendam requiri pondus duplo maius; ex quo intelligitur, pondus P tenere rationem compositam ex littera δ et crassitie, quam posuimus $= gg$, ita ut ipsum pondus P semper proportionale sit formulae δgg.

17. Quo nunc etiam crassitiem gg ex calculo expellamus, loco ponderis P commode substitui poterit pondus voluminis ex eadem materia constantis, quod ergo per similem bacillum, cuius longitudo sit $=p$, repraesentari poterit, ita ut sit $\mathrm{P}=pgg$, hoc est ut P aequetur ponderi cylindri ex ipsa materia columnae confecti, cuius basis sit $=gg$ et altitudo $=p$. Quo constituto, cum istud pondus pgg semper sit proportionale formulae δgg, eandem proportionem tenebit p ad δ; unde si statuatur $p=\delta h$, erit h certa quaedam longitudo, quae pro omnibus bacillis ex eadem materia confectis erit eadem, quandoquidem neque a longitudine f neque a crassitie gg pendet; ex quo hanc longitudinem h tanquam veram mensuram tenacitatis seu firmitatis materiae spectare poterimus, de qua quovis casu agitur, ita ut cuique materiae determinata quaedam longitudo h conveniat. Hac igitur semel cognita, si fuerit $\frac{\varphi}{f}=\delta$, semper erit $p=\delta h$, eritque p longitudo similis bacilli crassitiei gg, cuius pondus aequetur ponderi appenso P.

18. Hinc igitur ubicunque materia, ex qua columna est confecta, de statu suo naturali diducitur, ex ipsa diductione determinari poterit vis ad eam producendam requisita. Consideremus igitur elementum columnae quodcunque $\mathrm{E}e\mathrm{F}f$ (Fig. 8), cui ob incurvationem inducta sit figura elementi annularis $\mathrm{E}e\mathrm{F}f$ ex centro R descripti, cuius radius sit $\mathrm{ER}=r$, ipsum vero elementum curvae $\mathrm{E}e=ds$, ubi quidem solam crassitiem EF in figura exhibere licuit, latitudinem autem in singulis punctis x mente suppleri convenit. Iam intra columnam consideremus punctum quodcunque X, per quod centro R describatur arculus $\mathrm{X}x$, ac posito intervallo $\mathrm{EX}=x$ erit iste arculus

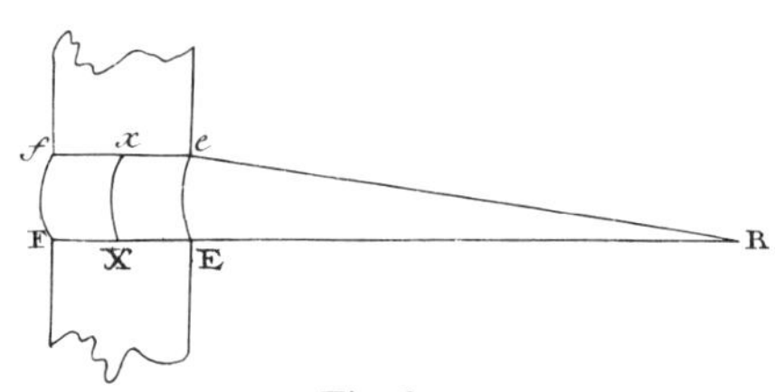

Fig. 8

$$\mathrm{X}x=\frac{(r+x)\,ds}{r}=ds+\frac{x\,ds}{r}$$

cuius longitudo cum in statu naturali fuerit $=\mathrm{E}e=ds$, nunc spatium elongationis, quod supra vocavimus φ, erit $=\frac{xds}{r}$: hic vero pro longitudine f habemus $\mathrm{E}e=ds$. Hinc ergo cum fuerit $\delta=\frac{\varphi}{f}$, hoc casu erit $\delta=\frac{x}{r}$, quae fractio ducta in longitudinem illam constantem h, si per totam columnae crassitiem extendatur, dabit pondus, quod ista incurvatio postulat.

19. Promoveamus punctum X more solito per elementum dx, sitque latitudo columnae in $X = y$, atque elementum voluminis basi ydx insistens in statu naturali erit $ydxds$, quod cum elongationem littera $\delta = \frac{x}{r}$ indicatam sit passum, vis ad hoc requisita aequabitur ponderi voluminis $= \frac{hxydx}{r}$, cuius ergo integrale, per totam amplitudinem sectionis sumtum, dabit totam vim ad incurvationem elementi $FfEe$ requisitam.

20. Pro nostro autem instituto non tam ipsam hanc vim quam eius momentum respectu puncti E, a quo incurvatio incipit, exigimus; quam ob rem illa formula $\frac{hxydx}{r}$ insuper in distantiam $EX = x$ duci debet, prodibitque elementum huius momenti $= \frac{hxxydx}{r}$, cuius integrale per totam crassitiem sumtum, quod est $\frac{h}{r}\int xxydx$, ipsum dabit momentum virium ad hanc curvationem producendam requisitum. Quoniam igitur ante idem momentum ex formula rigoris absoluti Ekk ita expressimus, ut esset $\frac{Ekk}{r}$: nunc manifestum est, qualis valor formulae Ekk pro quovis casu tribui debeat; semper enim erit $Ekk = h\int xxydx$, si modo hoc integrale rite capiatur, ac per amplitudinem columnae circa sectionem EF extendatur.

21. Pendet igitur ista determinatio a figura istius sectionis columnae per EF factae, sive a relatione, quam latitudo y pro quavis abscissa x tenet. Ponamus primo latitudinem ubique esse eandem, scilicet $y = c$, crassitiem vero $EF = b$, atque formula integranda erit

$$\frac{ch}{r}\int xxdx = \frac{1}{3}\,\frac{chx^3}{r}$$

quae formula usque ad terminum F extensa, posito $x = b$, dabit momentum ad incurvationem requisitum $= \frac{b^3ch}{3r}$ qui hoc casu est valor formulae superioris $\frac{Ekk}{r}$, ita ut sit $Ekk = \frac{1}{3}b^3ch$[1]). Hinc si aliam columnam consideremus, cuius crassities sit $EF = B$, latitudo vero $= C$, valores formulae Ekk inter se erunt ut $b^3c : B^3C$; unde iam intelligitur, si sectiones columnae fuerint inter se similes, quod fit, si fuerit $B : C = b : c$, tum valores formulae Ekk fore in ratione

1) Hoc non valet; vide praefationem, p. XIX. C.B.

$b^4 : \mathrm{B}^4$, quod de omnibus sectionibus similibus valet. Unde si sectiones fuerint circuli, ut supra assumsimus, valores formulae $\mathrm{E}kk$ tenebunt rationem biquadraticam diametrorum.

22. Parum quidem refert, pro aliis figuris valores absolutos formulae $\mathrm{E}kk$ evolvere; interim tamen speciminis loco computemus casum, quo sectio $\mathrm{EF}fe$ est circulus, diametro $\mathrm{EF} = b$ descriptus. Hinc ergo pro abscissa $\mathrm{EX} = x$ tota latitudo erit

$$y = 2\sqrt{bx - xx},$$

ita ut sit

$$\mathrm{E}kk = 2h \int xxdx \sqrt{bx - xx},$$

si quidem hoc integrale ab $x = 0$ usque ad $x = b$ extendatur. Pro illo inveniendo ponamus $x = b \sin \varphi^2$, erit $b - x = b \cos \varphi^2$, hincque

$$\sqrt{bx - xx} = b \sin \varphi \cos \varphi = \tfrac{1}{2} b \sin 2\varphi;$$

tum vero erit

$$dx = 2bd\varphi \sin \varphi \cos \varphi = bd\varphi \sin 2\varphi,$$

quibus substitutis fiet

$$\mathrm{E}kk = b^4 h \int d\varphi \sin \varphi^4 \sin 2\varphi^2,$$

quod integrale extendi debet a $\varphi = 0$ usque ad $\varphi = 90°$.

23. Nunc per notam angulorum Analysin primo est

$$\sin \varphi^2 = \tfrac{1}{2} - \tfrac{1}{2} \cos 2\varphi,$$

hincque

$$\sin \varphi^4 = \tfrac{3}{8} - \tfrac{1}{2} \cos 2\varphi + \tfrac{1}{8} \cos 4\varphi,$$

porro vero

$$\sin 2\varphi^2 = \tfrac{1}{2} - \tfrac{1}{2} \cos 4\varphi,$$

unde conficitur

$$\sin \varphi^4 \sin 2\varphi^2 = \tfrac{5}{32} - \tfrac{1}{8} \cos 2\varphi - \tfrac{1}{8} \cos 4\varphi + \tfrac{1}{8} \cos 6\varphi - \tfrac{1}{32} \cos 8\varphi,$$

quae formula ducta in $d\varphi$ et integrata dat

$$\int d\varphi \sin\varphi^4 \sin 2\varphi^2 = \tfrac{5}{32}\varphi - \tfrac{1}{16}\sin 2\varphi - \tfrac{1}{32}\sin 4\varphi + \tfrac{1}{48}\sin 6\varphi - \tfrac{1}{256}\sin 8\varphi,$$

quae expressio iam evanescit facto $\varphi = 0$. Sumatur igitur $\varphi = 90° = \frac{\pi}{2}$, ac totum hoc integrale evadet $= \dfrac{5\pi}{64}$, ita ut sit $\mathrm{E}kk = \dfrac{5\pi b^4 h}{64}$, quae formula ergo utique biquadrato diametri est proportionalis.

24. Regrediamur nunc ad columnam cylindricam supra tractatam, cuius altitudo erat $\mathrm{AB} = a$ (Fig. 6)[1]) eius vero diametrum nunc ponamus $= b$, et quoniam modo invenimus $\mathrm{E}kk = \dfrac{5\pi b^4 h}{64}$ erit onus quod ista columna sustinere valebit ante quam incurvetur $\mathrm{O} = \dfrac{5\pi^3 b^4 h}{64aa}$, cuius quantitas aequatur ponderi voluminis ex eadem materia confecti, cuius soliditas est haec ipsa quantitas $\dfrac{5\pi^3 b^4 h}{64aa}$, sive aequabitur ponderi paris cylindri, cuius diameter $= b$, altitudo vero $= \dfrac{5\pi^3 bbh}{64aa}$. Unde si plures habeantur huiusmodi columnae cylindricae ex eadem materia confectae, onera, quae gestare valent, tenebunt rationem compositam ex directa quadruplicata diametrorum et reciproca duplicata altitudinum; sin autem ex diversa materia fuerint factae, quoniam cuilibet materiae certa longitudo h convenit, onera insuper erunt in ratione harum ipsarum altitudinum h.

25. In solutione autem supra data assumsimus columnam a solo pondere incumbente O comprimi, ipsum autem columnae pondus neglexímus; plerumque autem onus sustentatum tantopere superat pondus proprium columnae, ut error hinc oriundus tuto negligi queat. Interim tamen deinceps operam dabimus, ut etiam rationem proprii ponderis in solutione habeamus, quod in prima solutione, quam olim in loco initio allegato dederam, expedire non sum ausus, ob summas difficultates, quae in hac evolutione occurrebant. Facile autem intelligitur, tali columnae tantam altitudinem tribui posse, ut ne proprium quidem pondus sustentare valeat, etiamsi fuerit $\mathrm{O} = 0$, qui ergo Casus utique peculiarem solutionem postulat.

26. His expositis consideremus aliquot experimenta, quae celeberrimus MUSCHENBROEKIUS[2]) de vi columnarum instituit; non autem cylindros adhibuit,

1) Editio princeps: AC loco AB. Corr. C.B.
2) P. VAN MUSSCHENBROEK, Physicae experimentales et geometricae, Leyden 1729. C.B.

sed prismata quadrata, unde valorem formulae Ekk pro sectionibus quadratis explorare oportet. Supra autem iam pro casu $y=c$ invenimus $Ekk=\frac{1}{3}b^3ch$ (§ 21), hinc pro experimentis modo memoratis erit $Ekk=\frac{1}{3}b^4h$, ubi b denotat latus sectionis quadratae. Quamobrem si altitudo talis columnae prismaticae fuerit $=a$, onus, quod gestare valebit erit $O=\frac{\pi\pi b^4h}{3aa}$. Secundum hanc igitur formulam experimenta illa examinemus.

27. Paravit autem primo MUSCHENBROEKIUS ex abiete trabeculam, 4 pedes longam, prismaticam, cuius basis erat quadratum, cuius latus $=\frac{51}{100}$ digit. eaque in situ verticali constituta dirupta fuit ab imposito pondere 64 libr. 9 unc. Deinde alia trabecula ex eodem ligno confecta pariter quatuor pedes longa sed cuius baseos quadratae latus erat $\frac{70}{100}$ dig., dirupta fuit a pondere 226 libr. Hic ergo erat altitudo, quam vocavimus a, $=4$ ped. et in posteriore experimento latus quadrati $b=0{,}70$ digitis onus vero impositum $O=226$ lib. Hinc ergo si ex eodem ligno paretur columna prismatica altitudinis $=A$ pedum, cuius baseos latus $=B$ digitorum, ista columna sustinere poterit onus, cuius pondus $=\frac{226\cdot B^4 4^2}{(0{,}70)^4 A^2}$ libr. ideoque hoc onus erit $15060\,\frac{B^4}{A^2}$ libr. Unde si altitudo A esset $=20$ ped. et crassities $B=20$ dig. talis columna sustentare posset onus $=6024000$ libr.

28. Ex hoc experimento etiam ipsam longitudinem h pro ista specie ligni definire licebit ope aequationis $h=\frac{3aaO}{\pi\pi b^4}$, si modo loco O substituatur massa ex eodem ligno constans, cuius pondus valeat 226 libr. Cum nunc pedis cubici aquae pondus sit circiter 70 libr. gravitas autem specifica huius ligni sit duplo minor quam gravitas specifica aquae, unus pes cubicus talis ligni pondus habebit 35 libr. quare fiat 35 libr. : 1 = 226 libr. : O, sicque erit $O=\frac{226}{35}$, ideoque in pedibus cubicis erit $O=6{,}457$. Reliquas igitur quantitates etiam in pedibus exprimamus, eritque $a=4$ et $b=0{,}058$; unde ex sequente calculo ipsa longitudo h eruetur

$l\cdot 3aa=1{,}6812412$	$l\cdot \pi\pi=0{,}9942996$
$l\cdot O=0{,}8100308$	$l\cdot b^4=5{,}0537120$
$l\,\text{Num.}=2{,}4912720$	$l\cdot\text{Denom.}=6{,}0480116$
sub. $l\cdot\text{Denom.}=6{,}0480116$	
$l\cdot h=6{,}4432604$	ergo $h=2774980$

consequenter pro hac specie ligni longitudo h, qua tenacitatem metimur, valet 2774980 ped. unde, quantum trabecula ex tali ligno parata a quavis vi elongari possit, definire poterimus. Ita si ipsam trabeculam ab auctore usurpatam consideremus, cuius longitudo $a = 4$ ped. et baseos quadratae latus $= \frac{7}{10}$ digit. eamque a pondere 226 libr. non comprimi sed distendi concipiamus, secundum praecepta supra data hoc pondus 226 libr. per talem trabeculam exprimamus, tam longam, ut eius pondus sit 226 libr. sitque haec longitudo p et quoniam vidimus pondus 226 libr. convenire massae ligneae, cuius volumen $= 6{,}457$ pedum cubicorum eritque $bbp = 6{,}457$ pedum cubicorum. Cum igitur in pedibus sit $b = 0{,}058$, reperietur $p = 1919$. Quodsi iam elongatio istius trabeculae, a tanta tensione orta, vocetur ut supra $= \delta a$, erit $p = \delta b$, ideoque $\delta = \frac{p}{b} = 0{,}00069$, ideoque ipsa elongatio $\delta a = 0{,}00276$ ped. in digitis vero erit $\delta a = 0{,}03312$, sive propemodum $\frac{1}{30}$ digit. id quod ab experientia non abhorrere videtur.

29. In hoc ligno auctor iam observavit, vim, qua columna dirumpitur, satis exacte esse proportionalem biquadrato crassitiei b^4; in aliis autem lignis, praecipue in quercu, animadvertit, vim rumpentem in minore ratione quam quadruplicata augeri, cuius phoenomeni ratio sine dubio in indole fibrarum, ex quibus hoc lignum constat, est quaerenda; scilicet, quia assumsimus, elongationem duplo maiorem etiam vim duplo maiorem postulare, concludere debemus, in ligno quercino plures fibrillas rumpi, antequam elongatio fiat duplo maior, unde etiam renitentia tanta erit minor. Hinc intelligitur, formulae nostrae inventae, quatenus biquadratum crassitiei b^4 continet, in praxi non nimium tribui posse, et pro varia materiae, ex qua columnae conficiuntur, natura quandam correctionem admitti debere, ex pluribus experimentis determinandam.

30. Quae hactenus de Columnis cylindricis in medium attulimus, haud difficulter ad eiusmodi Columnas transferuntur, quarum crassities certa quadam lege ascendendo decrescit, quod argumentum hic de novo tractare superfluum foret, propterea quod iam fusius id exposui in dissertatione mea initio allegata. Verum quia tum temporis non videbam, quomodo ipsum quoque pondus columnae in computum duci queat, istum defectum hic supplere conabor; ubi imprimis sum investigaturus, ad quantam altitudinem columna cylindrica extendi possit, ne sub proprio pondere succumbat, etiamsi superne nullum onus sustentet.

31. Referat igitur ut supra curva $AqyB$ axem columnae (Fig. 9), qui a proprio pondere iam ad hanc figuram sit reductus, ac ponatur altitudo, quam quaerimus, $AB = a$, et abscissae cuicunque $Ax = x$ respondeat applicata $xy = y$, quae prae abscissa pro infinite parva haberi queat, ita ut in puncto y radius osculi sit $r = -\frac{dx^2}{ddy}$; tum vero denotet Ekk, ut supra, formulam rigoris ita ut incurvatio in puncto y postulet virium momentum $= \frac{Ekk}{r} = -\frac{Ekkddy}{dx^2}$.

Fig. 9

32. Quoniam igitur ista incurvatio a solo pondere portionis superioris columnae Aqy producitur, consideremus eius elementum quodcunque in q, quod respondeat abscissae $Ap = p$ et applicatae $pq = q$, sitque bb crassities columnae per totam eius longitudinem; et cum elementum arcus Aq ipsi elemento abscissae dp aequale spectari possit, eius pondus exprimi poterit formula $bbdp$, quod agit in directione verticali qs; quam ob causam etiam in formula rigoris Ekk pondus E per massam eiusdem materiae, ex qua columna constat, exhiberi oportebit. Nunc igitur consideremus punctum y tanquam fixum, ad quod usque puncta q ab A promoveantur, et momentum vis elementaris $bbdp$, in directione qs agentis, respectu puncti y erit $= bbdp\,(y - q)$, cuius integrale, ob y constans, erit $= bbpy - bb\int qdp$, quo momentum ex pondere arcus Aq ortum, exprimitur. Nunc igitur punctum q usque in y promoveatur, fietque $p = x$ et $q = y$; unde totum momentum, incurvationem in y producens, erit $bbxy - bb\int ydx = bb\int xdy$, cui ergo aequalis esse debet formula $-\frac{Ekkddy}{dx^2}$, ita ut habeatur ista aequatio:

$$\frac{Ekkddy}{dx^2} + bb\int xdy = 0.$$

33. Haec autem aequatio ita est comparata, ut nullo modo ad integrabilitatem perduci queat, quae etiam est ratio, cur olim hunc casum evolvere non sim ausus; verum deinceps perspexi, integratione actuali non esse opus, dummodo integrale completum per seriem infinitam evolvi queat. Quod quo facilius fieri possit, statuamus brevitatis gratia $Ekk = mbb$, ut haec aequatio habeatur:

$\frac{mddy}{dx^2} + \int xdy = 0$, et quia abscissae $x = 0$ etiam applicata y evanescit, statuamus, saltem pro initio seriei quaesitae, $y = \alpha x + \beta xx + \gamma x^3 + \delta x^4$, eritque

$$dy = \alpha dx + 2\beta xdx + 3\gamma xxdx + 4\delta x^3 dx,$$

hincque

$$\int xdy = \tfrac{1}{2}\,\alpha xx + \tfrac{2}{3}\,\beta x^3 + \tfrac{3}{4}\,\gamma x^4 + \tfrac{4}{5}\,\delta x^5,$$

tum vero erit

$$\frac{mddy}{dx^2} = 2m\beta + 6m\gamma x + 12m\delta xx,$$

quae expressio, praecedenti iuncta, nihilo debet esse aequalis; unde fit $\beta = 0$, $\gamma = 0$ et $\delta = -\frac{1}{24}\,\alpha m$; unde intelligimus, seriem quaesitam a termino αx incipere, tum vero, ob $\beta = 0$ et $\gamma = 0$, sequentes potestates per x^3 increscere.

34. Hoc observato fingamus pro y sequentem seriem:

$$y = \mathrm{A}x + \mathrm{B}x^4 + \mathrm{C}x^7 + \mathrm{D}x^{10} + \mathrm{E}x^{13} + \mathrm{F}x^{16} + \mathrm{G}x^{19} + \text{etc.}$$

eritque

$$\int xdy = \tfrac{1}{2}\,\mathrm{A}xx + \tfrac{4}{5}\,\mathrm{B}x^5 + \tfrac{7}{8}\,\mathrm{C}x^8 + \tfrac{10}{11}\,\mathrm{D}x^{11} + \tfrac{13}{14}\,\mathrm{E}x^{14} + \tfrac{16}{17}\,\mathrm{F}x^{17} + \text{etc.}$$

ad quam seriem addere debemus istam:

$$\frac{mddy}{dx^2} = 3\cdot 4m\mathrm{B}xx + 6\cdot 7m\mathrm{C}x^5 + 9\cdot 10m\mathrm{D}x^8 + 12\cdot 13m\mathrm{E}x^{11} + \text{etc.}$$

quarum serierum summa, quia debet evanescere, dabit sequentes determinationes:

1°. $\frac{1}{2}\,\mathrm{A} + 3\cdot 4m\mathrm{B} = 0$, hincque $\mathrm{B} = -\dfrac{\mathrm{A}}{2\cdot 3\cdot 4m}$.

2°. $\frac{4}{5}\,\mathrm{B} + 6\cdot 7m\mathrm{C} = 0$, hinc $\mathrm{C} = -\dfrac{4\mathrm{B}}{5\cdot 6\cdot 7m} = \dfrac{1\cdot 4\cdot \mathrm{A}}{2\cdot 3\cdot 4\cdot \ldots 7m^2}$.

3°. $\frac{7}{8}\,\mathrm{C} + 9\cdot 10m\mathrm{D} = 0$, hinc $\mathrm{D} = -\dfrac{7\cdot \mathrm{C}}{8\cdot 9\cdot 10m} = -\dfrac{1\cdot 4\cdot 7\mathrm{A}}{2\cdot 3\cdot 4\cdot \ldots 10m^3}$.

4°. $\frac{10}{11}\,\mathrm{D} + 12\cdot 13m\mathrm{E} = 0$, hinc $\mathrm{E} = -\dfrac{10\mathrm{D}}{11\cdot 12\cdot 13m} = \dfrac{1\cdot 4\cdot 7\cdot 10\mathrm{A}}{2\cdot 3\cdot \ldots 13m^4}$.

35. His valoribus inventis applicata y per sequentem seriem infinitam exprimetur:

$$\frac{y}{\mathrm{A}} = x - \frac{1 \cdot x^4}{2 \cdot 3 \cdot 4m} + \frac{1 \cdot 4x^7}{2 \cdot 3 \cdot \ldots 7m^2} - \frac{1 \cdot 4 \cdot 7x^{10}}{2 \cdot 3 \cdot \ldots 10m^3} + \frac{1 \cdot 4 \cdot 7 \cdot 10x^{13}}{2 \cdot 3 \cdot \ldots 13m^4} \text{ etc.}$$

quae expressio rite ad casum nostrum est accommodata: continet enim adhuc unam constantem arbitrariam A; altera vero iam inde est determinata, quod facto $x = 0$ etiam fieri debeat $y = 0$. Transferamus nunc punctum y in terminum imum B, ponendo $x = a$, et quia hic applicata y evanescere debet, prodibit ista aequatio infinita:

$$0 = 1 - \frac{1 \cdot a^3}{2 \cdot 3 \cdot 4m} + \frac{1 \cdot 4a^6}{2 \cdot 3 \cdot \ldots 7m^2} - \frac{1 \cdot 4 \cdot 7a^9}{2 \cdot 3 \cdot \ldots 10m^3} + \frac{1 \cdot 4 \cdot 7 \cdot 10a^{12}}{2 \cdot 3 \cdot \ldots 13m^4} \text{ etc.}$$

ex qua ipsam altitudinem columnae $\mathrm{AB} = a$ eruere oportet: sic enim inveniemus eam nostrae columnae altitudinem, in qua iam a proprio suo pondere incurvari incipiet. Hunc in finem ponamus brevitatis gratia $\frac{a^3}{m} = v$, ut resolvenda proponatur haec aequatio:

$$0 = 1 - \frac{1 \cdot v}{2 \cdot 3 \cdot 4} + \frac{1 \cdot 4vv}{2 \cdot 3 \cdot \ldots 7} - \frac{1 \cdot 4 \cdot 7v^3}{2 \cdot 3 \cdot \ldots 10} \text{ etc.}$$

sicque totum negotium huc est reductum, ut inveniatur valor litterae v, qui hanc seriem infinitam nihilo reddat aequalem; hoc enim valore invento altitudo columnae quaesita erit $a = \sqrt[3]{mv}$.

36. Evidens est hanc seriem vehementer convergere, quantumvis etiam magnus numerus pro v accipiatur. Primo autem hic observamus, quamdiu fuerit $v < 24$, quoniam termini iam ab initio continuo decrescunt, seriei summam necessario esse positivam; unde patet, numerum v necessario maiorem esse debere quam 24. Quo autem resolutionem huius aequationis faciliorem reddamus, ponamus $v = 6u$, ut sit $a = \sqrt[3]{6mu}$, et aequationem hinc natam hoc modo repraesentemus:

$$0 = 1 - \alpha u + \beta u^2 - \gamma u^3 + \delta u^4 - \varepsilon u^5 \text{ etc.}$$

eritque

$$\alpha = \tfrac{1}{4},\ \beta = \tfrac{4}{35}\alpha,\ \gamma = \tfrac{7}{120}\beta,\ \delta = \tfrac{10}{286}\gamma,\ \varepsilon = \tfrac{13}{560}\delta,$$

$$\zeta = \tfrac{16}{969}\varepsilon,\ \eta = \tfrac{19}{1540}\zeta,\ \theta = \tfrac{22}{2300}\eta,\ \iota = \tfrac{25}{3276}\theta,\ \kappa = \tfrac{28}{4495}\iota,$$

$$\lambda = \tfrac{31}{5984}\kappa,\ \mu = \tfrac{34}{7770}\lambda \text{ etc.}$$

Hinc in subsidium sequentium calculorum colligamus harum literarum logarithmos, eosque cum suis differentiis primis et secundis ordine referamus hoc modo:

Logarithmi literarum α, β, γ etc.	Differentiae primae	Differentiae secundae
$l\alpha = 9{,}3979400$	0,9420080	0,2920752
$l\beta = 8{,}4559320$	1,2340832	0,2222828
$l\gamma = 7{,}2218488$	1,4563660	0,1778786
$l\delta = 5{,}7654828$	1,6342446	0,1479592
$l\varepsilon = 4{,}1312382$	1,7822038	0,1265633
$l\zeta = 2{,}3490344$	1,9087671	0,1105380
$l\eta = 0{,}4402673$	2,0193051	0,0980988
$l\theta = 8{,}4209622$	2,1174039	0,0881678
$l\iota = 6{,}3035583$	2,2055717	0,0800582
$l\kappa = 4{,}0979866$	2,2856299	0,0733122
$l\lambda = 1{,}8123567$	2,3589421	
$l\mu = 9{,}4534146$		

37. His praeparatis ad radicem aequationis propositae $0 = 1 - \alpha u + \beta uu - \gamma u^3 + \delta u^4$ etc. inveniendam utamur methodo per series recurrentes procedente, quae iubet talem seriem formare ex scala relationis α, $-\beta$, γ, $-\delta$, ε, $-\zeta$ etc. quae sit 1, A, B, C, D, E, F, etc. ita ut sit $A = \alpha$; $B = \alpha A - \beta$; $C = \alpha B - \beta A + \gamma$; $D = \alpha C - \beta B + \gamma A - \delta$; $E = \alpha D - \beta C + \gamma B - \delta A + \varepsilon$ etc. tum vero sequentes fractiones continuo propius ad radicem ipsius u appropinquabunt: $\frac{1}{A}$; $\frac{A}{B}$; $\frac{B}{C}$; $\frac{C}{D}$; $\frac{D}{E}$ etc. Calculo igitur instituto termini huius seriei recurrentis sequenti modo determinabuntur:

$$
\begin{aligned}
A &= 0{,}25 \\
B &= 0{,}033929 \\
C &= 0{,}00300610 \\
D &= 0{,}0001448750 \\
E &= -\,0{,}000006336562
\end{aligned}
$$

Quoniam hic litera E valorem sortita est negativum, hinc iam tuto concludere possumus, aequationem nostram propositam nullam plane habere radicem realem, quod etiam inde patet, quod fractiones supra allatae $\frac{1}{A}$; $\frac{A}{B}$; $\frac{B}{C}$; etc. ad nullum certum terminum convergunt: fit enim

$$\frac{1}{A} = 4;\ \frac{A}{B} = 7;\ \frac{B}{C} = 11;\ \frac{C}{D} = 20;\ \frac{D}{E} = -\,23.$$

38. Aequatio igitur infinita $0 = 1 - \alpha u + \beta u^2$ etc. ita est comparata, ut nullam plane radicem realem involvat, ideoque nullus datur numerus, quantumvis magnus accipiatur, pro u, qui summam huius seriei reddat nihilo aequalem, sed quicunque numerus pro u accipiatur, summa seriei $1 - \alpha u + \beta u^2 - \gamma u^3 + \delta u^4$ etc. semper erit positiva, quam adeo quovis casu assignare licebit. Ponamus enim verbi gratia $u = 10$, et singulos terminos istius seriei evolvamus; ubi quidem termini ab initio vehementer divergent, mox autem ita convergent, ut sequentium omnium summa haud difficulter assignari queat. Singuli autem huius seriei termini sequentes adipiscentur valores:

$$
\begin{aligned}
+\ 1 &= 1{,}0000000 \\
-\,\alpha u &= -\,2{,}5000000 \\
+\,\beta u^2 &= 2{,}8571428 \\
-\,\gamma u^3 &= -\,1{,}6666666 \\
+\,\delta u^4 &= 0{,}5827506 \\
-\,\varepsilon u^5 &= -\,0{,}1352814 \\
+\,\zeta u^6 &= 0{,}0223375 \\
-\,\eta u^7 &= -\,0{,}0027603 \\
+\,\theta u^8 &= 0{,}0002636 \\
-\,\iota u^9 &= -\,0{,}0000201 \\
+\,\kappa u^{10} &= 0{,}0000012
\end{aligned}
$$

Quodsi iam huius seriei ab initio duo, tres, quatuor, quinque termini coniungantur, prodibunt numeri alternatim maiores, vel minores quam vera summa, veluti hic repraesentatur.

Termini	Summa
1.	1,0000000
2.	– 1,5000000
3.	1,3571428
4.	– 0,3095238
5.	0,2732275
6.	0,1379461
7.	0,1602836
8.	0,1575233
9.	0,1577869
10.	0,1577668
11.	0,1577680

Unde patet, veram summam contineri intra hos limites: 0,1577668 et 0,1577680, ideoque medium sumendo vera summa aestimari potest $= 0{,}1577674$.

39. His observatis sequens paradoxon maxime memorabile se nobis offert: quod columnae cylindricae, ad quamcunque altitudinem etiam porrigantur, nunquam sub proprio pondere succumbant, quod utique eo magis est admirandum, quod aucta columnae altitudine onus sustentandum decrescat in ratione duplicata altitudinem, etiamsi proprium pondus columnae negligatur; ex quo concludi debere videbatur, si etiam proprii ponderis ratio habeatur, onus sustentandum adhuc magis diminui, atque adeo tandem penitus evanescere debere, ita ut columna nimis alta nullum onus gestare valeret, quod tamen nunc longe aliter se habere invenimus. Haec autem omnia accuratius examen requirunt, quod in sequente dissertatione instituemus.

EXAMEN INSIGNIS PARADOXI IN THEORIA COLUMNARUM OCCURRENTIS

Commentatio 509 indicis ENESTROEMIANI

Acta academiae scientiarum Petropolitanae (1778: I), 1780, p. 146–162

1. Non solum maxime paradoxa, verum etiam vehementer suspecta videri debet conclusio, ad quam in superiore dissertatione, *de vi Columnarum* agentes, sumus perducti[1]): quod scilicet nulla columna cylindrica, quantumvis fuerit alta, unquam a proprio pondere frangatur. Cum enim, aucta altitudine columnae, eius vis onera gestandi secundum duplicatam rationem diminuatur, utique tanta dabitur altitudo, qua columna ne levissimum quidem pondusculum sustinere valeret; unde maxime absurdum videtur, quod talis columna, etiamsi in immensum ulterius eius altitudo augeretur, tamen nunquam diffringi debeat. Hanc ob rem maxime necessarium videtur, omnes rationes, quibus ista conclusio innititur, accuratius perpendere.

2. Totum autem iudicium super hac quaestione pendet a natura istius seriei infinitae:

$$1-\frac{v}{4\cdot 1}+\frac{v^2}{7\cdot 1\cdot 5}-\frac{v^3}{10\cdot 1\cdot 5\cdot 12}+\frac{v^4}{13\cdot 1\cdot 5\cdot 12\cdot 22}-\frac{v^5}{16\cdot 1\cdot 5\cdot 12\cdot 22\cdot 35}+\text{etc.}$$

ubi numeri 1, 5, 12, 22, 35, etc. seriem pentagonalium constituunt, atque tota quaestio huc reducitur: utrum summa huius seriei unquam fieri possit nihilo aequalis, nec ne? Hic primo quidem statim patet, quamdiu numerus v fuerit unitate minor, summam huius seriei necessario semper esse positivam, id quod etiam evenire deprehendi, etiamsi valor ipsius v multo maior accipiatur. Neque vero ob summas calculi difficultates centenario maiores valores ipsius v examini subiici possunt.

3. Confugiendum ergo sum arbitratus ad methodum, radices aequationum per series recurrentes explorandi, quippe qua olim iam in simili quaestione, cum in motum oscillatorium catenae libere suspensae inquirerem, felici successu sum

---

1) Vide commentationem praecedentem, E 508, p. 232–251 huius voluminis. C. B.

usus[1]); verum praesenti casu ista methodus penitus inutiliter est adhibita, unde concludere non dubitavi, nullos prorsus pro v dari valores reales, quibus illa series prorsus ad nihilum redigatur.

4. Interim tamen certum est, istam methodum, radices aequationum per series recurrentes explorandi, maxime esse lubricam, et saepissime in errores inducere posse, cuius defectus unicum exemplum attulisse iuvabit, circa hanc aequationem tantum cubicam: $1 - 2z + 4zz - 3z^3 = 0$, cuius una radix manifesto est $z = 1$; at si ex scala relationis $2, \ -4, \ +3$ series recurrens formetur, ea prodit

$$1 + 2 + 0 - 5 - 4 + 12 + 25 - 10 - 84, \text{ etc.}$$

unde radix cognita nullo modo concludi potest. Ratio autem huius defectus in radicibus imaginariis est quaerenda, et quoniam nostra aequatio sine ullo dubio plurimas, si non omnes, involvit radices imaginarias, mirum non est hanc operationem successu caruisse.

5. Fateri igitur cogimur, hinc nihil tuto concludi posse, utrum aequatio proposita radices habeat reales, nec ne, atque hic potius nostrum iudicium suspendere conveniet. Quamobrem ista ipsa aequatio:

$$0 = 1 - \frac{v}{4 \cdot 1} + \frac{v^2}{7 \cdot 1 \cdot 5} - \frac{v^3}{10 \cdot 1 \cdot 5 \cdot 12} + \frac{v^4}{13 \cdot 1 \cdot 5 \cdot 12 \cdot 22} - \text{etc.}$$

Fig. 1

omnino digna videtur, ut Geometrae omni studio in eius naturam inquirant.

6. Quoniam autem haec aequatio nata est ex consideratione illius lineae curvae, ad quam tales columnae, a sola gravitate sollicitatae, inflecti deberent ante quam rumperentur, necesse erit huius curvae symptomata accuratius examini subiicere. Referat igitur recta verticalis AB huiusmodi columnam, sitque AYB ea linea curva (Fig. 1), ad quam inflecti debet, antequam penitus corruat, atque inter eius coordinatas $AX = x$ et $XY = y$ sequens inventa est aequatio infinita:

$$\frac{y}{A} = x - \frac{1 \cdot x^4}{2 \cdot 3 \cdot 4 \cdot m} + \frac{1 \cdot 4\, x^7}{2 \cdot 3 \cdot \ldots 7 \cdot m^2} - \frac{1 \cdot 4 \cdot 7 x^{10}}{2 \cdot 3 \cdot \ldots 10 \cdot m^3} + \text{etc.}$$

1) Vide commentationes E 49, Opera omnia II 10, p. 35–49 et E 576, Opera omnia II 11, p. 307–323. C. B.

Quoniam igitur in infimo columnae termino B applicata y iterum evanescere debet, hic ante omnia investigari oportet abscissam illam x, cui respondeat applicata evanescens $y=0$, quandoquidem haec ipsa abscissa aequabitur altitudini totius columnac AB; quamobrem si hoc, uti visum erat, nunquam evenire posset, sed, etiamsi abscissae x in infinitum augeantur, applicatae tamen semper positivum sortirentur valorem, id utique certum foret signum, columnam etiam infinite altam sub proprio pondere nunquam succumbere debere, propterea quod alter columnae terminus B in infinitum removeretur.

7. Ut igitur accuratius in formam huius columnae inquiramus, ponamus brevitatis gratia $x^3=mt$, ut sit $x=\sqrt[3]{mt}$, et habebimus hanc aequationem:

$$\frac{y}{\mathrm{A}x}=1-\frac{1\cdot t}{2\cdot 3\cdot 4}+\frac{1\cdot 4\,t^2}{2\cdot 3\cdot\ldots 7}-\frac{1\cdot 4\cdot 7\,t^3}{2\cdot 3\cdot\ldots 10}+\frac{1\cdot 4\cdot 7\cdot 10\,t^4}{2\cdot 3\cdot\ldots 13}-\text{etc.}$$

quam seriem littera s indicemus, ita ut sit $\frac{y}{\mathrm{A}}=sx=s\sqrt[3]{mt}$. Ad hoc igitur examen instituendum litterae t successive tribuamus valores continuo maiores, et pro singulis computemus valores respondentes tam ipsius s quam formulae $s\sqrt[3]{t}$, atque hos valores, prouti, instituto calculo, sumus adepti, in sequenti tabula referamus[1]):

t	s	$s\sqrt[3]{t}$
0	1,0000	0,0000
10	0,6556	1,4125
20	0,4290	1,1645
30	0,2882	0,8955
40	0,2086	0,7134
50	0,1712	0,6307
60	0,1577	0,6173
70	0,1629	0,6672
80	0,1744	0,7515
90	0,1897	0,8501
100	0,2046	0,9496
120	0,2248	1,1088
240	0,1856	1,1534
400	0,1338	0,9850

1) Haec tabula nonnullos errores continet, e.g. si $t=50$, $s=0{,}1697$ et $s\sqrt[3]{t}=0{,}6253$. Non corrigo.
C. B.

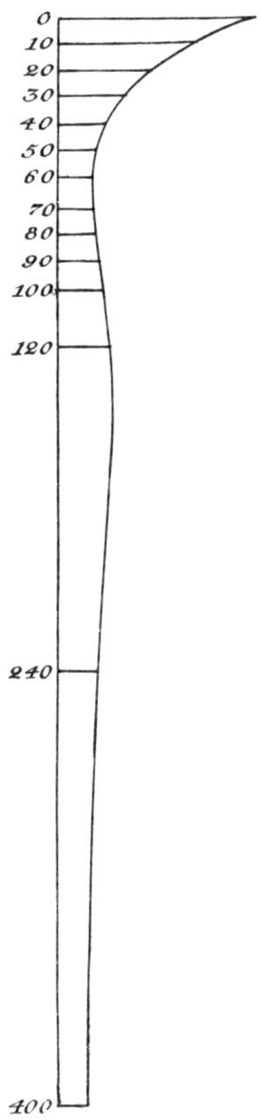

Fig. 2

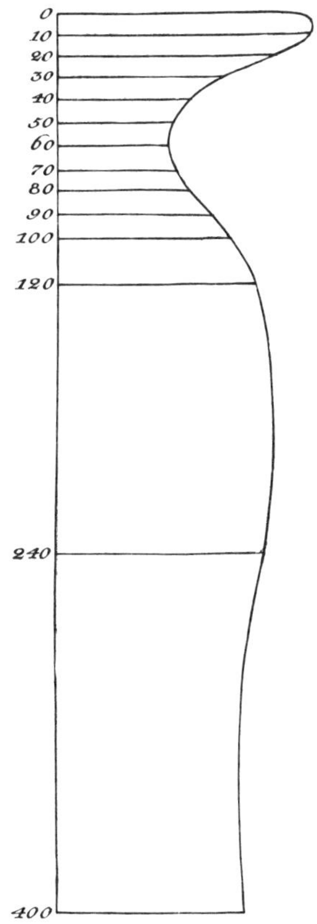

Fig. 3

8. Secundum hanc tabellam exstruximus binas curvas, ad axem, in quo abscissae t capiuntur, relatas, quarum altera exhibet valores litterae s (Fig. 2), altera vero (Fig. 3) valores formulae $s\sqrt[3]{t}$, quae posterior figura ergo ipsam curvam, quam columnae tribuimus, repraesentabit, si modo notetur, applicatas secundum modulum multo maiorem esse expressas, quo variationes earum clarius in oculos inciderent. Principalis igitur quaestio huc redit, utrum hae duae curvae, continuo magis prolongatae, tandem per axem sint transiturae? Manifestum enim est, talem transitum in ambabus curvis simul contingere debere.

9. Quod si iam sive illam tabellam, sive figuras inde delineatas attente consideremus, circa valores litterae s generatim observamus, eos propius versus axem convergere, interea autem miris inflexionibus modo magis ab axe recedere modo propius accedere, atque adeo in hac curva plura maxima et minima occurrere; veluti, primum minimum deprehenditur prope abscissam $t = 60$; deinde vero applicatae iterum crescunt, usque ad $t = 120$, inde vero iterum decrescunt propemodum usque ad 400. Quamobrem, cum satis certi esse queamus, valores minimos, quippe qui secundum numeros 0,1577 et 0,1338 procedunt, continuo propius ad axem accedere, hinc iam satis probabile videtur, eos tandem, veruntamen valde sero, penitus evanescere, quod autem ob defectum subsidiorum calculi nondum definire licet.

10. Simili modo propemodum res se habet in altera figura, quae ipsam columnae figuram referre censenda est, ubi ab initio $t = 0$ applicatae subito increscunt, usque ad terminum circiter $t = 8$, ubi applicata singulari calculo circiter inventa est $= 1{,}60$; hinc autem per $t = 10$ procedentes satis repente decrescunt, dum circa $t = 60$ minimum quasi valorem attingunt, hinc vero usque ad $t = 120$ satis ingenti saltu assurgunt, inde multo lentius iterum decrescunt usque ad $t = 400$, hincque iterum increscendo satis uniformiter ascendunt, quousque quidem nobis calculum instituere licuit. Hic igitur nulla ratio occurrit, unde concludere, probabili saltem modo, liceret, istas applicatas tandem penitus evanescere.

11. Cum igitur ista quaestio maximi sit momenti atque sine dubio summam attentionem mereatur, haud parum lucis afferre poterit investigatio omnium locorum, ubi applicatae posterioris curvae evadunt vel maximae vel minimae, quandoquidem totum iudicium ad solas applicatas minimas revocatur, quae si nusquam penitus evanescerent, certum id foret signum, conclusionem supra memoratam veritati esse consentaneam.

12. Cum igitur applicatae huius curvae ibi fiant vel maximae vel minimae, ubi fuerit $\frac{dy}{dx} = 0$, ex serie supra exhibita concludimus

$$\frac{dy}{\mathrm{A}dx} = 1 - \frac{x^3}{2\cdot 3m} + \frac{x^6}{2\cdot 3\cdot 5\cdot 6\cdot m^2} - \frac{x^9}{2\cdot 3\cdot 5\cdot 6\cdot 8\cdot 9\cdot m^3} + \frac{x^{12}}{2\cdot 3\cdot 5\cdot 6\cdot 8\cdot 9\cdot 11\cdot 12\cdot m^4} - \text{etc.}$$

Ponamus igitur ut ante $x^3 = mt$, ac perveniemus ad hanc aequationem infinitam:

$$0 = 1 - \frac{t}{2\cdot 3} + \frac{t^2}{2\cdot 3\cdot 5\cdot 6} - \frac{t^3}{2\cdot 3\cdot 5\cdot 6\cdot 8\cdot 9} + \frac{t^4}{2\cdot 3\cdot 5\cdot 6\cdot 8\cdot 9\cdot 11\cdot 12} - \text{etc.}$$

cuius ergo radices investigare oportet: evidens autem est primam, sive minimam radicem, aliquanto maiorem esse debere quam primum denominatorem $2\cdot 3 = 6$.

13. Calculus autem ad hoc negotium requisitus haud difficulter per logarithmos institui poterit; si enim ipsos terminos huius seriei per cyphras romanas designemus, ut sit $\mathrm{I} = 1$, logarithmi sequentium iuxta tabulam subnexam colligentur:

$l\text{II}$	$= l\text{I}$	$+ lt - l\ 6$	0,7781513
$l\text{III}$	$= l\text{II}$	$+ lt - l\ 30$	1,4771213
$l\text{IV}$	$= l\text{III}$	$+ lt - l\ 72$	1,8573325
$l\text{V}$	$= l\text{IV}$	$+ lt - l\ 132$	2,1205739
$l\text{VI}$	$= l\text{V}$	$+ lt - l\ 210$	2,3222193
$l\text{VII}$	$= l\text{VI}$	$+ lt - l\ 306$	2,4857214
$l\text{VIII}$	$= l\text{VII}$	$+ lt - l\ 420$	2,6232493
$l\text{IX}$	$= l\text{VIII}$	$+ lt - l\ 552$	2,7419391
$l\text{X}$	$= l\text{IX}$	$+ lt - l\ 702$	2,8463371
$l\text{XI}$	$= l\text{X}$	$+ lt - l\ 870$	2,9395193
$l\text{XII}$	$= l\text{XI}$	$+ lt - l\,1056$	3,0236639
$l\text{XIII}$	$= l\text{XII}$	$+ lt - l\,1260$	3,1003705
$l\text{XIV}$	$= l\text{XIII}$	$+ lt - l\,1482$	3,1708482
$l\text{XV}$	$= l\text{XIV}$	$+ lt - l\,1722$	3,2360331
$l\text{XVI}$	$= l\text{XV}$	$+ lt - l\,1980$	3,2966652
$l\text{XVII}$	$= l\text{XVI}$	$+ lt - l\,2256$	3,3533390
$l\text{XVIII}$	$= l\text{XVII}$	$+ lt - l\,2550$	3,4065402
$l\text{XIX}$	$= l\text{XVIII}$	$+ lt - l\,2862$	3,4566696
$l\text{XX}$	$= l\text{XIX}$	$+ lt - l\,3192$	3,5040629

14. Hoc modo primo fecimus calculum pro $t = 8$, prodiitque seriei summa negativa $= -0{,}0149$; sumto autem $t = 7{,}50$, summa prodiit positiva $= 0{,}0318$, unde concludimus, verum valorem primae radicis esse $t = 7{,}840$, cui in curva respondere debet applicata maxima. Deinde, quia ex figura colligere licet, sequens minimum cadere inter $t = 50$ et $t = 60$, instituto calculo pro $t = 60$, prodiit summa seriei $= +0{,}1144$: at pro $t = 50$ prodiit summa $= -0{,}1791$; unde tuto concludere licet, ipsum minimum respondere abscissae $t = 56{,}10$.

15. Pro sequente maximo eruendo faciamus calculum pro abscissa $t = 150$, hincque seriei summa reperitur $= -0{,}0244$; at vero, sumto $t = 145$, prodit $+0{,}2736$; unde concluditur, maximum istud convenire cum $t = 149{,}59$. Nimis autem operosum foret istum calculum ulterius prosequi; verum ipsa aequatio suppeditat certam rationem, sequentes valores ipsius t satis exacte colligendi. Cum enim aequationis secundus terminus sit $\frac{1}{6}t$, patet, si literae $\alpha, \beta, \gamma, \delta$, denotent omnes radices ipsius t, tum necessario esse debere $\frac{1}{\alpha} + \frac{1}{\beta} + \frac{1}{\gamma} + \frac{1}{\delta} + \text{etc.} = \frac{1}{6}$. Praeterea vero rationes non desunt, quod istae radices $\alpha, \beta, \gamma, \delta$, secundum legem satis

simplicem progrediantur et earum differentiae secundae pro constantibus haberi possint[1]). Quamobrem cum tres primae radices inventae sint $\alpha = 7{,}84$; $\beta = 56{,}10$ et $\gamma = 149{,}59$, differentiae primae sunt 48,26; 93,49; unde oritur differentia secunda 45,23. Hinc igitur, quousque libuerit, loca maximorum et minimorum continuari poterunt. En paradigma:

Diff. II	Diff. I	Termini
45,23	48,26	7,84 Max.
45,23	93,49	56,10 Min.
45,23	138,72	149,59 Max.
45,23	183,95	288,31 Min.
45,23	229,18	472,26 Max.
45,23	274,41	701,44 Min.
45,23	319,64	975,85 Max.
45,23	364,87	1295,49 Min.

16. Potest etiam in genere talis series investigari, cuius summa sit $= \frac{1}{6}$. Statuatur enim series

$$s = \tfrac{1}{6} + \frac{1}{A} + \frac{1}{B} + \frac{1}{C} + \frac{1}{D} + \text{etc.}$$

et cum hinc sit

$$s - \tfrac{1}{6} = \frac{1}{A} + \frac{1}{B} + \frac{1}{C} + \frac{1}{D} + \text{etc.},$$

posterior series a priore sublata relinquit hanc:

$$\tfrac{1}{6} = \frac{A-6}{6A} + \frac{B-A}{AB} + \frac{C-B}{BC} + \frac{D-C}{CD} + \text{etc.}$$

Iam fiat

$$\frac{A-6}{6A} = \frac{1}{\alpha}, \quad \text{sive} \quad \frac{6A}{A-6} = \alpha;$$

tum vero

$$\frac{AB}{B-A} = \beta, \ \frac{BC}{C-B} = \gamma, \ \text{etc.}$$

1) Hoc non valet; vide praefationem, p. XXIII. C.B.

hincque, ob α, β, γ, cognita, reperitur

$$A = \frac{6\alpha}{\alpha - 6} = 25{,}56, \quad B = \frac{\beta A}{\beta - A} = 46{,}95, \quad C = \frac{\gamma B}{\gamma - B} = 68{,}43, \text{ etc.}$$

Iam nullum est dubium, quin isti numeri, terminum primum sequentes, satis regulariter progrediantur, et, nisi adeo progressionem arithmeticam constituant, tum saltem eorum differentiae secundae quasi sint aequales. Sunt vero differentiae primae 19, 56; 21, 39; 21, 48; quae parum a numero 20 discrepant; sin autem differentias secundas admittere velimus, eae propemodum unitati aequales statui possunt. Ceterum pro instituto nostro parum referet, sive valores, pro litteris α, β, γ, δ, etc. exhibiti, sint ad amussim exacti, nec ne, si adeo calculum ulterius prosequi vellemus; verum cum inde nihil plane certi circa Paradoxon memoratum concludere valeamus, atque etiamnunc in dubio sit relinquendum, utrum curva nostra alicubi cum axe concurrat nec ne, hanc Analysin, quippe quae sola nihil decidere videtur, deseramus, nostramque quaestionem ex principiis Mechanicis examinemus.

EXAMEN EIUSDEM PARADOXI, EX PRINCIPIIS MECHANICIS PETITUM

17. Consideremus columnam quamcunque, cylindricam, determinatam AB (Fig. 4), quae sub dato pondere, quod sit $= P$, corruat. Iam loco huius ponderis substituatur alia columna AP, eiusdem diametri, cuius longitudo sit $= p$, quae ergo, illi columnae superimposita, eundem effectum erit praestatura, et columnam AB diffringet.

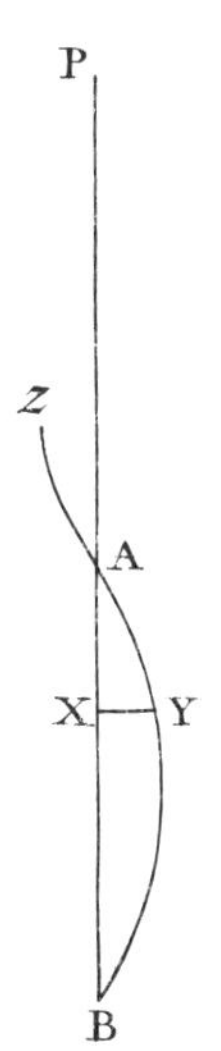

Fig. 4

18. Quanquam autem hoc modo obtinetur columna quasi unica PAB, sub proprio pondere succumbens, tamen hinc quaestio nostra non conficitur. Quoniam enim haec columna in A quasi est dissecta, dubitari omnino nequit, quin talis columna, si continua, multo plus roboris esset habitura. Accuratius igitur examinemus, quomodo continuitas ambarum columnarum impedire possit, quo minus inferior columna AB frangatur, cum tamen hic effectus certe contingeret, si superior pars AP tantum simpliciter esset imposita.

19. In superiore autem dissertatione columnam AB ita ab onere imposito rumpi sumus contemplati, ut primo instanti certam quandam curvaturam AYB accipiat, dum termini A et B in eodem situ verticali perseverant; atque hanc curvam ita comparatam esse invenimus, ut in A cum verticali AB angulum finitae magnitudinis XAY constituat, quoniam, positis coordinatis $AX = x$ et $XY = y$, talis aequatio est eruta: $y = \alpha x - \beta x^4 + \text{etc.}$; unde, sumto x infinite parvo, foret $y = \alpha x$, ideoque α exprimeret tangentem anguli XAY. Haec igitur inflexio tanquam effectus spectari debet, a pondere columnae superimpositae AP oriundus.

20. Manifestum autem est, istum effectum nullo modo produci posse, si superior columna cum inferiore firmiter esset connexa; propterea quod suprema portiuncula AX a situ verticali declinari nequit, nisi simul infima portiuncula superioris partis AP similem declinationem accipiat, ad alteram scilicet partem, veluti AZ, tendentem, quod autem ob continuitatem totius columnae contingere nequit.

21. Quamdiu autem superior pars AP situm verticalem servat, inferior portio AB, siquidem fractioni fuerit obnoxia, aliam inflexionem recipere nequit, nisi in qua angulus XAY penitus evanescat, et curvae AY tangens in puncto A sit verticalis. Quoniam igitur haec ratio frangendi prorsus discrepat ab illa, quam supra tractavimus, in eam hic accuratius inquiramus.

22. Hunc in finem supremam columnae AB portiunculam laqueari fixo esse infixam concipiamus (Fig. 5), sive ita a viribus horizontalibus utrinque detineri, ut a situ verticali deflectere penitus nequeat. Scilicet, dum portio AY incurvatur, ad punctum superius a in situ verticali conservandum, necesse est, ut a vi quadam horizontali aq sollicitetur, ne istud punctum retrocedere queat, quem ergo effectum firmitas laquearis praestare est censenda. Tum vero, ne tota columna ab ista vi horizontali aq prosterni queat, in puncto A aequalis vis horizontalis AQ, contrarie agens, est concipienda, quae istum effectum

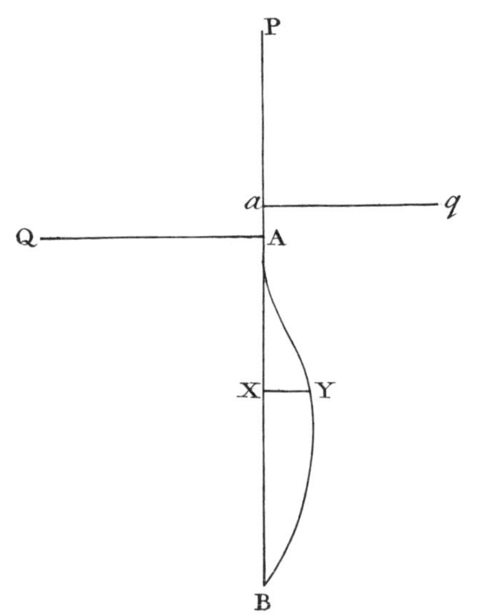

Fig. 5

destruat. Interim tamen hae duae vires non impedire debent, quominus columna imposita AP toto suo pondere in columnam inferiorem agat, eamque deprimat.

23. Ad hunc ergo casum evolvendum vocemus istas vires horizontales $AQ = aq = Q$, et intervallum $Aa = \alpha$, ita ut nunc tres habeamus vires, quibus columna inferior sollicitatur, siquidem praeter has vires horizontales adhuc a pondere superimposito P deorsum urgetur; a quibus viribus quomodo columna haec AB inflecti debeat, iam indagabimus, ubi quidem ipsum pondus columnae inferioris negligere licebit; nam si, eo neglecto, columna AB a pondere superimposito AP inflecti poterit, multo magis, accedente proprio pondere, talem inflexionem pati debebit.

24. Ponamus igitur ut supra abscissam $AX = x$ et applicatam $XY = y$; atque a pondere incumbente P ad inflexionem in puncto Y producendam orietur momentum $= P \cdot y$. In eandem porro plagam a vi horizontali $AQ = Q$ momentum nascitur $= Qx$; ab altera vero vi horizontali $aq = Q$ momentum producitur in plagam contrariam vergens, quod erit $= Q\,(\alpha + x)$; quibus tribus momentis collectis totum momentum, columnam principalem AB incurvans, erit $= Py - Q\alpha$.

25. Hoc iam momento incurvationis invento in paragrapho 12 superioris dissertationis: *De oneribus, quae columnae gestare valent*[1]), loco Oy tantum scribi oportebit $Py - Q\alpha$, unde nanciscimur hanc aequationem:

$$Py - Q\alpha + \frac{Ekkddy}{dx^2} = 0,$$

quae autem nunc ita integrari debet, ut, posito $x = 0$, non solum fiat $y = 0$, sed etiam $\frac{dy}{dx} = 0$. Praeterea vero, si columnae altitudo ponatur $= a$, applicata y insuper evanescere debet posito $x = a$.

26. Dividatur aequatio modo allata

$$Py - Q\alpha + \frac{Ekkddy}{dx^2} = 0,$$

1) E 508; vide supra p. 232. C. B.

per P, et ponatur $\frac{\mathrm{E}kk}{\mathrm{P}} = cc$; tum vero fiat $\frac{\mathrm{Q}\alpha}{\mathrm{P}} = b$, ut habeatur haec aequatio simplicior:

$$y - b = -\frac{ccddy}{dx^2}, \text{ sive } z = -\frac{ccddz}{dx^2},$$

posito scilicet $y - b = z$, cuius integrale completum est

$$z = y - b = \mathfrak{A} \sin \frac{x}{c} + \mathfrak{B} \cos \frac{x}{c}.$$

Cum igitur, posito $x = 0$, fieri debeat $y = 0$, pro constantibus determinandis habetur primo haec determinatio: $\mathfrak{B} = -b$; deinde cum sit

$$\frac{dy}{dx} = \frac{\mathfrak{A}}{c} \cos \frac{x}{c} - \frac{\mathfrak{B}}{c} \sin \frac{x}{c},$$

ut posito $x = 0$ fiat quoque $\frac{dy}{dx} = 0$, obtinetur haec altera aequatio: $\mathfrak{A} = 0$; quocirca aequatio, curvam nostram exprimens, erit

$$y - b = -b \cos \frac{x}{c}, \text{ sive } y = b\left(1 - \cos \frac{x}{c}\right).$$

27. Augeatur nunc abscissa x usque ad totam columnae altitudinem a, et quia, posito $x = a$, fieri debet $y = 0$, orietur haec nova aequatio:

$$b\left(1 - \cos \frac{a}{c}\right) = 0,$$

cui satisfit ponendo $\cos \frac{a}{c} = 1$. Fit autem $\cos \frac{a}{c} = 1$ casibus $\frac{a}{c} = 0$, vel

$$\frac{a}{c} = 2\pi, \text{ etc.};$$

atque hinc pondus determinabitur, quod istam columnam ad rupturam adiget. Cum enim sit $c = \frac{a}{2\pi}$, ob $c = k\sqrt{\frac{\mathrm{E}}{\mathrm{P}}}$ (vid. paragrapho 26), reperitur hoc pondus $\mathrm{P} = \frac{4\pi\pi\mathrm{E}kk}{aa}$, quae ergo quantitas pariter sequitur rationem quadruplicatam crassitiei directam et reciprocam duplicatam altitudinis. Cum igitur in casu praecedentis dissertationis inventum fuisset onus $\mathrm{O} = \frac{\pi\pi\mathrm{E}kk}{aa}$, nostro casu pondus, quod eadem columna, quando superne in A laqueari est infixa, gestare valet, quadruplo erit maius.

28. Convertatur nunc istud pondus P in columnam pariter cylindricam eiusdem diametri, ac ponatur pondus nostrae columnae AB, cuius altitudo $=a$, esse $=\mathrm{A}$, altitudinem vero illius columnae super imponendae, cuius pondus invenimus $=\frac{4\pi\pi \mathrm{E}kk}{aa}$, $=p$, eritque

$$a:p=\mathrm{A}:\frac{4\pi\pi \mathrm{E}kk}{aa},$$

unde colligitur altitudo

$$p=\frac{4\pi\pi \mathrm{E}kk}{\mathrm{A}a}.$$

Quod si ergo talis columna AP inferiori AB imponatur, ut habeatur columna altitudinis $\mathrm{PB}=a+\frac{4\pi\pi \mathrm{E}kk}{\mathrm{A}a}$, haec certe proprio sub suo pondere succumbere debebit, siquidem a viribus horizontalibus AQ et aq constringitur, quippe quae vires vicem gerunt continuitatis: quam ob rem nullum amplius dubium superesse potest, quin, remotis istis viribus horizontalibus, columna pariter sit prolapsura, quoniam remotio harum virium roborem columnae certe non auget.

29. Ecce ergo revera exhiberi poterit columna tantae altitudinis, quae sub proprio pondere necessario prosternetur, quandoquidem hoc eveniet, si tota columnae altitudo fuerit $=a+\frac{4\pi\pi \mathrm{E}kk}{\mathrm{A}a}$; atque adeo evidens est, talem columnam, notabiliter adeo breviorem, fractioni resistere non posse. Ponatur enim altitudo inventa

$$a+\frac{4\pi\pi \mathrm{E}kk}{\mathrm{A}a}=h,$$

sitque C pondus columnae, cuius altitudo $=c$, ita ut sit $\mathrm{A}=\frac{\mathrm{C}a}{c}$, eritque

$$h=a+\frac{4\pi\pi c\mathrm{E}kk}{\mathrm{C}aa},$$

in qua expressione si quantitates C et c ut constantes spectemus, eiusmodi valor pro a assignari poterit, unde altitudo h minimum sortiatur valorem; reperitur enim differentiando

$$\frac{dh}{da}=1-\frac{8\pi\pi c\mathrm{E}kk}{\mathrm{C}a^3}=0,$$

unde colligitur

$$a^3 = \frac{8\pi\pi c\mathrm{E}kk}{\mathrm{C}} \text{ ideoque } a = 2\sqrt[3]{\frac{\pi\pi c\mathrm{E}kk}{\mathrm{C}}},$$

quo valore substituto fiet altitudo columnae caducae, quam quaerimus, $h = 3\sqrt[3]{\frac{\pi\pi c\mathrm{E}kk}{\mathrm{C}}}$. Hinc igitur tandem pro certo asseverare possumus, pro quavis columnae crassitie et robore semper eiusmodi assignari posse altitudinem, quae ob proprium suum pondus rupturae resistere non valeat; sicque paradoxon, et quaestio super eo nata, iam manifesto est soluta; quamobrem ea, quae in superiore dissertatione sub finem in sententiam, hic assertae contrariam, sunt allata, sive dubie exposita, nunc facile emendari poterunt.

30. Quo vim formulae pro altitudine h inventae clarius perspiciamus, in eam introducamus onus, quod columna altitudinis c, cuius pondus statuimus $= \mathrm{C}$, sustinere valet, et quod, per experimenta explorandum, tanquam cognitum spectemus. Sit istud onus $= \Gamma$, atque ex superiore dissertatione habemus $\frac{\pi\pi\mathrm{E}kk}{cc} = \Gamma$, ita ut habeamus $\pi\pi\mathrm{E}kk = \Gamma cc$, qui ergo valor substituatur in formula pro altitudine h inventa, ac reperietur

$$h = 3\sqrt[3]{\frac{\Gamma c^3}{\mathrm{C}}} = 3c\sqrt[3]{\frac{\Gamma}{\mathrm{C}}};$$

ubi fractio $\frac{\Gamma}{\mathrm{C}}$ denotat, quoties onus, ab hac columna sustentatum, ipsum eius pondus superat, cuius ergo radix cubica, per $3c$ multiplicata, praebet altitudinem columnae ex eadem materia confectae et eiusdem diametri, quae sub proprio suo pondere certe succumbet.

31. Quoniam igitur altitudinem h invenimus columnae, quae proprium pondus certe sustinere nequit, hinc iam vicissim in linea curva, quam modo ante invenimus, eam abscissam assignare poterimus, cui applicata evanescens respondere debet. Primo scilicet, posito $\mathrm{E}kk = mbb$, inter coordinatas x et y hanc adepti sumus aequationem:

$$\frac{y}{\mathrm{A}} = x - \frac{x^4}{2\cdot 3\cdot 4\cdot m} + \frac{1\cdot 4\cdot x^7}{2\cdot\ldots 7\cdot m^2} - \frac{1\cdot 4\cdot 7\cdot x^{10}}{2\cdot\ldots 10\cdot m^3} + \text{etc.}$$

deinde statuimus $\frac{x^3}{m} = t$, ita ut sit $t = \frac{x^3 bb}{\mathrm{E}kk}$. Modo autem vidimus esse $\mathrm{E}kk = \frac{\Gamma cc}{\pi\pi}$. Quod si ergo iam hic ipsi x tribuamus valorem totius altitudinis h, ob

$$h^3 = 27c^3 \cdot \frac{\Gamma}{\mathrm{C}} \quad \text{fiet} \quad t = \frac{27bb\pi\pi c}{\mathrm{C}}.$$

Quoniam autem c exprimit altitudinem nostrae columnae, et C eius pondus, erit $\mathrm{C} = bbc$, quo valore substituto fit $t = 27\pi\pi$; unde discimus, iam ante terminum $t = 27\pi\pi = 266$ circiter locum existere debere, ubi applicata curvae, y, evanescit.

33.[1]) Formula, quam pro maxima columnae altitudine invenimus, scilicet: $h = 3c\sqrt[3]{\frac{\Gamma}{\mathrm{C}}}$, ob summam simplicitatem maxima attentione est digna. Quanquam enim ex casu columnae determinatae, cuius altitudo est $= c$, pondus vero $= \mathrm{C}$, est derivata: tamen facile generalis reddi atque ad omnes plane columnas cylindricas, ex eadem materia confectas, extendi potest. Posita enim istius columnae amplitudine $= bb$, erit primo $\mathrm{C} = bbc$; tum vero onus Γ, quod haec sustentare valet, constat esse proportionale quadrato amplitudinis, diviso per quadratum altitudinis, ita ut sit $\Gamma = \frac{b^4}{cc}$, quibus valoribus substitutis erit altitudo nostra maxima $h = 3\sqrt[3]{bb}$, unde sequens constituatur.

THEOREMA MAXIME MEMORABILE

34. *Maxima altitudo, qua columnae cylindricae, ex eadem materia confectae, proprium pondus etiamnunc sustinere valent, tenet rationem subtriplicatam amplitudinis.* Ita si duae huiusmodi habeantur columnae, quarum diameter, prioris sit D, posterioris vero d, altitudines maximae, quibus proprium pondus adhuc sustentare valent, erunt ut $\sqrt[3]{\mathrm{DD}} : \sqrt[3]{dd}$.

1) In editione principe § 32 omittitur. C. B.

DE ALTITUDINE COLUMNARUM SUB PROPRIO PONDERE CORRUENTIUM

Commentatio 510 indicis ENESTROEMIANI

Acta academiae scientiarum Petropolitanae (1778: I), 1780, p. 163–193

1. Cum nuper[1]) hanc quaestionem resolvere essem conatus pro curva, ad quam columnam ante inflecti concepi, quam frangeretur inter abscissam verticalem $AX = x$ et applicatam horizontalem $XY = y$, hanc inveneram aequationem: $\int x dy + \frac{Eddy}{dx^2} = 0$; ubi littera E momentum elasticitatis, quo columna inflexioni resistit, complectitur, unde valor ipsius y per sequentem seriem infinitam exprimebatur:

$$\frac{y}{A} = x - \frac{1 \cdot x^4}{2 \cdot 3 \cdot 4 \cdot E} + \frac{1 \cdot 4 \cdot x^7}{2 \cdot \ldots 7 \cdot E^2} - \frac{1 \cdot 4 \cdot 7 \cdot x^{10}}{7 \cdot \ldots 10 \cdot E^3} + \text{etc.}$$

Hinc porro per constructionem nata est linea curva figurae prorsus mirabilis (Fig. 1), innumerabiles applicatas, tam maximas quam minimas, continens, quae autem omnes ad eandem partem axis verticalis sitae videbantur, ita ut ista curva non nisi in infinitum continuata in ipsum axem incideret; quae circumstantia me seduxerat quasi, ut arbitrarer, columnarum altitudinem adeo sine periculo fractionis in infinitum augere posse. Postmodum vero ex aliis principiis clarissime ostendi, rem aliter se habere, et pro quovis columnarum robore certam altitudinem assignari posse, quam si superent, certe proprio ponderi succumberent.

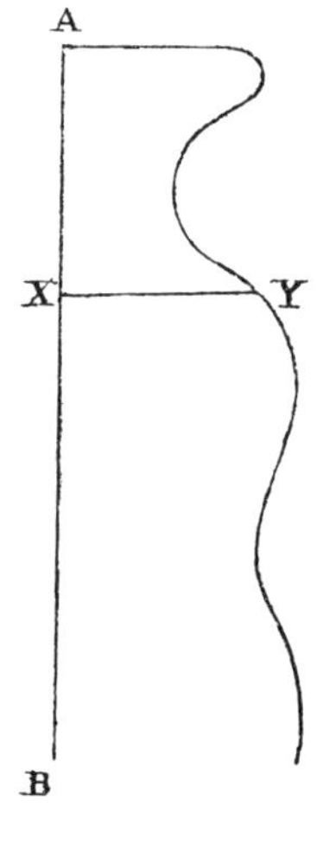

Fig. 1

2. Cum autem aequatio ex certissimis principiis aequilibrii sit deducta, nullius erroris coargui potest, si modo omnes rationes, quibus innititur, probe perpenduntur, nullaeque circumstantiae immisceantur ipsis principiis huius calculi contrariae; quamobrem, antequam hinc conclusiones deducere liceat, omnia momenta, ex quibus ista

1) Vide commentationes praecedentes, E 508 et E 509. C.B.

singularis figura est deducta, accurate evolvere oportet. Ac primo quidem supremus columnae terminus A nulli prorsus actioni cuiusquam vis subiectus est assumtus, ita ut liberrime de suo loco moveri et reliquis viribus cedere posset, quae circumstantia iam a statu, quem in nostra quaestione contemplamur, prorsus discrepat. Quando enim quaerimus, in quanta altitudine columnae etiamnunc proprium pondus sustinere valeant, manifesto supponimus, supremum terminum A, perinde ac infimum B, constanter in eadem recta verticali AB retineri, neque ab actione virium, quibus pars media incurvatur, de hoc situ dimoveri posse. Sin autem ista circumstantia praetermitteretur et supremo termino A plena libertas relinqueretur, nihil prorsus absurdi in illa curva mirabili deprehendetur, sed potius semper eiusmodi casus assignari poterunt, quae cum ista curva pulcherrime conveniant, id quod paucis ostendere operae erit pretium.

3. Ante omnia autem hic loco columnarum laminas elasticas eiusdem roboris, mente saltem, substitui conveniet: semper enim concipi potest lamina elastica, quae inflexioni tantum reluctetur, quantum columna fractioni resistit; totum autem discrimen in eo erit positum, quod lamina elastica a viribus sollicitantibus revera incurvetur, dum columna, ab iisdem viribus sollicitata, disrumpitur. Hoc praemonito semper eiusmodi lamina elastica concipi poterit, quae, a solo suo pondere sollicitata, ad eam ipsam curvam inflecti atque adeo in aequilibrio consistere queat, quam ex aequatione initio allata deduximus; si modo observemus, in calculo illo omnes huius curvae applicatas XY tanquam infinite parvas spectari debere, etiamsi in nostra figura multo maiores sint repraesentatae, quo variae inflexiones facilius perspici possent. Abscissae autem huius curvae ad eo maiorem altitudinem assurgent, quo fortiores fuerint laminae nostrae elasticae: applicatae vero, singulis abscissis respondentes, perpetuo eandem inter se rationem tenere sunt censendae.

4. His notatis quaelibet portio huius curvae, veluti AY, statum aequilibrii cuiuspiam laminae elasticae repraesentabit: scilicet semper assignari poterit lamina elastica longitudinis AY, quae, si in Y secundum directionem suam firmiter retineatur, atque ad figuram YA inflectatur, ob solum proprium pondus in hoc statu se conservare possit, hocque modo punctum Y, ubicunque libuerit, accipere licet. Hic primum occurrunt ea puncta curvae, quibus applicatae sunt vel maximae vel minimae, ubi ergo tangentes sunt verticales. Quod si ergo quodpiam horum punctorum pro infimo termino laminae elasticae accipiatur, is pavimento quoque verticaliter infigi debebit, ut de hoc situ declinare nequeat;

tum enim pars superior figuram assignatam ob proprium pondus recipere simulque in aequilibrio consistere poterit.

5. Praeterea vero in hac curva infinita dabuntur puncta, quae littera O designavimus (Fig. 2), ubi datur punctum flexus contrarii, atque adeo curvatura prorsus evanescit; unde si infimus laminae elasticae terminus in tali puncto accipiatur, non opus est, ut pavimento infigatur secundum suam directionem, sed sufficiet ut simpliciter insistat, et talis lamina ob proprium pondus figuram exhibitam recipere et in aequilibrio consistere poterit. Veluti si inferior laminae terminus in puncto O′ capiatur, isque simpliciter pavimento EF insistat, tum ob solum proprium pondus lamina inflecti poterit secundum curvam O′NGMA (Fig. 3), hocque statu in aequilibrio persistere, propterea quod totius huius laminae centrum gravitatis G perpendiculariter puncto O′ imminebit; evidens autem est, hunc statum aequilibrii esse labilem, et laminam minima vi esse prolapsuram.

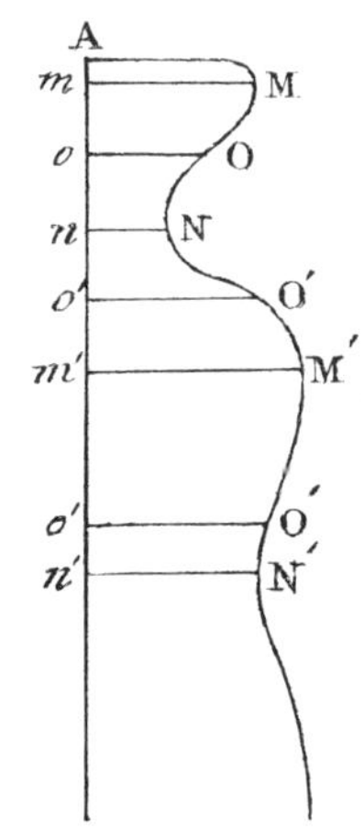

Fig. 2

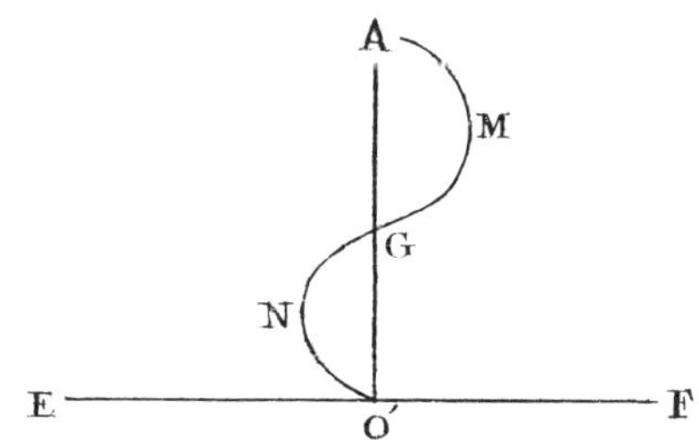

Fig. 3

6. Hinc iam clarissime intelligimus, nullum horum casuum ad quaestionem propositam accommodari posse, quippe qua eiusmodi columma consideratur, cuius uterque terminus perpetuo in eadem recta verticali firmiter retineatur, dum in omnibus his casibus supremo termino A plena libertas conceditur; quamobrem, ut nostram quaestionem rite evolvamus, statum columnae, sive laminae elasticae, initialem aliter constituere debemus atque ante fecimus, scilicet praeter sollicitationes a gravitate oriundas supremo termino A certam quandam vim horizontalem applicatam concipere debemus, qua istud punctum A perpetuo in eadem recta verticali contineatur. Facile autem intelligitur, magnitudinem huius vis prius definiri non posse, quam totus calculus ad finem fuerit perductus; quandoquidem tum demum patebit, quanta vi opus sit, ad supremum terminum A in debito situ conservandum. Quo autem haec nova investigatio clarius

perspici queat, ipsi quaestioni principali maiorem extensionem tribuamus eamque sequenti modo constituamus.

STATUS QUAESTIONIS

6[a].[1]) Proposita sit columna cylindrica, in situ verticali AB constituta (Fig. 4), sive eius loco lamina elastica eiusdem roboris, cuius autem ambo termini A et B perpetuo in hoc situ ita retineantur, ut ab aliis viribus sollicitantibus inde neutiquam dimoveri queant. Huic iam laminae elasticae circa medium C quandam vim horizontalem C*c* applicatam concipiamus, qua laminae figura incurvata ABC tribuatur, quam mutationem autem tam exiguam esse statuamus, ut tota curva quasi infinite parum a recta verticali AB discrepet. Hoc posito quaeramus naturam huius curvae ACB, ad quam, tam ab ista vi, quam a proprio pondere inflectetur; hac enim quaestione resoluta facile patebit, utrum, si vis sollicitans C*c* evanesceret, talis inflexio certo casu nihilominus locum habere queat; hoc enim ipso continebitur casus, quo columna a solo proprio pondere prosternetur, quandoquidem ne minimam quidem curvaturam pati potest.

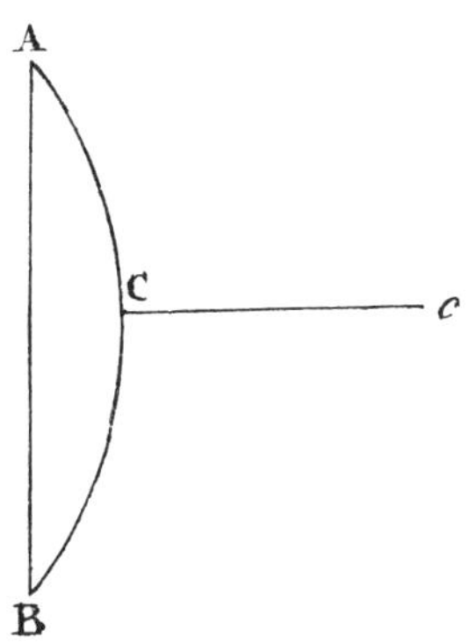

Fig. 4

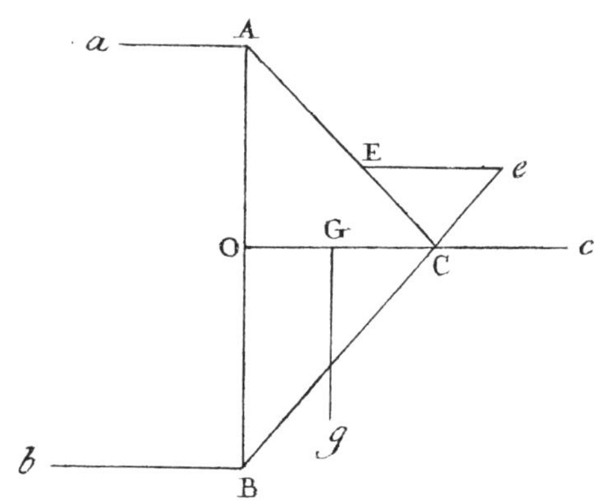

Fig. 5

7. Quoniam vero haec quaestio non solum summam circumspectionem postulat, sed etiam plurimis difficultatibus est involuta, laborem nostrum ab evolutione casus simplicissimi inchoëmus, quo columnae omnis flexibilitas adimatur, eiusque loco in medio C eiusmodi iunctura tribuatur, quae cum certo elasticita-

1) In editione principe numerus 6 iteratur. C.B.

tis momento flexurae resistat. Referat igitur recta verticalis AB (Fig. 5) talem columnam, cuius ambo termini A et B de suo loco amoveri nequeant; tum vero isti columnae in medio applicata sit vis horizontalis Cc, qua haec columna in statum inflexum ACB sit perducta, atque tam ex pondere columnae quam vi applicata Cc, ad momentum flexurae relata, quaeri debet status iste inflexus, sive anguli deflexionis a situ verticali CAO et CBO, qui quidem inter se erunt aequales, quia partes AC et BC aequales supponuntur.

8. Ut nunc solutionem huius casus ordine instituamus, primo omnes vires consideremus, quibus haec columna actu sollicitatur. Hic igitur occurrit pondus, quo utrumque brachium CA et CB deorsum urgetur. Posita igitur longitudine utriusque CA et $\mathrm{CB} = a$ vocetur pondus sive massa utriusque $= \mathrm{M}$, quae vis in utriusque centro gravitatis seu medio applicata concipi potest; tum vero etiam actu sollicitatur a vi illa horizontali Cc, quam vocemus $= \mathrm{C}$. Praeterea vero, quatenus ambo brachia iam ad angulum $\mathrm{AC}e$ sunt inflexa, loco vis elasticae mente substituamus elastrum $\mathrm{E}e$, quod vi sua contractiva conetur ambo brachia in directum extendere. Quod si ergo vocemus angulum $\mathrm{CAB} = \mathrm{CBA} = \theta$, erit angulus $\mathrm{EC}e = 2\theta$, cui proportionalis statui potest vis elastri, siquidem hunc angulum tanquam minimum spectemus. Hinc ergo, si vim elasticam absolutam littera E et intervallum $\mathrm{CE} = \mathrm{C}e$ littera e designemus, momentum huius elastri erit $2\mathrm{E}e\theta$; unde simul patet, si horizontalis CO ducatur, fore $\mathrm{CO} = a \sin\theta$ et $\mathrm{AO} = \mathrm{BO} = a\cos\theta$, sicque, quia angulus θ tanquam minimus spectatur, statuere poterimus $\mathrm{CO} = a\theta$ et $\mathrm{AO} = \mathrm{BO} = a$.

9. His autem viribus praeterea adiungi debent eae vires, quae requiruntur ad columnam in statu, quem supponimus, retinendam. Primo igitur, quoniam terminus A perpetuo in recta verticali AB retineri debet, ibi applicemus vim horizontalem $\mathrm{A}a$, quae sit $= \mathrm{A}$, cuius valor autem nondum est cognitus, quandoquidem praecise tanta esse debet, ut punctum A in suo loco conservetur. Deinde quia terminus inferior B fundo ita insistere assumitur, ut etiam de suo loco dimoveri nequeat, primo ipsum fundum sustinebit totum columnae pondus, unde ipsum punctum B sursum urgeri censendum est vi $\mathrm{BO} = 2\mathrm{M}$; dein vero, ne de suo loco, sive dextrorsum sive sinistrorsum, dimoveatur, illi vim horizontalem $\mathrm{B}b = \mathrm{B}$ applicatam concipiamus, quae etiam inter incognita est referenda. Tota autem columna suo pondere ita aget, quasi eius pondus in communi centro gravitatis G utriusque brachii esset applicatum, quod quia in medium intervalli CO cadit, erit $\mathrm{OG} = \frac{1}{2} a\,\theta$, cuius ergo directio erit recta verticalis $\mathrm{G}g$.

10. Cum nunc totum hoc systema in aequilibrio consistere assumamus, primo omnes vires, ratione quantitatis, se mutuo destruere debent, unde pro viribus horizontalibus habebimus hanc aequationem: $A + B = C$; unde, simulac altera harum virium A et B fuerit cognita, etiam altera innotescet. Tum vero vires verticaliter agentes iam sibi contrariae sunt constitutae; tertio vero vires elastri, in puncta E et e agentis, se mutuo perfecte destruunt. Praeterea autem ad aequilibrium requiritur, ut momenta omnium harum virium, respectu cuiuscunque axis, se mutuo destruant: constat enim, si hoc eveniat pro quolibet axe, id simul pro omnibus aliis locum habere. Consideremus igitur momenta harum virium respectu puncti A, ubi ergo vis $Aa = A$ et vis $BO = 2M$ momenta evanescent, quia directiones per ipsum punctum A transeunt; at vis horizontalis $Bb = B$ dabit momentum sinistrorsum vergens $= 2aB$, vis vero horizontalis $Cc = C$ dabit momentum dextrorsum urgens Ca; vis denique verticalis Gg gignit momentum sinistrorsum, quod erit $Ma\theta$; unde nanciscimur hanc aequationem: $2aB + Ma\theta = Ca$. Quoniam igitur iam ante invenimus $A + B = C$, nunc utramque seorsim determinare valemus; reperimus enim

$$A = \tfrac{1}{2}C + \tfrac{1}{2}M\theta \quad \text{et} \quad B = \tfrac{1}{2}C - \tfrac{1}{2}M\theta.$$

11. His iam viribus determinatis ipsam resolutionem huius casus aggrediamur, quem in finem nostrum systema in puncto C fixum concipiamus, cuius ergo respectu vires, quae brachium CA seorsim sollicitant, se mutuo in aequilibrio servare debent; tum enim vires, alterum brachium sollicitantes, se quoque sponte in aequilibrio continebunt. At vero brachium CA primo sollicitatur a vi $Aa = A$, cuius momentum est Aa, sinistrorsum tendens; in eandem vero etiam plagam tendet momentum, ex proprio pondere huius brachii ortum, quod est $\frac{1}{2}Ma\theta$. In contrariam autem plagam hoc brachium ab elastro abripietur, cuius momentum est $2Ee\theta$, ideoque habebimus hanc aequationem: $Aa + \frac{1}{2}Ma\theta = 2Ee\theta$, quae, si loco A valor inventus substituatur, dabit $\frac{1}{2}aC + Ma\theta = 2Ee\theta$, in qua aequatione tota solutio nostri problematis continetur. Eadem autem aequatio etiam obtinetur ex consideratione alterius brachii. Primo enim hoc brachium urgetur a vi $Bb = B$, cuius momentum, sinistrorsum tendens, est Ba; deinde ex vi $BO = 2M$, sive reactione fundi, oritur momentum in eandem plagam vergens $= 2Ma\theta$; tum vero hoc brachium ob proprium pondus praebet momentum dextrorsum vergens $= \frac{1}{2}Ma\theta$; denique vero ab

elastro in e applicato oritur momentum etiam dextrorsum tendens $= 2\mathrm{E}e\theta$; sicque hinc orietur ista aequatio:

$$\mathrm{B}a + 2\mathrm{M}a\theta = \tfrac{1}{2}\mathrm{M}a\theta + 2\mathrm{E}e\theta,$$

in qua si loco B suus scribatur valor, proveniet haec aequatio:

$$\tfrac{1}{2}\mathrm{C}a + \mathrm{M}a\theta = 2\mathrm{E}e\theta.$$

12. Cum igitur tota solutio casus propositi in hac aequatione contineatur:

$$2\mathrm{E}e\theta = \tfrac{1}{2}\mathrm{C}a + \mathrm{M}a\theta,$$

hinc statim angulus θ definiri potest, ad quem nostra columna a proposita vi horizontali $\mathrm{C}c$ deflecti poterit: erit enim

$$\theta = \frac{\mathrm{C}a}{4\mathrm{E}e - 2\mathrm{M}a};$$

ubi manifestum est, hunc casum locum habere non posse, nisi vis elastica, in formula $\mathrm{E}e$ contenta, multo maior fuerit quam $\mathrm{M}a$, quandoquidem hic supponimus, angulum θ valde esse exiguum. Hinc autem vicissim assignare poterimus vim horizontalem $\mathrm{C}e = \mathrm{C}$, quae valeat nostram columnam ad datum angulum $\mathrm{BAC} = \theta$ deflectere: erit enim ista vis

$$\mathrm{C} = \frac{2\theta}{a}(2\mathrm{E}e - \mathrm{M}a).$$

Hinc statim patet, dari eiusmodi casus, quibus talis deflexio nullam vim horizontalem postulat, atque adeo columna a proprio pondere ad hanc deflexionem urgebitur; et quoniam angulus θ hic non determinatur, ista columna a solo pondere continuo maiorem deflexionem recipiet, atque adeo penitus corruet. Hoc nempe toties eveniet, quoties fuerit $\mathrm{M}a = 2\mathrm{E}e$, qui est ipse ille casus, quem hic evolvere nobis proposuimus.

13. Hunc igitur casum diligentius perpendamus, ac primo quidem ponamus totam huius columnae altitudinem esse $\mathrm{AB} = h$, ita ut sit $a = \frac{1}{2}h$; tum vero sit amplitudo huius columnae $= dd$; atque hinc sumi poterit $\mathrm{M} = \frac{1}{2}ddh$, quia M denotabat dimidiae columnae pondus. Hinc ergo postrema aequatio dabit $\frac{1}{4}hhdd = 2\mathrm{E}e$, unde altitudo huius columnae ita determinabitur, ut sit $h = \sqrt{\frac{8\mathrm{E}e}{dd}}$. Quoties ergo talis columna, qualem hic assumimus, quae scilicet nullam inflexionem recipere queat, praeterquam in suo medio, ubi momentum

inflexioni resistens sit Ee, tantam habeat altitudinem, vel maiorem, tum certe proprium suum pondus sustinere non valebit, sed penitus prosternetur; unde iam novum argumentum habemus contra opinionem supra memoratam, qua arbitratus sum, nullam columnam sub proprio pondere occumbere posse. Hoc igitur casu expedito multo facilius resolutionem quaestionis paragrapho 6 et seqq. descriptae suscipere poterimus.

RESOLUTIO QUAESTIONIS

14. Quoniam, si huic columnae unica vis horizontalis in medio applicaretur (Fig. 6), tota columna non in curvam continuam deflecteretur, totam istam vim horizontalem aequaliter per totam columnae altitudinem, quae sit AB $= h$, distribuamus, ita ut, si tota illa vis horizontalis fuerit $= \mathrm{C}$, elemento cuicunque X$x = dx$ applicari debeat vis horizontalis elementaris $= \frac{\mathrm{C}dx}{h}$. Tales igitur vires horizontales singulis columnae elementis applicatae concipiantur. Deinde etiam singula elementa ob proprium pondus deorsum sollicitabuntur, viribus $\frac{\mathrm{M}dx}{h}$, siquidem M denotet pondus totius columnae; sicque iam habemus omnes vires, quibus haec columna actu sollicitatur; siquidem iis adiungamus momentum elasticitatis, quo haec columna in singulis punctis pollere statuitur, quod, ut hactenus fecimus, per formulam Ekk repraesentemus.

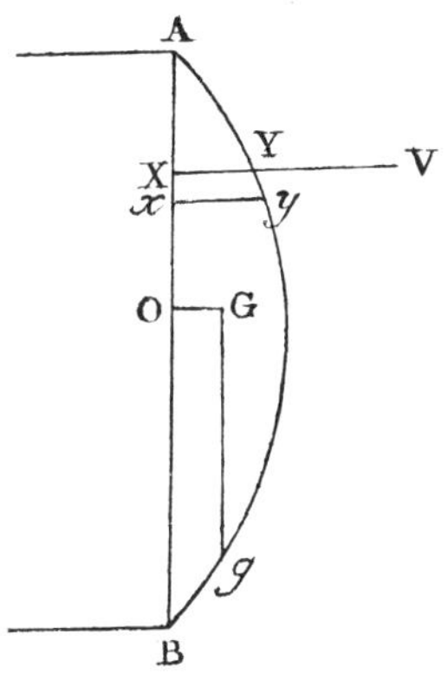

Fig. 6

15. Praeterea vero, quoniam supremus columnae terminus A perpetuo in ea recta verticali retineri debet, ei horizontaliter applicatam concipiamus vim Aa = A; tum vero termino inferiori B, ob eandem rationem, applicemus vim horizontalem Bb = B. Porro vero iste terminus inferior, ob pondus columnae, verticaliter sursum urgeri censendus est vi M; insuper autem in calculum introduci debebit centrum gravitatis columnae incurvatae, quod si ponamus cadere in punctum G, eius distantia ab axe reperietur

$$\mathrm{GO} = \frac{1}{h}\int y\,dx,$$

Posita enim abscissa AX $= x$ et applicata XY $= y$, ob inflexionem infinite parvam, elementum Yy ipsi elemento abscissae Xx aequale censeri potest. Cum igitur eius pondus sit $\frac{\mathrm{M}dx}{h}$, eius momentum, respectu axis AB, erit $\frac{\mathrm{M}ydx}{h}$, cuius integrale, per totam columnam extensum, erit $\frac{\mathrm{M}}{h}\int ydx$, cui ergo aequale esse debet momentum totius columnae, si eius pondus in puncto G esset collectum, quod ergo erit $\mathrm{M}\cdot\mathrm{GO}$; unde manifesto sequitur

$$\text{intervallum } \mathrm{GO} = \frac{1}{h}\int ydx,$$

pro quo ergo intervallo inveniendo area totius curvae AYB investigari debet, sicque in hoc puncto G vis applicata est concipienda verticalis[1]) $\mathrm{G}g = \mathrm{M}$.

16. Quoniam nunc primo omnes istae vires ratione quantitatis se invicem destruere debent, pro viribus horizontalibus hanc nanciscimur aequationem: $\mathrm{A}+\mathrm{B}=\mathrm{C}$; vires autem verticales iam se sponte destruunt, cum sit vis $\mathrm{BO}=\mathrm{M}$ et vis $\mathrm{G}g=\mathrm{M}$. Praeterea vero necesse est, ut omnium harum virium momenta respectu puncti A se destruant: ubi ergo virium $\mathrm{A}a$ et BO momenta per se sunt nulla, vis autem $\mathrm{B}b$ momentum sinistrorsum vergens erit $\mathrm{B}h$, atque in eundem sensum verget momentum, ex vi seu pondere columnae $\mathrm{G}g=\mathrm{M}$, ortum, quod ergo momentum, ob $\mathrm{GO}=\frac{\int ydx}{h}$, erit $\frac{\mathrm{M}}{h}\int ydx$, hoc scilicet integrali per totam columnam extenso. Ne autem haec conditio calculum turbet, vocemus hoc intervallum $\mathrm{GO}=g$, ita ut sit

$$g = \frac{1}{h}\int ydx,$$

et momentum hinc natum erit $=\mathrm{M}g$. Superest igitur, ut omnia momenta ex omnibus viribus horizontalibus $\mathrm{YV}=\frac{\mathrm{C}dx}{h}$ nata colligantur, quare, cum ex ista vi YV nascatur momentum $\frac{\mathrm{C}xdx}{h}$, summa omnium horum momentorum per totam altitudinem erit $\frac{1}{2}\mathrm{C}h$, quod dextrorsum vergit, ita ut hinc obtineamus hanc aequationem:

$$\mathrm{B}h+\mathrm{M}g=\tfrac{1}{2}\mathrm{C}h,$$

ex qua aequatione statim colligimus

$$\mathrm{B}=\tfrac{1}{2}\mathrm{C}-\frac{\mathrm{M}g}{h},$$

1) Editio princeps: horizontalis. Corr. W.H.

hincque porro alteram vim incognitam

$$A = \tfrac{1}{2}C + \frac{Mg}{h}.$$

17. Nunc iam totam columnam, quasi in puncto Y esset fixa, contemplemur, atque ex omnibus viribus, arcum AY sollicitantibus, earum momenta investigemus respectu huius puncti Y, quippe quorum summa aequalis esse debet momento elasticitatis, quod quoniam a curvatura in hoc loco pendet, si radium osculi in hoc loco statuamus $= r$, ipsum elasticitatis momentum erit $\frac{Ekk}{r}$; praeterea vero momentum vis $Aa = A$, respectu huius puncti Y, est Ax. Momenta autem, quae tam ex viribus horizontalibus quam verticalibus toti arcui AY sunt applicatae, seorsim investigari debent.

18. Cum igitur hic punctum Y tanquam fixum spectetur, arcum AY secundum maiorem scalam hic seorsim repraesentemus, ita ut sit $AX = x$ et $XY = y$ (Fig. 7), quas quantitates ergo tantisper quasi constantes spectari licet; tum autem consideretur huius arcus elementum quodcunque Uu, per coordinatas $AT = t$ et $TU = u$ determinatum, quae hic solae ut variabiles sunt tractandae. Cum igitur, ob deflexionem minimam sit ut supra elementum $Uu = Tt = dt$, ei primo applicata erit vis horizontalis $UP = \frac{Cdt}{h}$; praeterea vero eidem applicata est vis verticalis $UQ = \frac{Mdt}{h}$. Illius igitur vis $UP = \frac{Cdt}{h}$ momentum, respectu puncti Y, erit $\frac{C(x-t)\,dt}{h}$, cuius ergo integrale erit

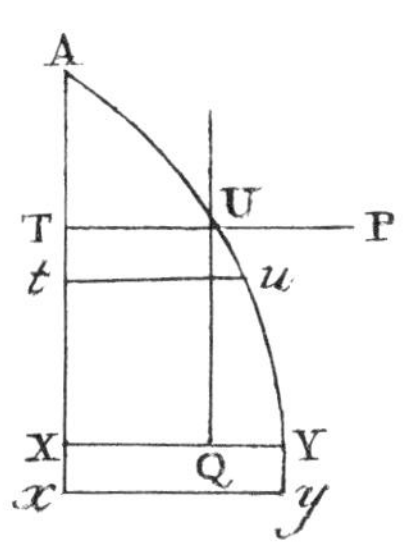

Fig. 7

$$\frac{Ct}{h}\left(x - \tfrac{1}{2}t\right),$$

quod summa horum momentorum per arcum AU continet. Promoveatur nunc punctum U usque in Y, atque summa omnium horum momentorum, ex arcu AY natorum; erit

$$\frac{\tfrac{1}{2}Cxx}{h}.$$

cuius effectus dextrorsum tendit.

19. At vero pro viribus verticalibus, vis $\mathrm{UQ} = \dfrac{\mathrm{M}dt}{h}$ momentum respectu puncti Y erit

$$\frac{\mathrm{M}dt}{h} \cdot \mathrm{QY} = \frac{\mathrm{M}(y-u)\,dt}{h},$$

quod sinistrorsum tendit, prorsus ut momentum vis $\mathrm{A}a = \mathrm{A}$. Integretur iam ista formula, ut obtineatur momentum ex arcu AU oriundum, quod erit

$$\frac{\mathrm{M}}{h}\,(yt - \textstyle\int udt).$$

Promoveatur punctum u usque in y, faciendo $t = x$ et $u = y$, atque totum momentum, ex arcu AY ortum, erit

$$\frac{\mathrm{M}}{h}\,(xy - \textstyle\int ydx),$$

quae formula manifesto reducitur ad hanc:

$$\frac{\mathrm{M}}{h}\int xdy.$$

20. Inventis igitur his tribus momentis, quorum primum $\mathrm{A}x$ sinistrorsum, secundum $\dfrac{\frac{1}{2}\mathrm{C}xx}{h}$ dextrorsum, tertium vero modo inventum, $\dfrac{\mathrm{M}}{h}\displaystyle\int xdy$, iterum sinistrorsum agit, totum momentum sinistrorsum urgens erit

$$\mathrm{A}x + \frac{\mathrm{M}}{h}\int xdy - \frac{\mathrm{C}xx}{2h},$$

cui ergo aequale esse debet momentum elasticitatis $\dfrac{\mathrm{E}kk}{r}$, quippe quod dextrorsum vergit, unde adipiscimur hanc aequationem:

$$\mathrm{A}x + \frac{\mathrm{M}}{h}\int xdy - \frac{\mathrm{C}xx}{2h} = \frac{\mathrm{E}kk}{r}.$$

quae, si loco A valorem ante inventum substituamus, induet hanc formam:

$$\tfrac{1}{2}\mathrm{C}x - \frac{\mathrm{C}xx}{2h} + \frac{\mathrm{M}gx}{h} + \frac{\mathrm{M}}{h}\int xdy = \frac{\mathrm{E}kk}{r}.$$

In hac ergo aequatione omnia continentur, quae circa solutionem problematis propositi desiderari possunt.

21. Quoniam autem radius osculi etiamnunc in hac aequatione reperitur, propter applicatas y ut infinite parvas spectandas statui poterit $r = -\frac{dx^2}{ddy}$, si quidem elementum dx pro constante accipiatur. Hinc ergo nostra aequatio erit:

$$\left(\frac{1}{2}\mathrm{C} + \frac{\mathrm{M}g}{h}\right)x - \frac{\mathrm{C}xx}{2h} + \frac{\mathrm{M}}{h}\int xdy + \frac{\mathrm{E}kkddy}{dx^2} = 0,$$

quae per $\frac{\mathrm{M}}{h}$ divisa evadit:

$$\left(\frac{\mathrm{C}h}{2\mathrm{M}} + g\right)x - \frac{\mathrm{C}xx}{2\mathrm{M}} + \int xdy + \frac{\mathrm{E}hkkddy}{\mathrm{M}dx^2} = 0,$$

ubi notetur, fractionem $\frac{\mathrm{M}}{h}$ amplitudinem columnae exprimere, neque adeo ab altitudine columnae h pendere. Si enim amplitudo columnae ponatur $= bb$, statui poterit $\mathrm{M} = bbh$; quo observato aequatio nostra hanc induet formam:

$$\left(\frac{\mathrm{C}}{2bb} + g\right)x - \frac{\mathrm{C}xx}{2hbb} + \int xdy + \frac{\mathrm{E}kkddy}{bb \cdot dx^2} = 0.$$

Deinde etiam initio ostendimus, formulam $\mathrm{E}kk$ quadrato amplitudinis, seu ipsi b^4, esse proportionalem, unde statuere poterimus, $\mathrm{E}kk = b^4 e$, ubi e est linea, vi elasticae absolute proportionalis. Hoc igitur valore introducto aequatio sequentem induet formam:

$$\left(\frac{\mathrm{C}}{2bb} + g\right)x - \frac{\mathrm{C}xx}{2hbb} + \int xdy + ebb \cdot \frac{ddy}{dx^2} = 0,$$

unde ergo per geminam integrationem valor applicatae y, per abscissam x expressus, erui debet, quod aliter nisi per series infinitas praestari nequit.

22. Ut autem istae integrationes rite ad statum quaestionis accommodentur, sequentia praecepta sunt tenenda:

1°. Formulae $\int xdy$ integrale ita capi debet, ut evanescat posito $x = 0$.

2°. Quia curva necessario per ipsum punctum A transit, altera aequationis nostrae integratio ita debet determinari, ut posito $x = 0$ fiat quoque $y = 0$.

3°. Altera vero integratio pro abscissis minimis dare debet talem aequationem: $y = \alpha x$; ubi ergo ista constans α designat tangentem anguli, quem curva cum axe in A constituit, vel adeo ipsum hunc angulum, siquidem ut infinite parvus est spectandus. Hic autem imprimis est observandum, istum angulum α effectum totum exhibere, quem vis horizontalis C, columnae applicata, producere valet. Hoc igitur modo series infinita reperiri poterit, quae pro qualibet abscissa x quantitatem applicatae y determinabit.

23. Integratione autem hac lege instituta eam conditionem principalem adimpleri oportet, quae postulat, ut, posita abscissa $x = h$, applicata y denuo evanescat. Hoc igitur modo obtinebitur aequatio, meras quantitates constantes involvens; eas scilicet, quae in aequatione differentiali continentur, ac praeterea angulum deflexionis α. Hinc autem ipsam hanc deflexionem α, quatenus a vi horizontali C producitur, nondum definire licet, quoniam in hac aequatione adhuc inest quantitas g, intervallum GO exprimens, cuius valor nunc demum per integrationem, ex aequatione inter x et y inventa, definiri debet. Vidimus enim esse $g = \frac{\int y\,dx}{h}$, postquam scilicet integrale $\int y\,dx$ a termino $x = 0$ usque ad terminum $x = h$ fuerit extensum.

24. Postquam igitur aequatio inter x et y fuerit inventa, ex ea per integrationem evolvatur formula $\int y\,dx$, quae, per totam altitudinem extensa, praebebit valorem producti gh; sicque denuo hinc colligitur aequatio inter easdem quantitates constantes, quae ergo si cum superiore aequatione combinetur, inde quantitas g eliminari poterit, quo facto habebitur nova aequatio, ex qua pro quavis vi horizontali C definiri poterit angulus deflexionis α, quandoquidem reliquae quantitates in aequatione contentae omnes tanquam datae spectari possunt.

25. Ex hac autem ultima aequatione, unde valorem ipsius α elici oportet, simul patebit, eiusmodi dari casus, quibus eadem deflexio α oriri potest, etiamsi vis horizontalis C prorsus evanescat; atque hinc orietur casus, quem hic praecipue examinare constituimus, quo scilicet in eam columnae altitudinem inquirimus, quam si columna attigerit, ob proprium pondus incurvari incipiat, atque adeo frangatur, quare ad hunc casum analysin superiorem accommodabimus.

INVESTIGATIO MAXIMAE ALTITUDINIS, QUA COLUMNA ADHUC PROPRIUM SUUM PONDUS SUSTINERE VALET

26. Pro hoc ergo casu statim ponamus vim horizontaliter applicatam $C = 0$, et iam aequatio nostra differentio – differentialis erit:

$$gx + \int x dy + ebb \cdot \frac{ddy}{dx^2} = 0,$$

in qua loco *ebb* br. gr. scribamus litteram m, pro cuius integrali si fingamus seriem

$$y = \alpha x + \beta xx + \gamma x^3 + \delta x^4 \text{ etc.}$$

mox patebit, fore $\beta = 0$, simulque omnes potestates sequentes ipsius x, quarum exponentes sunt formae $3n+2$; tum vero potestatum, quarum exponentes sunt formae $3n+1$, coefficientes tantum per literam α determinari; at vero potestatum, quarum exponentes sunt formae $3n$, coefficientes per solam litteram g definiri.

27. Hinc ergo statim valorem ipsius y in duas partes divellere poterimus, quae sint $y = \alpha p + gq$; hoc autem valore introducto aequatio nostra erit

$$gx + \alpha \int x dp + g \int x dq + m\alpha \cdot \frac{ddp}{dx^2} + mg \cdot \frac{ddq}{dx^2} = 0$$

unde hae duae aequationes derivantur

$$\text{I. } \int x dp + m \frac{ddp}{dx^2} = 0.$$

$$\text{II. } x + \int x dq + m \frac{ddq}{dx^2} = 0.$$

Pro priore, quoniam novimus, primum terminum ipsius p esse x, statuamus

$$p = x - Ax^4 + Bx^7 - Cx^{10} + \text{etc.}$$

factaque substitutione perveniemus ad sequentem aequationem:

$$0 = \begin{cases} \dfrac{mddp}{dx^2} = -4\cdot 3m\mathrm{A}x^2 + 7\cdot 6m\mathrm{B}x^5 - 10\cdot 9m\mathrm{C}x^8 + 13\cdot 12m\mathrm{D}x^{11} - \text{etc.} \\ \int xdp = \frac{1}{2}xx \quad - \frac{4}{5}\mathrm{A}x^5 + \frac{7}{8}\mathrm{B}x^8 - \frac{10}{11}\mathrm{C}x^{11} + \text{etc.} \end{cases}$$

unde ergo coefficientes assumti sequenti modo determinantur:

$$\mathrm{A} = \frac{1}{2\cdot 3\cdot 4\cdot m},$$

$$\mathrm{B} = \frac{4\mathrm{A}}{5\cdot 6\cdot 7\cdot m} = \frac{1\cdot 4}{2\cdot 3\cdot\ldots 7\cdot m^2},$$

$$\mathrm{C} = \frac{7\mathrm{B}}{8\cdot 9\cdot 10\cdot m} = \frac{1\cdot 4\cdot 7}{2\cdot 3\cdot\ldots 10\cdot m^3},$$

$$\mathrm{D} = \frac{10\mathrm{C}}{11\cdot 12\cdot 13\cdot m} = \frac{1\cdot 4\cdot 7\cdot 10}{2\cdot 3\cdot\ldots 13\cdot m^4}, \text{ etc.}$$

Pro valore ipsius q, ex altera aequatione eruendo, fingamus

$$q = -\mathfrak{A}x^3 + \mathfrak{B}x^6 - \mathfrak{C}x^9 + \mathfrak{D}x^{12} - \text{etc.}$$

et facta substitutione perveniemus ad hanc aequationem:

$$\left.\begin{array}{l} \dfrac{mddq}{dx^2} = -3\cdot 2m\mathfrak{A}x + 6\cdot 5m\mathfrak{B}x^4 - 9\cdot 8m\mathfrak{C}x^7 + 12\cdot 11m\mathfrak{D}x^{10} - \text{etc.} \\ \int xdp = \quad - \frac{3}{4}\mathfrak{A}x^4 + \frac{6}{7}\mathfrak{B}x^7 - \frac{9}{10}\mathfrak{C}x^{10} + \text{etc.} \\ +x = +1\cdot x \end{array}\right\} = 0$$

unde ergo coefficientes assumti sequenti modo determinabuntur:

$$\mathfrak{A} = \frac{1}{2\cdot 3\cdot m},$$

$$\mathfrak{B} = \frac{3\,\mathfrak{A}}{4\cdot 5\cdot 6\cdot m} = \frac{1\cdot 3}{2\cdot 3\cdot \ldots 6\cdot m^2},$$

$$\mathfrak{C} = \frac{1\cdot 3\cdot 6}{2\cdot 3\cdot \ldots 9\cdot m^3},$$

$$\mathfrak{D} = \frac{1\cdot 3\cdot 6\cdot 9}{2\cdot 3\cdot \ldots 12\cdot m^4}, \text{ etc.}$$

28. Pro his igitur litteris p et q, habebimus istas series infinitas:

$$p = x - \frac{x^4}{2\cdot 3\cdot 4\cdot m} + \frac{1\cdot 4\cdot x^7}{2\cdot 3\cdot \ldots 7\cdot m^2} - \frac{1\cdot 4\cdot 7\cdot x^{10}}{2\cdot 3\cdot \ldots 10\cdot m^3} + \text{etc.}$$

$$q = -\frac{x^3}{2\cdot 3\cdot m} + \frac{1\cdot 3\cdot x^6}{2\cdot 3\cdot \ldots 6\cdot m^2} - \frac{1\cdot 3\cdot 6\cdot x^9}{2\cdot 3\cdot \ldots 9\cdot m^3} + \text{etc.}$$

quibus seriebus inventis erit $y = \alpha p + gq$. Statuamus $x = h$, et quia fieri debet $y = 0$, habebimus hanc primam aequationem pro solutione nostri problematis:

$$\alpha p + gq = 0.$$

At vero pro valore literae g eruendo, cum sit

$$gh = \int y dx = \alpha \int p dx + g \int q dx,$$

his integralibus ab $x = 0$ ad $x = h$ extensis, habebimus primo

$$\int p dx = \tfrac{1}{2} x^2 - \frac{x^5}{2\cdot 3\cdot 4\cdot 5\cdot m} + \frac{1\cdot 4\cdot x^8}{2\cdot 3\cdot \ldots 8\cdot m^2} - \frac{1\cdot 4\cdot 7\cdot x^{11}}{2\cdot 3\cdot \ldots 11\cdot m^3} + \text{etc.}$$

et

$$\int q dx = -\frac{x^4}{2\cdot 3\cdot 4\cdot m} + \frac{1\cdot 3\cdot x^7}{2\cdot 3\cdot \ldots 7\cdot m^2} - \frac{1\cdot 3\cdot 6\cdot x^{10}}{2\cdot 3\cdot \ldots 10\cdot m^3} + \text{etc.}$$

ubi ergo, postquam posuerimus $x = h$, oriri debet haec aequatio:

$$gh = \alpha \int p dx + g \int q dx,$$

unde deducimus

$$g = \frac{\alpha \int p dx}{h - \int q dx},$$

qui valor in superiore aequatione $\alpha p + gq = 0$ substitutus praebet

$$p + \frac{q \int p dx}{h - \int q dx} = 0$$

sive

$$hp - p \int q dx + q \int p dx = 0,$$

quae aequatio duas tantum quantitates h et m involvit, ex qua ergo valorem ipsius h eruere licebit, hicque valor ipsam illam maximam altitudinem columnae declarabit, in qua se tantum non sustinere valebit.

29. Quo nunc has formulas propius ad calculum accommodemus, ponamus $\frac{x^3}{m} = \frac{h^3}{m} = t$, atque series, quibus indigemus, sequenti modo designemus, posito scilicet ubique $x = h$:

$$p = h\left(1 - \frac{1 \cdot t}{2 \cdot 3 \cdot 4} + \frac{1 \cdot 4 \cdot t^2}{2 \cdot \ldots 7} - \frac{1 \cdot 4 \cdot 7 \cdot t^3}{2 \cdot \ldots 10} + \text{etc.}\right) = h \cdot \mathrm{P}$$

$$q = -1\left(\frac{t}{2 \cdot 3} - \frac{1 \cdot 3 \cdot t^2}{2 \cdot \ldots 6} + \frac{1 \cdot 3 \cdot 6 \cdot t^3}{2 \cdot \ldots 9} - \text{etc.}\right) = -1 \cdot \mathrm{Q}$$

$$\int p dx = h^2\left(\frac{1}{2} - \frac{t}{2 \cdot \ldots 5} + \frac{1 \cdot 4 \cdot t^2}{2 \cdot \ldots 8} - \frac{1 \cdot 4 \cdot 7 \cdot t^3}{2 \cdot \ldots 11} + \text{etc.}\right) = h^2 \cdot \mathrm{P}'$$

$$\int q dx = -h\left(\frac{t}{2 \cdot 3 \cdot 4} - \frac{1 \cdot 3 \cdot t^2}{2 \cdot \ldots 7} + \frac{1 \cdot 3 \cdot 6 \cdot t^3}{2 \cdot \ldots 10} - \text{etc.}\right) = -h \cdot \mathrm{Q}'.$$

Quod si iam istos novos valores introducamus, postrema nostra aequatio sequentem induet formam:

$$hh\mathrm{P} + hh\mathrm{PQ'} - hh\mathrm{QP'} = 0,$$

at per hh divisa fit

$$\mathrm{P} + \mathrm{PQ'} - \mathrm{QP'} = 0,$$

quae aequatio nullam aliam literam involvit nisi t, unde ergo si definire licuerit hanc quantitatem t, erit $h = \sqrt[3]{mt}$, hoc est $= \sqrt[3]{bbet} =$ altitudini columnae quaesitae; ubi valor t est numerus quidam absolutus, ex illa aequatione eruendus. Quare cum e pro eadem materia, ex qua columnae conficiuntur, eundum retineat valorem, pro variis amplitudinibus columnarum maximae altitudines quaesitae sequuntur rationem subtriplicatam amplitudinum[1]), id quod egregie convenit cum theoremate dissertationi praecedenti annexo.

30. Ut igitur ista altitudo h per calculum definiri possit, sequentes quatuor series, quantitatem incognitam t involventes, rite evolvi debebunt:

$$\mathrm{P} = 1 - \frac{1 \cdot t}{2 \cdot 3 \cdot 4} + \frac{1 \cdot 4 \cdot t^2}{2 \cdot \ldots 7} - \frac{1 \cdot 4 \cdot 7 \cdot t^3}{2 \cdot \ldots 10} + \text{etc.}$$

$$\mathrm{P'} = \tfrac{1}{2} - \frac{1 \cdot t}{2 \cdot \ldots 5} + \frac{1 \cdot 4 \cdot t^2}{2 \cdot \ldots 8} - \frac{1 \cdot 4 \cdot 7 \cdot t^3}{2 \cdot \ldots 11} + \text{etc.}$$

$$\mathrm{Q} = \frac{1 \cdot t}{2 \cdot 3} - \frac{1 \cdot 3 \cdot t^2}{2 \cdot \ldots 6} + \frac{1 \cdot 3 \cdot 6 \cdot t^3}{2 \cdot \ldots 9} - \text{etc.}$$

$$\mathrm{Q'} = \frac{1 \cdot t}{2 \cdot 3 \cdot 4} - \frac{1 \cdot 3 \cdot t^2}{2 \cdot \ldots 7} + \frac{1 \cdot 3 \cdot 6 \cdot t^3}{1 \cdot \ldots 10} - \text{etc.}$$

atque nunc totum negotium huc redit, ut ille valor ipsius t investigetur, quo huic aequationi satisfiat:

$$\mathrm{P} + \mathrm{PQ'} - \mathrm{QP'} = 0,$$

id quod aliter nisi tentando fieri nequit; plures scilicet pro t assumi conveniet successive valores, atque ex erroribus singulorum concludi poterit verus valor

1) Editio princeps: altitudinum. Corr. W.H.

ipsius t. Mox autem investiganti patebit, valorem ipsius t non exiguum esse, sed potius satis magnum accipi debere.

31. Postquam autem hinc verus valor numeri t fuerit erutus, ut inde statim quaesitam altitudinem h in mensura penitus cognita assignare valeamus, ponamus haberi columnam cylindricam, ex eadem materia paratam, cuius altitudo sit $=a$, amplitudo vero $=dd$, et quae per experimenta comperta sit gestare posse onus Γ, quod se habeat ad pondus huius columnae, ut $\lambda : 1$, ita ut sit $\Gamma = \lambda add$. Iam ex iis, quae de vi columnarum iam olim sunt tradita, istud onus Γ inventum est

$$\Gamma = \frac{\pi\pi \mathrm{E}kk}{aa},$$

existente $\mathrm{E}kk = d^4 e$, unde ergo fiet

$$e = \frac{\Gamma aa}{\pi\pi d^4} = \frac{\lambda a^3}{\pi\pi dd}.$$

Substituatur ergo iste valor in formula nostra pro h inventa, ac reperietur

$$h = a\sqrt[3]{\frac{\lambda bb}{\pi\pi dd}\,t}.$$

ubi iam omnia elementa penitus sunt cognita.

CALCULUS

Pro investigando valore numeri t.

32. Quoniam hic quatuor series evolvi debent, designemus terminos cuiusque seriei ordine per cyphras romanas I, II, III, IV, etc. atque pro seriebus P et P′, in subsidium vocentur sequentes formulae:

Pro serie P	Pro serie P′
$l\mathrm{II} = l\mathrm{I} + lt \ldots - 1{,}3802112$	$\mathrm{II}' = \frac{1}{5}\ \mathrm{II}$
$l\mathrm{III} = l\mathrm{II} + lt \ldots - 1{,}7201593$	$\mathrm{III}' = \frac{1}{8}\ \mathrm{III}$
$l\mathrm{IV} = l\mathrm{III} + lt \ldots - 2{,}0122340$	$\mathrm{IV}' = \frac{1}{11}\ \mathrm{IV}$
$l\mathrm{V} = l\mathrm{IV} + lt \ldots - 2{,}2345173$	$\mathrm{V}' = \frac{1}{14}\ \mathrm{V}$
$l\mathrm{VI} = l\mathrm{V} + lt \ldots - 2{,}4123950$	$\mathrm{VI}' = \frac{1}{17}\ \mathrm{VI}$
$l\mathrm{VII} = l\mathrm{VI} + lt \ldots - 2{,}5603551$	$\mathrm{VII}' = \frac{1}{20}\ \mathrm{VII}$
$l\mathrm{VIII} = l\mathrm{VII} + lt \ldots - 2{,}6869185$	$\mathrm{VIII}' = \frac{1}{23}\ \mathrm{VIII}$
$l\mathrm{IX} = l\mathrm{VIII} + lt \ldots - 2{,}7974566$	$\mathrm{IX}' = \frac{1}{26}\ \mathrm{IX}$
$l\mathrm{X} = l\mathrm{IX} + lt \ldots - 2{,}8955551$	$\mathrm{X}' = \frac{1}{29}\ \mathrm{X}$
$l\mathrm{XI} = l\mathrm{X} + lt \ldots - 2{,}9837228$	$\mathrm{XI}' = \frac{1}{32}\ \mathrm{XI}$
$l\mathrm{XII} = l\mathrm{XI} + lt \ldots - 3{,}0637814$	$\mathrm{XII}' = \frac{1}{35}\ \mathrm{XII}$
$l\mathrm{XIII} = l\mathrm{XII} + lt \ldots - 3{,}1370931$	$\mathrm{XIII}' = \frac{1}{38}\ \mathrm{XIII}$
$l\mathrm{XIV} = l\mathrm{XIII} + lt \ldots - 3{,}2047065$	$\mathrm{XIV}' = \frac{1}{41}\ \mathrm{XIV}$
$l\mathrm{XV} = l\mathrm{XIV} + lt \ldots - 3{,}2674417$	$\mathrm{XV}' = \frac{1}{44}\ \mathrm{XV}$
$l\mathrm{XVI} = l\mathrm{XV} + lt \ldots - 3{,}3259545$	$\mathrm{XVI}' = \frac{1}{47}\ \mathrm{XVI}$
$l\mathrm{XVII} = l\mathrm{XVI} + lt \ldots - 3{,}3807774$	$\mathrm{XVII}' = \frac{1}{50}\ \mathrm{XVII}$
$l\mathrm{XVIII} = l\mathrm{XVII} + lt \ldots - 3{,}4323474$	$\mathrm{XVIII}' = \frac{1}{53}\ \mathrm{XVIII}$
$l\mathrm{XIX} = l\mathrm{XVIII} + lt \ldots - 3{,}4810291$	$\mathrm{XIX}' = \frac{1}{56}\ \mathrm{XIX}$
$l\mathrm{XX} = l\mathrm{XIX} + lt \ldots - 3{,}5271282$	$\mathrm{XX}' = \frac{1}{59}\ \mathrm{XX}$

33. Simili modo pro computo serierum Q et Q′ inservient sequentes formulae[1]);

Pro serie Q	Pro serie Q′
lI = ... + lt − 0,7781513	I′ = $\frac{1}{4}$ I
lII = lI .... + lt − 1,6020600	II′ = $\frac{1}{7}$ II
lIII = lII ...... + lt − 1,9242793	III′ = $\frac{1}{10}$ III
lIV = lIII ..... + lt − 2,1663314	IV′ = $\frac{1}{13}$ IV
lV = lIV ..... + lt − 2,3569815	V′ = $\frac{1}{16}$ V
lVI = lV ...... + lt − 2,5137501	VI′ = $\frac{1}{19}$ VI
lVII = lVI ..... + lt − 2,6467304	VII′ = $\frac{1}{22}$ VII
lVIII = lVII ..... + lt − 2,7621424	VIII′ = $\frac{1}{25}$ VIII
lIX = lVIII .... + lt − 2,8640659	IX′ = $\frac{1}{28}$ IX
lX = lIX ..... + lt − 2,9553135	X′ = $\frac{1}{31}$ X
lXI = lX ...... + lt − 3,0379043	XI′ = $\frac{1}{34}$ XI
lXII = lXI ..... + lt − 3,1133355	XII′ = $\frac{1}{37}$ XII
lXIII = lXII ..... + lt − 3,1727474	XIII′ = $\frac{1}{40}$ XIII
lXIV = lXIII .... + lt − 3,2470286	XIV′ = $\frac{1}{43}$ XIV
lXV = lXIV .... + lt − 3,3068844	XV′ = $\frac{1}{46}$ XV
lXVI = lXV ..... + lt − 3,3628844	XVI′ = $\frac{1}{49}$ XVI
lXVII = lXVI .... + lt − 3,4154951	XVII′ = $\frac{1}{52}$ XVII
lXVIII = lXVII ... + lt − 3,4651028	XVIII′ = $\frac{1}{55}$ XVIII
lXIX = lXVIII .. + lt − 3,5120318	XIX′ = $\frac{1}{58}$ XIX
lXX = lXIX .... + lt − 3,5565564	XX′ = $\frac{1}{61}$ XX

1) Recte: 3,1827474 loco 3,1727474. C. B.

34. Nunc igitur tantum opus est, ut numero t varii valores tribuantur pro lubitu, qui tamen non nimium a veritate abhorrere videantur; quare cum in praecedente dissertatione ostenderimus, hunc numerum t certe minorem esse quam 266, incipiamus nostram investigationem a valore $t = 200$, visuri, utrum iste valor iusto sit maior, an minor. Quod si enim hinc valor formulae nostrae $P(1 + Q') - QP'$ prodierit positivus, id erit indicio, istum valorem $t = 200$ esse nimis parvum; sin autem prodierit negativus, numerum t diminui oportebit.

35. Sumamus igitur $t = 200$ et calculus pro seriebus P et P′ ita se habebit:

	Pro serie P	Pro serie P′
$lI = 0,0000000$	$I = +\ 1,0000$	$I' = +\ 0,5000$
$lt = 2,3010300$		
2,3010300		
1,3802112		
$lII = 0,9208188$	$II = -\ 8,3333$	$II' = -\ 1,6667$
2,3010300	$-\ 7,3333$	$-\ 1,1667$
3,2218488		
1,7201593		
$lIII = 1,5016895$	$III = +\ 31,7460$	$III' = +\ 3,9682$
2,3010300	$+\ 24,4127$	$+\ 2,8015$
3,8027195		
2,0122340		
$lIV = 1,7904855$	$IV = -\ 61,7285$	$IV' = -\ 5,6117$
2,3010300	$-\ 37,3158$	$-\ 2,8102$
4,0915155		
2,2345173		
$lV = 1,8569982$	$V = +\ 71,9446$	$V' = +\ 5,1389$
2,3010300	$+\ 34,6288$	$+\ 2,3287$
4,1580282		
2,4123950		

	Pro serie P	Pro serie P′
*l*VI = 1,7456332	VI = − 55,6715	VI′ = − 3,2748
2,3010300	− 21,0427	− 0,9461
4,0466632		
2,5603551		
*l*VII = 1,4863081	VII = + 30,6414	VII′ = + 1,5321
2,3010300	+ 9,5987	+ 0,5860
3,7873381		
2,6869185		
*l*VIII = 1,1004196	VIII = − 12,6014	VIII′ = − 0,5479
2,3010300	− 3,0027	+ 0,0381
3,4014496		
2,7974566		
*l*IX = 0,6039930	IX = + 4,0179	IX′ = + 0,1545
2,3010300	+ 1,0152	+ 0,1926
2,9050230		
2,8955551		
*l*X = 0,0094679	X = − 1,0220	X′ = − 0,0352
2,3010300	− 0,0068	+ 0,1574
2,3104979		
2,9837228		
*l*XI = 9,3267751	XI = + 0,2122	XI′ = + 0,0066
2,3010300	+ 0,2054	+ 0,1640
1,6278051		
3,0637814		
*l*XII = 8,5640237	XII = − 0,0366	XII′ = − 0,0010
2,3010300	+ 0,1688	+ 0,1630
0,8650537		
3,1370931		

	Pro serie P	Pro serie P′
lXIII = 7,7279606	XIII = + 0,0053	XIII′ = + 0,0001
2,3010300	+ 0,1741	+ 0,1631
0,0289906		
3,2047065		
lXIV = 6,8242841	XIV = − 0,0007	
	+ 0,1734	

36. Simili modo instituatur calculus pro inveniendis valoribus Q et Q′, quippe qui, in usum vocando formulas paragrapho 33 exhibitas, ita se habebit:

	Pro serie Q	Pro serie Q′
lt = 2,3010300		
0,7781513		
lI = 1,5228787	I = + 33,3333	I′ = + 8,3333
2,3010300		
3,8259087		
1,6020600		
lII = 2,2218487	II = − 166,6667	II′ = − 23,8095
2,3010300	− 133,3334	− 15,4762
4,5228787		
1,9242793		
lIII = 2,5985994	III = + 396,8254	III′ = + 39,6825
2,3010300	+ 263,4920	+ 24,2063
4,8996294		
2,1663314		
lIV = 2,7332980	IV = − 541,1255	IV′ = − 41,6250
2,3010300	− 277,6335	− 17,4187
5,0343280		
2,3569815		

	Pro serie Q	Pro serie Q′
*l*V = 2,6773465	V = + 475,7147	V′ = + 29,7322
2,3010300	+ 198,0812	+ 12,3135
4,9783765		
2,5137501		
*l*VI = 2,4646264	VI = − 291,4918	VI′ = − 15,3417
2,3010300	− 93,4106	3,0282
4,7656564		
2,6467304		
*l*VII = 2,1189260	VII = + 131,5001	VII′ = + 5,9773
2,3010300	+ 38,0895	+ 2,9491
4,4199560		
2,7621424		
*l*VIII = 1,6578136	VIII = − 45,4793	VIII′ = − 1,8192
2,3010300	− 7,3898	+ 1,1299
3,9588436		
2,8640659		
*l*IX = 1,0947777	IX = + 12,4388	IX′ = + 0,4442
2,3010300	+ 5,0490	+ 1,5741
3,3958077		
2,9553135		
*l*X = 0,4404942	X = − 2,7574	X′ = − 0,0889
2,3010300	+ 2,2916	+ 1,4852
2,7415242		
3,0379043		
*l*XI = 9,7036199	XI = + 0,5054	XI′ = + 0,0149
2,3010300	+ 2,7970	+ 1,5001
2,0046499		
3,1133355		

	Pro serie Q	Pro serie Q′
$l\mathrm{XII} = 8{,}8913144$	$\mathrm{XII} = -\ 0{,}0779$	$\mathrm{XII}' = -\ 0{,}0021$
$2{,}3010300$	$+\ 2{,}7191$	$+\ 1{,}4980$
$1{,}1923444$		
$3{,}1727474$		
$l\mathrm{XIII} = 8{,}0195970$	$\mathrm{XIII} = +\ 0{,}0105$	$\mathrm{XIII}' = +\ 0{,}0002$
$2{,}3010300$	$+\ 2{,}7296$	$+\ 1{,}4980$
$0{,}3206270$		
$3{,}2470286$		
$l\mathrm{XIV} = 7{,}0735984$	$\mathrm{XIV} = -\ 0{,}0012$	
	$+\ 2{,}7284$	

37. Inventis igitur quatuor his valoribus:

$$\mathrm{P} = +\,0{,}1734;\quad \mathrm{Q} = +\,2{,}7284$$
$$\mathrm{P}' = +\,0{,}1631;\quad \mathrm{Q}' = +\,1{,}4980$$

colligimus inde ista producta:

$$\mathrm{P}(1 + \mathrm{Q}') = 0{,}4331$$
$$\mathrm{QP}' \qquad = 0{,}4450$$

quorum posterius primum tantum superat particula $= 0{,}0119$, quae differentia cum iam sit vehementer parva, et negativa, nobis iam manifesto declarat, valorem assumtum $t = 200$ vix a valore vero discrepare, eumque aliquantillum superare, unde superfluum foret accuratius in istum valorem inquirere: eius enim radix cubica tantum in computum ingreditur, quae a notabiliori errore litterae t vix sensibilem errorem gigneret. Hoc igitur numero t invento, quem tamen tantillo minorem accipere conveniet, problema principale, quod hic nobis est propositum, perfecte resolvere poterimus[1]).

1) Vide praefationem, p. XXXI. C.B.

PROBLEMA

38. *Pro omnibus columnis cylindricis assignare maximam altitudinem, quam sustinere valent, antequam sub proprio pondere corruant.*

SOLUTIO

Praesto sit columella, pariter cylindrica, ex eadem materia parata atque ipsae columnae, de quibus quaestio formatur; sit istius columellae altitudo $=a$ eiusque amplitudo $=dd$, atque per experimenta exploretur maximum onus, quod ista columella sine periculo fractionis sustinere valet, cuius pondus repertum sit se habere ad proprium pondus columellae ut $\lambda : 1$, ita ut iam λ sit numerus cognitus, quo invento ponamus quaestionem institui circa columnam ex eadem materia confectam, cuius amplitudo sit $=bb$, atque supra ostendimus maximam altitudinem quaesitam esse $h = a\sqrt[3]{\frac{\lambda bb}{\pi\pi dd}} \cdot t$. Sumto iam $t = 200$ erit $l\frac{t}{\pi\pi} = 1{,}3067302$, hincque $\frac{1}{3}\, l\frac{t}{\pi\pi} = 0{,}4355767$, cui respondet numerus 2,7263, qui cum aliquantillum diminui debeat, eius loco scribamus numerum e, cuius logarithmus hyperbolicus $=1$, quippe qui est 2,71828, ita ut iam maxima altitudo quaesita sit $h = 2{,}7183 \cdot a\sqrt[3]{\frac{\lambda bb}{dd}}$, vel adeo in numeris rotundioribus statui poterit $h = 2{,}70 \cdot a\sqrt[3]{\frac{\lambda bb}{dd}}$.

39. Cum igitur antehac in determinatione oneris, quod quaevis columna gestare valet, nullam proprii ponderis rationem tenuissem, regula etiam quam inde deduxeram, quadam levi correctione indigebit, quae autem tam erit exigua, ut in praxi tuto negligi queat. Ad quod ostendendum columnam hic inventam, quae sub proprio pondere occumbit, iuxta regulam ante datam examinemus, qua onera inventa sunt tenere rationem duplicatam compositam ex directa amplitudinum seu basium et reciproca altitudinum. Hinc cum columellae pro modulo assumtae altitudo esset $=a$, amplitudo sive area baseos $=dd$ et onus gestatum $=\lambda add$, ipsius autem columnae inventae amplitudo $=bb$, altitudo vero $h = a\sqrt[3]{\frac{\lambda bbt}{\pi\pi dd}}$, ponamus onus, quod haec columna iuxta regulam gestare posset $=\xi hbb$; ubi hbb exhibet ipsum huius columnae pondus. His positis, secundum nostram regulam esse deberet $\lambda add : \xi hbb = \frac{d^4}{aa} : \frac{b^4}{hh}$, unde dedu-

citur $\xi = \frac{\lambda a^3 bb}{h^3 aa}$, et loco h^3 substituto suo valore erit $\xi = \frac{\pi\pi}{t}$, hoc est circiter $\xi = \frac{1}{20}$; scilicet iuxta regulam haec columna sustineret partem vigesimam proprii ponderis, dum revera sub proprio pondere succumbit.

40. Vicissim ergo, quoties ista regula declarat, columnam quampiam tantum vigesimam proprii ponderis partem sustinere posse, tum concludere debemus, eam nullum plane onus gestare posse, sed sub proprio pondere occumbere. Cum igitur nullae unquam columnae adhiberi soleant, nisi quae onera multo graviora sustentare valeant, manifestum est, errorem illius regulae nullius plane esse momenti, atque in praxi tuto negligi posse, perinde ac si proprium pondus nihil plane conferret, ad vim columnarum diminuendam, quemadmodum in prima de hoc argumento dissertatione est assertum.

VON DER KRAFT DER RAMMEN, PFÄHLE EINZUSCHLAGEN

Commentatio 832 indicis ENESTROEMIANI
Opera postuma *2*, 1862, p. 132–145

1. Zuerst ist zu betrachten der Hammer selbst, dessen Gewicht gesetzt wird $= P$, und die Höhe, aus welcher er herabfällt bis zu dem Stosse, sei $= a$; also, dass seine Geschwindigkeit in einer Secunde betragen wird $2\sqrt{ga}$, wo g die Höhe bedeutet, aus der ein Körper in einer Secunde fällt. Der Kürze halber aber sei diese Geschwindigkeit $= c$, so dass $c = 2\sqrt{ga}$.

2. Um sich den Stoss und die Wirkung desselben auf den Pfahl deutlich vorzustellen, so soll der Hammer nicht unmittelbar auf den Pfahl stossen, sondern es soll sich dazwischen ein Elastrum, gleichsam als ein Kissen auf dem Pfahl befinden, also, dass der Stoss nicht anders, als durch dieses Kissen auf den Pfahl wirkt.

3. Im ersten Anfang sei die Dicke dieses Elastri $= \alpha$, in welchem Zustande dasselbe keinen Widerstand leistet; sobald aber dasselbe auch nur ein wenig zusammengedrückt wird, so soll sich eine elastische Kraft äussern, um dasselbe wieder in seinen natürlichen Zustand zu versetzen.

4. Dieses Kissen dienet dazu, um uns die Wirkung des Hammers auf den Pfahl, wodurch derselbe die Theilchen des Holzes zusammendrückt, auf eine bestimmtere Art zu versinnlichen.

5. Man kann sich auch statt dieses Kissens, eines mit Luft angefüllten Gefässes bedienen, auf dessen Deckel der Hammer stösst und denselben näher gegen den Boden treibet; wodurch die Luft in einen kleineren Raum zusammengedrückt wird, und also eine desto grössere Kraft ausübet. Demnach wird α die Höhe dieses Gefässes andeuten, wo sich die Luft noch in ihrem natürlichen Zustande befindet. Hierdurch erhalten wir nun eine Regel, nach welcher diese widerstehende Kraft bequem ausgedrückt werden kann.

6. Denn ist entweder das Kissen näher zusammengepresst, oder der Deckel des Gefässes näher gegen den Boden gedrückt worden, so dass die Dicke desselben $=y$, und also kleiner als α geworden, so wird sich die Dichtigkeit der nun zusammengepressten Luft verhalten wie $\alpha:y$, und also die Dichtigkeit sein $=\frac{\alpha}{y}$, und um eben soviel grösser wird auch die elastische Kraft der Luft sein, wovon aber der Druck der natürlichen Luft abgezogen werden muss; weswegen der gegenwärtige Druck proportional sein wird dieser Formel: $\frac{\alpha-y}{y}$. Man setze demnach diese widerstehende Kraft $=\mathrm{A}\cdot\frac{\alpha-y}{y}$.

7. Aus dieser Formel erhellet, dass, wenn $y=\alpha$, und also das Kissen in seinem natürlichen Zustande sich befindet, diese Kraft $=0$ werde; dieselbe aber um so viel grösser anwachse, je kleiner y wird; so dass wenn $y=0$ werden sollte, die Kraft sogar unendlich sein würde; wodurch also die ungeheure Kraft des Stosses auf eine verständliche Art wird erklärt werden können.

8. Was den Pfahl selbst betrifft, so ist nicht nur die Masse desselben, welche $=\mathrm{M}$, zu erwägen, sondern insbesondere der grosse Widerstand, welchen derselbe antrifft, indem er in die Erde geschlagen wird. Wir wollen denselben durch den Buchstaben Q andeuten, wodurch diejenige Kraft ausgedrückt wird, welche dem Pfahl widersteht, sobald er weiter in die Erde getrieben wird. Daher so lang die stossende Kraft des Hammers kleiner ist als dieser Widerstand, so lang bleibt der Pfahl unbeweglich.

9. Dieses vorausgesetzt, lasset uns betrachten, wie sich Alles nach einer Zeit von t Secunden verhalten werde. Alsdann sei nun der Hammer von A bis X (Fig. 1) gekommen, also dass $\mathrm{AX}=x$, und die Dicke des Gefässes sei nun $\mathrm{XY}=y$, und folglich die Kraft desselben $=\mathrm{A}\cdot\frac{\alpha-y}{y}$, wodurch dasselbe theils dem Hammer widersteht, theils den Pfahl hinabzudrücken sich bemühet.

10. Da im Anfang das obere Ende des Pfahles in B war, also, dass $\mathrm{AB}=\alpha$, nun aber dasselbe sich in Y befindet, so ist der Raum, durch den der Pfahl schon fortgetrieben worden, $\mathrm{BY}=x+y-\alpha$; wobei aber zu merken, dass anfänglich, so lange die Kraft des Hammers den Widerstand des Pfahles Q nicht zu überwinden vermögend ist, der Pfahl noch nicht weicht. So lange also wird $\mathrm{BY}=0$ bleiben und mithin $y=\alpha-x$.

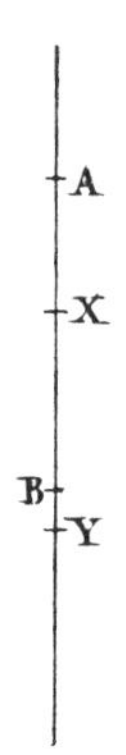

Fig. 1

11. Nun lasst uns, nach den Grundsätzen der Bewegung, erstlich die Bewegung des Hammers bestimmen. Da nun derselbe, in der Zeit t, durch den Raum $\mathrm{AX} = x$ fortgerückt ist, so ist seine Geschwindigkeit $= \frac{dx}{dt}$, und also die Beschleunigung $= \frac{ddx}{dt^2}$. Nun aber ist die forttreibende Kraft des Hammers seine Schwere $= \mathrm{P}$, die widerstehende Kraft aber $= \mathrm{A} \cdot \frac{\alpha - y}{y}$, folglich die Kraft selbst $= \mathrm{P} - \mathrm{A} \cdot \frac{\alpha - y}{y}$. Da nun die Masse des Hammers auch $= \mathrm{P}$, so bekommt man

$$\frac{ddx}{dt^2} = 2g\left(1 - \frac{\mathrm{A}}{\mathrm{P}} \cdot \frac{\alpha - y}{y}\right),$$

aus welcher die Bewegung des Hammers zu bestimmen ist.

12. Hieraus lässt sich nun die Bewegung des Hammers von Anfang an, bis der Pfahl anfängt zu weichen, bestimmen; denn da alsdann $y = \alpha - x$ ist, so erhalten wir

$$\frac{ddx}{dt^2} = 2g\left(1 - \frac{\mathrm{A}}{\mathrm{P}} \cdot \frac{x}{\alpha - x}\right).$$

Man multiplicire mit $2dx$ und integrire

$$\frac{dx^2}{dt^2} = 2g\left(2x + \frac{2\mathrm{A}x}{\mathrm{P}} + \frac{2\alpha\mathrm{A}}{\mathrm{P}}\, l\,(\alpha - x) + \mathrm{Const.}\right).$$

Hier bedeutet $\frac{dx^2}{dt^2}$ das Quadrat der Geschwindigkeit, welche im Anfange, da $x = 0$ gesetzt worden, $= c = 2\sqrt{ga}$. Folglich bekommen wir, um C zu bestimmen,

$$c^2 = 4ga = 2g\left(+\frac{2\alpha\mathrm{A}}{\mathrm{P}}\, l\alpha + \mathrm{Const.}\right)$$

und

$$\mathrm{C} = 2a - \frac{2\alpha\mathrm{A}}{\mathrm{P}}\, l\alpha.$$

Daher unsere Gleichung sein wird

$$\frac{dx^2}{dt^2} = 4g\left(\frac{\mathrm{A} + \mathrm{P}}{\mathrm{P}} \cdot x - \frac{\alpha\mathrm{A}}{\mathrm{P}}\, l \cdot \frac{\alpha}{\alpha - x} + a\right).$$

Hieraus wird nun die Bewegung des Hammers bestimmt, so lange, bis die Kraft des Kissens dem Widerstande des Pfahles gleich wird; denn da x zunimmt, so nimmt y um so viel ab, und daher die Kraft $A \cdot \frac{\alpha - y}{y}$ immer zu. Wir wollen demnach setzen, dass, wenn $x = \beta$, und also $y = \alpha - \beta$, alsdann die Kraft des Kissens $= A \cdot \frac{\beta}{\alpha - \beta}$ dem Widerstande des Pfahles gleich werde; also dass $Q = \frac{A\beta}{\alpha - \beta}$, mithin $A = \frac{Q(\alpha - \beta)}{\beta}$. Für den Zeitpunkt also, da der Pfahl anfängt zu rücken, werden wir haben

$$\frac{dx^2}{dt^2} = 4g\left(\frac{A+P}{P} \cdot \beta - \frac{\alpha A}{P} l \cdot \frac{\alpha}{\alpha - \beta} + a\right),$$

welches also nicht Statt finden kann, wenn nicht

$$\frac{A+P}{P} \cdot \beta + a > \frac{\alpha A}{P} l \cdot \frac{\alpha}{\alpha - \beta} \text{ ist.}$$

Denn wenn diese Formel $= 0$ wird, ehe $x = \beta$, so hat der Stoss sein Ende erreicht; folglich wird der Pfahl nur alsdann eingeschlagen, wenn

$$a > \frac{\alpha A}{P} l \cdot \frac{\alpha}{\alpha - \beta} - \frac{A+P}{P} \cdot \beta \text{ ist.}$$

13. Da von nun an nicht mehr $y = \alpha - x$ ist, so werden wir für die fernere Bewegung des Hammers diese Gleichung zu betrachten haben:

$$\frac{ddx}{dt^2} = 2g\left(1 - \frac{A}{P} \cdot \frac{\alpha - y}{y}\right),$$

und da der Pfahl schon durch den Raum $x + y - \alpha$ hineingetrieben worden, die hineintreibende Kraft aber $= A \cdot \frac{\alpha - y}{y}$, der Widerstand $= Q$ und die Masse des Pfahls $= M$ ist, so erhält man für die Bewegung des Pfahls folgende Gleichung:

$$\frac{ddx + ddy}{dt^2} = 2g\left(\frac{A}{M} \cdot \frac{\alpha - y}{y} - \frac{Q}{M}\right).$$

14. Man subtrahire nun die erste Gleichung von dieser, so hat man

$$\frac{ddy}{dt^2} = 2g\left(\frac{\alpha - y}{y}\left(\frac{A}{M} + \frac{A}{P}\right) - \frac{Q}{M} - 1\right),$$

welche mit $2dy$ multiplicirt und integrirt gibt

$$\frac{dy^2}{dt^2} = 4g\left(\left(\alpha \cdot ly - y\right)\left(\frac{A}{M} + \frac{A}{P}\right) - \frac{Qy}{M} - y + C\right).$$

Hier muss C aus dem Zeitpunkte bestimmt werden, wo der Pfahl sich zu bewegen anfängt, oder wo $y = \alpha - \beta$, und damals war die Geschwindigkeit des Pfahles noch $\frac{dx + dy}{dt} = 0$. Damals aber war

$$\frac{dx}{dt} = 2\sqrt{g\left(\frac{A+P}{P}\beta - \frac{\alpha A}{P} l \cdot \frac{\alpha}{\alpha-\beta} + a\right)}, \text{ folglich war}$$

$$\frac{dy}{dt} = -2\sqrt{g\left(\frac{A+P}{P}\beta - \frac{\alpha A}{P} l \cdot \frac{\alpha}{\alpha-\beta} + a\right)}.$$

Daher bekommen wir diese Gleichung

$$\left(\frac{A+P}{P}\beta - \frac{\alpha A}{P} l \cdot \frac{\alpha}{\alpha-\beta} + a\right)$$

$$= \left(\left(\alpha l(\alpha-\beta) - \alpha + \beta\right)\left(\frac{A}{M} + \frac{A}{P}\right) - \frac{Q(\alpha-\beta)}{M} - \alpha + \beta + \text{Const.}\right).$$

Folglich ist

$$C = \frac{A+P}{P}\beta - \frac{\alpha A}{P} l \cdot \frac{\alpha}{\alpha-\beta} + \frac{Q(\alpha-\beta)}{M} - \left(\alpha l(\alpha-\beta) - \alpha + \beta\right)\left(\frac{A}{M} + \frac{A}{P}\right) + a + \alpha - \beta$$

und daher wird man haben

$$\frac{dy^2}{dt^2} = 4g\left(\left(\frac{A}{M} + \frac{A}{P}\right)\left(\alpha l \frac{y}{\alpha-\beta} - y + \alpha - \beta\right)\right.$$

$$\left. - \frac{Q}{M}(y - \alpha + \beta) - y + \alpha - \beta + \frac{A+P}{P}\beta - \frac{\alpha A}{P} l \frac{\alpha}{\alpha-\beta} + a\right).$$

15. Da man nun diese Gleichung zwischen y und t gefunden, so ist noch übrig auch x zu bestimmen. Zu diesem Ende multiplicire man die erste Gleichung mit P, und die andere mit M, so gibt die Summe derselben

$$\frac{(P+M)\,ddx + M\,ddy}{dt^2} = 2g(P-Q),$$

welche mit dt multiplicirt und integrirt gibt

$$\frac{(P+M)\,dx + M\,dy}{dt} = 2gt(P-Q) + \text{Const.}$$

Da man nun $\frac{dy}{dt}$ gefunden, so wird hieraus auch $\frac{dx}{dt}$ bestimmt, woraus man denn die Geschwindigkeit des Pfahls, nämlich $\frac{dx + dy}{dt}$ herleiten kann, und die Rechnung so weit fortsetzen, bis diese Geschwindigkeit verschwindet.

Um diese Untersuchung weiter auszuführen, müssen zwei Fälle betrachtet werden; der erste, wenn der Stoss nicht stark genug ist, um den Pfahl weiter hinabzutreiben welches geschieht, wenn der Hammer seine Bewegung verliert, ehe $x = \beta$ wird, das ist, ehe die Kraft des Elastri dem Widerstand des Pfahls gleich wird. Nachdem dieser Fall wohl erörtert worden, so wird es nicht mehr schwer fallen, mit dem andern Falle zu Stande zu kommen, wo der Pfahl wirklich tiefer hineingetrieben wird.

16. Vor allen Dingen aber ist nöthig, den für die Kraft des Elastri angegebenen Ausdruck: $A\frac{\alpha - y}{y}$ besser zu erläutern; indem die Buchstaben A und α nicht blos unserer Willkühr überlassen sind. Denn, behalten wir die Zusammendrückung der Luft, um die Stelle des Stosses auf den Fall zu vertreten, so kommt es hauptsächlich auf die Weite des Gefässes, darin die Luft enthalten ist, an; denn, setzt man diese Weite $= b^2$, so muss A das Gewicht einer Wassersäule ausdrücken, deren Basis $= b^2$, die Höhe aber $= 33$ Fuss, als welche mit dem Druck der Atmosphäre im Gleichgewicht steht. Folglich wird A = dem Gewicht einer Masse Wassers, deren Volumen $= 33b^2$ cubische Fuss; und solchergestalt können auch die andern Gewichte und Massen, als P, Q und M in cubischen Fussen Wassers ausgedrückt werden, wobei man 70 Pfund auf einen cubischen Fuss zu rechnen pflegt.

17. Es ist aber leicht zu begreifen, dass die obgedachte Weite b^2 sowohl aus der untern Breite des Hammers, als der obern Dicke des Pfahles bestimmt werden muss, weil der Hammer gewiss eine andere Wirkung hervorbringen würde, je nachdem seine Basis breiter oder schmäler wäre, und nachdem der Kopf des Pfahles eine grössere oder geringere Dicke hat.

18. Inzwischen muss man nicht glauben, dass man sich so genau an die oben gegebene Formel zu binden habe; indem es wohl sein könnte, dass man die Quetschung der Theilchen des Holzes mit einer dichteren oder dünneren Luft vergleichen sollte, da dann der Buchstab A wohl eine andere Grösse bekommen könnte für eben dieselbe Breite b^2. Ferner könnte auch die Formel $\frac{\alpha - y}{y}$ gar wohl eine andere Gestalt haben; weil man so genau nicht bestimmen kann, nach welchem Gesetze der Zusammendrückung der Hammer auf die obersten Zäserchen[1]) des Holzes wirkt; und wenn man auch bei der Vergleichung mit der Luft bleiben

1) Zaser: alt für Faser P.H.

will, so weiss man, dass, wenn y sehr viele Mal kleiner als α geworden, alsdann die elastische Kraft weit grösser werde, als nach dem Ausdruck $\frac{\alpha}{y}$. Also könnte diese Formel gar wohl eine ganz andere Gestalt haben, wenn dabei nur dieses beobachtet wird, dass, wenn $y = \alpha$, die Kraft gänzlich verschwinde; hingegen aber, wenn $y = 0$, unendlich gross werde.

19. Daher können wir, anstatt der Formel $\mathrm{A} \cdot \frac{\alpha - y}{y}$, gar füglich andere gebrauchen, als da sind $\mathrm{A}\left(\frac{\alpha^2 - y^2}{y^2}\right)$, oder überhaupt $\mathrm{A}\left(\frac{\alpha^{\mathrm{n}} - y^{\mathrm{n}}}{y^{\mathrm{n}}}\right)$, welche ebenfalls $= 0$ wird, wenn $y = \alpha$, und unendlich gross, wenn $y = 0$; deren ganzer Unterschied also nur darin besteht, dass für die mittleren Werthe von y, zwischen α und 0, die elastische Kraft grösser oder kleiner herauskomme. Insonderheit aber werden wir genöthigt sein eine solche Formel zu erwählen, dass die Rechnung ohne alzugrosse Weitläufigkeit zu Stande gebracht werden kann, welches uns um soviel weniger zu verdenken sein wird, da uns die wahren Gesetze, nach welchen die Quetschung geschieht, unbekannt sind, und weil es hiebei nicht sowohl auf absolute Bestimmungen, als blos auf Vergleichung verschiedener Fälle ankommt. Lasset uns nun den ersten Fall wiederum vornehmen, für welchen wir diese Gleichung gefunden:

$$\frac{ddx}{dt^2} = 2g\left(1 - \frac{\mathrm{A}}{\mathrm{P}} \cdot \frac{\alpha - y}{y}\right),$$

deren Integral oben gefunden worden

$$\frac{dx^2}{dt^2} = 4g\left(\frac{\mathrm{A} + \mathrm{P}}{\mathrm{P}}\, x - \frac{\alpha \mathrm{A}}{\mathrm{P}}\, l \frac{\alpha}{\alpha - x} + a\right).$$

Wollte man nun aus dieser Formel den Ort, das ist, den Werth für x bestimmen, wo die Geschwindigkeit des Hammers $= 0$ wird, und also der ganze Stoss sich endigt, so würde man allerdings die grössten Schwierigkeiten finden, um dieses zu leisten; denn man würde auf diese Gleichung kommen:

$$0 = \frac{\mathrm{A} + \mathrm{P}}{\mathrm{P}}\, x - \frac{\alpha \mathrm{A}}{\mathrm{P}}\, l \frac{\alpha}{\alpha - x} + a,$$

aus welcher sich der Werth von x durch keine algebraischen Operationen bestimmen lässt, welches doch ein sehr wesentliches Stück in der ganzen Untersuchung ausmacht. Da nun diese Unbequemlichkeit von der angenommenen Formel $\mathrm{A}\cdot\frac{\alpha-y}{y}$ herrührt, so sind wir genöthigt, statt derselben, eine andere, und vorzüglich diese: $\mathrm{A}\left(\frac{\alpha^2}{y^2}-1\right)$ zu gebrauchen, als wobei sich alles ordentlich integriren lassen wird. Da wir nun diese Gleichung haben

$$\frac{ddx}{2gdt^2}=1-\frac{\mathrm{A}}{\mathrm{P}}\left(\frac{\alpha^2}{y^2}-1\right)$$

und $x+y=\alpha$ ist, so multiplicire man mit dx, oder mit $-dy$, so wird die Integration geben

$$\frac{dx^2}{4gdt^2}=-y-\frac{\mathrm{A}}{\mathrm{P}}\left(\frac{\alpha^2}{y}+y\right)+\mathrm{C}.$$

Da nun $\frac{dx^2}{dt^2}$ gleich werden muss dem c^2, oder $4ga$, wenn $x=0$, und also $y=\alpha$, so bekömmt man

$$a=-\alpha-\frac{2\mathrm{A}\alpha}{\mathrm{P}}+\text{Const., folglich } \mathrm{C}=a+\alpha+\frac{2\alpha\mathrm{A}}{\mathrm{P}};$$

daher unsere Gleichung sein wird

$$\frac{dx^2}{4gdt^2}=a+\alpha-y-\frac{\mathrm{A}}{\mathrm{P}}\left(\frac{\alpha^2}{y}+y-2\alpha\right)=a+\alpha-y-\frac{\mathrm{A}\,(\alpha-y)^2}{\mathrm{P}y},$$

oder, weil $\alpha-y=x$, so erhält man

$$\frac{dx^2}{4gdt^2}=a+x-\frac{\mathrm{A}}{\mathrm{P}}\cdot\frac{x^2}{\alpha-x},$$

aus welcher sich nun leicht bestimmen lässt, wo die Geschwindigkeit $\frac{dx}{dt}$ verschwindet.

20. Diese Rechnung kann aber noch sehr erleichtert werden, wenn man in Betrachtung zieht, dass die ganze Quetschung nur ein ganz geringes Räumchen beträgt, welches hier durch den Buchstaben α ausgedrückt wird, und noch überdies x und y kleiner sein müssen, als α, so wird man x in Rücksicht auf a,

welches die Höhe des Falles des Hammers bedeutet, als etwas unendlich Kleines ansehn können. Daher unsere Gleichung sein wird

$$a - \frac{\mathrm{A}}{\mathrm{P}} \cdot \frac{x^2}{\alpha - x} = 0, \text{ woraus wir finden } x^2 = -\frac{a\mathrm{P}}{\mathrm{A}} x + \frac{a\alpha\mathrm{P}}{\mathrm{A}}.$$

Man setze $\frac{\mathrm{P}}{\mathrm{A}} = 2\lambda$, so ist

$$x^2 = -2\lambda a x + 2\lambda \alpha a \text{ und daher } x = -\lambda a + \sqrt{(\lambda^2 a^2 + 2\lambda\alpha a)},$$

wo $\lambda^2 a^2$ sehr gross sein wird gegen $2\lambda\alpha a$; daher man durch die Näherung bekommt

$$x = -\lambda a + \lambda a + \alpha = \alpha.$$

Weil aber doch immer $x < \alpha$ sein muss, so muss die obige Näherung genauer genommen werden:

$$x = \alpha - \frac{\alpha^2}{2\lambda a}, \text{ oder } x = \alpha - \frac{\mathrm{A}}{\mathrm{P}} \cdot \frac{\alpha^2}{a}, \text{ und daher } y = \frac{\mathrm{A}}{\mathrm{P}} \cdot \frac{\alpha^2}{a}.$$

21. Also vom ersten Anfang des Stosses fällt der Hammer nicht weiter, als durch diese kleine Höhe x, welche an sich selbst keineswegs beträchtlich ist, wo derselbe gänzlich zur Ruhe kommt, und also der Stoss völlig aufhört. Da nun in diesem Zustande die Grösse $y = \frac{\mathrm{A}}{\mathrm{P}} \cdot \frac{\alpha^2}{a}$, so wird die elastische Kraft unseres Kissens sein

$$= \mathrm{A}\left(\frac{\alpha^2}{y^2} - 1\right) = \mathrm{A}\left(\frac{\mathrm{P}^2 a^2}{\mathrm{A}^2 \alpha^2} - 1\right),$$

und weil die Einheit gleichsam unendlich klein sein wird im Vergleich zu $\frac{\mathrm{P}^2 a^2}{\mathrm{A}^2 \alpha^2}$, so wird diese Kraft sein $= \frac{\mathrm{P}^2 a^2}{\mathrm{A}\alpha^2}$, welcher Ausdruck augenscheinlich sehr gross sein muss. Doch aber nehmen wir hier an, dass derselbe noch nicht vermögend ist den Widerstand des Pfahls, Q, zu überwinden. Um diese Kraft einigermaassen zu erläutern, wollen wir z.B. annehmen, dass das Gewicht des Hammers $\mathrm{P} = 280$ Pfund oder vier Cubikfuss Wasser betrage; ferner sei die Dicke der

Pfähle, oder $b^2 = \frac{1}{2}$ Quadratfuss, und also nach der obigen Hypothese $A = 16$ Cubikfuss[1]). Ferner sei die Höhe a, aus welcher der Hammer fällt, $= 4$ Fuss; α aber $= \frac{1}{10}$ Zoll oder $\frac{1}{120}$ Fuss. Hieraus wird also die letzte Kraft des Hammers auf den Pfahl sein $16 \cdot 14400 = 230400$ Cubikfuss Wasser. Daher, 70 Pfund auf 1 Fuss gerechnet, wird diese Kraft betragen 16128000 Pfund oder 161280 Centner. Gleichwohl aber setzen wir hier, dass diese Kraft noch nicht vermögend sei den Pfahl wirklich einzuschlagen. Hierüber wird dienlich sein folgende Anmerkungen zu machen: 1. je grösser das Gewicht des Hammers P angenommen wird, so wächst die Kraft nach dem Quadrat; und ebenfalls, je grösser die Höhe a gesetzt wird, so wächst auch die Kraft nach dem quadratischen Verhältniss; 2. je kleiner das Räumchen α sein wird, worin die Quetschung geschieht, so wird auch die Kraft des Hammers nach dem quadratischen Verhältnis grösser. Dieses beruhet aber hauptsächlich auf der Beschaffenheit des Holzes, nach welcher dasselbe härter oder weicher ist, und also für das harte Holz α einen weit kleineren Werth haben wird, als für das weiche Holz; woraus sich offenbar ergibt, dass je härter zum wenigsten der Kopf des Pfahls ist, die Wirkung des Hammers alsdann ungemein viel stärker sein werde. 3. Es versteht sich von selbst, dass je dicker der Pfahl ist, oder je grösser der Ausdruck b^2, woraus A bestimmt wird, die Kraft des Hammers desto kleiner sein werde, jedoch nur nach dem einfachen Verhältniss. 4. Eben dieser Schluss würde auch aus jeder andern Hypothese folgen, nach welcher die elastische Kraft des Kissens ausgedrückt wird, und auch sogar aus der ersten, welche wir zu verlassen genöthigt worden. Denn da wir für das Ende des Stosses diese Gleichung bekommen haben:

$$0 = \frac{A+P}{P} x - \frac{\alpha A}{P} l \cdot \frac{\alpha}{\alpha - x} + a,$$

so können wir auch hier gegen die Höhe a das erste Glied $\frac{A+P}{P} x$ ausstreichen, da dann nur noch diese Gleichung übrig ist:

$$a = \frac{\alpha A}{P} l \frac{\alpha}{\alpha - x}, \quad \text{oder} \quad l \cdot \frac{\alpha}{\alpha - x} = \frac{Pa}{A\alpha} = \frac{2\lambda a}{\alpha},$$

wenn gesetzt wird $\frac{P}{A} = 2\lambda$. Setzt man nun e für die Zahl, deren Logarithmus $= 1$, so bekommt man

1) genauer: 16½ Cubikfuss P.H.

$$\frac{\alpha}{\alpha - x} = e^{\frac{2\lambda a}{\alpha}} \quad \text{und hieraus} \quad x = \frac{\alpha e^{\frac{2\lambda a}{\alpha}} - \alpha}{e^{\frac{2\lambda a}{\alpha}}}, \text{ oder}$$

$$x = \alpha - \alpha e^{\frac{-2\lambda a}{\alpha}}, \quad \text{und folglich} \quad y = \alpha - x = \alpha e^{\frac{-2\lambda a}{\alpha}}.$$

Hieraus ergibt sich nun die letzte Kraft des Hammers auf den Pfahl

$$= \mathrm{A}\left(\frac{\alpha}{y} - 1\right) = \mathrm{A}\left(e^{\frac{2\lambda a}{\alpha}} - 1\right) = \mathrm{A}e^{\frac{2\lambda a}{\alpha}} = \mathrm{A}e^{\frac{\mathrm{P}a}{\mathrm{A}\alpha}};$$

wovon für das obige Exempel der Werth sein wird $= 16 \cdot e^{120}$ Cubikfuss, welcher Werth noch weit grösser ist als der obgefundene. Denn der Logarithmus davon ist $l16 + 120\,le$, und $le = 0{,}43429$, also der gesuchte Logarithmus $= 53, \ldots$ so dass mithin die Zahl der Cubikfuss Wasser aus 54 Ziffern bestehen wird. Ungeachtet es nun scheint, dass nach dieser Hypothese die Kraft des Hammers auf den Pfahl weit wirksamer sein müsse, als nach der obigen, so wird man doch sehn, dass die Wirkung selbst, oder die Tiefe, in welche der Pfahl hineingetrieben wird, in beiden Fällen wohl sehr verschieden sein werde. Bei dem ersten Falle, wo der Pfahl noch nicht gerückt wird, ist noch nöthig die Zeit zu bestimmen, in welcher der Hammer durch das Räumchen $\mathrm{AX} = x$ fortrückt, wozu noch eine zweite Integration erfordert wird.

22. Da man nämlich gefunden $\frac{dx^2}{4gdt^2} = a - \frac{\mathrm{A}}{\mathrm{P}} \cdot \frac{x^2}{\alpha - x}$, so wird, wenn $\frac{\mathrm{A}}{\mathrm{P}} = \mu$,

$$4gdt^2 = \frac{(\alpha - x)\,dx^2}{a(\alpha - x) - \mu x^2},$$

folglich $2dt\sqrt{g} = \frac{dx\sqrt{(\alpha - x)}}{\sqrt{(a(\alpha - x) - \mu x^2)}}$, wovon das Integral gesucht werden muss. Man bringe diese Gleichung auf y, weil $\alpha - x = y$, so hat man

$$2dt\sqrt{g} = \frac{-dy\sqrt{y}}{\sqrt{(ay - \mu(\alpha - y)^2)}},$$

wo im Nenner enthalten ist der Factor $y - \frac{\mathrm{A}}{\mathrm{P}} \cdot \frac{\alpha^2}{a}$, oder $ay - \frac{\mathrm{A}\alpha^2}{\mathrm{P}} = ay - \mu\alpha^2$.

Daher der andere Factor sich findet $a - \mu y$; also, dass man hat

$$2dt\sqrt{g} = \frac{-dy\sqrt{y}}{\sqrt{(a-\mu y)(y-\frac{\mu\alpha^2}{a})}}\text{[1]}.$$

Da man nun hier anstatt $a - \mu y$ schreiben kann a, so bekommt man

$$2dt\sqrt{g} = \frac{-dy\sqrt{y}}{\sqrt{(ay-\mu\alpha^2)}},$$

welche keine weiteren Schwierigkeiten hat.

23. Um nun dieses Integral zu finden, setze man

$$\frac{\sqrt{y}}{\sqrt{(ay-\mu\alpha^2)}} = \frac{f}{\sqrt{a}}, \quad \text{so ist} \quad \frac{y}{ay-\mu\alpha^2} = \frac{f^2}{a} \quad \text{und daher} \quad y = \frac{\mu\alpha^2 f^2}{a(f^2-1)}.$$

Nun sei

$$f = \frac{1}{v}, \quad \text{so wird} \quad y = \frac{\mu\alpha^2}{a(1-v^2)}, \quad \text{folglich} \quad dy = \frac{2\mu\alpha^2 v dv}{a(1-v^2)^2},$$

welches mit $\dfrac{\sqrt{y}}{\sqrt{(ay-\mu\alpha^2)}} = \dfrac{f}{\sqrt{a}} = \dfrac{1}{v\sqrt{a}}$ multiplicirt, gibt

$$dt\sqrt{g} = \frac{-\mu\alpha^2 dv}{a\sqrt{a}(1-v^2)^2}, \quad \text{oder} \quad \frac{adt\sqrt{ag}}{\mu\alpha^2} = \frac{-dv}{(1-v^2)^2}.$$

Man setze nun $\displaystyle\int\frac{dv}{(1-v^2)^2} = \frac{\beta v}{1-v^2} + \gamma\int\frac{dv}{1-v^2}$, so wird $\beta = \gamma = \frac{1}{2}$, und also

$$\frac{at\sqrt{ag}}{\mu\alpha^2} = \frac{-v}{2(1-v^2)} - \frac{1}{4}\,l\,\frac{1+v}{1-v},$$

folglich

$$\frac{at\sqrt{ag}}{\mu\alpha^2} = \frac{-ayv}{2\mu\alpha^2} - \frac{1}{4}\,l\cdot\frac{1+v}{1-v} + \mathrm{C}, \quad \text{weil} \quad v = \sqrt{\left(1 - \frac{\mu\alpha^2}{ay}\right)}.$$

Wobei zu merken, dass, wenn $t = 0$, alsdann $x = 0$ und $y = \alpha$, folglich $v = \sqrt{\left(1 - \frac{\mu\alpha}{a}\right)}$, woraus man erhält

$$\mathrm{C} = \frac{a}{2\mu\alpha}\sqrt{\left(1 - \frac{\mu\alpha}{a}\right)} + \frac{1}{4}\,l\cdot\frac{1+\sqrt{\left(1-\frac{\mu\alpha}{a}\right)}}{1-\sqrt{\left(1-\frac{\mu\alpha}{a}\right)}}$$

1) Diese Umformung ist fehlerhaft. P.H.

Es ist aber zu merken, dass $\sqrt{\left(1-\frac{\mu\alpha^2}{ay}\right)} = 1-\frac{\mu\alpha^2}{2ay}$ und $\sqrt{\left(1-\frac{\mu\alpha}{a}\right)} = 1-\frac{\mu\alpha}{2a}$ und $v = 1-\frac{\mu\alpha^2}{2ay}$, welche Werthe unserer Gleichung diese Form geben

$$\frac{at\sqrt{ag}}{\mu\alpha^2} = \frac{a}{2\mu\alpha} - \frac{ay}{2\mu\alpha^2} + \frac{1}{4}\,l\cdot\frac{2-\frac{\mu\alpha}{2a}}{2-\frac{\mu\alpha^2}{2ay}} - \frac{1}{4}\,l\,\frac{y}{\alpha}.$$

Nun aber ist $l\cdot\frac{2-\frac{\mu\alpha}{2a}}{2-\frac{\mu\alpha^2}{2ay}} = l\cdot 2 - \frac{\mu\alpha}{4a} - l\cdot 2 + \frac{\mu\alpha^2}{4ay} = \frac{\mu\alpha^2}{4ay} - \frac{\mu\alpha}{4a}$; folglich

$$\frac{at\sqrt{ag}}{\mu\alpha^2} = \frac{a}{2\mu\alpha} - \frac{ay}{2\mu\alpha^2} + \frac{1}{16}\cdot\frac{\mu\alpha^2}{ay} - \frac{1}{16}\cdot\frac{\mu\alpha}{a} - \frac{1}{4}\,l\,\frac{y}{\alpha}$$

$$= \frac{a(\alpha-y)}{2\mu\alpha^2} + \frac{1}{16}\cdot\frac{\mu\alpha}{a}\cdot\frac{(\alpha-y)}{y} + \frac{1}{4}\,l\,\frac{\alpha}{y}$$

...

...

(29) – – – zweite aber mit M, und es wird die Summe derselben geben

$$\frac{(\mathrm{P}+\mathrm{M})\,ddx + \mathrm{M}ddy}{2gdt^2} = \mathrm{P}-\mathrm{Q},$$

welche mit dt multiplicirt und integrirt gibt

$$\frac{(\mathrm{P}+\mathrm{M})\,dx + \mathrm{M}dy}{2gdt} = (\mathrm{P}-\mathrm{Q})\,t + \mathrm{C}.$$

Da nun für unsern ersten Zeitpunkt $t = 0$, $\frac{dx}{dt} = \frac{-dy}{dt} = 2\sqrt{g}\left(a-\frac{\mu\alpha^2}{\gamma}\right)$, so wird

$$\mathrm{C} = \frac{\mathrm{P}}{\sqrt{g}}\sqrt{\left(a-\frac{\mu\alpha^2}{\gamma}\right)};$$

daher dann sein wird

$$\frac{(\mathrm{P}+\mathrm{M})\,dx + \mathrm{M}dy}{2gdt} = (\mathrm{P}-\mathrm{Q})\,t + \frac{\mathrm{P}}{\sqrt{g}}\sqrt{\left(a-\frac{\mu\alpha^2}{\gamma}\right)}.$$

30. Nun sind wir im Stand das letzte Ende des Stosses zu bestimmen, welches sich ereignet, wenn der Pfahl seine Bewegung verliert, und also sein

wird $\frac{dx+dy}{dt} = 0$. Alsdann wird man haben

$$\frac{-\mathrm{P}dy}{2gdt} = (\mathrm{P}-\mathrm{Q})\,t + \frac{\mathrm{P}}{\sqrt{g}}\sqrt{\left(a - \frac{\mu\alpha^2}{\gamma}\right)}.$$

Wir haben aber schon oben gefunden

$\frac{dy}{dt} = -2\sqrt{g\cdot\mathrm{Y}}$; daher dann sein muss $\frac{\mathrm{P}\sqrt{\mathrm{Y}}}{\sqrt{g}} = (\mathrm{P}-\mathrm{Q})\,t + \frac{\mathrm{P}}{\sqrt{g}}\sqrt{\left(a - \frac{\mu\alpha^2}{\gamma}\right)}$.

31. Um nun dieses Ende zu bestimmen, so muss man aus der Gleichung $\frac{dy}{dt} = -2\sqrt{g\mathrm{Y}}$ die Zeit t durch y bestimmen, welches durch diese Integration geschiehet $t = -\int \frac{dy}{2\sqrt{g\mathrm{Y}}}$, wie oben schon bemerkt worden, und diesen Werth in die andere Aequation setzen, welche sodann sein wird

$$\frac{\mathrm{P}\sqrt{\mathrm{Y}}}{\sqrt{g}} = -(\mathrm{P}-\mathrm{Q})\cdot\int\frac{dy}{2\sqrt{g\mathrm{Y}}} + \frac{\mathrm{P}}{\sqrt{g}}\sqrt{\left(a - \frac{\mu\alpha^2}{\gamma}\right)},$$

$$\text{oder } \mathrm{P}\sqrt{\mathrm{Y}} = -(\mathrm{P}-\mathrm{Q})\cdot\int\frac{dy}{2\sqrt{\mathrm{Y}}} + \mathrm{P}\sqrt{\left(a - \frac{\mu\alpha^2}{\gamma}\right)},$$

aus welcher der Werth für y gesucht werden muss, woraus sich sodann die Zeit t bestimmen lässt. Da nun aber die Hauptsache auf die Bestimmung des Raumes $x+y-\alpha$, durch welchen der Pfahl wirklich fortgetrieben worden, ankommt, so fehlt uns nur noch der Werth von x, welcher aus dieser Gleichung

$$\frac{(\mathrm{P}+\mathrm{M})\,dx + \mathrm{M}dy}{2gdt} = (\mathrm{P}-\mathrm{Q})\,t + \frac{\mathrm{P}}{\sqrt{g}}\sqrt{\left(a - \frac{\mu\alpha^2}{\gamma}\right)}$$

leicht bestimmt werden kann; denn man darf nur mit dt multipliciren und integriren, so hat man

$$\frac{(\mathrm{P}+\mathrm{M})\,x + \mathrm{M}y}{2g} = \frac{(\mathrm{P}-\mathrm{Q})\,t^2}{2} + \frac{\mathrm{P}t}{\sqrt{g}}\sqrt{\left(a - \frac{\mu\alpha^2}{\gamma}\right)} + \text{Const.}$$

und weil im Anfang war $y=\gamma$, folglich $x = \alpha - \gamma$, und $t = 0$, so wird $\mathrm{C} = \frac{\mathrm{P}(\alpha-\gamma)+\mathrm{M}\alpha}{2g}$, und daher bekommen wir

$$x = \frac{(\mathrm{P}-\mathrm{Q})\,gt^2}{\mathrm{P}+\mathrm{M}} + \frac{2\mathrm{P}t\sqrt{g}}{\mathrm{P}+\mathrm{M}}\sqrt{\left(a - \frac{\mu\alpha^2}{\gamma}\right)} - \frac{\mathrm{M}y}{\mathrm{P}+\mathrm{M}} + \frac{\mathrm{P}(\alpha-\gamma)+\mathrm{M}\alpha}{\mathrm{P}+\mathrm{M}},$$

woraus sich der Werth von $x+y-\alpha$ anzeigen lässt, welcher den wirklichen Raum, durch welchen der Pfahl fortgetrieben worden, ausdrückt.

32. Da nun α kaum einen Messerrücken breit betragen kann, und γ noch weit kleiner ist, als α, so können wir für den gesuchten Raum, durch welchen der Pfahl fortgetrieben wird, blos allein x ansetzen, wovon der Werth, wenn die obigen Kleinigkeiten weggelassen werden, also bequemer ausgedrückt wird:

$$x = \frac{(\mathrm{P}-\mathrm{Q})\, g t^2}{\mathrm{P}+\mathrm{M}} + \frac{2\mathrm{P}t}{\mathrm{P}+\mathrm{M}} \sqrt{g}\left(a - \frac{\mu\alpha^2}{\gamma}\right).$$

33. Hierbei ist aber wohl zu merken, dass die Zeit t nicht mehr so klein sein wird, als im ersten Fall; denn da der Pfahl wirklich hinabgetrieben wird, so muss auch der Hammer folgen, und dazu wird schon eine merkliche Zeit erfordert, die hier durch t ausgedrückt wird. Also kommt die Hauptsach darauf an, dass der Werth von t erstlich durch y ausgedrückt werde, und hernach für y derjenige Werth gesetzt werde, welchen die oben angeführte Gleichung geben wird. Uebrigens ist hier noch zu merken, dass Q ein ungeheuer grosses Gewicht andeutet, gegen welches P verschwinden kann.

34. Vor allen Dingen muss demnach diese Formel integrirt werden:

$$t = -\int \frac{dy}{2\sqrt{g\mathrm{Y}}}, \quad \text{wo} \quad \mathrm{Y} = a + 2\eta\cdot\frac{\alpha^2}{\gamma} - \zeta\cdot\frac{\alpha^2}{y} - \eta\cdot\frac{\alpha^2}{\gamma^2}\cdot y = \frac{ay + 2\eta\frac{\alpha^2}{\gamma}y - \zeta\alpha^2 - \eta\cdot\frac{\alpha^2}{\gamma^2}y^2}{y}$$

$$= \frac{-\eta\cdot\frac{\alpha^2}{\gamma^2}\cdot y^2 + \left(a + 2\eta\cdot\frac{\alpha^2}{\gamma}\right)y - \zeta\alpha^2}{y},$$

welche, wenn man Kürze halber setzt

$$k = \sqrt{\left(a^2 + \frac{4\eta a\alpha^2}{\gamma} - \frac{4\mu\eta\alpha^4}{\gamma^2}\right)},$$

sich folgendergestalt in factores resolvirt

$$\mathrm{Y} = \frac{1}{y}\left(\frac{\eta\alpha^2}{\gamma^2}y - \frac{\left(a+\frac{2\eta\alpha^2}{\gamma}\right)}{2} + \frac{1}{2}k\right)\cdot\frac{\gamma^2}{\eta\alpha^2}\left(-\frac{\eta\alpha^2}{\gamma^2}y + \frac{\left(a+\frac{2\eta\alpha^2}{\gamma}\right)}{2} + \frac{1}{2}k\right),$$

welcher Werth im ersten Zeitpunkt wird

$$\mathrm{Y} = \frac{\gamma}{\eta\alpha^2}\left(\frac{1}{2}k - \frac{1}{2}a\right)\left(\frac{1}{2}k + \frac{1}{2}a\right),$$

woraus man sieht, dass

$$\frac{\eta\alpha^2}{\gamma^2}y + \tfrac{1}{2}k > \tfrac{1}{2}a + \frac{\eta\alpha^2}{\gamma},$$

hingegen aber

$$\frac{\eta\alpha^2}{\gamma^2}y < \tfrac{1}{2}a + \frac{\eta\alpha^2}{\gamma} + \tfrac{1}{2}k.$$

Unsere Integration wird also auf eine solche Formel ankommen: Wenn man Kürze halber setzt $Y = \frac{(p+y)(q-y)}{ry}$, so bekommt man

$$2t\sqrt{g} = -\int \frac{dy\sqrt{ry}}{\sqrt{(p+y)(q-y)}},$$

welches sich aber nicht anders, als durch Näherungen thun lässt, weil diese Formel weder durch Cirkelbögen noch Logarithmos integrirt werden kann.

35. Zu allem Glück aber fügt es sich hier, dass in dem zweiten factore die pars constans $\tfrac{1}{2}a + \frac{\eta\alpha^2}{\gamma} + \tfrac{1}{2}k$ ungleichweit grösser ist, als der erste Theil $\frac{\eta\alpha^2}{\gamma^2}y$, und daher dieser ausgelassen werden kann, also, dass man in der letzten Formel anstatt $q-y$ nur q allein schreiben könnte; da dann die Formel keine Schwierigkeit haben würde. Jedoch ist zu bedenken, dass, da γ gegen α sehr klein, und also $\frac{\alpha^2}{\gamma^2}$ eine ungeheure Zahl sein wird, dieser Theil auch nicht gegen den andern verschwinden möchte; insonderheit da es sehr wahrscheinlich ist, dass, sobald der Pfahl zu rücken angefangen, der Werth von y, so anfangs $=\gamma$ gewesen, hernach nicht mehr kleiner, sondern vielmehr grösser werde, und daher um so viel weniger der erste Theil des zweiten factoris weggelassen werden kann. Auch ist zu merken, dass die pars constans im zweiten factore weit grösser als im ersten, aus welchem Umstand sich vielleicht ein Hülfsmittel ergeben möchte.

ANMERKUNGEN

ad §§ 25 et 26

Weil Q sehr gross, und also γ sehr klein gegen α sein wird, so haben wir $Q = A\frac{\alpha^2}{\gamma^2}$. Da nun A und α von der Beschaffenheit des Holzes abhangen, und folglich gegeben sind, so muss aus diesem Umstand γ bestimmt werden;

woraus man bekommt $\gamma = \alpha\sqrt{\frac{A}{Q}}$. Daher denn sein wird

$$\sqrt{\frac{A}{Q}} > \frac{\mu\alpha}{a} > \frac{A\alpha}{Pa}, \quad \text{folglich} \quad Q < \frac{P^2 a^2}{A\alpha^2},$$

woraus man erkennt, dass, wenn der Widerstand grösser wäre, als die gefundene Quantität, die Arbeit des Rammens fruchtlos sein würde.

ad § 27

Es wird dienlich sein diese Geschwindigkeit durch einen besondern Buchstaben auszudrücken. Es sei demnach die ursprüngliche Höhe derselben $= h$; also, dass hier $\frac{dx^2}{4gdt^2} = h$; daher man bekommt $h = a - \frac{\mu\alpha^2}{\gamma} = a - \frac{\alpha\sqrt{AQ}}{P}$, woraus wir weiter sehen, dass, wenn eine Wirkung erfolgen soll, sein müsse $Pa > \alpha\sqrt{AQ}$, oder die vis viva des Hammers muss grösser sein, als $\alpha\sqrt{AQ}$; wobei ferner zu merken, dass je grösser h ist, desto grösser die Wirkung sein werde. In dem ersten Zeitpunkt nun wird sein $\frac{dx}{dt} = 2\sqrt{gh}$, und weil bis dahin $x + y = \alpha$, so wird auch sein

$$\frac{dy}{dt} = -2\sqrt{gh}.$$

ad § 29

Diese Gleichung kann noch auf eine andere Art integrirt werden, so, dass kein t ins Integral kommt; denn man multiplicire dieselbe mit $(P + M)\,dx + M dy$, und integrire, so kommt

$$\frac{((P+M)\,dx + M dy)^2}{4gdt^2} = (P - Q)(P + M)\,x + (P - Q)\,My + \text{Const.}$$

Nun setze man für den Anfang $\frac{dx}{dt} = 2\sqrt{gh}$ und $\frac{dy}{dt} = -2\sqrt{gh}$ und $y = \gamma$, $x = \beta$, so wird

$$P^2 h = (P - Q)(P + M)\,\beta + (P - Q)\,M\gamma + \text{Const.}$$

also $$\text{Const.} = P^2 h - (P - Q)(P + M)\,\beta - (P - Q)\,M\gamma,$$

folglich $\frac{((\mathrm{P}+\mathrm{M})\,dx+\mathrm{M}dy)^2}{4gdt^2}=(\mathrm{P}-\mathrm{Q})\,(\mathrm{P}+\mathrm{M})\,(x-\beta)+(\mathrm{P}-\mathrm{Q})\,\mathrm{M}\,(y-\gamma)+\mathrm{P}^2h.$

Weil nun bei dem völligen Ende des Stosses sein muss $\frac{dx+dy}{dt}=0$, oder $dx=-dy$, so erhalten wir für dieses Ende diese Gleichung

$$\frac{\mathrm{P}^2dy^2}{4gdt^2}=(\mathrm{P}-\mathrm{Q})(\mathrm{P}+\mathrm{M})(x-\beta)+(\mathrm{P}-\mathrm{Q})\,\mathrm{M}\,(y-\gamma)+\mathrm{P}^2h=\mathrm{P}^2\mathrm{Y},$$

woraus der ganze Raum, durch welchen der Balken fortgetrieben worden, bestimmt werden muss, wozu aber noch diese Gleichung zu Hülfe genommen werden muss, welche aus dem gedoppelten Werthe von dt entspringt:

$$-\frac{dy}{2\sqrt{g\mathrm{Y}}}=dt=\frac{(\mathrm{P}+\mathrm{M})\,dx+\mathrm{M}dy}{2\sqrt{g}\,((\mathrm{P}-\mathrm{Q})\,(\mathrm{P}+\mathrm{M})\,(x-\beta)+(\mathrm{P}-\mathrm{Q})\,\mathrm{M}\,(y-\gamma)+\mathrm{P}^2h)},$$

deren Integral ist

$$\mathrm{C}-\int\frac{dy}{\sqrt{\mathrm{Y}}}=\frac{2\sqrt{((\mathrm{P}-\mathrm{Q})\,(\mathrm{P}+\mathrm{M})\,(x-\beta)+(\mathrm{P}-\mathrm{Q})\,\mathrm{M}\,(y-\gamma)+\mathrm{P}^2h)}}{\mathrm{P}-\mathrm{Q}},$$

aus welcher y durch x bestimmt werden kann, welcher Werth sodann in der ersten Aequation für y geschrieben, uns den Werth von x offenbaren wird, woraus dann auch y erkannt wird, und da wird $x+y-\alpha$ die Grösse der Einrammung anzeigen.

Hiebei aber ist insonderheit zu merken, dass, weil y und α keinen Messerrücken breit betragen können, diese Tiefe nur allein durch x angezeigt wird, und da ferner auch β und γ gegen dieses x als nichts angesehn werden können, so wird obige Aequation diese Form annehmen:

$$(\mathrm{P}-\mathrm{Q})\,(\mathrm{P}+\mathrm{M})\,x+\mathrm{P}^2h=\mathrm{P}^2\mathrm{Y}.$$

Weil nun hier Y den Werth von $\frac{dy^2}{4gdt^2}$, oder das Quadrat der letzten Geschwindigkeit des Kissens anzeigt, so kann man diese Geschwindigkeit als $=0$ betrachten; daher sich folglich x unmittelbar also bestimmen lässt

$$x=\frac{\mathrm{P}^2h}{(\mathrm{Q}-\mathrm{P})\,(\mathrm{P}+\mathrm{M})},$$

wodurch die Tiefe der Einrammung genau genug bestimmt wird: Setzt man nun hier für h den oben gefundenen Werth, so erhält man

$$x = \frac{\mathrm{P}^2\left(a - \frac{\alpha\sqrt{\mathrm{AQ}}}{\mathrm{P}}\right)}{(\mathrm{Q}-\mathrm{P})(\mathrm{P}+\mathrm{M})} = \frac{\mathrm{P}(\mathrm{P}a - \alpha\sqrt{\mathrm{AQ}})}{(\mathrm{Q}-\mathrm{P})(\mathrm{P}+\mathrm{M})},$$

wovon alle Elemente als bekannt angesehn werden: als nämlich P, das Gewicht des Hammers; a, die Höhe, aus welcher derselbe gefallen; M, die Masse des Pfahls; Q, der Widerstand des Pfahls, und endlich schliesst A die Dicke des Pfahls und A nebst α die Beschaffenheit des Holzes in sich; welche letztere Stücke blos allein aus einigen Erfahrungen zu bestimmen sind.

Nur ist noch zu merken, dass in dem Buchstaben M nicht allein die Masse des Pfahls, sondern auch des Erdreichs, welches der Pfahl vor sich herstösst, begriffen werden muss. Diese Formel scheint auch mit allen Umständen, welche bei dem Einrammen wahrgenommen werden, ziemlich genau übereinzustimmen; daher kein Zweifel, dass diese Formel nicht auf alle Fälle mit Nutzen sollte können angewendet werden.

Man kann zum Ueberfluss auch noch die Zeit, in welcher diese Wirkung hervorgebracht wird, leicht bestimmen, indem dieselbe sein wird

$$t = \frac{\sqrt{(\mathrm{P}^2 h - (\mathrm{Q}-\mathrm{P})(\mathrm{P}+\mathrm{M})\,x)}}{(\mathrm{Q}-\mathrm{P})\sqrt{g}},$$

oder, wenn man für x seinen Werth setzt, $t = 0$; woraus erhellet, dass es in sehr kurzer Zeit geschieht und nur durch die kleinen Quantitäten β und γ bestimmt wird.

ZUSATZ

Man lasse den Hammer successive immer höher herunterfallen, um diejenige Höhe a zu finden, wo die Wirkung anfängt, daraus man sogleich bekommt $a\sqrt{\mathrm{AQ}} = \mathrm{P}a$. Hernach darf man nur den Hammer noch höher aufziehen und die Tiefe der Einrammung x ausmessen, so wird sich daraus der Nenner $(\mathrm{Q}-\mathrm{P})(\mathrm{P}+\mathrm{M})$ bestimmen lassen.